中文 CorelDRAW X4 图形制作标准教程

王 璞 编

西北工業大學出版社

【内容简介】本书由浅入深地介绍了中文 CorelDRAW X4 概述、CorelDRAW X4 基础知识、线条的绘制与编辑、图形的绘制与编辑、对象的轮廓线与填充、对象的操作技巧、文本的输入与编辑、应用交互式特效、透镜与其他特殊效果、编辑位图、打印输出、家居行业应用实例和宣传与包装行业实例，并以独特的编写风格，辅以大量的精彩实例，将 CorelDRAW X4 中各个部分的重要特性展现在读者面前。通过本书的学习，可使读者全面提高计算机辅助设计水平和综合应用能力。

本书思路全新，图文并茂，练习丰富，可作为各大中专院校及培训中心的 CorelDRAW X4 课程教材，也可作为 CorelDRAW X4 初中级用户的参考手册。

图书在版编目（CIP）数据

中文 CorelDRAW X4 图形制作标准教程/王璞编．—西安：西北工业大学出版社，2009.8
ISBN 978-7-5612-2605-6

Ⅰ．中…　Ⅱ．王…　Ⅲ．图形软件，CorelDRAW X4—教材　Ⅳ．TP391.41

中国版本图书馆 CIP 数据核字（2009）第 126379 号

出版发行：西北工业大学出版社
通信地址：西安市友谊西路 127 号　　　**邮编：**710072
电　　话：（029）88493844　88491757
网　　址：www.nwpup.com
电子邮箱：computer@nwpup.com
印 刷 者：陕西兴平报社印刷厂
印　　张：18
字　　数：478 千字
开　　本：787 mm×1 092 mm　1/16
版　　次：2009 年 8 月第 1 版　　　2009 年 8 月第 1 次印刷
定　　价：32.00 元

前 言

CorelDRAW 于 1989 年由加拿大的 Corel 公司推出，到现在已经有 14 年的历史了，虽然问世时间不长但已经成为世界闻名的平面图形图像设计软件之一。

CorelDRAW X4 作为一款专业的计算机绘图软件，具有易于掌握、使用方便、体系结构开放等特点，深受广大工程技术人员的喜爱，我国许多院校的相关专业也将 CorelDRAW X4 作为要求重点学习的应用软件之一。

内容介绍

本书在内容的取舍和章节的安排上充分考虑了用户的学习和实际需求，详细地介绍了 CorelDRAW X4 的使用方法。同时，书中还列举了大量的实例、技巧和经验，可以让读者快速掌握 CorelDRAW X4 的使用方法与技巧。全书共分为 13 章，具体介绍如下：

章节	内容	目的
第 1 章	CorelDRAW X4 概述	初步了解 CorelDRAW X4
第 2 章	CorelDRAW X4 基础知识	掌握 CorelDRAW X4 各工具的基本功能
第 3 章	线条的绘制与编辑	掌握线条的编辑与绘制方法
第 4 章	图形的绘制与编辑	掌握图形的绘制与编辑方法
第 5 章	对象的轮廓线与填充	掌握对象的轮廓线与编辑方法
第 6 章	对象的操作技巧	掌握对象的操作技巧
第 7 章	文本的输入与编辑	掌握文本的输入与编辑方法
第 8 章	应用交互式特效	掌握交互式特效工具的应用方法
第 9 章	透镜与其他特殊效果	掌握透镜与其他特殊效果的制作方法
第 10 章	编辑位图	掌握位图的编辑方法
第 11 章	打印输出	掌握打印和输出的基本方法
第 12 章	家居行业应用实例	掌握家居行业图片的绘制与设计方法
第 13 章	宣传与包装行业实例	掌握宣传与包装行业图片的绘制与设计方法

主要特色

1. 反映最新最流行的实用技术

本书在策划和编写时，选取市场上最新、最易掌握的中文版软件，以满足广大读者的普遍需求，与时代接轨。

2. 理论与实践相结合

本书从自学与教学的角度出发，将精简的理论与丰富实用的范例相结合，让读者边学边练，快速掌握所学知识。

3. 注重与实际工作相结合

本书紧紧围绕“短期培训”的目标，以“实用、够用”为原则，最大限度地体现技能培训教材的特色。

4. 内容新颖、全面，编写风格独特

本书以岗位技能培训为重点，内容系统、全面，从易到难，循序渐进，将每个知识点融入到实例图中，使读者在了解理论知识的同时，同步提高实践能力。本书版式独特，章节结构清晰，重点突出，图文并茂，操作步骤详略得当，是一本适用性很强的技能型培训类图书。

本书约定

注意：补充说明操作步骤和可能出现的问题，引导读者避免发生各种错误。

提示：提醒操作中应注意的问题以及需要进一步学习的内容，避免发生错误，并引导读者深入学习。

技巧：总结操作中的各种快捷方式和操作技巧，为读者提供帮助。

本书用“+”连接两个或三个键，表示组合键或快捷键，在操作时应同时按下这些键。

读者定位

本书可作为普通高等院校、高职高专及各类电脑培训班的教材，也可供电脑爱好者自学参考。

由于编者水平有限，不足之处在所难免，欢迎广大读者批评指正。

编 者

目录

第1章 CorelDRAW X4 概述

本章要点

- ☑ CorelDRAW X4 简介
- ☑ CorelDRAW X4 的启动与退出
- ☑ CorelDRAW X4 的重要概念
- ☑ CorelDRAW X4 的界面

学习目标

CorelDRAW X4 是 CorelDRAW 系列的最新版本，它的操作比以前的版本更加简便，图形图像处理功能更加强大，运用它可以绘制、合成和编辑图形以及进行各种个性化的设计，也可以创作出专业级的美术作品。

1.1 CorelDRAW X4 简介

在众多的电脑绘图软件中，由于 CorelDRAW 功能非常强大，掌握起来也比较容易，因此已成为专业美术设计师首选的矢量图形设计软件之一。CorelDRAW X4 是 CorelDRAW 系列的最新版本，它的操作比以前的版本更加简便，图形图像处理功能更加强大，运用它可以绘制、合成和编辑图形以及进行各种个性化的设计，也可以创作出专业级的美术作品。

1.1.1 CorelDRAW 的发展历史

CorelDRAW 于 1989 年由加拿大的 Corel 公司推出，到现在已经有 14 年的历史了，虽然问世时间不长但已经成为世界闻名的平面图形图像设计软件之一。

CorelDRAW 第一版于 1989 年春季面世，这是专门为 Microsoft（微软）而设计的。一年后，开发商向大众推出了 CorelDRAW 1.01 版，它在功能方面增加了滤镜，并且可兼容其他的绘图软件。

1991 年秋天，Corel 公司推出了 CorelDRAW 2，这时的 CorelDRAW 已经具备了当时其他绘图软件都不具备的功能，如套封、立体化和透视效果等。

CorelDRAW 2 的推出虽然为 CorelDRAW 树立了新形象，但 CorelDRAW 的第一个里程碑应该是 CorelDRAW 3，它是今天功能齐全的绘图组合软件的始祖，也是第一套专为 Microsoft Windows 3.1 而设计的绘图软件包，其中包括 Corel PHOTO-PAINT，CorelCHART，CorelSHOW 与 CorelTRACE 等应用程序。

CorelDRAW 4 于 1993 年 5 月推出，Corel PHOTO-PAINT 与 CorelCHART 的程序代码经过整理后，在外观上也更接近 CorelDRAW。

CorelDRAW 5 于 1994 年 5 月推出，此版本兼容了以前版本中所有的应用程序，被公认为第一套功能齐全的绘图和排版软件包。

CorelDRAW 6 是专为 Microsoft Windows 95 而设计的绘图软件包，它充分利用了 32 位处理器的能力，提供了用于三维动画制作与描绘的新应用程序。

CorelDRAW 7 于 1996 年 10 月正式推出，它是第一套充分利用 Inter MMX 技术的软件包。但 CorelDRAW 7 尚未普及，便退出了市场，取而代之的是 1996 年 12 月推出的 CorelDRAW 8，它与以前版本有很大不同，整个界面发生了很大的变化，且功能也更强大，具有出版、绘图、照片、企业标志、企业图片等图像创作能力。之后的 CorelDRAW 9 增加了许多点阵图处理的功能，还附带了 Corel PHOTO-PAINT 与 Corel CAPTURE 两个功能强大的软件。

CorelDRAW 10 在 CorelDRAW 9 的基础上又做了很大的改进，其网络处理功能得到了更大的增强，可方便地制作出更丰富活泼的图像以及输出 HTML 代码；其新增加的 Image Optimizer（图像优化器）可以使图像更小，以方便在网络上传输。

在 2002 年，CorelDRAW 11 被推出市场，它的工作界面焕然一新，工作区域比以前的版本具有更大的灵活性，增加了许多效果和工具。

在 2003 年到 2006 年之间，CorelDRAW 12 和 CorelDRAW X3 又相继被推出市场，它们的界面都在原有的基础上都得到了很大的提高，工作区域更灵活，效果和工具更加完善。

平面设计的不断普及，促进了平面设计软件的不断更新。CorelDRAW X4 是目前的最高版本，它集设计、绘画、制作、编辑、合成、高品质输出、网页制作与发布等功能于一体，使创作的作品更具专业水准。

CorelDRAW X4 相比两年前的 CorelDRAW X3 加入了大量新特性，总计有 50 项以上，其中值得注意的亮点有文本格式实时预览、字体识别、页面无关层控制以及交互式工作台控制等。

在 Windows Vista 开始普及的今天，CorelDRAW X4 也与时俱进，整合了新系统的桌面搜索功能，可以按照作者、主题、文件类型、日期、关键字等文件属性进行搜索，还新增了在线协作工具。

此外，CorelDRAW X4 还增加了对大量新文件格式的支持，包括 Microsoft Office Publisher，Illustrator CS3，Photoshop CS3，PDF 8，AutoCAD DXF/DWG，Painter X 等。

1.1.2　CorelDRAW X4 的工作环境

CorelDRAW X4 可以运行于 PC 机与苹果机上，在 PC 机上适用于 Windows 2000，Windows XP 或 Windows Tablet PC Editiont 操作系统。

CorelDRAW X4 在运作时需要占用很大的系统资源，因此它对硬件的配置要求较高。要顺利运行 CorelDRAW X4，必须具备以下条件：

（1）CPU（中央处理器）：CPU 的运作与处理速度是计算机性能最重要的标志之一，中文版 CorelDRAW X4 所要求的处理器至少在 Pentium® III，800 MHz 处理器或 AMD Athlon™ XP 以上。

（2）内存（RAM）：内存是处理器与硬盘等外存设备进行数据交换的主要场所，CorelDRAW X4 要求的内存为 512 MB 或更高。

（3）硬盘空闲空间：必须保证硬盘具有 430 MB 以上的空闲空间以进行数据交换。

（4）显示器：分辨率为 1024 × 768 或更高的显示器。

（5）操作系统：Windows® XP（带 Service Pack 2 或更高版本）或 Windows Vista™（32 位或 64 位版本）。

1.1.3　CorelDRAW X4 的基本功能

绘制与处理矢量图：CorelDRAW X4 可以很方便地利用图形工具直接绘制出各种图形，还可以对绘制的对象进行各种排列组合、对齐、镜像操作等。

文字处理：在 CorelDRAW X4 中有两种输入文字的方法，一种是输入美术字文本，另一种是输入段落文本。因此，CorelDRAW X4 不但可对单个文字进行处理，也可以对整段文字进行编辑、变形等操作，还可以对文字进行沿路径排列与使用透视效果等。

位图处理：CorelDRAW X4 处理位图的功能也十分强大。它不但可以直接处理位图，而且还可以将矢量图与位图进行相互转换。利用 CorelDRAW X4 中的位图滤镜功能，可以为位图处理添加各种效果，从而方便了设计者的制作。

1.1.4　CorelDRAW X4 的新特性

CorelDRAW X4 与以前的版本相比，除了具有更加人性化与亲切的窗口视图外，还增加了许多新的功能，下面分别进行介绍。

1．CorelDRAW X4 新的文本格式实时预览、字体识别功能

选择不同的字体，CorelDRAW X4 会自动把段落文本中的字体预览成选择的字体。也就是说当在字体下拉列表中选择不同的字体时，段落文本中的字体也会随之呈预览方式以供查看显示效果。这一新加的特性可以大大方便我们选择不同的字体效果，从而提高工作效率，如图 1.1.1 所示。

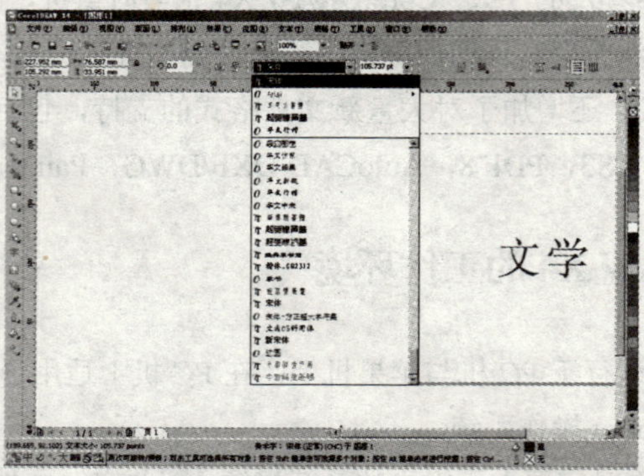

图 1.1.1　字体识别

2．CorelDRAW X4 的新界面

（1）CorelDRAW X4 新的属性栏如图 1.1.2 所示。

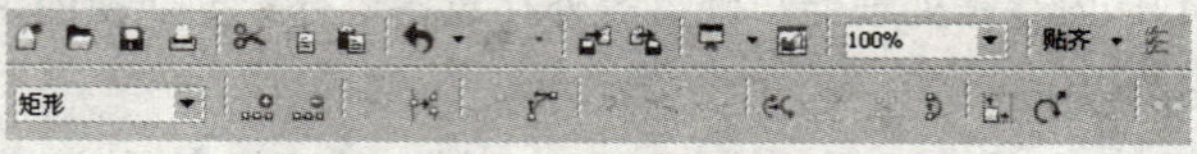

图 1.1.2　CorelDRAW X4 属性栏

（2）CorelDRAW X4 新的工具栏如图 1.1.3 所示。

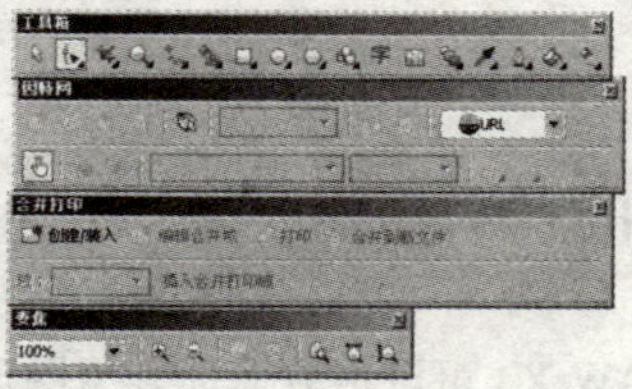

图 1.1.3　CorelDRAW X4 工具栏

（3）CorelDRAW X4 工具预览方式改成了竖式排列，如图 1.1.4 所示。

3．CorelDRAW X4 新增的表格制作工具

通过表格工具的属性栏，可以方便地修改行数和列数，改变边框线的颜色，如图 1.1.5 所示。

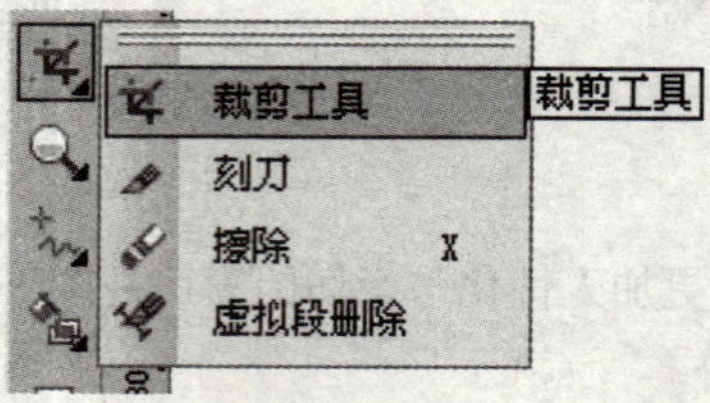

图 1.1.4　CorelDRAW X4 工具预览方式

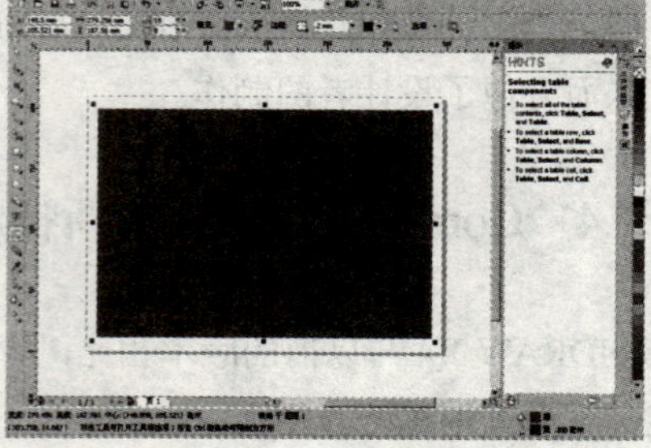

图 1.1.5　CorelDRAW X4 表格制作

1.2　CorelDRAW X4 的启动与退出

在 CorelDRAW X4 中，如果需要进行各种图形的绘制与编辑，可先启动其应用程序。本节将具体介绍 CorelDRAW X4 的启动与退出。

1.2.1　启动 CorelDRAW X4

要启动 CorelDRAW X4，选择 开始 → 所有程序(P) → CorelDRAW Graphics Suite X4 → CorelDRAW X4 命令，即可显示程序的初始化界面，如图 1.2.1 所示。

图 1.2.1　启动 CorelDRAW X4 的初始化界面

初始化界面消失后，屏幕上会显示出一个 欢迎/快速启动 界面，如图 1.2.2 所示。

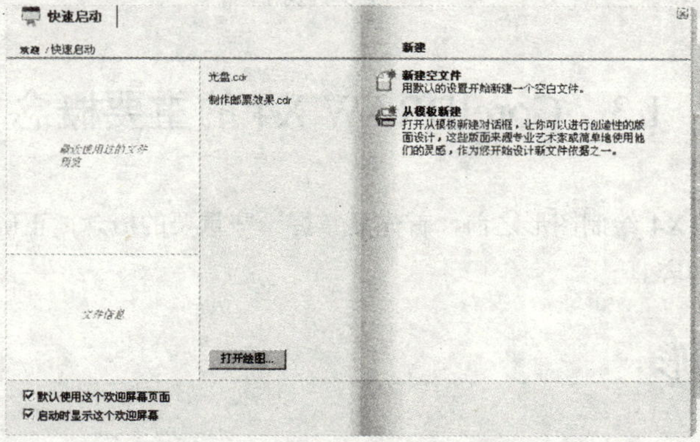

图 1.2.2　CorelDRAW X4 的欢迎界面

在此界面中的右面提供了 5 个标签，单击任意一个标签，都可以启动 CorelDRAW X4 操作界面进行工作。其功能如下：

1．快速启动

（1）新建空文件：CorelDRAW X4 将会以默认的格式新建一个空白文件。

（2）从模版新建：打开从模版新建对话框，可以进行创造性的版面设计。

（3）打开绘图：CorelDRAW X4 将打开存储过的任意一个图形。

2．新增功能

CorelDRAW X4 提供了关于 CorelDRAW X4 的各种新增功能的介绍。

3. 学习工具

查看令人印象深刻的项目见解并向经验丰富的设计专家学习。

4. 画廊

查看 CorelDRAW X4 中提供的制作精美项目。

5. 更新

CorelDRAW X4 提供了在线更新功能，用户可以通过在线更新使 CorelDRAW X4 保持最新版本。

单击新建图形图标，可进入 CorelDRAW X4 的绘图界面，同时打开一个新建绘图页，这时用户已经进入了 CorelDRAW X4 矢量绘图的神奇天地。

1.2.2 退出 CorelDRAW X4

退出 CorelDRAW X4 应用程序也很简单，只需要选择菜单栏中的 文件(F) → 退出(X) 命令，也可单击右上角的 ✕ 按钮或按“Alt+F4”键即可。

如果退出 CorelDRAW X4 应用程序时有未保存的文件，则系统会弹出 CorelDRAW 提示框，如图 1.2.3 所示，提示是否保存文件，单击 是(Y) 按钮即可保存文件。

图 1.2.3 提示框

1.3 CorelDRAW X4 的重要概念

使用 CorelDRAW X4 绘制图形之前，首先要掌握一些重要的概念，正确理解这些概念有利于更好地掌握本书后面的内容。

1.3.1 矢量图形

矢量图也叫面向对象绘图，它是以数字方式描述曲线，其基本组成单位是锚点和路径。因此，矢量图可以随意地放大或缩小，而不会使图像失真或遗漏图像的细节，也不会影响图像的清晰度，如图 1.3.1 所示。矢量图尤其适用于标志设计、图案设计、文字设计、版式设计等，它所生成的文件也比位图文件要小一些。

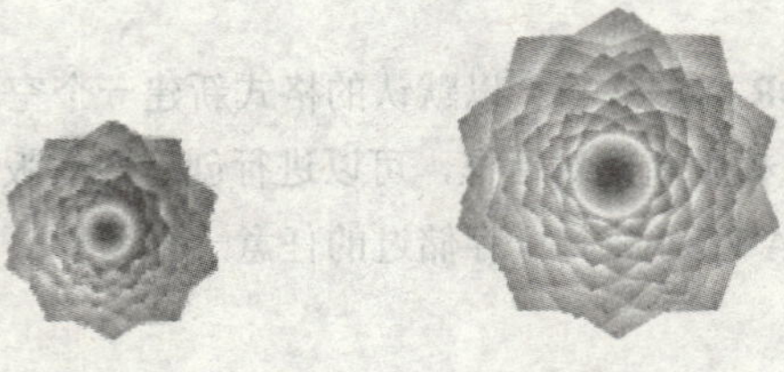

矢量图　　矢量图放大后

图 1.3.1 矢量图缩放前后效果对比

1.3.2　位图图像

位图图像也称点阵图或绘制图像，它是由计算机屏幕上许多像素点组成的。在色彩允许的前提下，位图可以最真实地描述图像。位图有固定的分辨率，分辨率越高，图像的效果就越好，但按照原图大小打印或显示时效果最好。如果将位图扩大，其显示效果不会很清晰，如图 1.3.2 所示。

位图的大小与质量也取决于图像中像素点的多少。一般来说，每平方英寸的面积所含像素点越多，颜色之间的混合也越平滑，同时文件也越大。

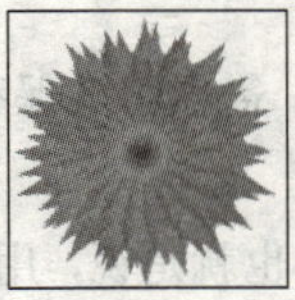
位图

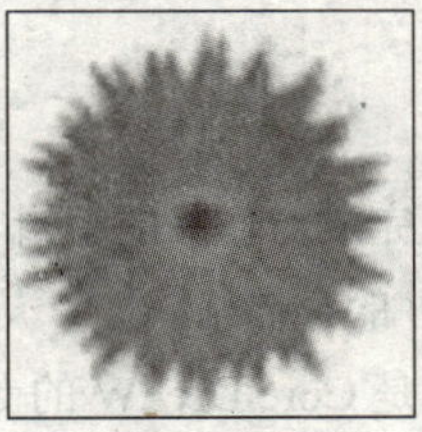
位图放大后

图 1.3.2　位图图像缩放前后效果对比

1.3.3　色彩模式

CorelDRAW X4 应用程序支持很多种色彩模式，如 CMYK，RGB，HSB，HLS，LAB 等。其中最常用的是 RGB 模式与 CMYK 模式，这两种模式是 CorelDRAW 中表示颜色的必选途径，每种色彩模式都有其特有的表示颜色的方法。

1．RGB 模式

RGB 模式也可称为光源色模式，这是因为 RGB 能够产生与太阳光一样的颜色。RGB 色彩模式是通过色彩的红、绿、蓝 3 种颜色混合构成，从理论上来说，可以生成自然界中的任何一种颜色，一般 RGB 模式只用于在屏幕上显示的图像。

在 RGB 模式下，每一个像素由 24 位的数据表示，其中 RGB 3 种原色各用了 8 位，因此，这 3 种颜色各具有 256 级亮度，能表现出 256 种不同浓度的色彩。

2．CMYK 模式

CMYK 模式的颜色也称为印刷色，这是因为 CMYK 模式大多用在印刷上。CMYK 色彩模式通过青色、洋红、黄色和黑色 4 种颜色以百分比的形式进行描述，每一种颜色所占的百分比可以从 0 到 100%，其百分比越高，颜色越暗。

CMYK 模式是通过反射某些颜色的光并吸收另外颜色的光，生成不同的颜色，因此，此模式也被称为减色模式。

一般 CMYK 模式用于生成印刷机、色彩打印校正机、热升华打印机、全色海报打印机或专门打印机的文档。CorelDRAW 中所用的调色板色彩就是用 CMYK 值来定义的。

1.3.4　光源色与印刷色

在 CorelDRAW 中所使用的 CMYK 色彩模式是通常的打印与印刷系统常用的模式，即由青色、品红、黄色与黑色 4 种颜色组成。它通过色彩对光源的反射效果来表示颜色。

1.3.5 位图的分辨率

对位图图像来说，分辨率就是指每平方英寸中像素点数量的多少，单位为 dpi。位图的分辨率和位图图像的清晰度与画面质量有着密切的关系，当图片尺寸确定，分辨率越高，则图像的清晰度也就越高，画质也越好。相反，当分辨率较低时，图像的清晰度就会下降。

1.3.6 存储格式

在 CorelDRAW X4 中，完成对作品的编辑与修改后，需要将其保存起来，在存储时需要选择存储格式。下面来介绍几种文件的存储格式。

（1）CDR 格式：此格式是 CorelDRAW 的专用格式，也就是说，用 CDR 格式存储的文件只能在 CorelDRAW 中打开，而不能在其他程序中打开。

（2）PSD 格式：它是唯一支持 Photoshop 全部图像色彩模式的文件格式，还支持网格、通道、图层等其他所有功能。它是具有图层功能的 Photoshop 专用格式，可方便对图像进行反复修改。

（3）GIF 格式：此格式文件压缩比较大，占用磁盘空间小，可支持位图模式、灰度模式与索引颜色模式的图像，这是近乎完美的图像格式。

（4）JPEG 格式：此格式压缩比可大可小，支持 CMYK，RGB 与灰度的色彩模式，但不支持 Alpha 通道。这种格式可以用不同的压缩比对图像文件进行压缩，其压缩技术是否先进对图像质量的影响不大，它是占用较少的磁盘空间获得较好图像质量的格式。

（5）BMP 格式：此格式文件几乎不压缩，占用磁盘空间较大，可支持 RGB、灰度、位图以及索引颜色模式，而不支持 Alpha 通道。

1.4 CorelDRAW X4 的界面

进入 CorelDRAW X4 之后，呈现在屏幕上的是一个基本的工作界面，如图 1.4.1 所示。从图中可以看到，CorelDRAW 与其他大多数应用程序一样，也包括标题栏、菜单栏、工具栏、工具箱等一些通用元素。

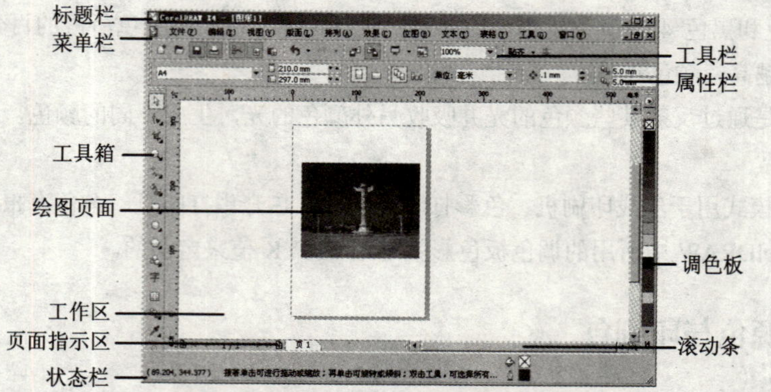

图 1.4.1 CorelDRAW X4 工作界面

1.4.1 标题栏

标题栏位于 CorelDRAW X4 应用程序与文件窗口的顶部，其左侧显示了当前文件名，右侧是最小化、最大化、关闭窗口的几个按钮。如果单击标题栏最左侧的图标，可弹出一个下拉菜单，如图 1.4.2 所示，在此菜单中选择适当的命令，可对应用程序进行移动、最小化、最大化、关闭等操作。

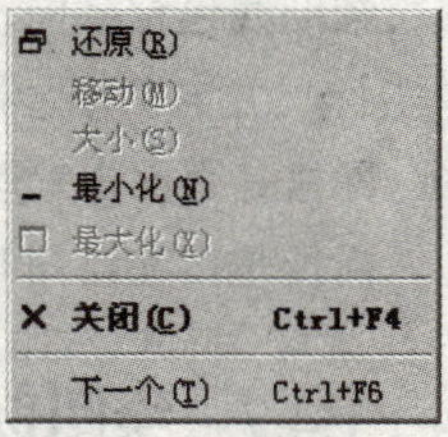

图 1.4.2 下拉菜单

1.4.2 菜单栏

菜单栏位于标题栏的下方，列出了 CorelDRAW X4 所有的绘图命令，其中包含 11 个菜单。在每一个菜单之下又有若干子菜单，每一个菜单都代表一系列的特殊命令，选择之后将会弹出这些命令或相应的对话框。此外，通过单击菜单栏右侧的几个按钮，可最小化、最大化与关闭当前文件窗口。

1.4.3 工具栏

在工具栏中提供了 CorelDRAW X4 中最常用的一些命令，这些命令与菜单栏中的某些命令相对应。工具栏中的按钮按功能分类，大致可分为新建、打开、保存、撤销与帮助 5 类。工具栏显示如图 1.4.3 所示。

图 1.4.3 工具栏

1.4.4 工具箱

默认状态下，工具箱位于工作窗口的左边，其中包含了一系列常用的绘图与编辑工具，如图 1.4.4 所示。有些工具按钮右下角有一个小黑三角形，表示在此工具组中还隐藏着其他工具，只要将鼠标指针移至带有小黑三角形的按钮上，按住鼠标左键不放，就会展现出这些隐藏的工具。

图 1.4.4 工具箱

1.4.5 调色板

调色板位于 CorelDRAW X4 窗口的右侧，是由许多色块组成的，通过选择调色板上的颜色，可决定对象内部颜色或轮廓颜色。在调色板的上方单击☒图标，可删除所选对象填充的颜色；用鼠标右键单击☒图标，可删除对象的轮廓颜色。

1.4.6 标尺、辅助线、网格与捕捉

标尺分为水平标尺与垂直标尺，可用来显示各对象的尺寸及其在工作页面上的位置，可通过选择

菜单栏中的 视图(V) → ✓ 标尺(R) 命令，打开或关闭标尺。

辅助线包括横向、竖向与倾斜几种类型，用来辅助确定对象的位置或形状。要创建辅助线，只需单击标尺并向工作区拖动即可。创建辅助线后，可以移动其位置，并可以对其进行旋转。

网格是页面上均匀的小方格，与辅助线一样，也是用来辅助确定对象的位置或尺寸。

捕捉是指在绘图时使光标沿网格、辅助线或对象精确定位，以精确绘制图形的一种功能。

1.4.7 绘图页面

绘图页面是位于 CorelDRAW X4 窗口中间的矩形区域，在其中可进行绘制图形、编辑文本、编辑图形等操作，绘图页面之外的对象不会被打印。

1.4.8 页面指示区

页面指示区位于 CorelDRAW X4 窗口的左下角，可用来显示 CorelDRAW 文件所包含的页面数，用于在各页面之间切换，或者在第 1 页之前或之后增加新页面，如图 1.4.5 所示。

图 1.4.5　页面指示区

1.4.9 滚动条

滚动条位于窗口的下侧与右侧，分为水平滚动条与垂直滚动条，可用来移动当前窗口中的内容，以便查看当前窗口中未显示的图形。

1.4.10 状态栏

状态栏位于 CorelDRAW X4 窗口的最底部，显示了当前操作的简要帮助以及所选对象的有关信息，还显示了当前光标所在的位置，为确定对象的位置提供帮助。

1.5 典型实例——五角星

本节主要介绍使用 CorelDRAW X4 绘制五角星，练习基本图形的绘制方法，效果如图 1.5.1 所示。

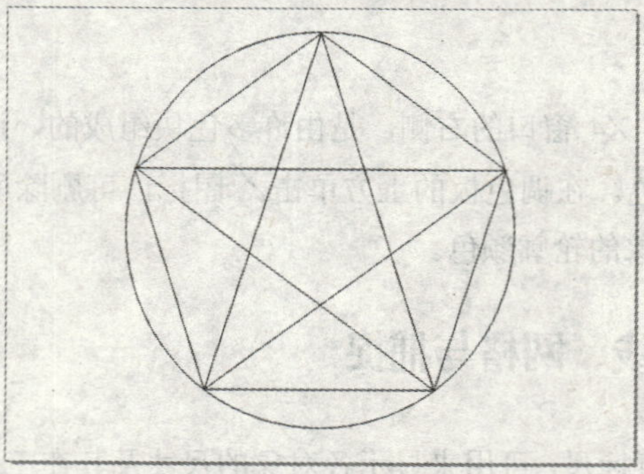

图 1.5.1　效果图

创作步骤

（1）选择菜单栏中的 文件(F) → 新建(N) Ctrl+N 命令，再选择 版面(L) → 页面设置(P)… 命令，在弹出的 选项 对话框中设置纸张大小为 A4，摆放方式为横向。

（2）选择工具箱中的椭圆工具，按住“Ctrl”键在绘图区中绘制如图 1.5.2 所示的正圆形。

（3）选择工具箱中的多边形工具，在属性栏设置边数 5 为 5，绘制五边形，并使其内切于圆，效果如图 1.5.3 所示。

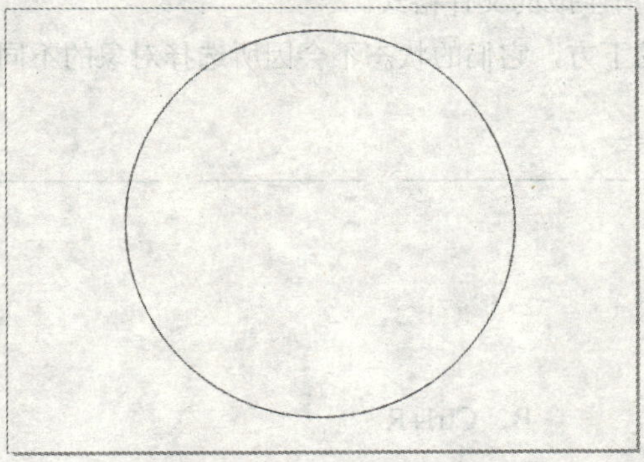

图 1.5.2　绘制的正圆

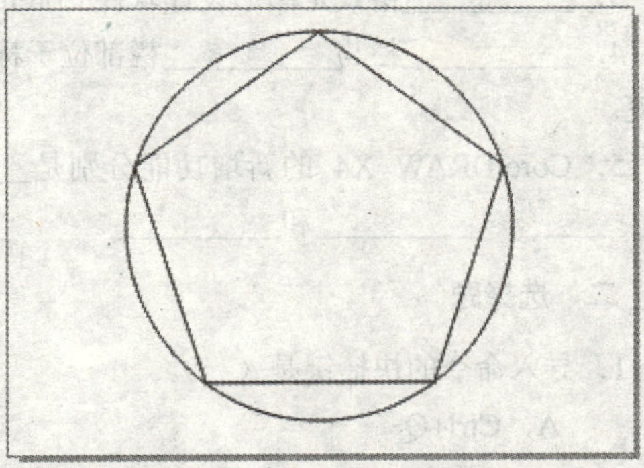

图 1.5.3　绘制的内切于圆的五边形

（4）选择工具箱中的贝塞尔工具，将五边形每不相邻的两个顶点依次连接，效果如图 1.5.4 所示。

（5）按“Ctrl+A”键将所绘制的图形全部选取，并按“Ctrl+G”键将其群组。至此五角星的绘制完成，最终效果如图 1.5.1 所示。

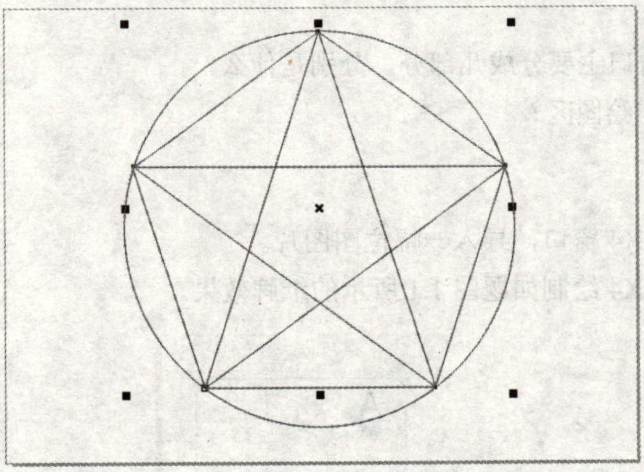

图 1.5.4　连接五边形不相邻顶点图

小　　结

本章介绍了 CorelDRAW X4 的基础知识，通过对 CorelDRAW X4 的发展历程、软件的重要概念、启动与退出以及界面的组成等内容进行讲解，使用户初步认识与了解 CorelDRAW X4。同时，通过上机训练，使用户树立学好 CorelDRAW 的信心并对使用 CorelDRAW X4 软件创作作品的一般过程有个大致的了解。

过关练习一

一、填空题

1．窗口可处于＿＿＿＿＿、＿＿＿＿＿和＿＿＿＿＿状态。

2．＿＿＿＿＿位于 CorelDRAW X4 程序窗口的顶部。

3．＿＿＿＿＿格式是图形设计软件 CorelDRAW 所生成的文件格式。

4．＿＿＿＿＿栏与＿＿＿＿＿栏都位于标题栏的下方，它们的状态不会因所选择对象的不同而改变。

5．CorelDRAW X4 的新增功能分别是＿＿＿＿＿、＿＿＿＿＿、＿＿＿＿＿、＿＿＿＿＿、＿＿＿＿＿、＿＿＿＿＿和＿＿＿＿＿。

二、选择题

1．导入命令的快捷键是（　）。

A．Ctrl+Q　　B．Ctrl+R

C．Ctrl+L　　D．Ctrl+I

2．在 CorelDRAW X4 的 欢迎 /快速启动 界面中，图标 是（　）。

A．“新建图形”图标　　B．“打开上次编辑的图形”图标

C．“打开图形”图标　　D．“模板”图标

E．“Corel TUTOR”图标　　F．“有什么新功能”图标

三、简答题

1．CorelDRAW X4 窗口主要分成几部分，分别是什么？

2．如何区别工作区与绘图区？

四、上机操作题

1．打开 CorelDRAW X4 窗口，导入一幅位图图片。

2．打开 CorelDRAW X4 绘制如题图 1.1 所示的纸牌效果。

题图 1.1　纸牌效果

第2章 CorelDRAW X4 基础知识

本章要点

- ☑ 文件的基本操作
- ☑ 页面的基本设置
- ☑ CorelDRAW X4 的显示模式
- ☑ 使用辅助设置
- ☑ 使用泊坞窗

学习目标

在学习 CorelDRAW X4 的绘图功能之前，首先应该了解一些基本的文件操作命令和绘图基础知识。只有掌握了这些知识之后，才能得心应手地使用 CorelDRAW X4 的其他绘图功能。

2.1 文件的基本操作

本节将详细介绍文件的新建、打开、导入、窗口切换、存储和关闭等基本操作。

2.1.1 新建文件

启动 CorelDRAW 程序以后，首先需要新建一个绘图页面。有 3 种方法可新建绘图页面。

1．从欢迎界面新建

打开 CorelDRAW X4 软件系统时，在弹出的 欢迎/快速启动 界面中单击“新建空文件”按钮，此方法只能用于刚进入 CorelDRAW X4 软件系统且弹出 欢迎/快速启动 界面时。

2．在操作界面中新建

（1）在编辑过程中，如果需新建一个文件，可选择 文件(F) → 新建(N) Ctrl+N 命令（其快捷键为“Ctrl+N”）。

（2）在 CorelDRAW X4 窗口的标准工具栏中单击“新建”按钮。

3．利用模板新建

（1）选择 文件(F) → 从模板新建(F)... 命令，弹出 从模板新建 对话框，如图 2.1.1 所示。

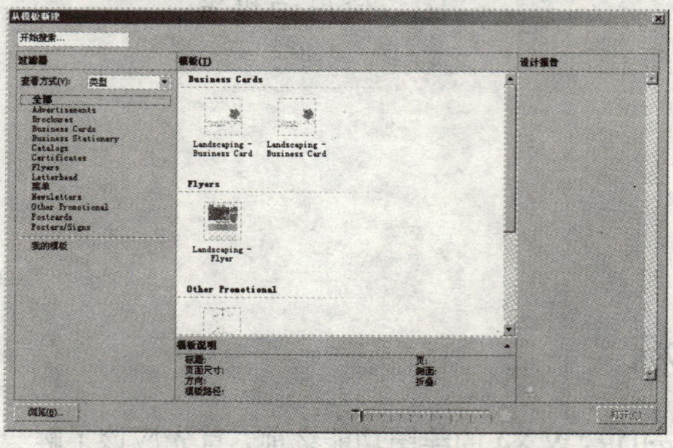

图 2.1.1 “从模板新建”对话框

（2）在 从模板新建 对话框中选择一种需要的模板类型，单击 打开(O) 按钮，即可新建图形。

2.1.2 打开文件

打开文件有以下 3 种方法。

（1）刚打开 CorelDRAW X4 软件系统时，在弹出的 欢迎/快速启动 界面中单击 打开绘图... 按钮，此方法只能用于刚打开 CorelDRAW X4 软件系统且弹出 欢迎/快速启动 界面时。

（2）进入 CorelDRAW X4 软件系统后，选择 文件(F) → 打开(O)... Ctrl+O 命令或者单击 CorelDRAW X4 窗口的工具栏中的“打开”按钮，将弹出 打开绘图 对话框，在 查找范围(I): 中选定需打开的文件，然后单击 打开 按钮，即可打开此文件。

（3）若用户需要打开的文件是最近打开过的，可单击 文件(F) 菜单，在其下拉菜单中选择 打开最近用过的文件 命令，可打开需要打开的文件。

2.1.3　导入文件

图形文件的格式有多种，若用户需在 CorelDRAW 中打开非 CDR 和非 CMX 文件，或者需把 CDR 和 CMX 文件转化成其他格式，可通过导入和导出文件命令使其他格式的文件能在 CorelDRAW 中使用，或将 CorelDRAW 格式的文件应用于其他程序。

CorelDRAW 提供了一个文件过滤器，这是一个将某一类文件转为另一类文件的程序。用户可方便地将某种文件格式转换为它所支持的另一种格式。

导入文件的步骤如下：

（1）选择 文件(F)→ 导入(I)… Ctrl+I 命令，弹出 导入 对话框。从 查找范围(I): 下拉列表中选择 CorelDRAW X4 自带的图片，选中 ☑预览(P) 复选框，则选中的图片将在预览框中显示，如图 2.1.2 所示。

（2）单击 导入 按钮，将鼠标移动到绘图窗口中，当光标显示为 形状时，直接单击鼠标左键或按住鼠标左键拖出一个矩形框，可将选择的图像文件导入到绘图窗口中，如图 2.1.3 所示。

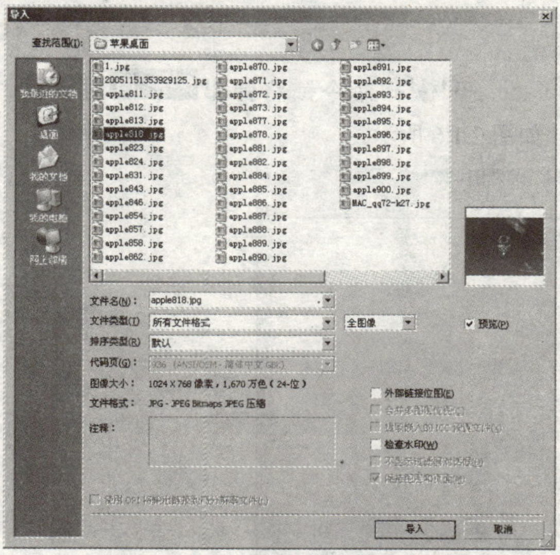

图 2.1.2　“导入”对话框

图 2.1.3　导入的图片

2.1.4　文件窗口的切换

若在绘制图形过程中创建了多个文件，并且在多个文件之间需要进行切换时，其操作步骤如下：

（1）单击两个正在编辑的 CorelDRAW 文件右上角的“还原”按钮，使文件处于还原状态，如图 2.1.4 所示。

此时，图形 2 文件为当前工作状态。下面将图形 1 文件切换为当前工作状态。

（2）选择 窗口(W) → 1 图形1.cdr 命令，或者直接单击图形 1 文件的页面，即可将图形 1 切换为当前的工作状态，如图 2.1.5 所示，这样就完成了文件的切换。

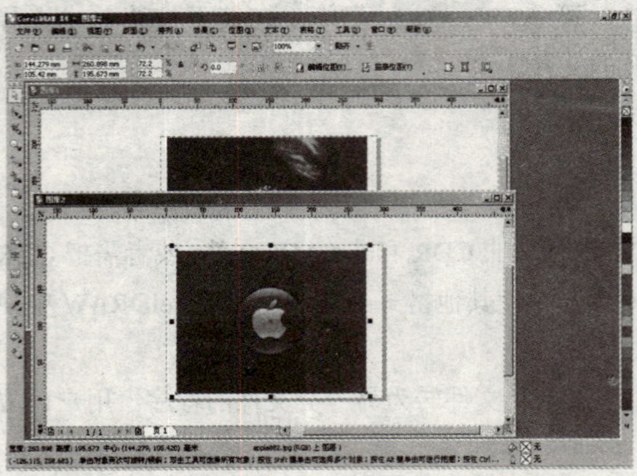

图 2.1.4　使文件处于还原状态

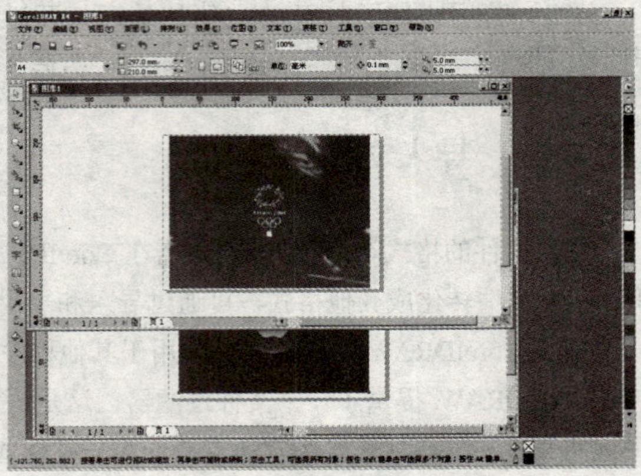

图 2.1.5　将图形 1 文件切换为当前工作状态

2.1.5　文件保存

绘制好一个图形后，需要将文件保存起来。在制作过程中也需要对图形不断地进行保存，以免在操作过程中因断电或其他意外原因造成失误。下面介绍几种文件保存方式。

1. 利用菜单栏保存文件

（1）选择 文件(F) → 保存(S)…　Ctrl+S 命令，将弹出 保存绘图 对话框，在 保存在(I): 下拉列表中选择保存文件所需的位置，如图 2.1.6 所示。

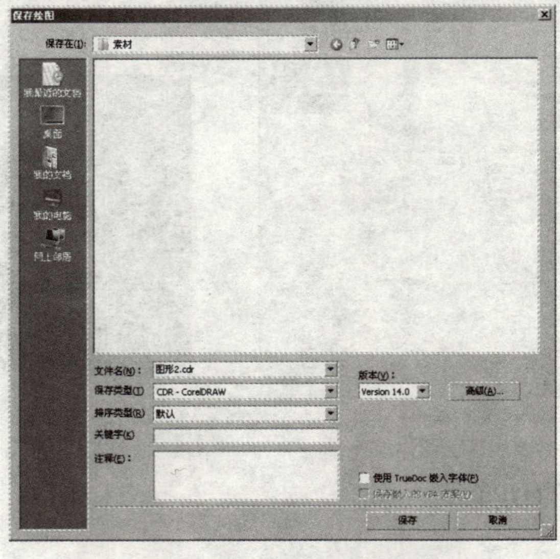

图 2.1.6　“保存绘图”对话框

注意　在选择保存位置时，也可单击 保存绘图 对话框中的“创建新文件夹”按钮，这时可将需保存的文件存储在新建文件夹中，可将新建文件夹重命名。

（2）在 文件名(N): 文本框中可输入文件的名称；在 保存类型(T) 下拉列表（见图 2.1.7）中选择保存文件的类型，CorelDRAW X4 的默认保存类型为 CDR；在 排序类型(R) 下拉列表中选择一种类型，如图 2.1.8 所示。

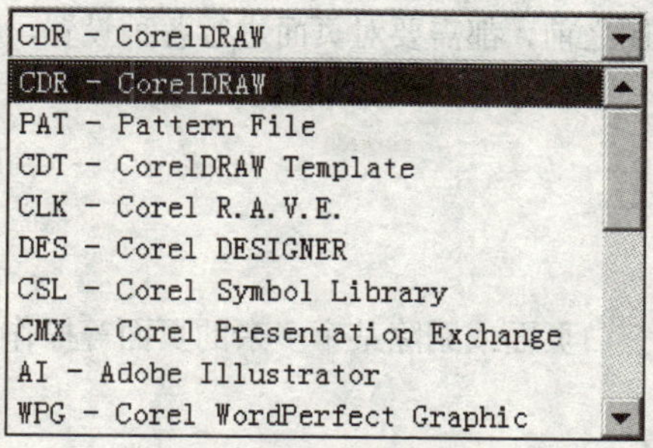

图 2.1.7　“保存类型”下拉列表

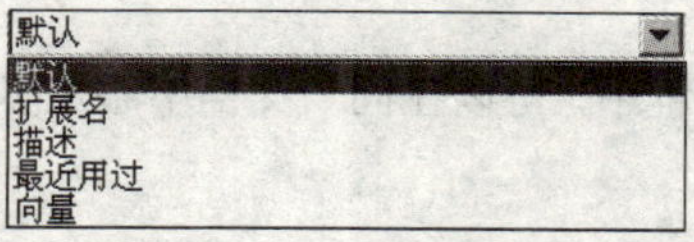

图 2.1.8　“排序类型”下拉列表

（3）设置完成后，单击 保存 按钮，此时就可将文件保存在所选的文件夹下。

2．利用标准工具栏保存

直接单击标准工具栏（见图 2.1.9）中的“保存”按钮，弹出 保存绘图 对话框（见图 2.1.6），其设置如上所述。

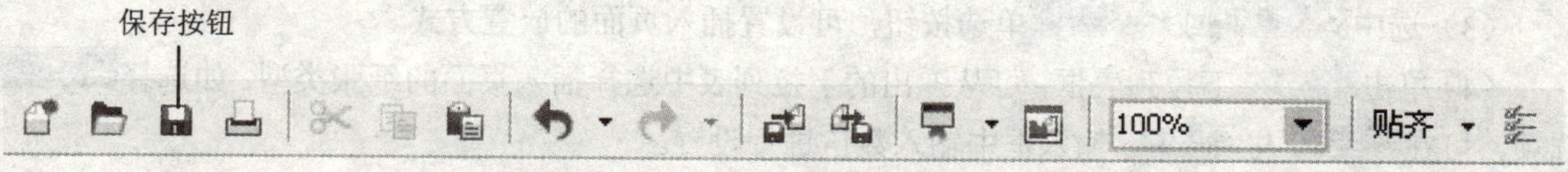

图 2.1.9　标准工具栏

2.1.6　关闭文件

在绘制图形或编辑图形后，往往需要关闭文件。其操作步骤如下：

1．利用菜单栏关闭文件

（1）选择 文件(F) → 关闭(C) 命令，即可关闭文件。若文件未保存，将弹出如图 2.1.10 所示的提示框。

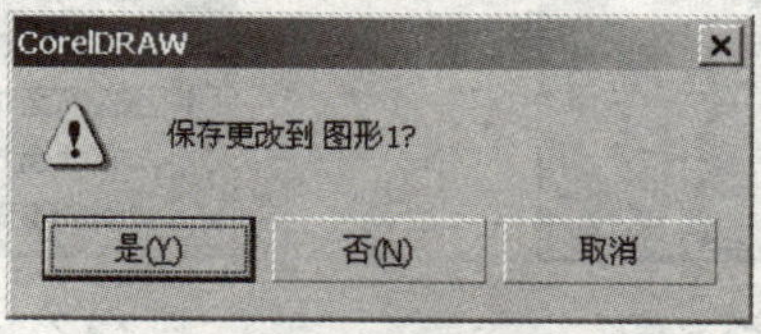

图 2.1.10　保存文件提示框

（2）若单击 是(Y) 按钮，则可关闭文件，关闭文件后，文件保存更改到图形 1；若单击 否(N) 按钮，则关闭文件而不保存对图形的更改；若单击 取消 按钮，则返回到图形编辑状态。

2．利用关闭按钮关闭文件

直接单击 CorelDRAW X4 标题栏右侧的“关闭”按钮，可关闭文件，在执行此操作时若文件未保存，同样将弹出如图 2.1.10 所示的提示框。

2.2　页面的基本设置

CorelDRAW 中的页面是指绘图区，在打印时，只有页面中的图形对象才能被打印出来，而页面外（工作区）的图形对象不会被打印。一般在绘图之前，都需要对页面进行各种设置，包括插入、删除、重命名以及设置页面大小与方向等。

2.2.1　插入与删除页面

在绘图过程中，可以在同一文档中添加多个空白页面或删除某个多余的页面等操作，下面介绍其操作方法。

1. 插入页面

要在当前文档中插入新页面，其具体操作方法如下：

（1）选择菜单栏中的 版面(L) → 插入页(I)… 命令，弹出 插入页面 对话框，如图 2.2.1 所示。

（2）在 插入(I) 输入框中可设置插入页面的数量，并通过选中 ⊙前面(B) 或 ⊙后面(A) 单选按钮，来确定插入页面的位置，即放置在指定对象的前面或后面。

（3）选中 ⊙纵向(P) 或 ⊙横向(L) 单选按钮，可设置插入页面的放置方式。

（4）单击 纸张(R): 下拉列表框，可从弹出的下拉列表中选择插入页面的纸张类型，如选择 自定义 选项，可在 宽度(W) 与 高度(E): 输入框中输入数值进行设置。

（5）设置完成后，单击 确定 按钮，即可在当前文档中插入页面。

在页面指示区中的某一个页面标签上单击鼠标右键，可弹出快捷菜单，如图 2.2.2 所示，从中选择相应的命令也可插入页面。

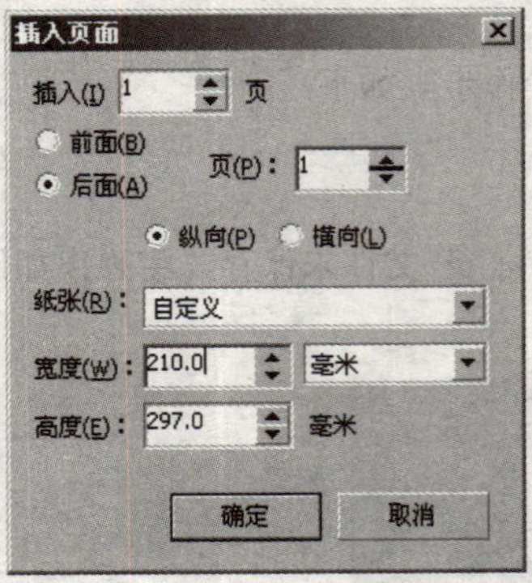

图 2.2.1　“插入页面”对话框

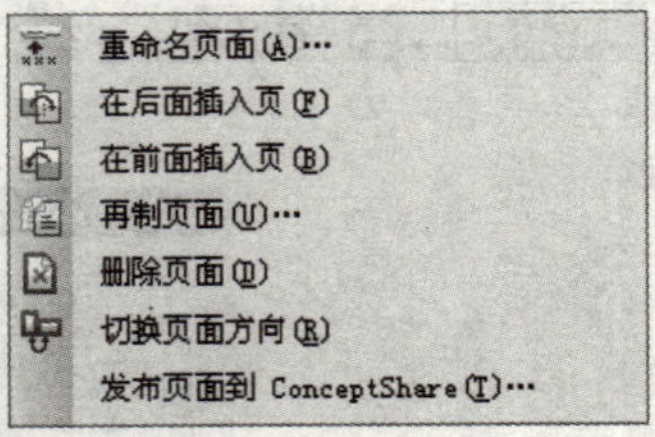

图 2.2.2　页面指示区快捷菜单

2. 删除页面

要删除多余的页面，可选择菜单栏中的 版面(L) → 删除页面(D)… 命令，弹出 删除页面 对话框，在 删除页面(D) 输入框中可输入要删除的页面序号，如果要删除连续的页面，可选中 ☑通到页面(T): 复选框，在其后面的输入框中输入要删除的页面范围，然后单击 确定 按钮，即可删除，如图 2.2.3 所示。

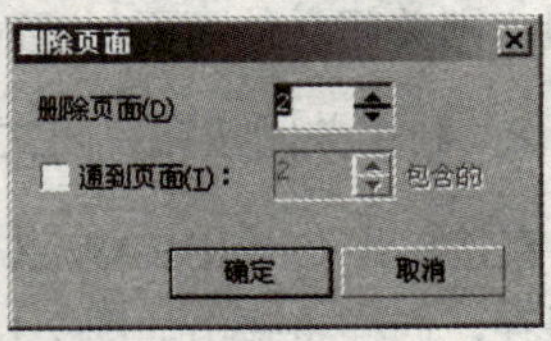

图 2.2.3　“删除页面”对话框

2.2.2　为页面重命名

当插入较多的页面后，为了方便对其进行管理，可为页面重命名，如彩页、扉页等。

要为页面重新命名，可先选择要命名的页面，然后选择菜单栏中的 版面(L) → 重命名页面(A)… 命令，弹出重命名页面对话框，如图 2.2.4 所示。在页名:输入框中输入名称，此处输入“扉页”，然后单击确定按钮，即可将当前页面命名为扉页，在页面左下方的页面指示区中可以查看页面命名的效果，如图 2.2.5 所示。

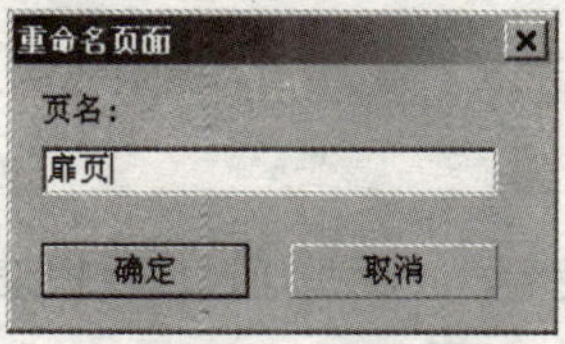

图 2.2.4　“重命名页面”对话框

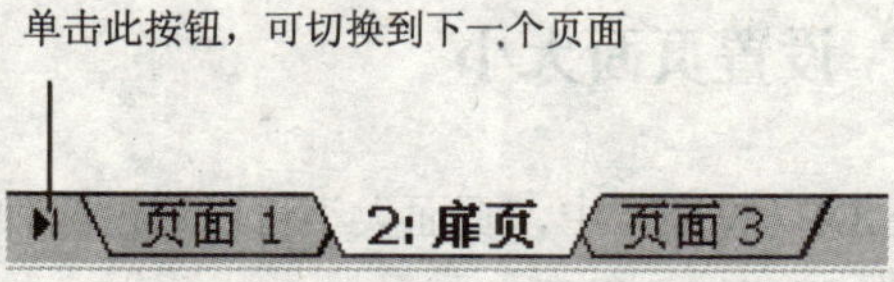

图 2.2.5　查看命名后的效果

2.2.3　转换页面与切换页面方向

在 CorelDRAW X4 中，当一个文档中包含多个页面时，其页面指示区中显示的页面无法显示，此时可以通过转换页面功能在不同页面之间进行切换，同时，也可对同一文档中的不同页面设置不同的方向。

1. 转换页面

要从某一页面转换到所需的页面，可选择菜单栏中的版面(L)→转到某页(G)…命令，弹出定位页面对话框。

在定位页面(G):输入框中输入数值，可设置要定位的页面，然后单击确定按钮，即可转换到定位页面，如图 2.2.6 所示。

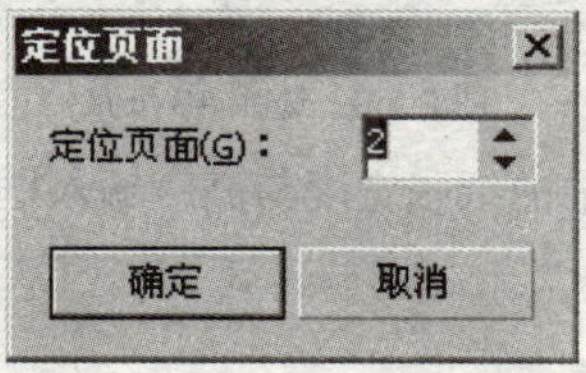

图 2.2.6　“定位页面”对话框

2. 切换页面方向

切换页面方向就是将页面以纵向或横向放置，可通过选择菜单栏中的版面(L)→切换页面方向(R)命令，在纵向与横向之间切换页面。但切换页面方向后，页面上的内容并不会随着页面方向的改变而发生变化，如图 2.2.7 所示。

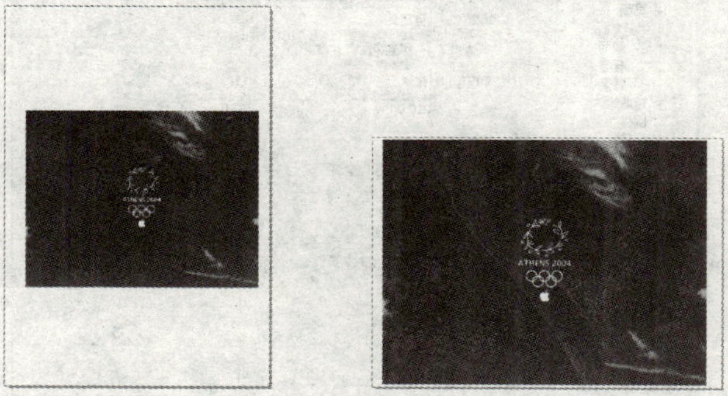

图 2.2.7　切换页面方向

提示 本书在“挑选工具”属性栏中单击“纵向”按钮或“横向”按钮，也可切换页面方向。

2.2.4 设置页面大小

在 CorelDRAW X4 中，页面大小可以通过两种方法进行设置，一种是通过属性栏设置，另一种是在“选项”对话框中设置。

1. 在属性栏中设置

当在绘图区中没有选择任何对象时，其属性栏显示页面的信息，默认的页面为纵向的 A4，即长为 210 mm，高为 297 mm，如图 2.2.8 所示。在属性栏中设置页面大小的具体操作方法如下：

（1）在标准工具栏中单击“新建”按钮新建一个页面，或在挑选工具状态下取消对象的选择。

（2）在属性栏中单击纸张类型/大小下拉列表框 A4 ，可从弹出的下拉列表中选择纸张的类型，如选择 A3 Extension 选项，页面将自动改为 A3 纸张的大小，如图 2.2.9 所示，此时纸张宽度与高度输入框 330.0 mm 483.0 mm 中的数值也随着选择纸张的变化而变化。

图 2.2.8　属性栏中的页面信息

图 2.2.9　选择 A3 纸张

（3）因此，通过直接在属性栏中的纸张宽度与高度输入框 210.0 mm 297.0 mm 中输入数值，也可以自定义页面大小。

2. 在“选项”对话框中设置

选择菜单栏中的 版面(L) → 页面设置(P)… 命令，弹出 选项 对话框，如图 2.2.10 所示。在 纸张(R): 下拉列表中选择 自定义 选项，然后在 宽度(W): 与 高度(E): 输入框中输入数值可定义页面的大小。此外用户还可以设置其他参数，如页面的方向、纸张类型等。

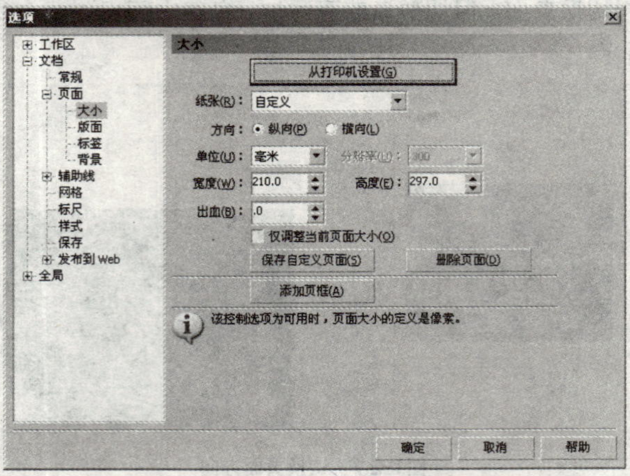

图 2.2.10　“选项”对话框

2.2.5 设置页面背景

在设置好页面大小后，也可以设置页面背景，即以纯色作为背景，或从外部导入图片作为背景。设置页面背景的具体操作如下：

（1）选择菜单栏中的版面(L)→页面背景(B)...命令，弹出选项对话框。

（2）选中纯色(S)单选按钮，在其后面单击下拉按钮，可从弹出的调色板中选择所需的背景颜色，如图 2.2.11 所示。

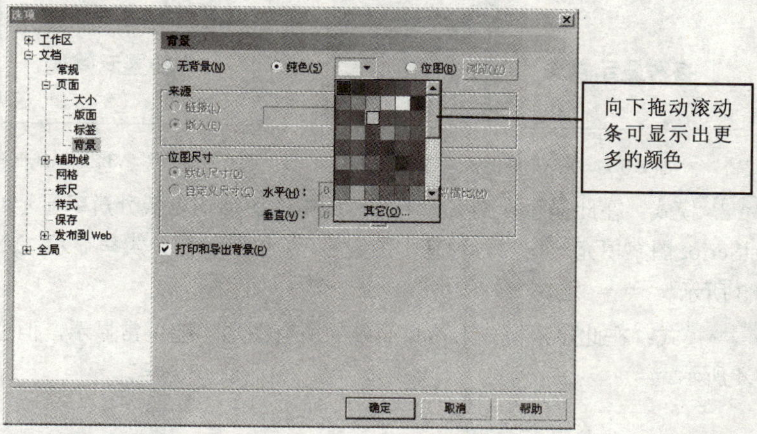

图 2.2.11 设置页面背景

（3）如果选中位图(B)单选按钮，在其后面单击浏览(W)...按钮，弹出导入对话框，在此对话框中选择所需的图片后，单击导入按钮导入图片。

（4）在位图尺寸选项区中选中自定义尺寸(C)单选按钮，然后在水平(H)：与垂直(V)：输入框中设置页面背景的大小，完成后，单击确定按钮，可为页面设置背景。

2.3 CorelDRAW X4 的显示模式

在 CorelDRAW X4 中，可根据需要选择文档的显示模式、预览文档、缩放以及平移画面等。如果同时打开了多个文档，也可调整文档窗口的排列方式。

2.3.1 显示模式

在 CorelDRAW X4 中，为了提高工作效率，系统提供了多种图像的显示模式。在不同的视图模式下，显示的画面内容、品质会有所区别。但这些显示模式只是改变图形显示的速度，而对打印结果完全没有影响。

在 CorelDRAW X4 中显示模式包括 6 种，分别是简单线框(S)、线框(W)、草稿(D)、正常(N)、增强(E)与使用叠印增强(C)模式，要在各种显示模式之间切换，可选择视图(V)菜单中的相应命令。其各种显示模式的特点如下：

简单线框(S)模式：在该显示模式下，所有矢量图只显示图形最基本的框架，不显示填充内容；位图则以灰度图显示；所有变形对象（渐变、立体化、轮廓效果）只显示其原始图像的外框。此模式是一种非常简单的显示模式，显示速度非常快，便于迅速查看某些对象，如图 2.3.1 所示。

线框(W)模式：在此显示模式下，显示结果与简单线框显示模式类似，只是所有的变形对象（渐变、立体化、轮廓效果）将显示所有中间生成图形的轮廓，如图 2.3.2 所示。

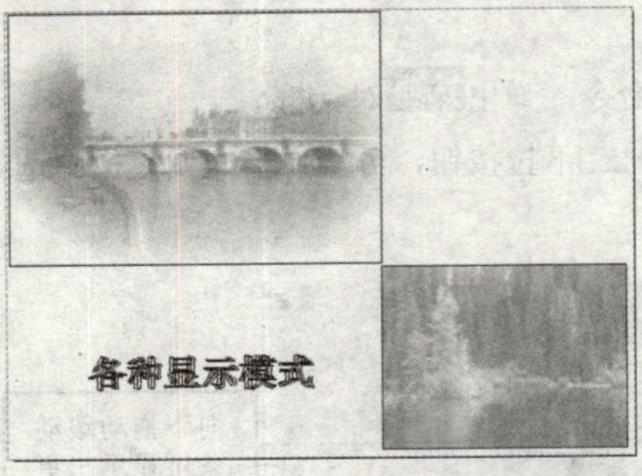

图 2.3.1　以简单线框模式显示

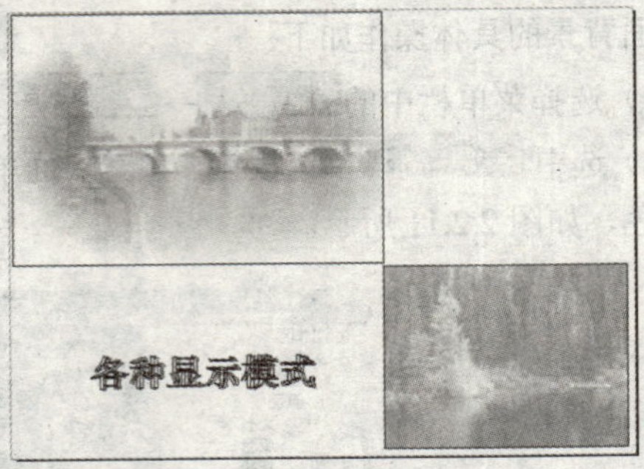

图 2.3.2　以线框模式显示

草稿(D)模式：在此显示模式下，所有页面中的图形均以低分辨率显示。其中底纹填色、材质填充及 PostScript 图案填充等均以一种基本图案显示；位图以低分辨率显示；滤镜效果以普通色块显示，如图 2.3.3 所示。

正常(N)模式：在此显示模式下，页面中的所有图形均能正常显示，但位图将以高分辨率显示，如图 2.3.4 所示。

图 2.3.3　以草稿模式显示

图 2.3.4　以正常模式显示

增强(E)模式：在此显示模式下，系统将以较高分辨率显示所有图形对象，并使图形圆滑，如图 2.3.5 所示。

使用叠印增强(C)模式：在此显示模式下，系统将以高分辨率显示所有图形对象，并使图形圆滑。该显示模式为最佳状态，如图 2.3.6 所示，但是，该显示模式要耗用大量内存与时间。

图 2.3.5　以增强模式显示

图 2.3.6　以使用叠印增强模式显示

2.3.2 预览显示

在 CorelDRAW X4 中，可以用全屏方式进行显示预览，也可仅对选定区域中的对象进行预览，还可以进行分页预览。

1. 全屏预览

选择菜单栏中的 视图(V) → 全屏预览(F) 命令，CorelDRAW 会将屏幕上的工具箱、菜单栏、工具栏以及所有窗口都隐藏起来，只将文档显示在整个屏幕上，从而可以很清晰地显示图形的细节部分，如图 2.3.7 所示。

图 2.3.7 全屏预览

2. 只预览选定对象

在绘图区中选择将要显示的对象，选择菜单栏中的 视图(V) → 只预览选定的对象(O) 命令，即可将所选择的对象以全屏模式显示出来。

3. 分页预览

选择菜单栏中的 视图(V) → 页面排序器视图(A) 命令，可对文件中包含的所有页面进行预览，如图 2.3.8 所示。

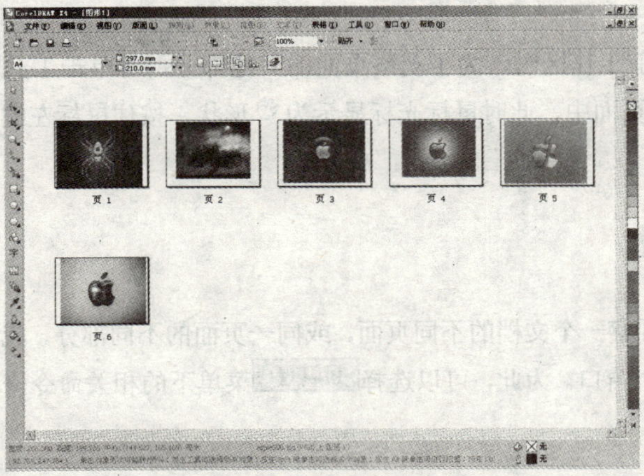

图 2.3.8 页面分类显示

进入分页预览显示模式后，如果要返回到正常显示状态，可使用挑选工具选中某一页面，此时所选的页面周围显示一个深蓝色外框，然后再选择菜单栏中的视图(V)→页面排序器视图(A)命令，取消其前面的“√”符号，即可返回到所选页的正常显示状态。

2.3.3 缩放与平移

在 CorelDRAW X4 中，可以根据需要缩放与平移画面。单击工具箱中的“缩放工具”按钮右下角的小三角，可显示出隐藏的工具组，此时可看到缩放工具与平移工具，如图 2.3.9 所示。

1．缩放工具

在绘图工作中经常需要将绘图页面放大或缩小，以便于查看个别对象或整个绘图的结构。

单击工具箱中的“缩放工具”按钮，将鼠标光标移至绘图区中，此时光标显示为形状，直接在绘图区中单击，将会以单击处为中心放大图形。

如果希望放大某个区域，可在绘图区中单击并拖动鼠标框选该区域，释放鼠标后，该区域将被放大至充满绘图区。

如果要缩小画面显示，可单击工具箱中的“缩放工具”按钮，按住“Shift”键的同时在绘图区中单击鼠标左键，即会以鼠标单击处为中心缩小画面显示。

也可以通过“缩放工具”属性栏调节页面显示比例或单击相应的按钮来对页面进行各种不同的缩放操作，其缩放工具属性栏如图 2.3.10 所示。

图 2.3.9 缩放与平移工具组

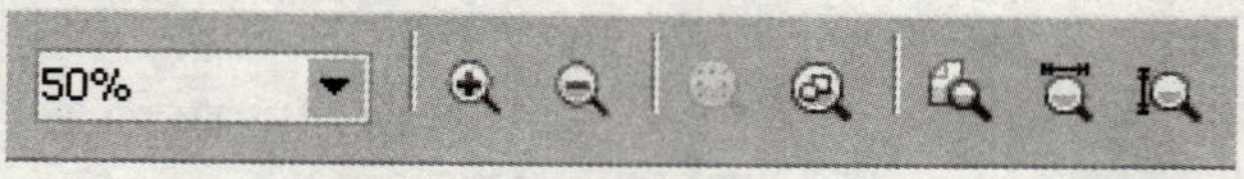

图 2.3.10 “缩放工具”属性栏

在属性栏中单击 50% 下拉列表框，可从弹出的下拉列表中选择需要显示的绘图页面比例。

单击“缩放全部对象”按钮，可以将文件中的所有对象全部显示在一个视图窗口中。

单击“按页面显示”按钮，可在工作窗口中显示全部页面。

单击“按页面宽度显示”按钮，可将工作窗口调整为与页面同宽。

单击“按页面高度显示”按钮，可以将工作窗口调整为与页面高度相同。

2．手形工具

当页面显示超出当前工作区时，为了观察页面的其他部分，可单击工具箱中的“平移工具”按钮，将鼠标光标移至页面中，此时鼠标光标显示为形状，按住鼠标左键拖动，即可移动画面显示其他部分。

2.3.4 窗口操作

一般情况下，为了观察一个文档的不同页面，或同一页面的不同部分，或同时观察两个或多个文档，都需要同时打开多个窗口。为此，可以选择窗口(W)菜单下的相关命令来新建窗口或调整窗口的显示。

1．新建窗口

在绘图工作中，有时需要建立一个与原有窗口相同的窗口来对比修改前后的图形对象，此时，可

选择菜单栏中的 窗口(W)→新建窗口(N) 命令，即可创建一个与原有窗口相同的窗口，如图 2.3.11 所示。

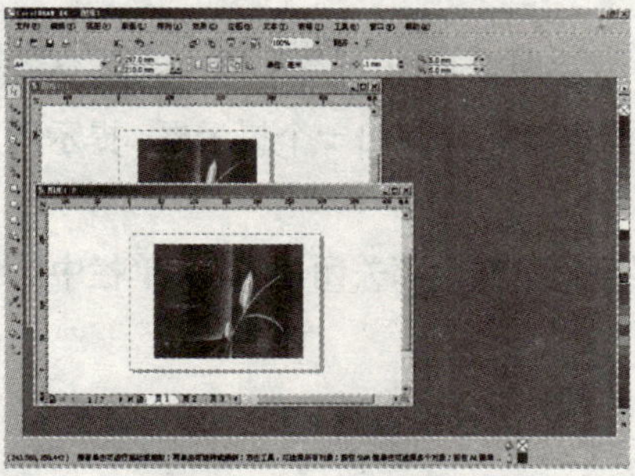

图 2.3.11　新建窗口

2．层叠窗口

层叠窗口可将多个绘图窗口按顺序层叠在一起，这样有利于从中选择需要使用的绘图窗口。如果要按顺序层叠多个窗口，选择菜单栏中的 窗口(W)→层叠(C) 命令即可，如图 2.3.12 所示。通过单击要切换的窗口的标题栏，即可将选中的窗口设置为当前窗口。

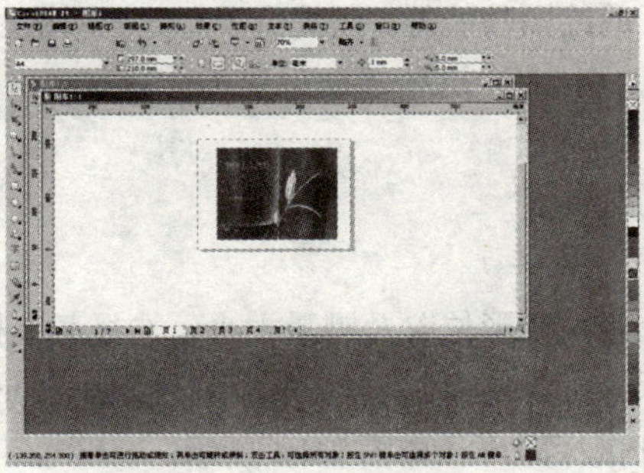

图 2.3.12　层叠窗口

3．平铺窗口

如果想要同时在屏幕上显示两个或多个窗口，可使用平铺窗口方式。选择菜单栏中的 窗口(W)→水平平铺(H) 命令，可按水平方式平铺窗口，如图 2.3.13 所示；如果需要按垂直方式平铺窗口，选择菜单栏中的 窗口(W)→垂直平铺(V) 命令即可，如图 2.3.14 所示。

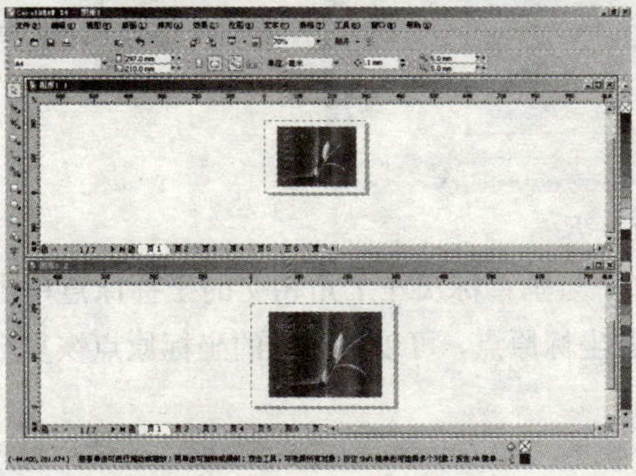

图 2.3.13　水平平铺窗口

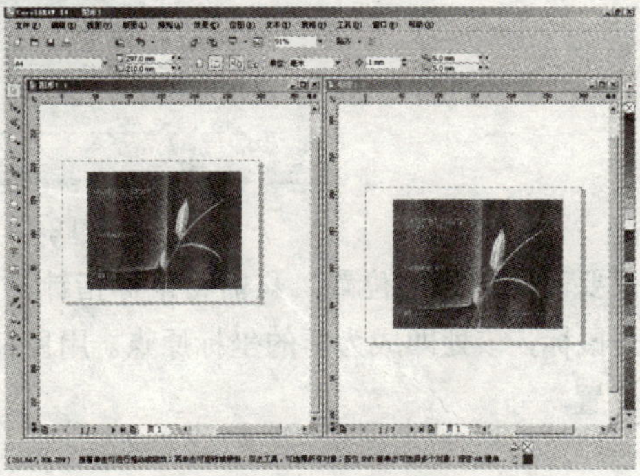

图 2.3.14　垂直平铺窗口

4．排列图标

要将窗口按照一定的顺序进行重新排列，选择菜单栏中的 窗口(W)→排列图标(A) 命令即可。

但使用此命令时，必须将窗口最小化。

5．关闭窗口

如果需要将当前窗口关闭，选择菜单栏中的窗口(W)→关闭(O)命令即可。如果在没有保存当前文件窗口的情况下使用此命令，系统则会弹出一个提示框，提示用户是否对该文件所做的修改进行保存。

如果要将打开的所有文件窗口一次性全部关闭，选择菜单栏中的窗口(W)→全部关闭(L)命令即可。

6．刷新窗口

选择菜单栏中的窗口(W)→刷新窗口(W)命令，可以刷新正在使用的文件窗口中没有完全显示的图像，使之完整地显示出来。

2.4 使用辅助设置

CorelDRAW X4 除了有强大的绘图功能外，还提供了标尺、网格以及辅助线等辅助工具以帮助用户精确绘制图形，而在打印输出文档时，这些辅助设置不会被打印出来。

2.4.1 使用标尺

标尺能帮助用户精确绘图，确定图形位置及测量大小。选择菜单栏中的视图(V)→标尺(R)命令，可在绘图窗口中打开或关闭标尺。如果需要移动标尺，可在按住“Shift”键的同时单击并拖动标尺，将其移至合适的位置，然后松开鼠标即可，如图 2.4.1 所示。

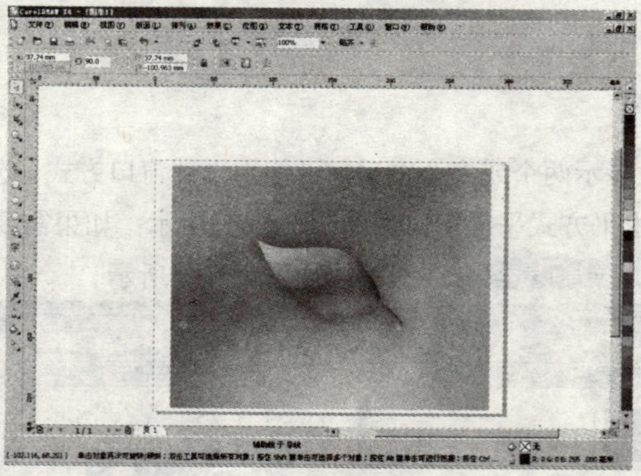

图 2.4.1　移动标尺

如果要改变原点的位置，只需将鼠标指针移至水平与垂直标尺左上角相交的坐标原点单击并拖动，松开鼠标，该处即成为新的坐标原点。用鼠标双击坐标原点，可以将改变的坐标原点恢复至系统默认的位置。

2.4.2 使用网格

网格是由水平与垂直线构成的一连串方框组成的，一般可用于协助绘图与排列对象。但在默认情况下，网格是不会显示在窗口中的，只有通过选择菜单栏中的 视图(V) → 网格(G) 命令，才可打开网格。

如果要在绘图时对齐网格，可选择菜单栏中的 视图(V) → 贴齐网格(P) 命令，此时如果用鼠标移动对象，当光标移至网格点附近时，系统会自动使对象对齐网格点。

2.4.3　使用辅助线

辅助线是绘图时所使用的有效辅助工具。在绘图窗口中，可以任意调节辅助线，例如，调节成水平、垂直、倾斜方向来协助对齐所绘制的对象。将鼠标光标移至标尺上单击并向窗口中拖动，即可产生辅助线。如果此时没有辅助线产生，可选择菜单栏中的 视图(V) → 辅助线(I) 命令，使其显示出来。

如果要移动辅助线，可先将光标移到要移动的辅助线上，此时鼠标光标变为 ↔ 形状，然后按住鼠标左键并拖动即可。

如果要旋转辅助线，只需要单击两次要旋转的辅助线，此时在辅助线两端将显示 ↔ 符号，将光标移至该符号上，此时鼠标光标变为 ↻ 形状，按住鼠标左键并拖动即可旋转辅助线。

如果要删除辅助线，只需要单击辅助线，此时该辅助线的颜色变为红色，表示该辅助线被选中，然后按“Delete”键即可。

提示　产生辅助线之前必须先显示标尺。

2.4.4　标尺、网格与辅助线设置

用户还可以根据自己的需要来自定义标尺、网格与辅助线的属性，例如，设置标尺的单位、标尺原点、网格间距等。

1．设置标尺

选择菜单栏中的 视图(V) → 设置(T) → 网格和标尺设置(L)… 命令，可弹出 选项 对话框，在该对话框左侧选择 标尺 选项，此时的对话框显示如图 2.4.2 所示。

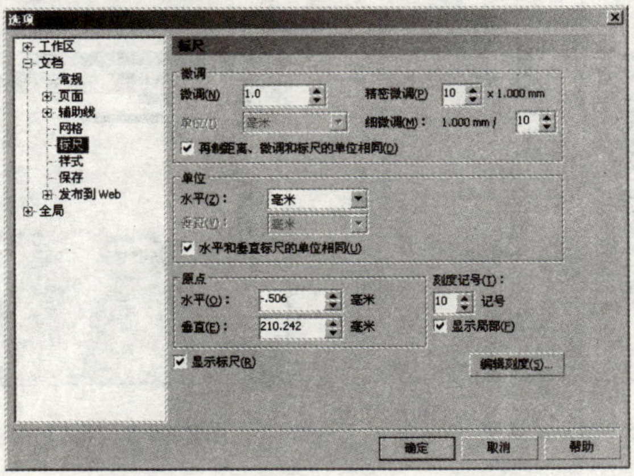

图 2.4.2　设置标尺选项

在此对话框中可设置标尺的度量单位、原点位置以及刻度记号，也可设置移动对象时每次移动的距离。此外，在 选项 对话框中单击 编辑刻度(S)... 按钮，可弹出 绘图比例 对话框，用户可以根据实际需要在此对话框中设置各种缩放的比例。

2. 设置网格

在选项对话框左侧选择网格选项，可显示出网格选项的参数，如图 2.4.3 所示。

在此对话框中，通过选中 间距(S) 或 频率(F) 单选按钮，可以在下面显示的相应选项区中设置网格线的间距或频率的大小。选中 显示网格(W) 复选框，可显示网格；选中 贴齐网格(N) 复选框，可以在绘图时对齐网格。此外，通过选中 按线显示网格(L) 或 按点显示网格(D) 单选按钮，可设置网格的显示方式。

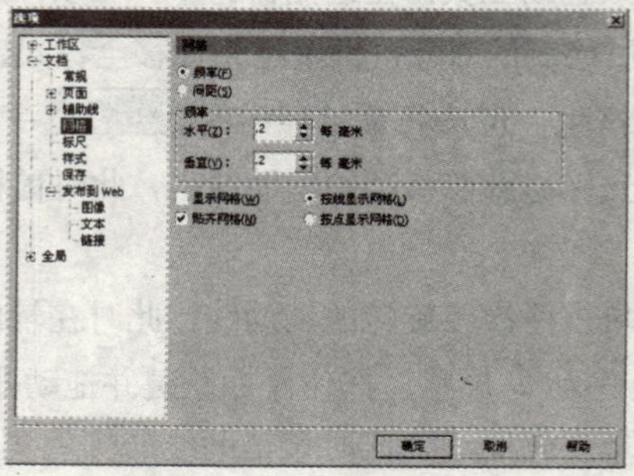

图 2.4.3 设置网格选项

3. 设置辅助线

选择菜单栏中的 视图(V) → 设置(T) → 辅助线设置(T)… 命令，可弹出选项对话框，并显示出辅助线的参数，如图 2.4.4 所示。

选中 显示辅助线(S) 复选框，可显示辅助线，反之，则会隐藏辅助线。

选中 对齐辅助线(N) 复选框，可使图形对象贴齐辅助线。

单击 默认辅助线颜色(G): 与 默认预设辅助线颜色(P): 右侧的下拉按钮，可从弹出的预设颜色列表中选择颜色，以重新设置辅助线的颜色。

如果在选项对话框的左侧选择水平、垂直、导线或预置选项，可在对话框的右侧显示出相关选项的参数，分别对各种方向的辅助线进行设置。在此选择水平选项，则显示出水平方向的辅助线设置，如图 2.4.5 所示。

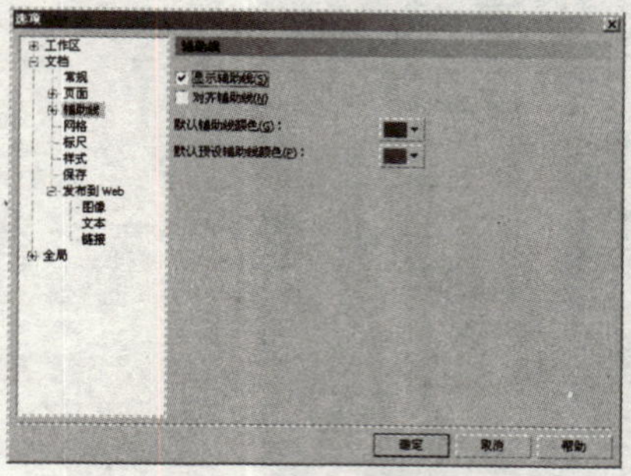

图 2.4.4 设置辅助线选项

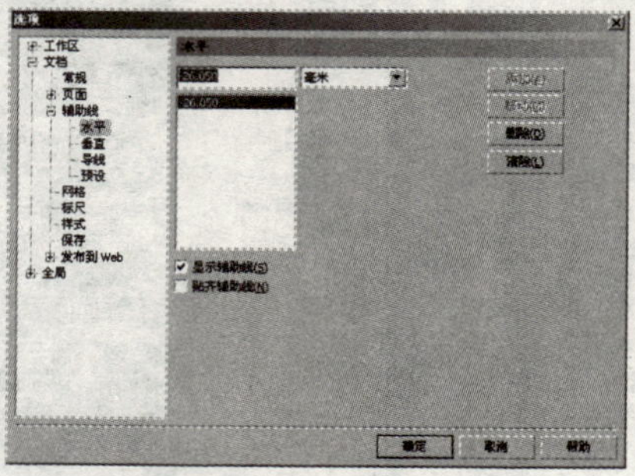

图 2.4.5 水平方向的辅助线设置

2.5 使用泊坞窗

CorelDRAW X4 中包含了多种泊坞窗，泊坞窗实际上是一个包括了各种操作按钮、列表与菜单的操作面板。在泊坞窗命令子菜单中可以设置显示或隐藏具有不同功能的面板，以方便用户的操作。本节将主要介绍对象管理器与对象数据管理器等泊坞窗的用法。

2.5.1　对象管理器

对象管理器可用于组织与管理图形对象。选择菜单栏中的 工具(O) → 对象管理器(N) 命令，或选择菜单栏中的 窗口(W) → 泊坞窗(D) → 对象管理器(N) 命令，都可打开 对象管理器 泊坞窗，在泊坞窗中将显示当前绘图区域中的对象图层与页面结构。

通过使用 对象管理器 泊坞窗，可以创建、复制、移动、删除、隐藏、锁定与打印选定图层，以及控制绘图区域中的图形对象之间的重叠方式。当有多个图形对象时，还可以选取与编辑图层。

在绘图页面中绘制多个图形对象，或打开一个包含多个对象的图形文档，其效果如图 2.5.1 所示。

选择菜单栏中的 工具(O) → 对象编辑器(N) 命令，打开 对象管理器 泊坞窗，可查看所有图形对象的信息，如图 2.5.2 所示。

1．泊坞窗中的图标

在泊坞窗中每个图层前都有几个功能图标，了解并掌握这些功能有助于图层的管理，其具体的含义如下：

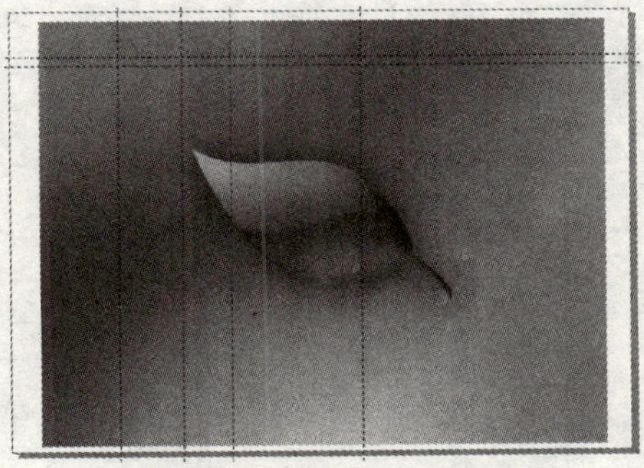

图 2.5.1　创建或打开多个图形对象

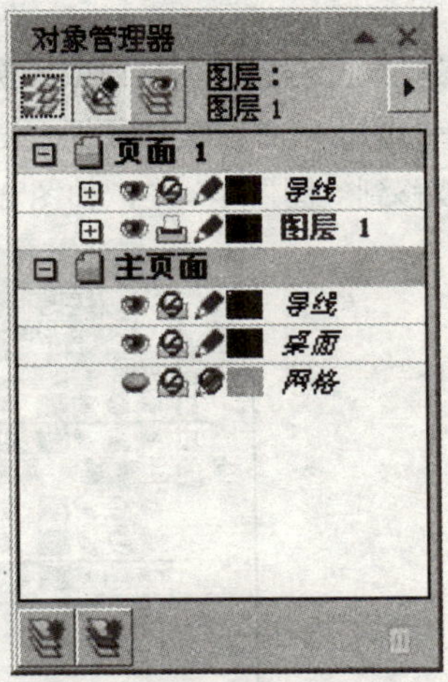

图 2.5.2　"对象管理器"泊坞窗

（1）眼睛图标：通过单击眼睛图标可显示或隐藏图层。当该图标变为灰色时，表示此图层是不可见的。

（2）打印机图标：此图标表示在打印输出时是否打印该图层。在默认情况下，网格与辅助线为不可打印，因此其前面的打印机图标为灰色。当单击该图标使其打开时，就可以打印网格与辅助线。

（3）铅笔图标：此图标表示是否可以编辑该图层。当该图标显示为灰色时，则锁定了该图层，也就是该图层中的任何对象均不可编辑，这样可防止意外修改或移动图层中的对象。

（4）色块图标：此图标位于铅笔图标的后面，它可表示该图层的颜色。用鼠标双击该色块，显示出颜色列表，从中可选择需要的颜色来设置图层的颜色。

2．泊坞窗中的图层操作

在 对象管理器 泊坞窗右上角单击 ▶ 按钮，可弹出如图 2.5.3 所示的泊坞窗菜单。在此菜单中选择相应的命令，可对泊坞窗中的图层或对象进行操作。

在此菜单中选择新建图层(N)命令，可创建一个新的图层，创建的新图层将显示在泊坞窗列表中，如图 2.5.4 所示；如果选择新建主图层(A)命令，可建立一个新的主页图层。

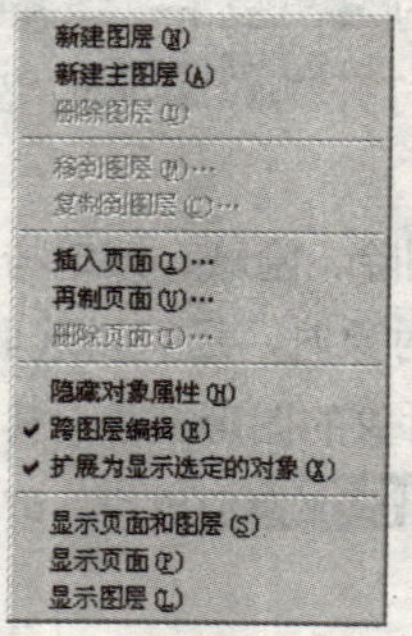

图 2.5.3 泊坞窗菜单

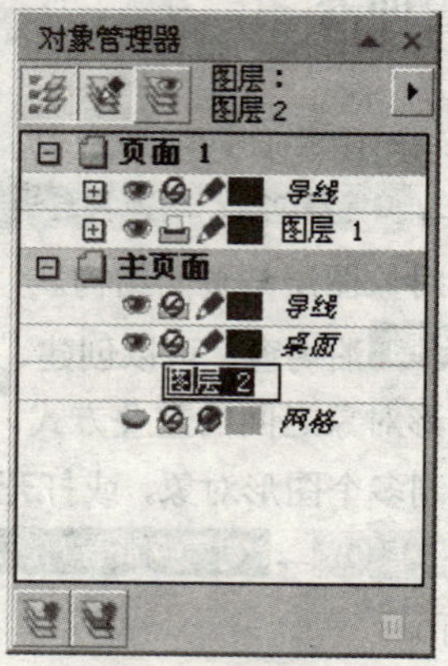

图 2.5.4 新建图层

如果要复制图层，可在绘图页面中选择某个图形对象，或在泊坞窗中选择某个对象，然后在弹出的菜单中选择复制到图层(C)...命令，即可将所选图形对象复制一份到指定的图层，也就是复制选择的对象。

如果要改变对象在图层内或图层间的层叠顺序，可使用鼠标拖动的方式来进行改变。例如选择“图层 2”中的图形对象，按住鼠标左键将其拖至“图层 1”上，松开鼠标，此时所选择的“图层 2”中的对象被移到“图层 1”中，如图 2.5.5 所示。

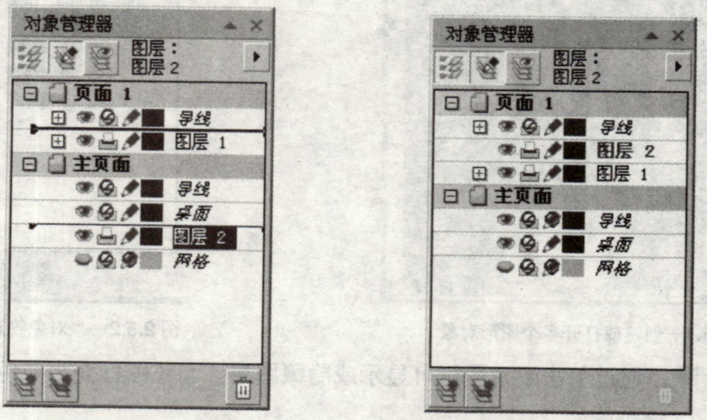

图 2.5.5 改变图层的层叠顺序

如果要在泊坞窗中删除一个图层，只需选中将要删除的图层，然后在弹出的泊坞窗菜单中选择删除图层(D)命令即可，也可在泊坞窗中单击“删除”按钮来删除所选中的图层。

如果需要同时在多个图层中进行编辑，可单击泊坞窗中的“跨图层编辑”按钮，此时泊坞窗中的所有图层中的对象都处于可选择状态，也可在弹出的泊坞窗菜单中选择跨图层编辑(E)命令进行跨图层编辑。

如果要在泊坞窗中显示文档所包含的页面与所有的图层，可从弹出的泊坞窗菜单中选择显示页面和图层(S)命令，即可实现这些操作；如果在弹出的菜单中选择显示页面(P)命令，将只显示文档中所包含的页面；如果在弹出的菜单中选择显示图层(L)命令，则只显示所有的图层。

2.5.2　对象数据管理器

对象数据管理器可以为所选的对象或者群组对象附加一些信息，如文本、数字、数据以及时间等，这有利于图形对象的管理。

选择菜单栏中的 工具(O) → 对象数据管理器(E) 命令，或选择菜单栏中的 窗口(W) → 泊坞窗(D) → 对象数据管理器(E) 命令，都可打开 对象数据 泊坞窗，如图 2.5.6 所示。

单击此泊坞窗中的“打开域编辑器”按钮，可弹出 对象数据域编辑器 对话框，如图 2.5.7 所示。

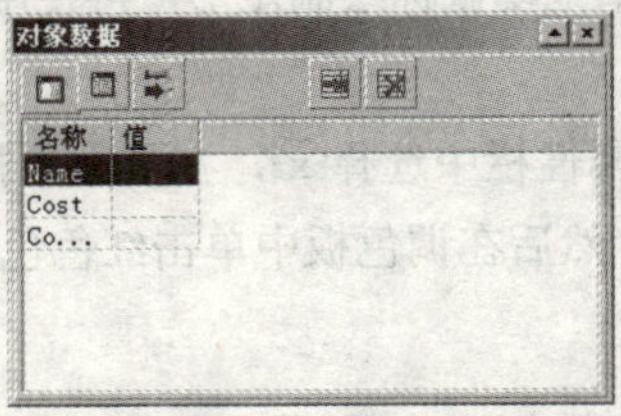

图 2.5.6　“对象数据”泊坞窗

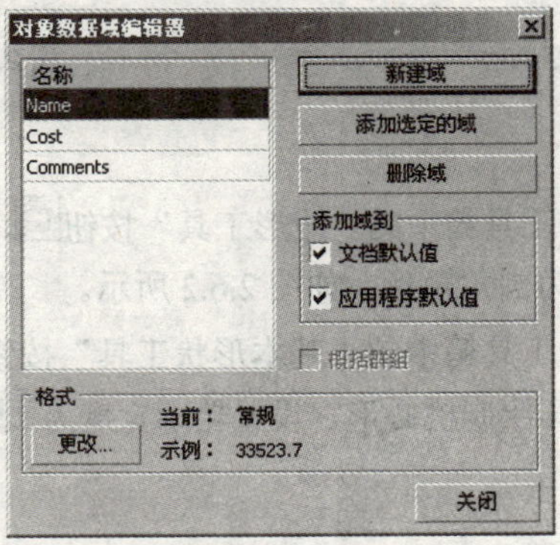

图 2.5.7　“对象数据域编辑器”对话框

在此对话框中单击 新建域 按钮，可创建一个新的域；单击 添加选定的域 按钮，可以将新建的或选取的域添加到 对象数据 泊坞窗中；单击 删除域 按钮，可删除所选的域；单击 更改... 按钮，弹出 格式定义 对话框，在此对话框中可以对所选的域进行格式定义，如图 2.5.8 所示。

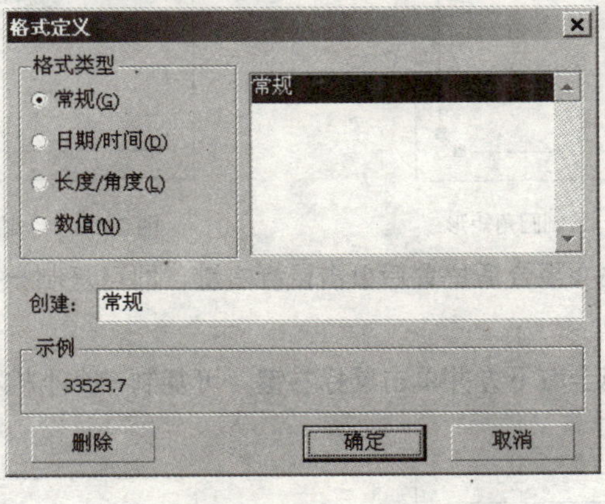

图 2.5.8　“格式定义”对话框

当在 对象数据 泊坞窗中增加了新的域后，可单击“清除域”按钮或“清除全部域”按钮，来清除新增的域。

在 对象数据 泊坞窗中单击“复制数据从”按钮，可以复制其他指定的对象数据到所选对象中。

2.6　典型实例——绘制纸牌

本节将学习绘制纸牌，效果如图 2.6.1 所示。

图 2.6.1　纸牌效果

操作步骤

（1）单击工具箱中的“矩形工具”按钮，在页面中拖动鼠标绘制矩形，再使用形状工具将绘制的矩形调整为圆角矩形，如图 2.6.2 所示。

（2）单击工具箱中的“基本形状工具”按钮，在属性栏中选择，在页面中按住“Ctrl”键的同时拖动鼠标绘制桃心形，设置轮廓宽度为，然后在调色板中单击红色色块，如图 2.6.3 所示。

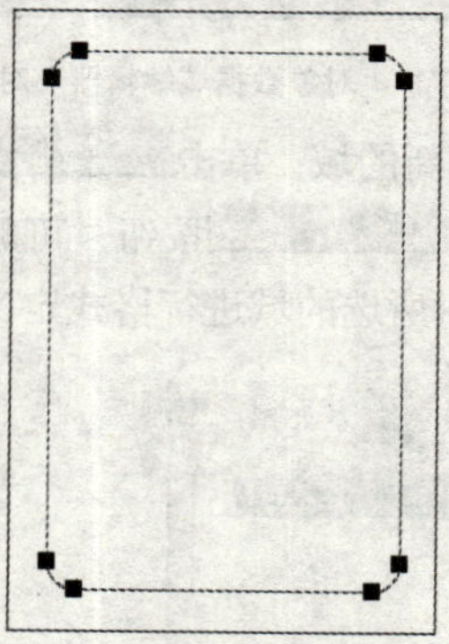

图 2.6.2　绘制圆角矩形

图 2.6.3　绘制桃心

（3）用鼠标拖动红色桃心至合适位置后单击鼠标右键，即可复制一个桃心，再将其缩小，如图 2.6.4 所示。

（4）用鼠标将小桃心拖至右下方并单击鼠标右键，可复制一个小桃心，并旋转 180°，效果如图 2.6.5 所示。

图 2.6.4　复制图形并缩小

图 2.6.5　复制小桃心

（5）单击工具箱中的“文本工具”按钮字，在页面中输入字母“A”，并在“文本工具”属性栏中设置其字体与字号，效果如图 2.6.6 所示。

（6）再复制一个字母并排放在右下角，如图 2.6.7 所示。

（7）在复制的字母上双击鼠标左键，可在其四周添加旋转框，用鼠标拖动旋转框上的旋转符号，可将字母旋转 180°，效果如图 2.6.1 所示。

图 2.6.6　设置字母效果

图 2.6.7　复制并排放字母

小　　结

本章主要介绍了 CorelDRAW X4 文件的基本操作、文件的导入与导出、页面的基本设置、调整 CorelDRAW X4 的显示等基本操作。通过本章的学习，用户应该对 CorelDRAW X4 的基本操作有较深的了解，并为深入学习 CorelDRAW X4 做好准备。

过关练习二

一、填空题

1．进入 CorelDRAW X4 之后，要展开工作，必须先_________文件或_________文件。

2．选择文件(F)菜单中的_________命令，可查看所绘制图形的文件信息。

3．CorelDRAW X4 中进行页面设置有两种方法，分别是_________和_________。

4．多页面设置主要包括_________、_________、_________、_________4 种基本操作。

5．在视图(V)命令中有简单线框、_________、草稿、正常、_________、_________、_________、只预览选定对象以及_________和_________10 种查看页面命令。

二、选择题

1．使用（　）功能，可以将 CorelDRAW X4 绘制好的图形输出为位图或其他格式的文件。

A．新建　　B．导入

C．导出　　D．打开

2．在 CorelDRAW X4 中，为了提高工作效率，系统提供了（　）种形式的图像显示模式。

A．5　　B．4

C．2　　D．2

3．选择菜单栏上的（　）→ 页面设置(P)… 命令，弹出设置页面的选项对话框。

A．编辑　　B．版面

C．排列　　D．效果

4．对于多页面文档，使用（　）查看方法，可以同时显示所有的页面。

A．增强　　B．草稿

C．页面分类视图　　D．全屏预览

三、简答题

1．怎样使用缩放工具缩小画面显示？

2．怎样使用平移工具移动画面显示？

四、上机操作题

1．新建一个图形文件，在绘图页面中绘制多个图形对象，然后使用对象管理器泊坞窗功能创建新图层、复制图层、改变图层间的层叠顺序等操作。

2．打开一个已存文件，练习使用标尺、网格与辅助线。

第3章 线条的绘制与编辑

本章要点

- ☑ 使用手绘工具
- ☑ 使用贝塞尔工具
- ☑ 使用艺术笔工具
- ☑ 使用其他工具绘制线条
- ☑ 编辑线条

学习目标

利用 CorelDRAW X4 可以绘制各种各样的线条，从直线、曲线到自然笔线等。本章将主要介绍如何绘制线条以及所使用工具的属性设置方法。

3.1 使用手绘工具

在 CorelDRAW X4 中所绘制的图形，是由线条、矩形、圆形等基本元素组合而成的，本节将主要介绍线条的绘制。

使用手绘工具可以绘制不封闭的直线、连续折线、曲线等线型，也可绘制各种各样的封闭的图形。

单击工具箱中的“手绘工具”按钮，其属性栏如图 3.1.1 所示。

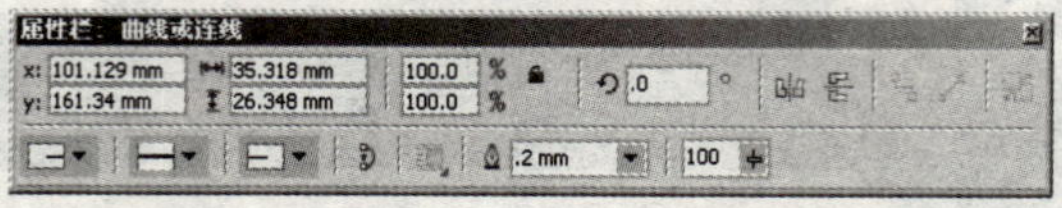

图 3.1.1 “手绘工具”属性栏

起始箭头选择器：可在手绘线条的起始位置加上一个箭头。

轮廓样式选择器：可为手绘线条应用不同的虚线样式。

终止箭头选择器：可在手绘线条的终止位置加上一个箭头。

自动闭合曲线：可以让不封闭的手绘线条自动闭合。

轮廓线宽度 .2 mm：可以设置轮廓线的宽度。

手绘平滑 100：可用来设置手绘线条的平滑度，设置不同的数值，所绘制的线条平滑度不同。

3.1.1 绘制直线

单击工具箱中的“手绘工具”按钮，将鼠标光标移至绘图区中，此时鼠标光标显示为形状，将光标置于需要绘制的位置，单击鼠标左键确定线段的起点，并拖动鼠标直至满意位置后，再单击鼠标左键确定线段的终点，即可绘制出一条直线，如图 3.1.2 所示。

在绘制的同时，按住“Ctrl”键可绘制水平直线、垂直直线或 15° 倾斜直线。

3.1.2 绘制折线

单击工具箱中的“手绘工具”按钮，在绘图区中任意一处单击鼠标左键确定第一个节点，然后再拖动鼠标在任意位置双击鼠标左键确定第二个节点，继续拖动鼠标在页面中任意处双击鼠标左键确定第三个节点，继续拖动鼠标在任意一处单击鼠标左键，绘制的折线如图 3.1.3 所示。

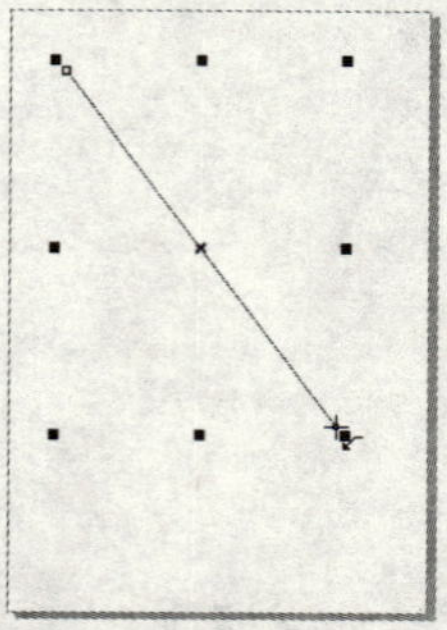

图 3.1.2 绘制直线

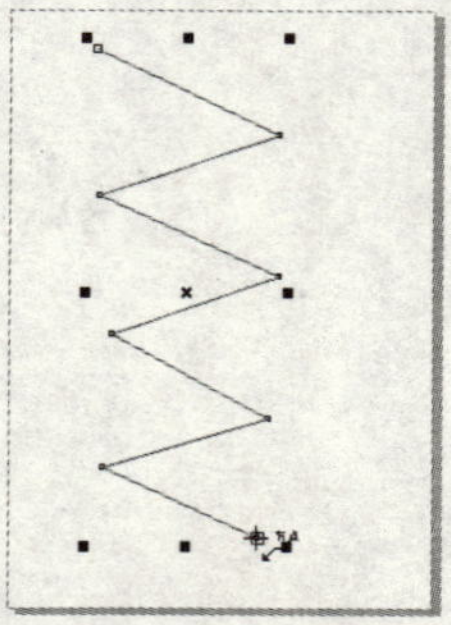

图 3.1.3 绘制折线

3.1.3　绘制曲线

单击工具箱中的“手绘工具”按钮，将鼠标光标移至绘图区中，按住鼠标左键拖动进行绘制，释放鼠标左键后，即可绘制一条曲线，如图 3.1.4 所示。

3.1.4　绘制封闭图形

单击工具箱中的“手绘工具”按钮，将鼠标移至绘图区中，按住鼠标左键随意拖动，最终回到起点处，释放鼠标后，即可绘制曲线闭合图形，如图 3.1.5 所示。

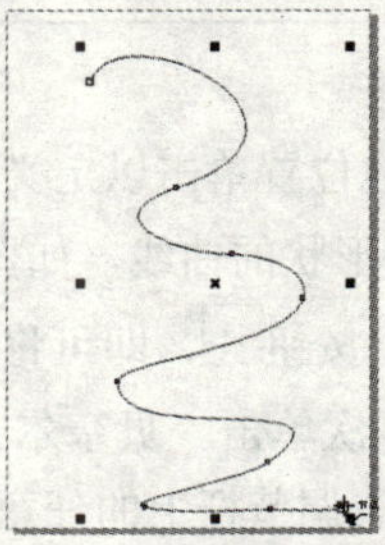

图 3.1.4　绘制曲线

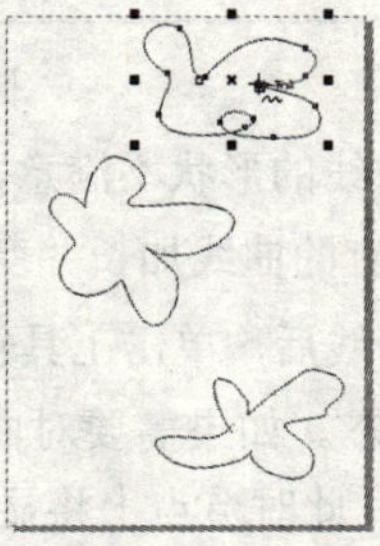

图 3.1.5　绘制曲线闭合图形

使用手绘工具也可绘制直线闭合图形。只需要单击工具箱中的“手绘工具”按钮，在绘图区中单击鼠标左键，然后拖动鼠标到任意处双击鼠标左键，继续拖动鼠标在任意处双击鼠标左键，重复此操作，直到回到起点处即可绘制直线闭合图形。

提示　检验绘制的封闭图形是否封闭，只需要对绘制的图形进行颜色填充，如果可以填充颜色，说明绘制的图形是封闭的，反之则说明绘制的图形是不封闭的。

3.2　使用贝塞尔工具

贝塞尔工具是一个专门用于绘制曲线的工具，也可以绘制直线。其绘制直线的方法与手绘工具相似。贝塞尔工具绘制的图形是由节点连接而成的线段组成的直线或曲线，每个节点都有控制点，通过控制节点可精确绘制直线或曲线。

3.2.1　绘制直线

使用贝塞尔工具绘制直线与使用手绘工具绘制直线的方法相似，单击工具箱中的“贝塞尔工具”按钮，将鼠标移至绘图区中，此时光标变为形状，在绘图区中单击鼠标确定直线的起点，拖动鼠标到满意位置后再单击鼠标以确定直线的终点，即可绘制出直线。

3.2.2　绘制曲线

使用贝塞尔工具绘制曲线的具体操作方法如下：

（1）单击手绘工具组中的“贝塞尔工具”按钮，在绘图区中单击鼠标左键确定曲线的起点，并拖动鼠标，此时将显示出一条带有两个节点和控制点的蓝色虚线调节杆，然后再到任意一处单击鼠标左键并拖动鼠标，即可产生一条贝塞尔曲线，如图 3.2.1 所示。

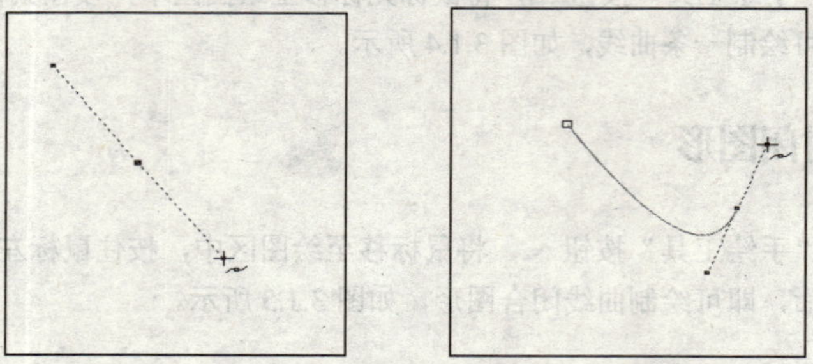

图 3.2.1　绘制贝塞尔曲线

（2）如果对所绘曲线的形状不满意，可在绘图区的其他位置单击以定义下一个点，并通过调节新显示的调节杆来将原有的曲线加长并变形，从而得到不同形状的曲线，如图 3.2.2 所示。

（3）绘制好一段曲线后，单击工具箱中的“挑选工具”按钮，即可将所绘制的曲线退出绘制状态，但仍处于选择状态。如果需要对曲线进行修改，可再次单击“贝塞尔工具”按钮，在所要编辑的曲线节点上单击，此时节点上将显示调节杆，然后单击调节杆上的任意一个控制点并拖动，即可调整曲线的形状，如图 3.2.3 所示。

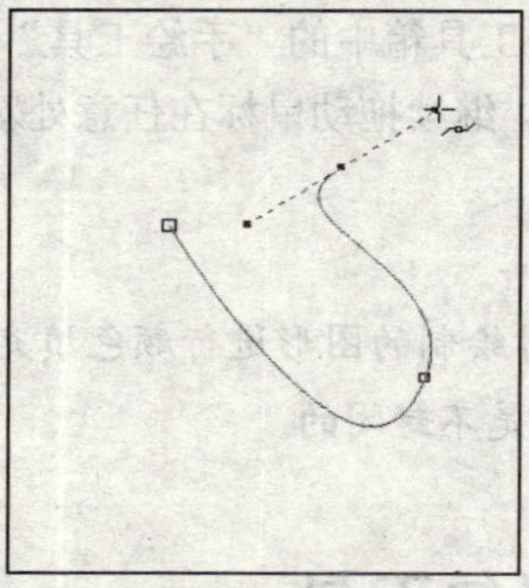

图 3.2.2　绘制曲线

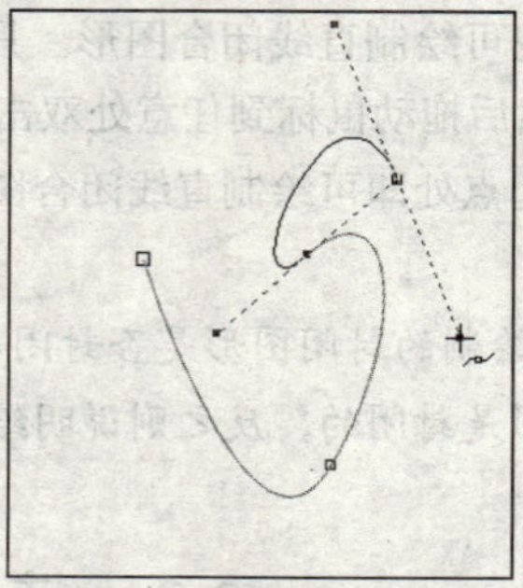

图 3.2.3　编辑曲线

（4）如果要绘制封闭图形，只需将曲线绘制完毕后，单击该曲线的起始节点，即可将曲线的首尾连接起来形成一个封闭图形，如图 3.2.4 所示。

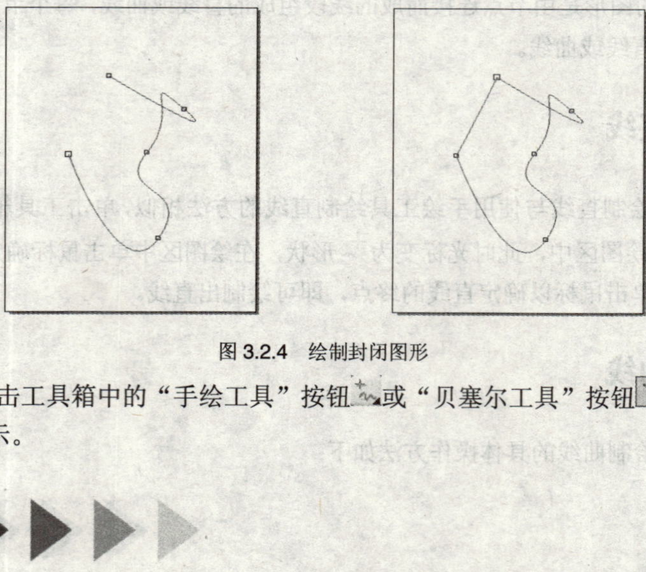

图 3.2.4　绘制封闭图形

此外，用鼠标双击工具箱中的“手绘工具”按钮或“贝塞尔工具”按钮，即可弹出**选项**对话框，如图 3.2.5 所示。

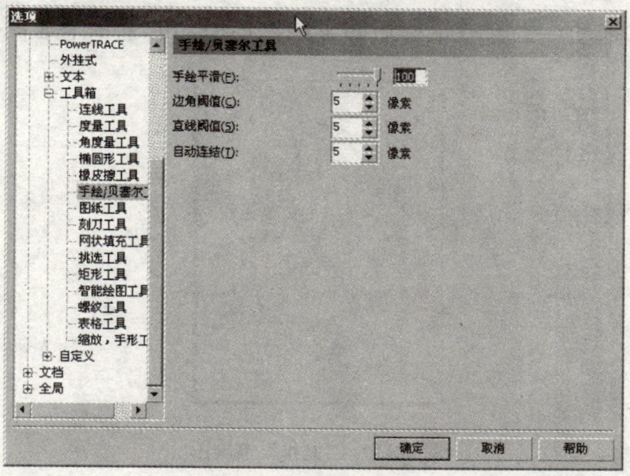

图 3.2.5 “选项”对话框

在手绘平滑(F):输入框中输入数值，可调整使用手绘工具绘制的曲线的平滑度。数值越小，平滑度越小，数值越大，所绘制的曲线越平滑。

在边角阈值(C):输入框中输入数值，可对手绘工具绘制的曲线转折距离进行调节。在默认值范围内设置的转折范围为尖角节点，设置比默认值大，节点越圆滑；设置比默认值小，节点越尖。

在直线阈值(S):输入框中输入数值，可在使用手绘工具绘制曲线时，将鼠标拖动的路径看做直线的距离范围默认值。鼠标拖动的偏移量在默认值之内即看做为直线，在默认值以外的为曲线，因此设置数值越小，越容易绘制曲线。

在自动连结(T):输入框中输入数值，可在使用手绘工具或贝塞尔工具绘制时，用于设置自动连接的距离，如果在两个节点之间的距离小于自动连接的数值，CorelDRAW X4 会自动连接两个结束节点。

3.3 使用艺术笔工具

使用艺术笔工具可以绘制类似钢笔、毛笔笔触线条的封闭路径，其绘制方法与手绘工具绘制曲线的方法相似，但使用艺术笔工具绘制的为封闭路径，因此，可对其进行颜色填充。

单击工具箱中的“艺术笔工具”按钮，其属性栏显示如图 3.3.1 所示。

图 3.3.1 “艺术笔工具”属性栏

在“艺术笔工具”属性栏中提供了 5 种艺术笔工具，包括预设、笔刷、喷罐、书法与压力。使用这些工具可以绘制出各种别具特色的艺术图形。

在手绘平滑输入框100中输入数值，可以设置所绘制图形的平滑度。

在艺术媒体工具宽度输入框10.0 mm中输入数值，或调节右侧的微调按钮，可以改变绘制图形的宽度。

单击预设笔触下拉列表框，可从弹出的下拉列表中选择任意一种预设的笔刷样式。

3.3.1 预设笔触

单击工具箱中的“艺术笔工具”按钮，在其属性栏中单击“预设”按钮，将鼠标移至绘图区中，按住鼠标左键并拖动，当释放鼠标后即可绘制出所需的艺术笔触图形，如图 3.3.2 所示。

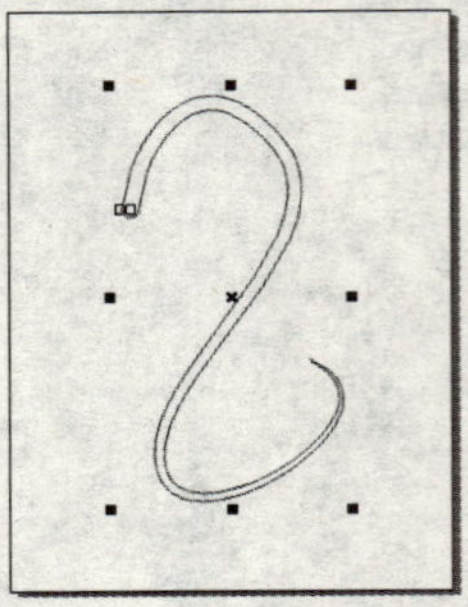

图 3.3.2　绘制预设笔触图

从图中可以看到，所绘的曲线是一条封闭式的曲线，可以为其填充任何颜色，也可通过调整属性栏中的各项参数，来改变所绘艺术笔触图形的宽度、样式以及平滑度。

3.3.2　笔刷笔触

在艺术笔工具属性栏中单击“笔刷工具”按钮，此时艺术笔工具属性栏显示如图 3.3.3 所示。

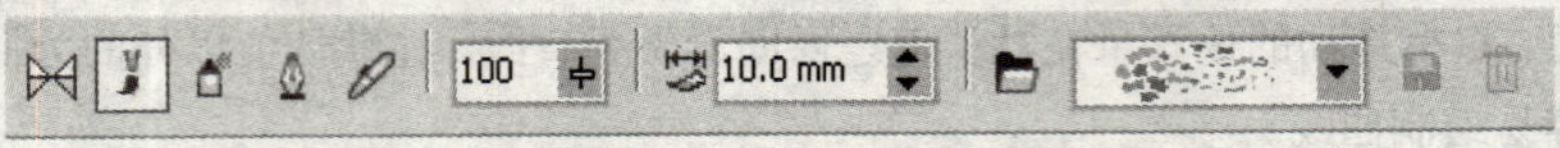

图 3.3.3　“艺术笔工具”属性栏

在笔触下拉列表中可选择一种图形，然后在绘制区中按住鼠标左键并拖动，即可绘制出画笔的笔触图形，如图 3.3.4 所示。

如果使用其他绘图工具先在绘制区中绘制出一条路径，然后在笔触下拉列表中选择一种图形，则所选图形将自动适配所绘制的路径，如图 3.3.5 所示。

如果对使用笔刷工具绘制出的图形比较满意，可以在选中所绘图形后，单击属性栏中的“保存艺术笔触”按钮，将其保存在笔触列表中，以便于以后使用。

如果要删除笔触列表中所保存过的图形，只需要选中该图形，单击属性栏中的“删除”按钮即可将其删除。

图 3.3.4　绘制画笔笔触图形

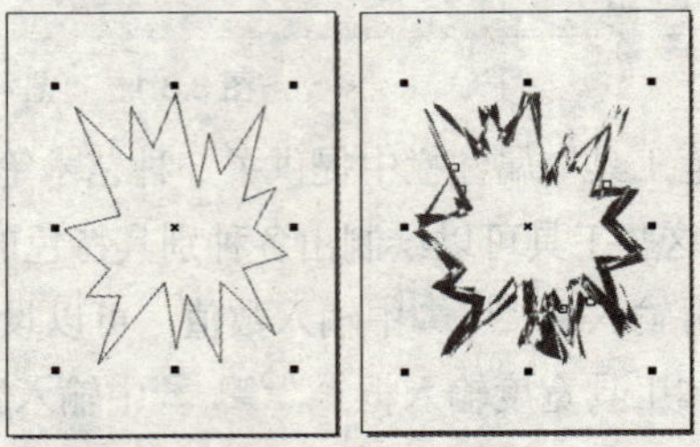

图 3.3.5　画笔笔触适配路径

3.3.3　喷涂笔触

在艺术笔工具属性栏中单击“喷涂”按钮，此时的艺术笔工具属性栏显示如图 3.3.6 所示。

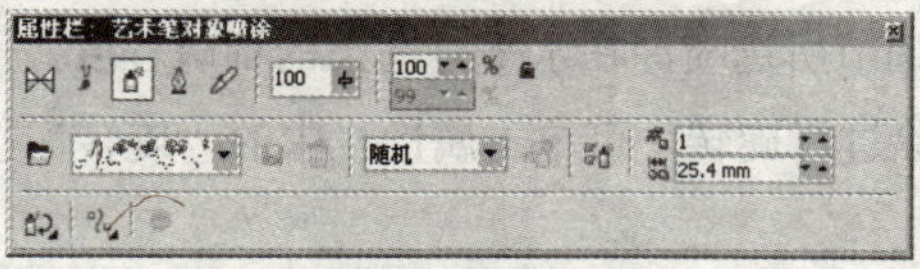

图 3.3.6　喷涂笔触属性设置

在喷涂列表文件下拉列表中选择一种图形，将光标移至绘图区中适当的位置，按住鼠标左键并拖动绘制图形，松开鼠标后，即可看到所绘制的喷涂笔触图形，如图 3.3.7 所示。

如果在喷涂列表文件下拉列表中找不到需要的喷涂图形，可自定义喷涂图形并将其添加到列表中。具体的操作是，先绘制出所需的喷涂图形，并将其选中，接着在喷涂列表文件下拉列表中选择新喷涂列表选项，并用鼠标单击所绘制的喷涂图形，然后在属性栏中单击“添加喷涂列表”按钮，即可将自己绘制的喷涂图案添加到喷涂列表文件下拉列表中。

如果要删除下拉列表中的某个喷涂图形，只需将该喷涂图形选中，然后在属性栏中单击“删除”按钮即可。

在喷涂列表文件下拉列表中选择一种所需的喷涂样式，然后单击属性栏中的“喷涂列表对话框”按钮，可弹出创建播放列表对话框，如图 3.3.8 所示。在此对话框中的喷涂列表中显示了所选笔触类型的组成元素，在播放列表中显示了所使用的笔触组成元素，可以根据需要对笔触类型的组成元素进行删除或添加。

图 3.3.7　使用喷涂笔触绘制图形

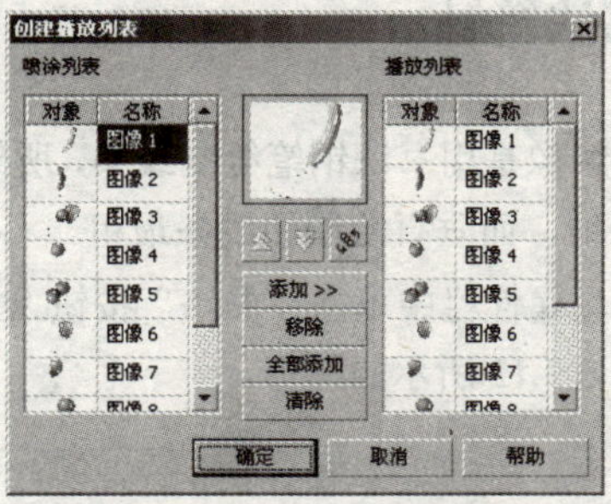

图 3.3.8　“创建播放列表”对话框

在属性栏中单击喷涂顺序下拉列表框顺序，从弹出的下拉列表中可为绘制的图形对象选择适当的排列顺序，如图 3.3.9 所示。

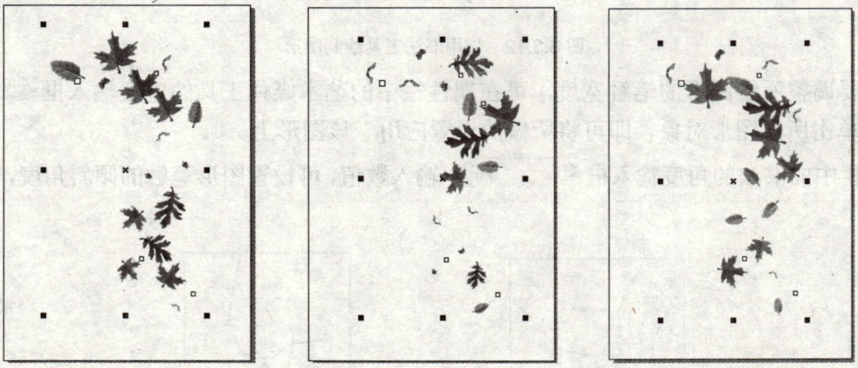

随机　　按顺序　　按方向

图 3.3.9　调整喷涂的顺序

通过调节属性栏中的喷涂的对象小块颜料中的间距输入框中的数值，可对所绘制出的喷涂进行稀疏程度的调整。其中上面输入框中的数值可用于调节所选喷涂在垂直方向上的稀疏程度，下面输入框中的数值可用于调节所选喷涂在水平方向上的稀疏程度。

如果要对所绘制的喷涂进行旋转，可单击属性栏中的“旋转”按钮，将会打开如图 3.3.10 所示的参数设置面板。

在角输入框中输入数值，可调整喷涂的倾斜角度；选中增加：复选框，可在增加：.0°输入框中输入喷涂所要增加的旋转角度。

选中基于路径单选按钮，可使所选的喷涂根据绘制的路径进行旋转；选中基于页面单选按钮，所选喷涂将相对于页面以设置的角度进行旋转。

在属性栏中单击“偏移”按钮，可在打开的偏移面板中调整喷涂和路径的偏移量，如图 3.3.11 所示。选中使用偏移：复选框，然后在偏移：输入框中输入数值，可设置喷涂和绘制路径的偏移量；单击偏移方向下拉列表框替换，可从弹出的下拉列表中选择喷涂的偏移方向。

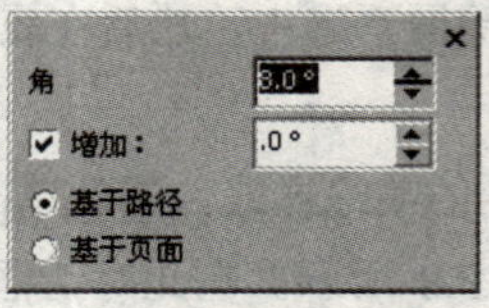

图 3.3.10　旋转参数设置面板

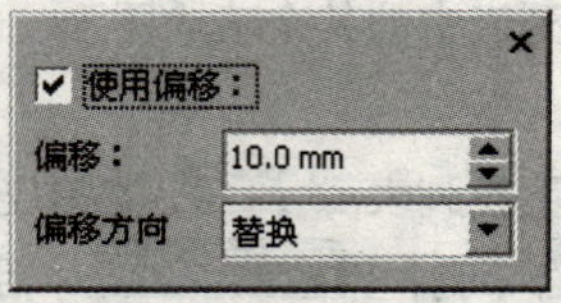

图 3.3.11　偏移参数设置面板

3.3.4　书法笔触

使用书法笔触像是用书法钢笔绘制线条，所绘图形根据笔尖的方向产生粗细不同的效果。通常水平绘制的线条最细，而垂直绘制的线条最粗。

在艺术笔工具属性栏中单击“书法”按钮，然后将光标移至绘图区中，按住鼠标左键并拖动，即可绘制出如图 3.3.12 所示的图形。

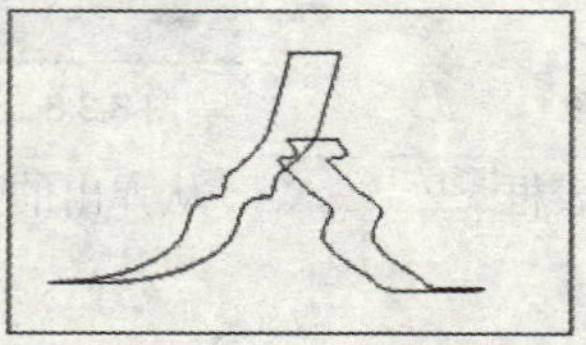

图 3.3.12　使用书法工具绘制图形

如要需要调整所绘图形的笔触宽度，可在属性栏中的艺术媒体工具的宽度输入框10.0 mm中输入数值后，单击所选图形对象，即可将所做的设置应用于该图形上。

在属性栏中的书法的角度输入框.0°中输入数值，可设置图形笔触的倾斜角度，如图 3.3.13 所示。

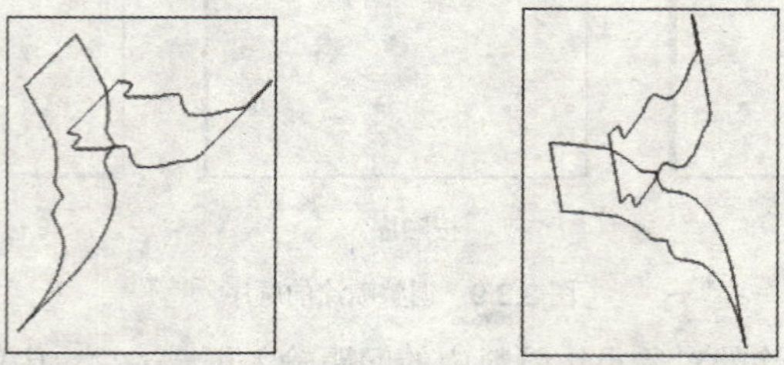

角度为 45° 时　　角度为 100° 时

图 3.3.13　用不同倾斜度的书法笔触绘制图形

3.3.5 压力笔触

在艺术笔工具属性栏中单击“压力”按钮，将鼠标光标移至绘图区中，按住鼠标左键并拖动，即可绘制图形，如图 3.3.14 所示。

如对所绘制图形的笔触宽度不满意，可在其属性栏中重新调整笔触宽度值，然后在所绘制的图形上单击或按回车键，即可更改笔触宽度。

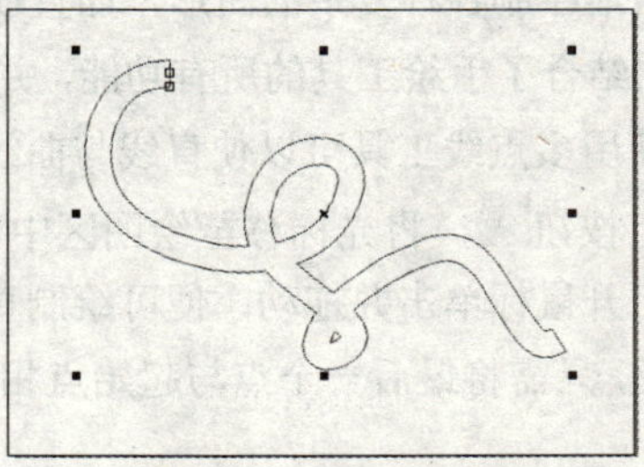

图 3.3.14 绘制压力笔触图

3.4 使用其他工具绘制线条

在 CorelDRAW X4 中，还可以使用其他工具绘制线条，如钢笔工具、多点线工具、3 点曲线工具等。本节主要介绍利用这些工具绘制线条的方法。

3.4.1 钢笔工具的使用

使用钢笔工具可以绘制出复杂的图形，如多边形、三角形、四边形以及任意形状的图形等。用钢笔工具绘制直线、折线、不规则多边形的使用方法与手绘工具的使用方法大致相同。

单击工具箱中的“钢笔工具”按钮，在绘图区中单击鼠标左键确定一个起点，移动鼠标到另一位置单击并拖动，此时可出现与贝塞尔工具相同的两个控制点，松开鼠标，这时光标将变成形状，移动鼠标后再次单击鼠标左键，即可绘制连续的曲线，如图 3.4.1 所示。

如果要使用钢笔工具绘制直线，只需要在绘图区中单击鼠标左键，然后移动鼠标到适当位置后双击鼠标左键，即可结束直线的绘制。

如果要使用钢笔工具绘制折线，只需要在绘图区中单击鼠标左键，然后移动鼠标到适当位置后单击，再连续多次移动鼠标并单击，直至满意后双击鼠标左键即可结束折线的绘制，如图 3.4.2 所示。

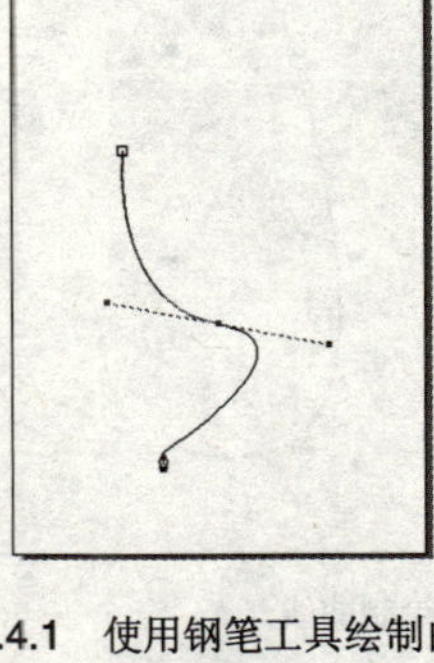

图 3.4.1 使用钢笔工具绘制曲线

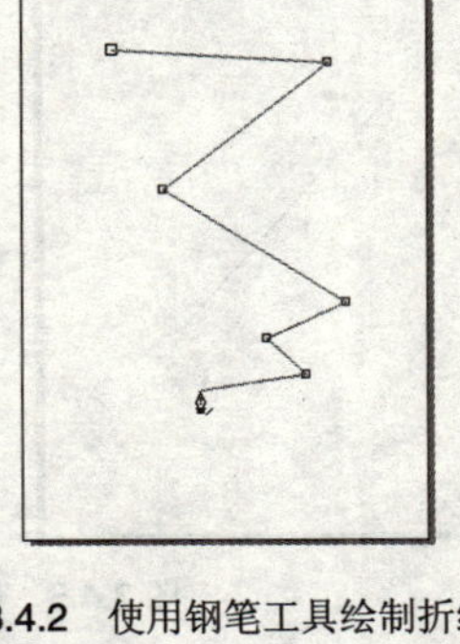

图 3.4.2 使用钢笔工具绘制折线

在钢笔工具属性栏中单击“自动添加/删除”按钮，可以增加或删除节点；单击“自动添加/删除”按钮，在绘制好的曲线上，将光标移到节点上可以删除节点，将光标移到节点外路径上时可以添加节点。如果要将曲线转换为封闭路径，则将光标移到起点处，单击鼠标即可闭合路径。

3.4.2 折线工具的使用

使用多点线工具可以随心所欲地绘制各种复杂的图形，如直线、曲线、折线、多边形、三角形、四边形以及任意形状的图形等。它结合了手绘工具的所有功能，并在其功能上有所改进，它可以在绘制曲线后接着绘制直线，因此，使用多点线工具可以使直线与曲线的绘制一步完成。

单击工具箱中的“折线工具”按钮，将光标移至绘图区中，单击鼠标左键并拖动可以自动生成路径，需要绘制直线时，只需松开鼠标单击并拖动，便可绘制直线，如图 3.4.3 所示。

如果要绘制封闭的不规则图形，只需将最后一个点与起始点相连接即可形成封闭图形，如图 3.4.4 所示。

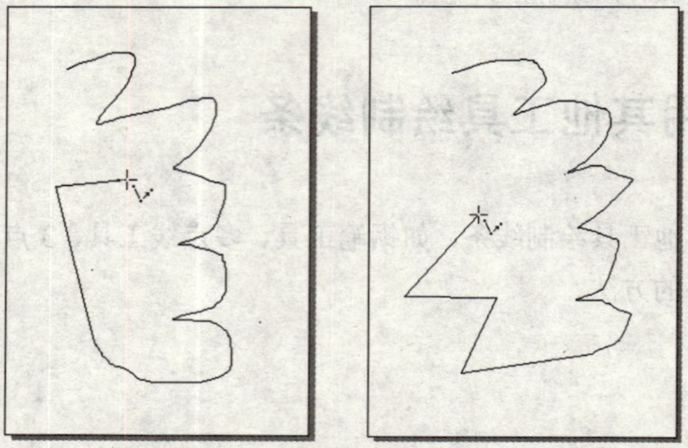

图 3.4.3 绘制直线与曲线

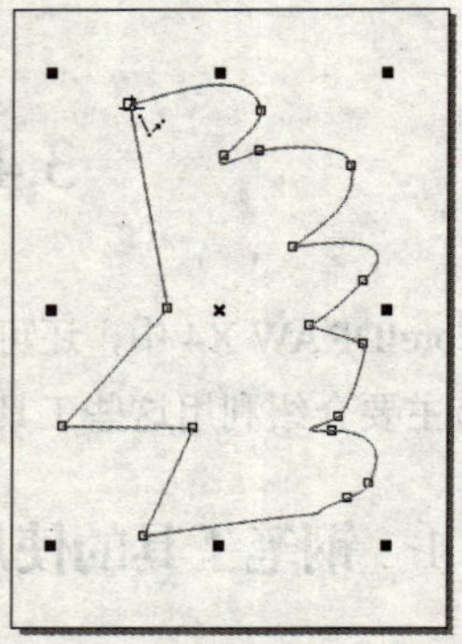

图 3.4.4 绘制封闭的不规则图形

3.4.3 3 点曲线工具的使用

使用 3 点曲线工具可以通过 3 点绘制一条曲线，即先绘制曲线的两个端点，再绘制曲线上的另一端点来确定曲线的弯曲度。

单击工具箱中的“3 点曲线工具”按钮，将光标移至绘图区中单击鼠标，并按住鼠标左键向所需的方向拖动，此时绘制出的将是一条直线，松开鼠标向路径的一侧移动，得到所需的形状时单击，即可完成曲线的绘制，如图 3.4.5 所示。

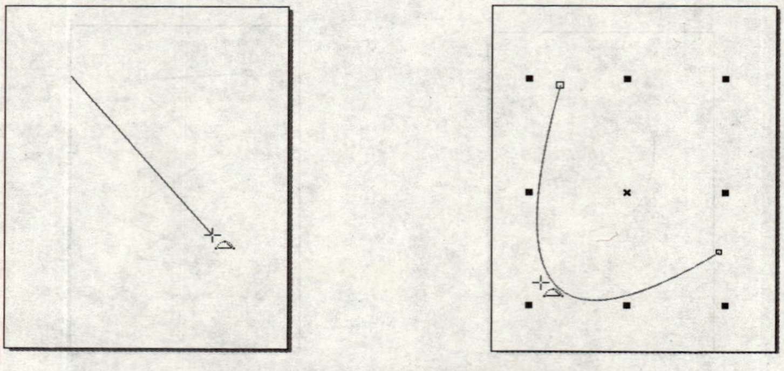

图 3.4.5 使用 3 点曲线工具绘制曲线

3.4.4　使用交互式连线工具

交互式连线工具允许用户将多个相关的对象连接到一起，并能随对象的移动而自动地调整变化，交互式连线工具绘制的曲线只有水平线段和垂直线段，它适合于创建流程图和组织关系表。

标注工具用来标注对象的尺寸、对象间的距离以及测量角度。在工程绘图、建筑图纸等许多技术性的图形制作中有重要作用。

3.4.5　交互式连线工具的使用

单击工具箱中的“手绘工具”按钮，在弹出的手绘工具组中选择交互式连线工具，将显示如图 3.4.6 所示的属性栏。它包括成角连接和直线连接两种方式，下面将详细介绍它们的使用方法。

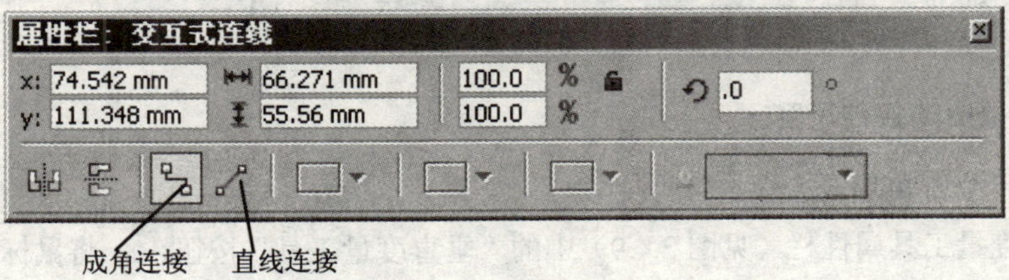

图 3.4.6　“交互式连线”属性栏

1. 成角连接

对象之间成角连接的操作步骤如下：

（1）绘制两个图形对象。

（2）选择工具箱中的交互式连线工具，单击属性栏（见图 3.4.6）中的“成角连接”按钮。

（3）在对象的轮廓上单击左键确定连接的起点位置，按住鼠标不放，将鼠标拖动到另一个对象的轮廓上，完成对象的成角连接，效果如图 3.4.7 所示。

2. 直线连接

对象之间直线连接的操作步骤如下：

（1）绘制两个图形对象。

（2）选择工具箱中的交互式连线工具，单击属性栏（见图 3.4.6）中的“直线连接”按钮。

（3）在第一个对象的轮廓上单击左键确定连接的起点位置，按住鼠标不放，将鼠标拖动到另一个对象的轮廓上，完成图形对象的直线连接，效果如图 3.4.8 所示。

图 3.4.7　成角连接效果

图 3.4.8　直线连接效果

3.4.6 度量工具的使用

度量工具包括自动度量工具、垂直度量工具、水平度量工具、倾斜度量工具、标注工具和角度量工具 6 种。

单击工具箱中的“手绘工具”按钮，在弹出的手绘工具组中单击“度量工具”按钮，显示如图 3.4.9 所示的属性栏。

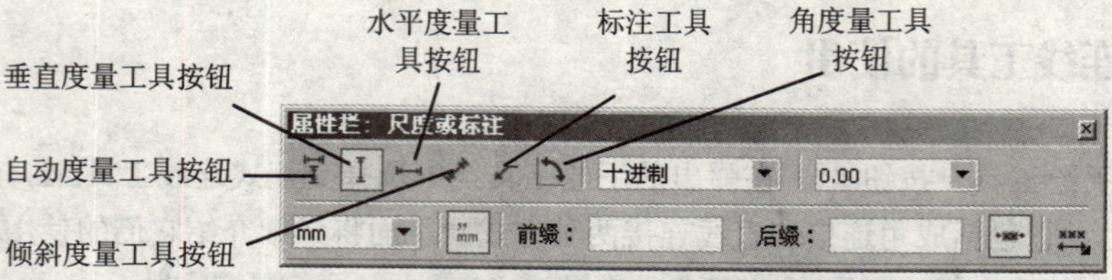

图 3.4.9 度量工具属性栏

1. 标注对象中的各种尺度

（1）绘制一个三角形。

（2）单击度量工具属性栏（见图 3.4.9）中的“垂直度量工具”按钮，将鼠标移至三角形的高度起始点处，显示节点的字样如图 3.4.10 所示。此时单击鼠标左键，并拖动鼠标至垂直线的另一点，再单击鼠标左键，即可完成对象的垂直度量的标注，如图 3.4.11 所示。

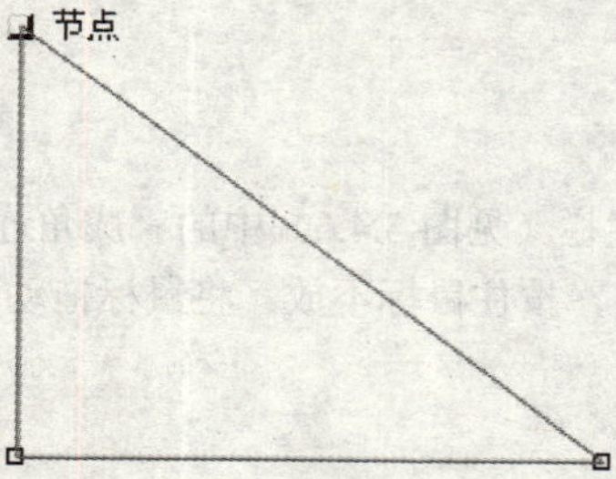

图 3.4.10 出现节点字样

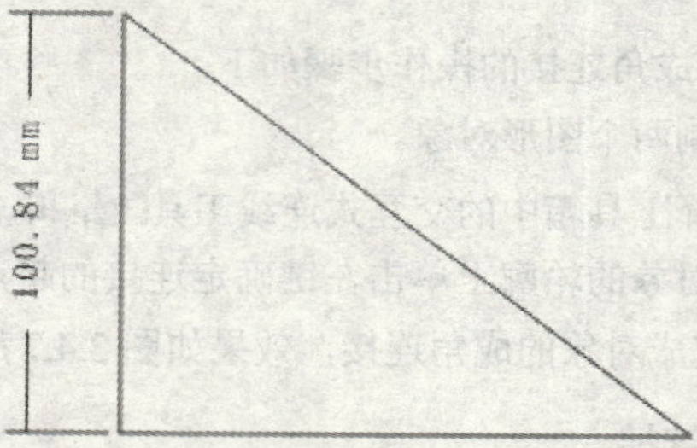

图 3.4.11 垂直度量标注

（3）用同样的方法，标注水平度量和倾斜度量，如图 3.4.12 所示。

（4）单击度量工具属性栏（见图 3.4.9）中的“角度量工具”按钮，移动鼠标至两条线段的交点会显示节点的字样，此时单击鼠标左键，再拖动鼠标到一条边上，会显示边缘的字样，单击鼠标左键，再拖动鼠标至另一边处单击，至此完成对象的一个角的标注角度。用同样方法可标注其他角的角度，效果如图 3.4.13 所示。

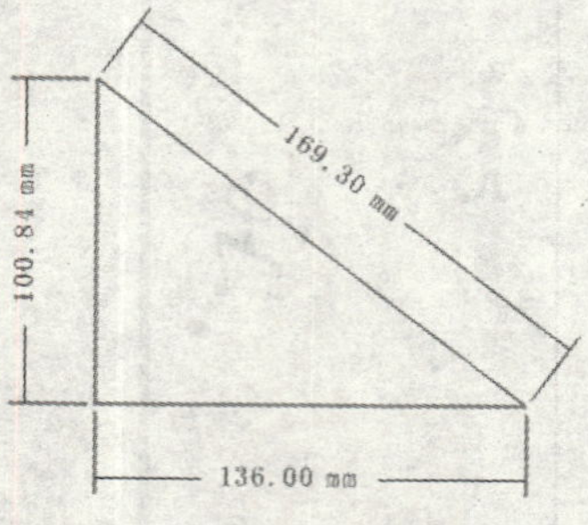

图 3.4.12 标注水平度量和倾斜度量

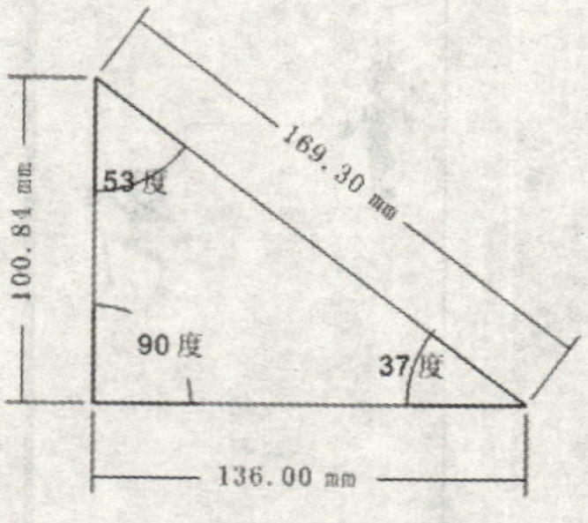

图 3.4.13 标注角度

2. 使用标注工具

使用标注工具可以为图形中的某个对象加上标签注释。要使标注和对象能够一起移动，必须将标注和对象连接起来。其操作步骤如下：

（1）绘制一个图形。

（2）单击度量工具属性栏（见图 3.4.9）中的“标注工具”按钮。

（3）在显示节点字样处单击，确定标注起始点。移动鼠标，单击第一段标注线结束处，如图 3.4.14 所示。

（4）移动鼠标，单击想要放置标注文字的位置，同时绘制出第二段标注线，输入标注文字，效果如图 3.4.15 所示。

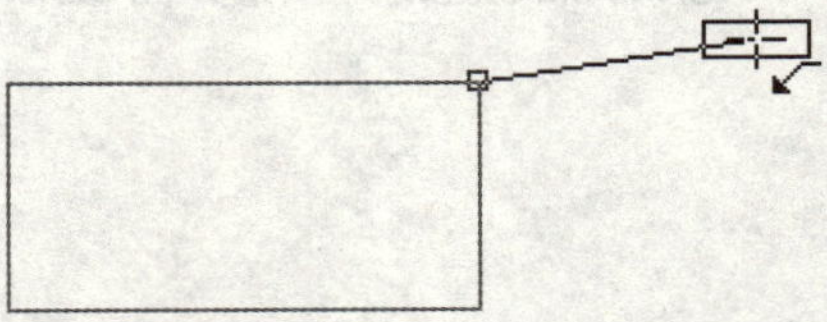

图 3.4.14　产生第一段标注线

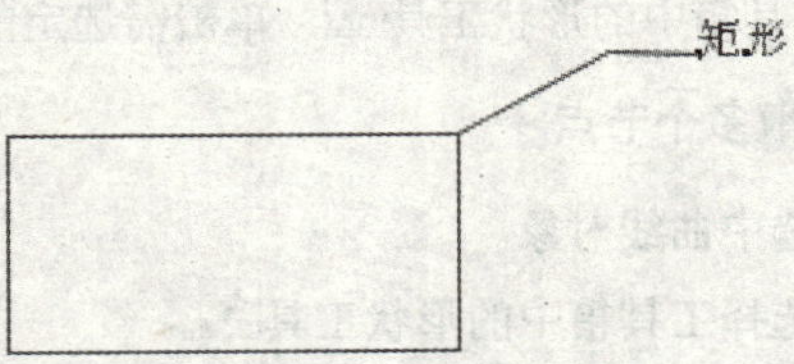

图 3.4.15　完成标注线

3.5　编辑线条

前面详细介绍了使用各种工具绘制线条的方法，下面将介绍有关曲线的控制与编辑。可通过编辑曲线对象的节点和线段来改变曲线对象。

绘制好图形后，可利用形状工具组中的形状工具来编辑曲线对象的节点和改变线段的形状。形状工具组包括形状工具、刻刀工具、橡皮擦工具、涂抹工具、粗糙工具、自由变换工具和删除虚设线工具。在此我们介绍形状工具，其他工具将在下一章中详细介绍。选中曲线对象，再选择工具箱中的形状工具，显示如图 3.5.1 所示的属性栏。单击其属性栏上的按钮，可得到相应的效果，如图 3.5.2 所示。

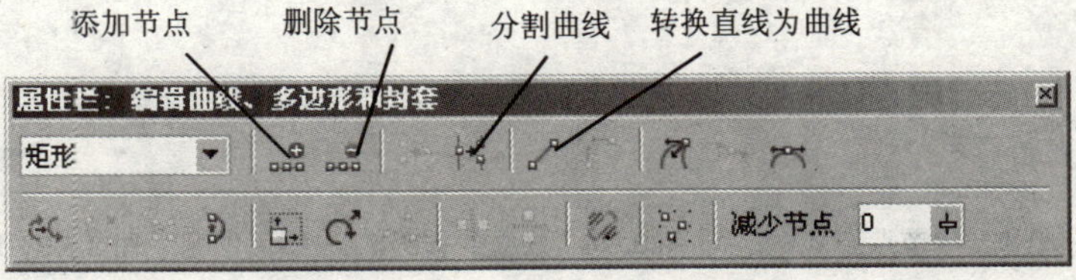

图 3.5.1　“编辑曲线、多边形和封套”属性栏

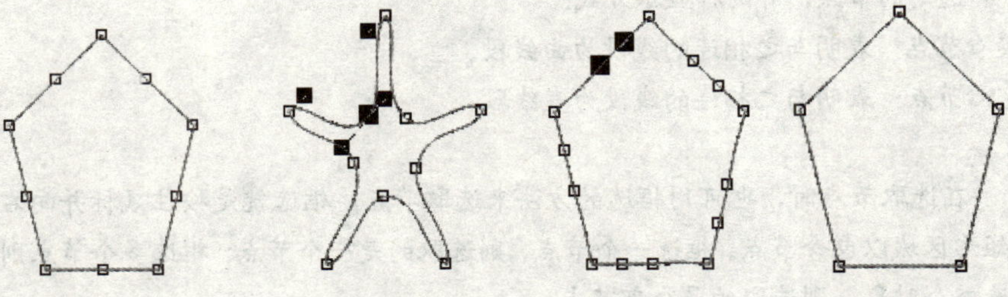

原图　　直线转化为曲线　　添加节点　　删除节点

图 3.5.2　用“形状工具”编辑对象

注意 形状工具只能编辑曲线对象，对不是曲线的对象（例如：矩形、椭圆等）必须单击其属性栏中的“转换为曲线”按钮，将其转换为曲线，然后进行编辑。

3.5.1 选取节点

用户对线条进行编辑时，首先需选取线条中的节点，选取节点有 3 种方式：选取一个节点、选取多个节点和选取全部节点。

1．选取一个节点

选择工具箱中的形状工具，单击需选定的节点，则完成节点的选定，效果如图 3.5.3 所示。

2．选取多个节点

（1）选中曲线对象。

（2）选择工具箱中的形状工具。

（3）按住“Shift”键依次单击需选定的各节点，则完成多个节点的选取，效果如图 3.5.4 所示。

3．选取全部节点

（1）选中曲线对象。

（2）选择工具箱中的形状工具。

（3）按住“Ctrl”键和“Shift”键，再单击曲线对象上的任意一节点，则完成曲线对象上的全部节点的选取，也可单击属性栏中的“选取全部节点”按钮来完成，效果如图 3.5.5 所示。

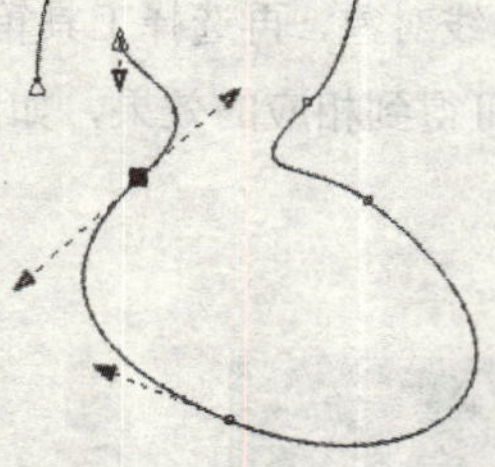

图 3.5.3　选取一个节点

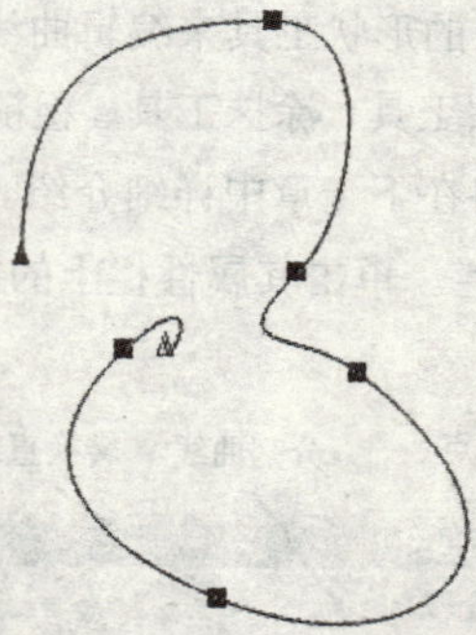

图 3.5.4　选取多个节点

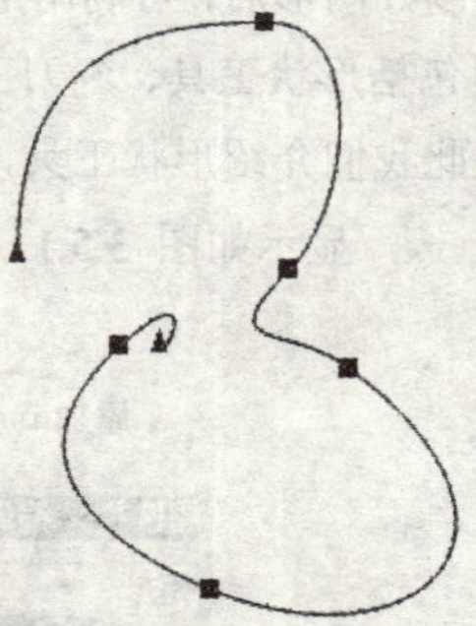

图 3.5.5　选取全部节点

注意 选定的节点，有两种显示方式：

（1）实心节点：表明与之相连的线段为曲线段。

（2）空心节点：表明与之相连的线段为直线段。

技巧 在选取节点时，也可用框选的方法来选取节点，框选就是按住鼠标并向右下方拖动选择一个虚线矩形区域以包含节点。框选一个节点，则选取的是一个节点；框选多个节点则选取的是多个节点；框选整个对象，则选取的是全部节点。

3.5.2 添加和删除节点

在编辑线条过程中，往往需添加节点来改变其形状。若需压缩图形文件的大小、减少重绘和打印时间或要使曲线对象更为光滑时，可在不影响绘图效果的情况下删除多余的节点。

添加节点的操作步骤如下：

（1）选择工具箱中的形状工具。

（2）在需添加节点的位置处单击，此时显示一个小黑点。

（3）在属性栏中单击“添加节点”按钮，即可完成节点的添加。

技巧 可在需添加节点的位置双击鼠标左键来添加节点。

删除节点的操作步骤如下：

（1）选择工具箱中的形状工具。

（2）选取需删除的节点，单击属性栏中的“删除节点”按钮，即可完成节点的删除。

技巧 也可选取所需删除的节点，再按键盘上的“Delete”键来删除节点。

3.5.3 连接和断开节点

1．连接节点

（1）选择工具箱中的形状工具。

（2）选定要连接的一对节点。

（3）单击属性栏中的“连接两个节点”按钮，完成节点的连接。

2．断开节点

（1）选择工具箱中的形状工具。

（2）选取需断开的节点间的路径。

（3）单击属性栏中的“分割曲线”按钮，完成节点的断开。

3.5.4 直线与曲线间的相互转换

1．将直线转换为曲线

（1）单击需转换的直线，此时在直线上显示一个小黑点。

（2）单击属性栏中的“转换直线为曲线”按钮，此时直线转换为曲线，同时出现黑色小方块，拖动小方块可调节曲线的弯曲度，效果如图 3.5.6 所示。

2．将曲线转换为直线

（1）单击需转换的曲线，此时在曲线上显示一个小黑点。

（2）单击属性栏中的“转换曲线为直线”按钮，此时曲线转换为直线，可得到如图 3.5.7 所示的效果。

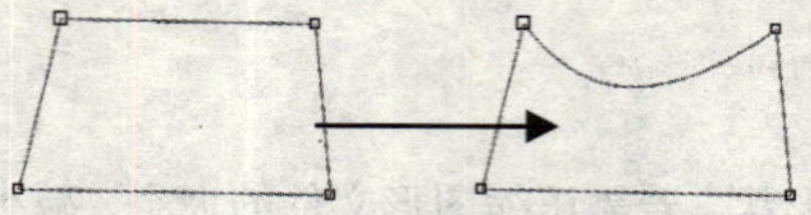

图 3.5.6　将直线转换为曲线

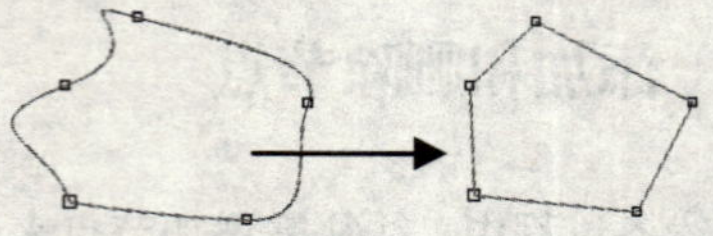

图 3.5.7　将曲线转换为直线

3.5.5　节点的尖突、平滑和对称

CorelDRAW X4 根据节点拐角的不同形状将曲线的节点属性分为 3 种类型：

1．尖突节点

曲线对象在尖突节点处可以以尖角的形式弯折。尖突节点的两个控制点彼此间是相互独立的。即调整其中的一个控制点时，只对该节点的一边进行调整，而不会影响到另一边。

2．平滑节点

曲线对象在平滑节点处可以实现平滑的过渡。该节点及其两个控制点始终处于同一直线上，当对其中任意一个控制点进行调整时，另一个随之移动，保持三点一线，从而保证曲线的平滑。

3．对称节点

曲线对象在对称节点处同样可以实现平滑过渡，并且节点两端的曲率一样。该节点两端的控制点的距离始终保持相等。

改变节点属性的具体操作步骤如下：

（1）选择工具箱中的形状工具。

（2）选定需改变属性的节点，单击属性栏中的“使节点成为尖突”按钮、“平滑节点”按钮或“生成对称节点”按钮，完成对节点属性的修改。

3.5.6　反转节点方向

在形状工具属性栏中单击“反转曲线方向”按钮，可以将绘制好的曲线图形的节点颠倒，即将终点的节点变为起点的节点，起点的节点变为终点的节点。

其操作步骤如下：

（1）选择工具箱中的形状工具。

（2）单击属性栏中的“反转曲线方向”按钮，可将曲线的起始路径颠倒。

3.5.7　自动封闭路径

自动封闭路径可将断开的节点用直线自动连接起来。在前面的内容中我们已经详细讲解了，在此不再赘述。

3.5.8　节点的移动

在绘图过程中常常需要对曲线对象的线段、节点和控制点等进行移动，从而调整整个曲线对象。调整线段时，一般是先通过移动线段和节点进行粗调，再通过移动节点的控制节点进行精确调整。

3.6　典型实例——绘制被咬过的苹果

本节将绘制被咬过的苹果，效果如图 3.6.1 所示。

图 3.6.1　绘制的苹果

操作步骤

（1）绘制一个如图 3.6.2 所示的图形文件，单击工具箱中的“贝塞尔工具”按钮，在绘图区中单击鼠标左键确定一个节点，拖动鼠标到另一位置单击，再继续拖动并单击，绘制的图形如图 3.6.3 所示。

（2）使用挑选工具选中修改后的图形，设置轮廓宽度为，然后在调色板中单击红色色块，即可将所选的图形填充为红色，如图 3.6.4 所示。

（3）单击工具箱中的“橡皮擦工具”按钮，在其属性栏中设置好参数，移动鼠标至图形边缘处，按住鼠标左键并拖动进行擦除，松开鼠标，擦除后的效果如图 3.6.1 所示。

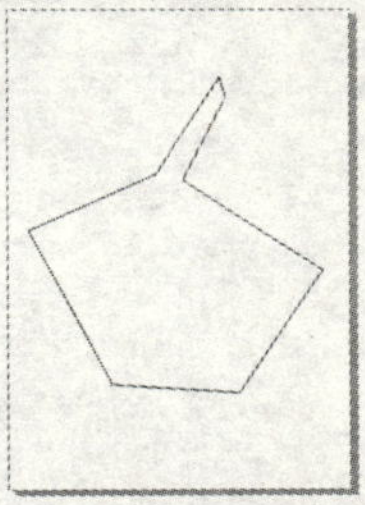

图 3.6.2　绘制的图形

图 3.6.3　使用形状工具修改图形形状

图 3.6.4　填充图形

小　　结

本章主要介绍了在 CorelDRAW X4 中各种线条的绘制与编辑方法，并对所使用的手绘工具、贝塞尔工具、艺术笔工具与形状工具等的属性与功能进行了相应的讲解。通过本章的学习，希望用户能够在以后的绘图中熟练应用它们进行绘制与编辑。

过关练习三

一、填空题

1．艺术笔工具可分为 5 种模式，分别为__________、__________、__________、__________和

__________。

2．CorelDRAW X4 根据节点拐角的不同形状将曲线的节点属性分为 3 种类型：__________、__________和__________。

3．贝塞尔工具是专门用于绘制__________的工具，同时也可以绘制直线与折线。

4．在艺术笔工具属性栏中提供了__________种艺术笔触工具。

二、选择题

1．尺度线工具主要有（ ）种类型，可以用它来创建水平尺度线、垂直尺度线、倾斜尺度线以及角度尺度线。

A．4　　B．5

C．6　　D．7

2．删除节点时，选中要删除的节点，然后按键盘上的（ ）键可完成节点的删除。

A．Ctrl　　B．Alt

C．Shift　　D．Delete

3．使用手绘工具绘制曲线后按住鼠标左键不放，并同时按住（ ）键，再沿之前所绘曲线路径返回，则可将绘制曲线时经过的路径清除。

A．Ctrl　　B．Alt

C．Shift+Ctrl　　D．Shift

4．用手绘工具在绘图区中确定直线的起点位置后，按住（ ）键的同时拖动鼠标，可绘制水平或垂直的直线。

A．Shift+Ctrl　　B．Alt

C．Ctrl　　D．Shift

三、简答题

1．如何使用书法工具绘制艺术笔触效果？

2．如何使用贝塞尔工具绘制曲线？

四、上机操作题

1．新建一个图形文件，在绘图区中绘制两个或两个以上的基本图形，练习使用交互式连线工具将它们连接起来。

2．新建一个图形文件，练习使用手绘工具、贝塞尔工具、艺术笔工具在绘图区中分别绘制曲线、直线以及艺术线条。

第4章 图形的绘制与编辑

本章要点

- ☑ 绘制基本图形
- ☑ 形状编辑工具
- ☑ 图形对象的编辑

学习目标

在绘制的复杂图形对象中，有很大部分是由这些基本形状组成的，如矩形、椭圆、多边形、螺旋形等。利用 CorelDRAW X4 工具箱中的图形绘制工具，可以直接绘制多种基本形状。本章主要介绍这些图形绘制与编辑的方法与技巧。

4.1 绘制基本图形

CorelDRAW X4 提供了基本图形的 7 种绘制工具。前面的章节已经讲述了手绘工具，这一节主要讲述其余 6 种绘制工具：智能绘图工具、矩形工具、椭圆工具、多边形工具、基本形状和表格工具。

进入 CorelDRAW X4 操作界面，在界面的左边将会出现默认工具箱。如图 4.1.1 所示为工具箱中的 6 种基本图形绘制工具。

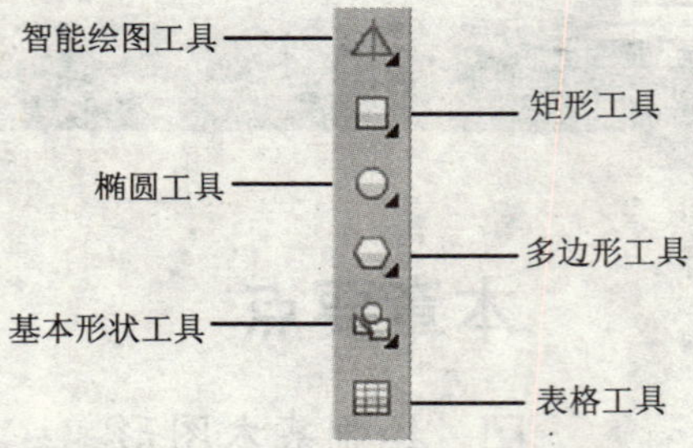

图 4.1.1 基本图形绘制工具

4.1.1 智能绘图工具

CorelDRAW X4 的智能绘图工具将帮助用户成倍地提高工作效率，可以自动识别矩形、圆形等基本形状，并能自动平滑曲线。下面将详细讲解智能绘图工具的使用方法及其功能。

1. 使用智能绘图工具绘制图形

（1）选择工具箱中的智能绘图工具。

（2）当光标变为形状时，将其移至绘图区，单击左键确定图形起始位置。

（3）拖动鼠标绘制图形，松开鼠标，绘图结束。

2. 智能绘图工具的功能

（1）自动识别图形形状。在绘制矩形、椭圆、多边形等基本图形时，手绘的总是不平滑、不规则图形。使用智能绘图工具时，在绘制图形结束后稍等片刻，系统自动将图形规范化，如图 4.1.2、图 4.1.3 和图 4.1.4 所示。

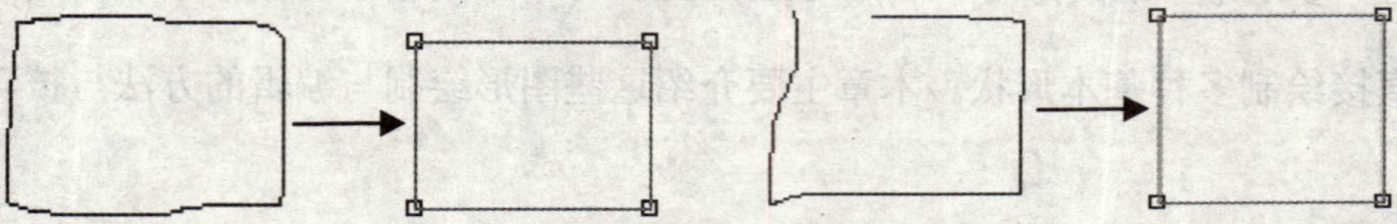

图 4.1.2 绘制矩形

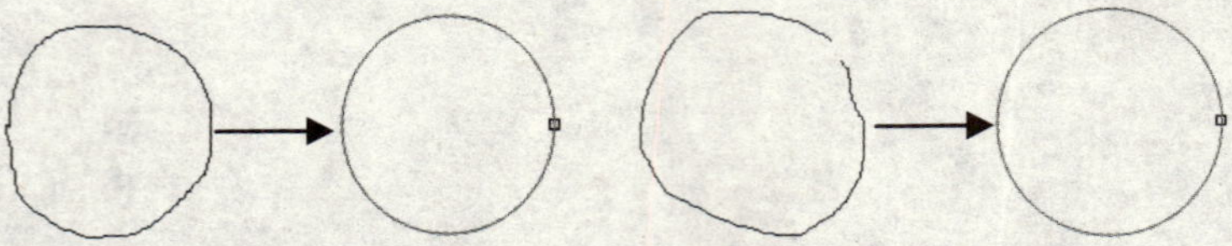

图 4.1.3 绘制圆

（2）自动平滑曲线。智能绘图工具能自动平滑曲线，效果如图 4.1.5 所示。

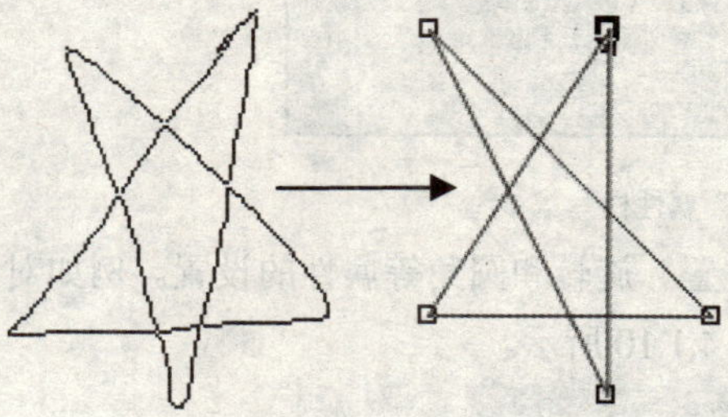

图 4.1.4　绘制星形

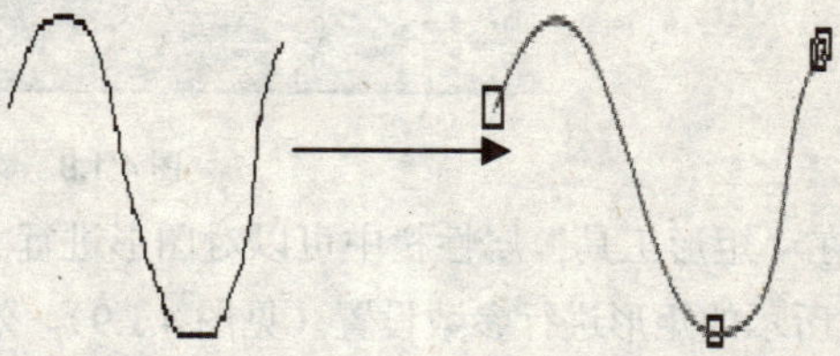

图 4.1.5　平滑曲线

（3）自动平衡对称图形。自动平衡对称图形，在自动识别图形形状的例子中已经体现出来，在此就不再举例。用户可以自己动手操作以深刻地了解这一功能。

4.1.2　绘制矩形

单击工具箱中的矩形工具右下角的黑色小三角，弹出如图 4.1.6 所示的矩形工具组。

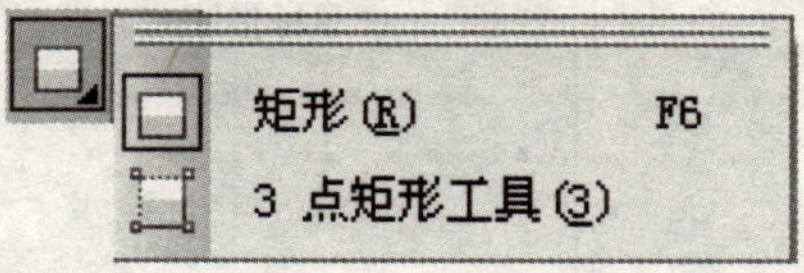

图 4.1.6　矩形工具组

1．使用矩形工具绘制矩形

利用矩形工具绘制矩形的操作步骤如下：

（1）选择工具箱中的矩形工具。

（2）当光标变为形状时，将其移至绘图区，单击鼠标左键确定矩形的起始位置。

（3）拖动鼠标至对角线的另一端，松开鼠标，完成矩形的绘制，效果如图 4.1.7 所示。

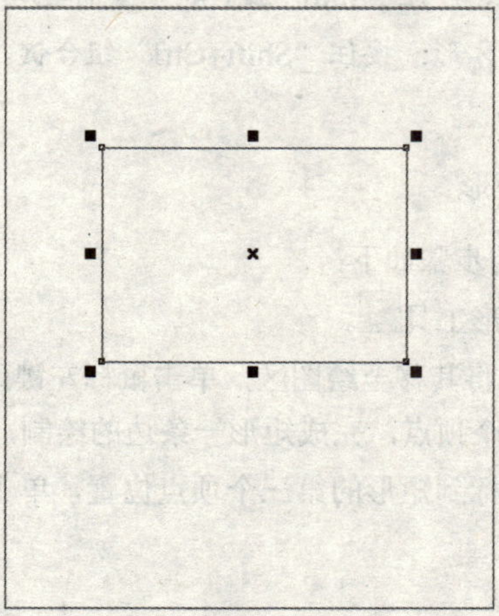

图 4.1.7　绘制矩形

选择矩形工具后，出现如图 4.1.8 所示的属性栏。

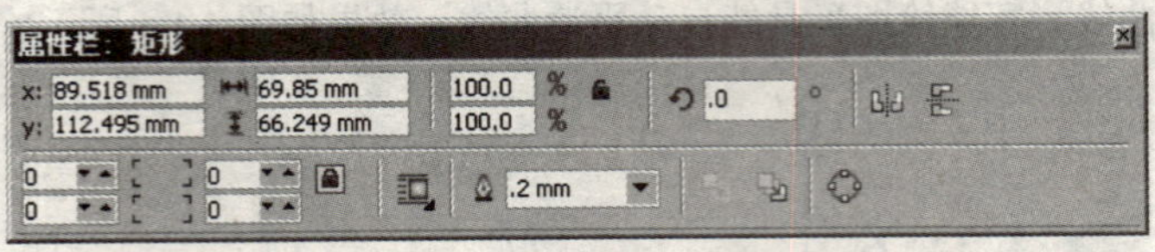

图 4.1.8 “矩形工具”属性栏

在“矩形工具”属性栏中可以对图形进行大小、位置、旋转和圆角等属性的设置。例如对如图 4.1.7 所示的矩形进行参数设置（见图 4.1.9），效果如图 4.1.10 所示。

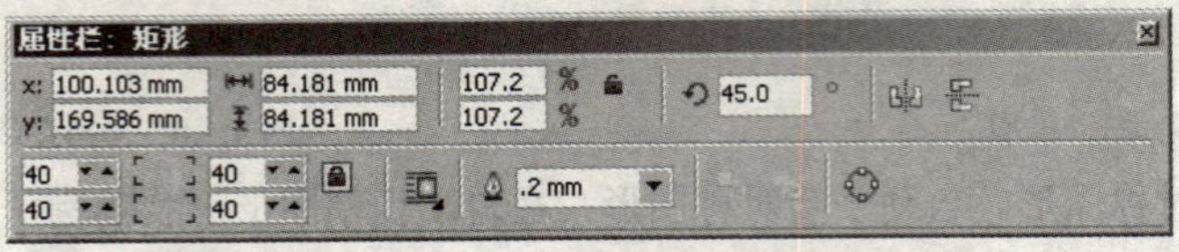

图 4.1.9 设置后的“矩形工具”属性栏

双击绘制的矩形，周围将出现如图 4.1.11 所示的控制手柄，将鼠标放在控制手柄上，拖动鼠标可对矩形进行顺时针或逆时针旋转。

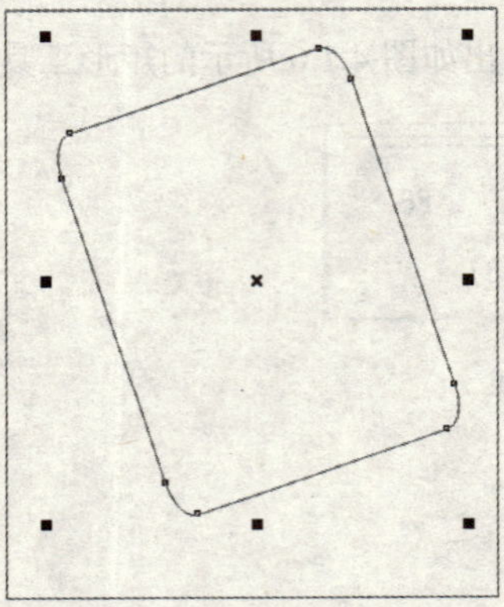

图 4.1.10 参数改变后的效果

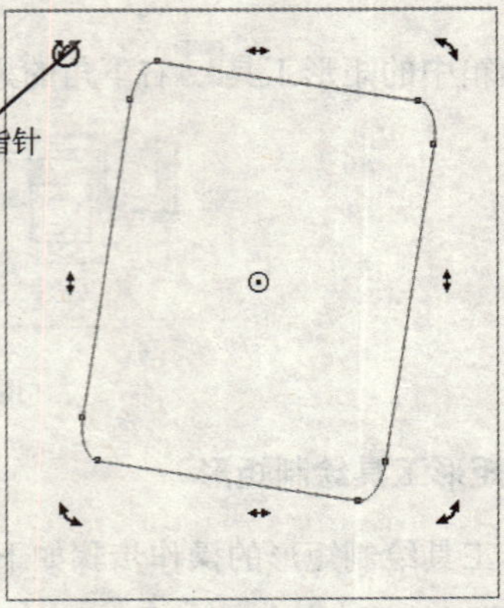

图 4.1.11 拖动鼠标旋转对象

提示 选择矩形工具后，按住“Shift”键，将以鼠标拖动的起点为中心点绘制出一个矩形；按住“Ctrl”键，将绘制出一个正方形；按住“Shift+Ctrl”组合键，将以鼠标拖动的起点为中心点绘制出一个正方形。

2. 使用 3 点矩形工具绘制矩形

使用 3 点矩形工具绘制矩形的步骤如下：

（1）选择工具箱中的 3 点矩形工具。

（2）当光标变为形状时，将其移至绘图区，单击鼠标左键确定矩形的起点位置。

（3）拖动鼠标至矩形的第二个顶点，完成矩形一条边的绘制，如图 4.1.12 所示。

（4）松开鼠标并平行拖动鼠标到矩形的第三个顶点位置，单击鼠标左键完成矩形的绘制，效果如图 4.1.13 所示。

提示 选择 3 点矩形工具，按住“Shift”键，将以鼠标拖动的起点和第二个顶点所确定的一条线段为矩形的一条中心线绘制出一个矩形；按住“Ctrl”键，将以鼠标拖动的起点和第二个顶点所确定的一条线段为边绘制出一个正方形；按住“Shift+Ctrl”组合键，将以鼠标拖动的起点和第二个顶点所确定的一条线段为矩形的一条中心线绘制出一个正方形。

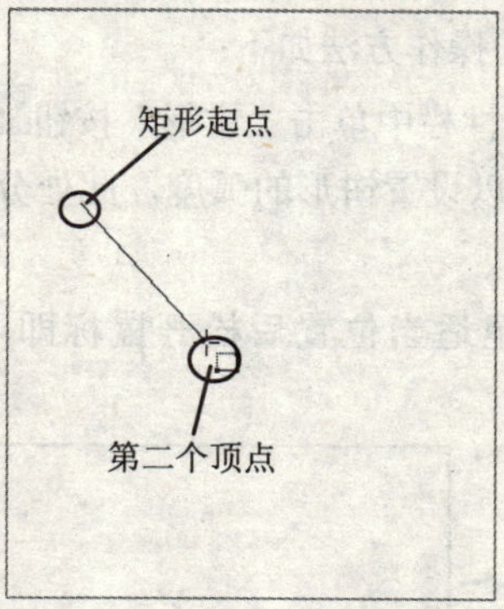

图 4.1.12　确定矩形的一条边

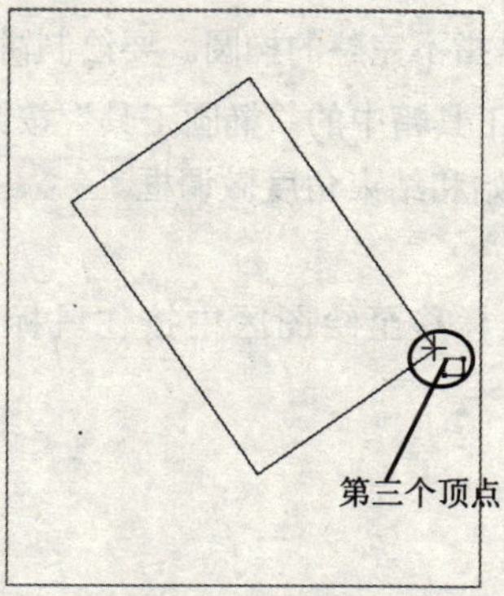

图 4.1.13　确定第三个顶点

4.1.3　绘制椭圆形

单击工具箱中的椭圆工具右下角的黑色小三角，弹出如图 4.1.14 所示的椭圆工具组。

图 4.1.14　椭圆工具组

1. 使用椭圆工具绘制椭圆

绘制椭圆的方法如下：

（1）单击工具箱中的“椭圆工具”按钮。

（2）在绘图页面中拖动鼠标即可，绘制的椭圆如图 4.1.15 所示。

绘制正圆的方法如下：

（1）单击工具箱中的“椭圆工具”按钮。

（2）按住“Ctrl”键的同时拖动鼠标即可，绘制的正圆如图 4.1.16 所示。

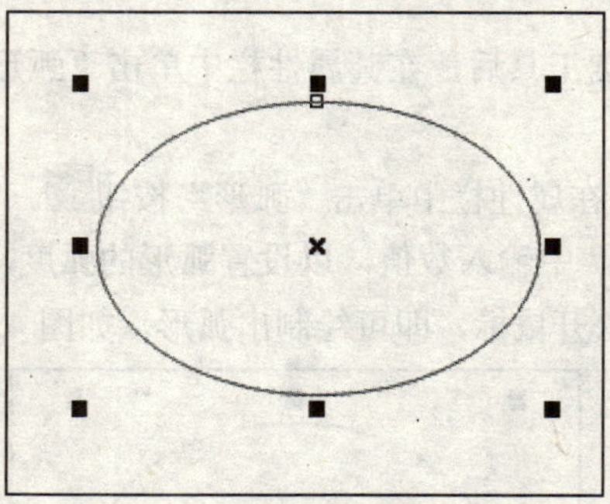

图 4.1.15　绘制的椭圆

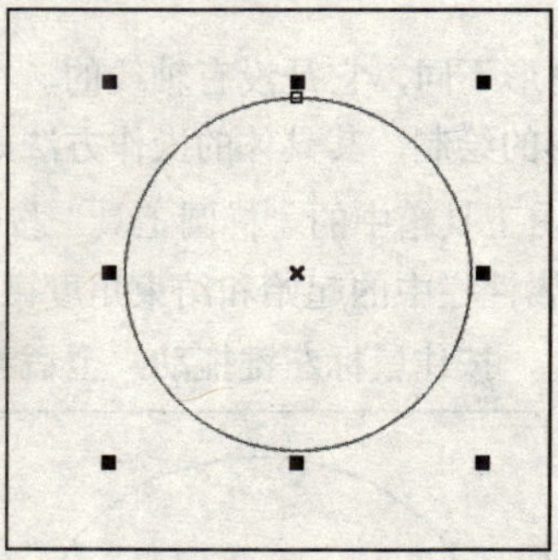

图 4.1.16　绘制的正圆

提示　选择椭圆工具，按住“Shift”键，将以鼠标拖动的起点为中心绘制出一个椭圆；按住“Ctrl”键，将绘制出一个正圆；按住“Shift+Ctrl”组合键，将以鼠标拖动的起点为中心绘制出一个正圆。

2．绘制饼形

饼形实际是指不完整的椭圆。要绘制饼形，其具体的操作方法如下：

（1）单击工具箱中的“椭圆工具”按钮，在其属性栏中单击“饼形”按钮。

（2）在起始和结束角度微调框中输入数值，以设置饼形的弧度，此处分别输入数值 120 和 50。

（3）将光标移至绘图区中按住鼠标左键拖动，至适当位置后松开鼠标即可绘制饼形，如图 4.1.17 所示。

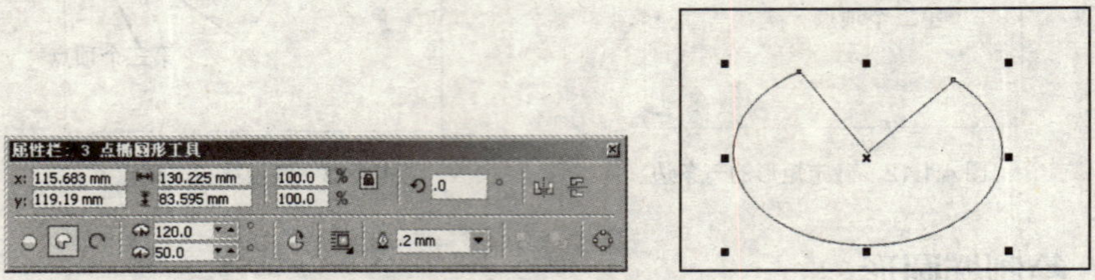

图 4.1.17　绘制饼形

如果对绘制的饼形不满意，可在选择饼形的状态下，在属性栏中的起始和结束角度微调框中重新调整数值。

绘制好饼形后，在属性栏中单击“顺时针/逆时针弧形或饼形”按钮，可将所绘制的图形反方向替换，也就是说，将得到所绘制饼形的另外一部分，如图 4.1.18 所示。

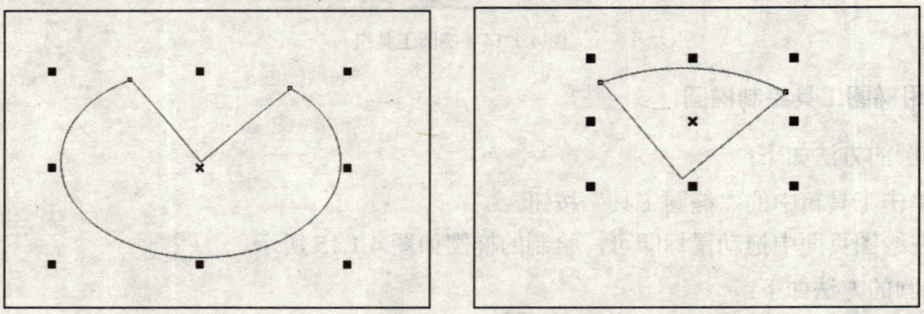

图 4.1.18　反方向替换绘制的饼形

3．绘制弧形

弧形与饼形不同，它是没有轴线的。在选择椭圆工具后，在其属性栏中单击“弧形”按钮，即可进行弧形的绘制，其具体的操作方法如下：

（1）单击工具箱中的“椭圆工具”按钮，并在属性栏中单击“弧形”按钮。

（2）在属性栏中的起始和结束角度微调框中输入数值，以设置弧形的弧度，然后将鼠标移至绘图区中，按住鼠标左键拖动，至适当位置后松开鼠标，即可绘制出弧形，如图 4.1.19 所示。

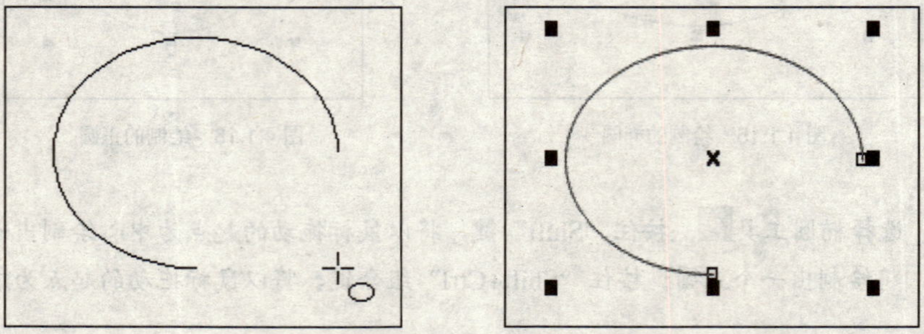

图 4.1.19　绘制弧形

绘制好弧形后，在属性栏中单击“顺时针/逆时针弧形或饼形”按钮，也可将所绘制的图形反方向替换，如图 4.1.20 所示。

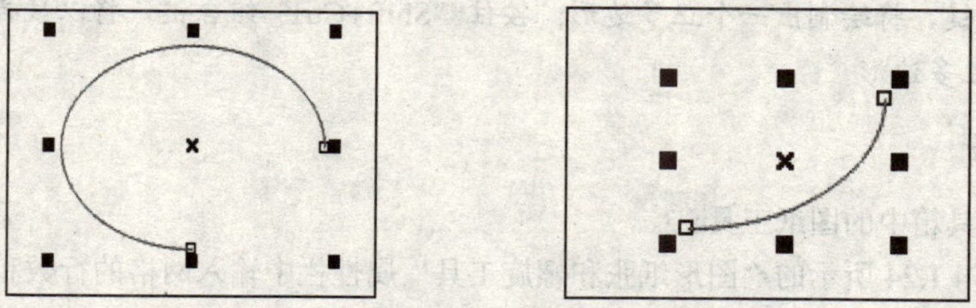

图 4.1.20　反方向替换弧形

4．3 点椭圆工具

3 点椭圆工具的使用方法如下：

（1）单击工具箱中的“3 点椭圆”按钮。

（2）在绘图页面中绘制一条直线，作为椭圆的一条直径，拖曳鼠标确定椭圆的另一条直径即可。使用 3 点椭圆工具绘制正圆、饼形与圆弧的方法和椭圆工具相同，在此就不再赘述。

4.1.4　绘制多边形、表格和螺旋线

单击工具箱中的多边形工具右下角的黑色小三角，弹出如图 4.1.21 所示的多边形工具组。

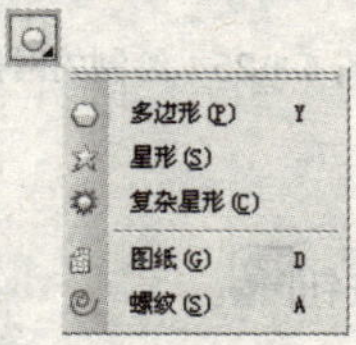

图 4.1.21　多边形工具组

1．绘制多边形

（1）选择工具箱中的多边形工具。

（2）当光标变为形状时，将其移至绘图区，单击鼠标左键确定多边形的起始位置。

（3）拖动鼠标至另一点，松开鼠标，完成多边形的绘制。

“对称多边形”属性栏如图 4.1.22 所示。利用属性栏可以对多边形或星形的边数、锐化度进行设置，可以绘制出不同形状的图形，效果如图 4.1.23 所示。

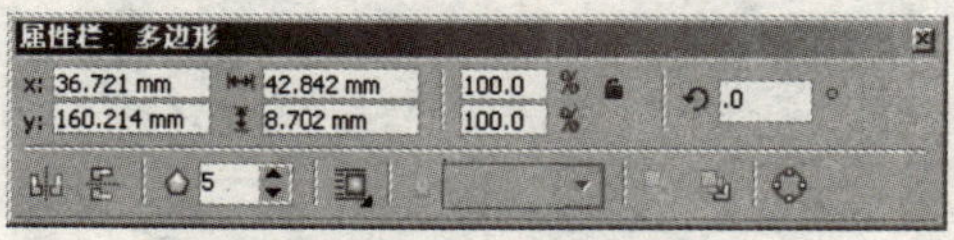

图 4.1.22　“对称多边形”属性栏

图 4.1.23　多边形

提示 选择多边形工具，按住“Shift”键，将以鼠标拖动的起点为中心点绘制出一个多边形；按住“Ctrl”键，将绘制出一个正多边形；按住“Shift+Ctrl”组合键，将以鼠标拖动的起点为中心点绘制出一个正多边形。

2．绘制网格

（1）选择工具箱中的图纸工具。

（2）在如图 4.1.24 所示的“图形纸张和螺旋工具”属性栏中输入网格的行数和列数。

（3）当光标变为形状时，将其移至绘图区，单击鼠标左键确定网格的起始位置。

（4）拖动鼠标至对角线的另一端处，松开鼠标，完成网格的绘制，效果如图 4.1.25 所示。

图 4.1.24 “图形纸张和螺旋工具”属性栏

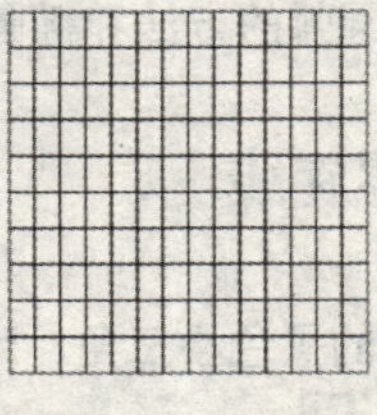

图 4.1.25 绘制的网格

3．绘制螺旋线

（1）选择工具箱中的“螺旋工具”按钮。

（2）在如图 4.1.26 所示的“图形纸张和螺旋工具”属性栏中输入螺纹的圈数。

（3）当光标变为形状时，将其移至绘图区，单击鼠标左键确定螺旋线的起始位置。

（4）拖动鼠标至另一端，松开鼠标，完成螺旋线的绘制，效果如图 4.1.27 所示。

图 4.1.26 “图形纸张和螺旋工具”属性栏

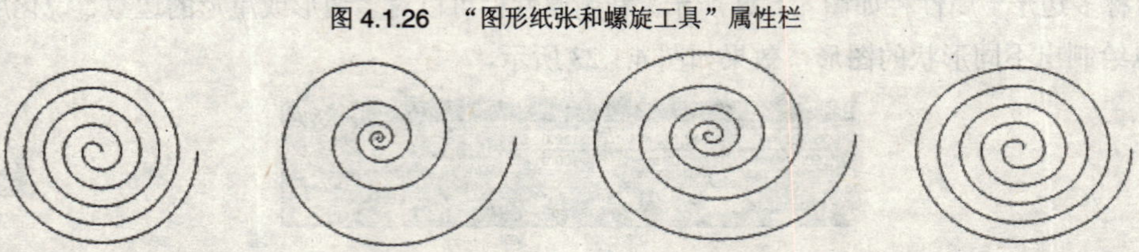

对称式螺纹　　对数式螺纹　　螺纹扩展参数=50　　螺纹扩展参数=1

图 4.1.27 螺旋线

4.1.5 绘制基本形状

在 CorelDRAW X4 中提供了一组特殊的绘图工具，单击工具箱中的“基本形状工具”按钮右下角的小三角，可弹出隐藏的工具组，如图 4.1.28 所示。使用这些工具，可以绘制出一些特殊的图形，从而帮助用户在制作复杂对象时节省大量的时间。

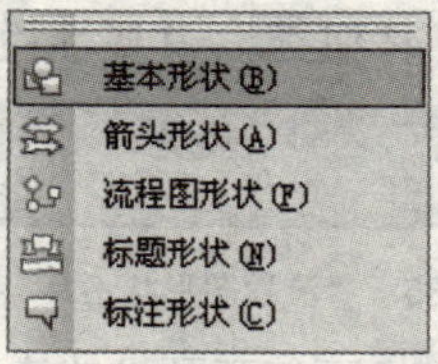

图 4.1.28　基本形状工具组

1. 基本形状工具

使用基本形状工具可以绘制出多种基本图形。单击工具箱中的“基本形状工具”按钮，其属性栏显示如图 4.1.29 所示。

图 4.1.29　“基本形状工具”属性栏

在属性栏中单击“完美形状”按钮，可打开预设的基本形状面板，如图 4.1.30 所示。

从中选择所需的基本形状，将光标移至绘图区中，按住鼠标左键拖动，即可绘制出所选的图形，如图 4.1.31 所示。

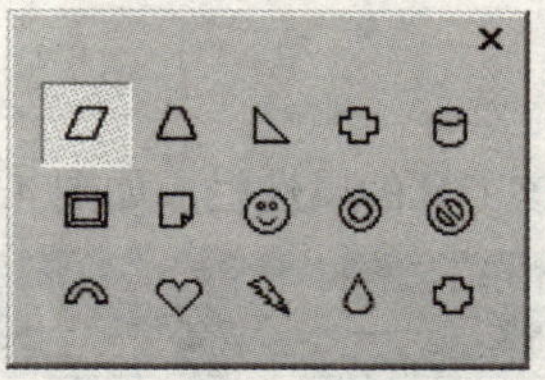

图 4.1.30　基本形状面板

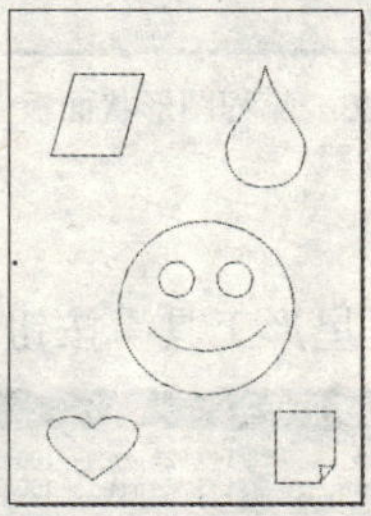

图 4.1.31　绘制基本形状图形

2. 箭头形状工具

单击工具箱中的“箭头形状工具”按钮，可显示出该工具的属性栏，如图 4.1.32 所示。

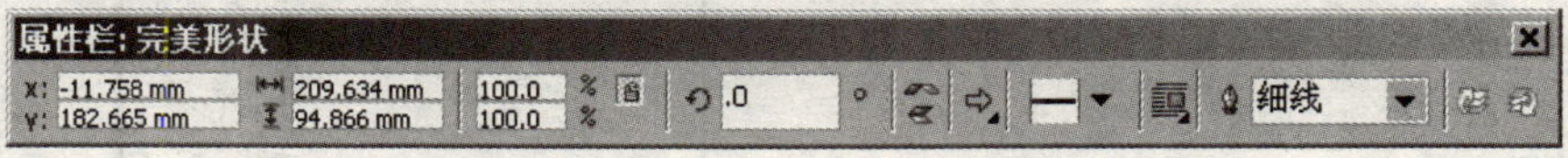

图 4.1.32　“箭头形状工具”属性栏

在属性栏中单击“完美形状”按钮，可打开预设的箭头形状面板，如图 4.1.33 所示。

从中选择需要的箭头形状，将光标移至绘图区中，按住鼠标左键拖动，即可绘制出所选的箭头形状图形，如图 4.1.34 所示。

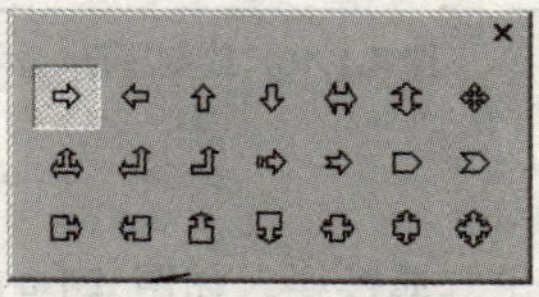

图 4.1.33　箭头形状面板

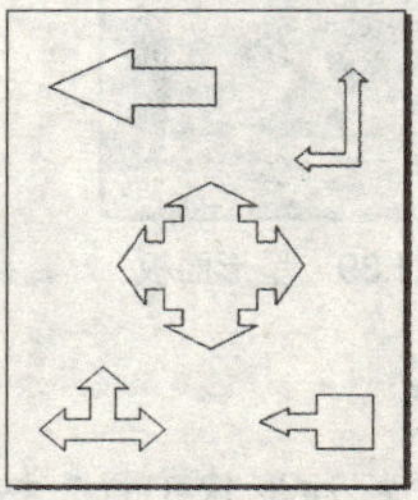

图 4.1.34　绘制箭头形状图形

3．流程图形状工具

单击工具箱中的“流程图形状工具”按钮，其属性栏显示如图 4.1.35 所示。

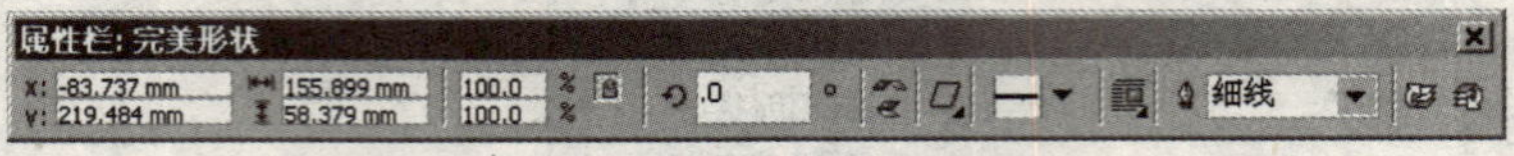

图 4.1.35 “流程图形状工具”属性栏

在属性栏中单击“完美形状”按钮，可打开预设的流程图形状面板，如图 4.1.36 所示。

从中选择需要的流程图形状，在绘图区中按住鼠标左键拖动，即可绘制出所需的流程图形状图形，如图 4.1.37 所示。

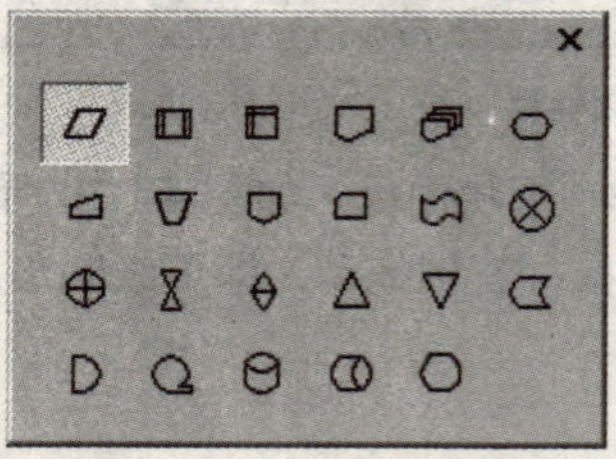

图 4.1.36 流程图形状面板

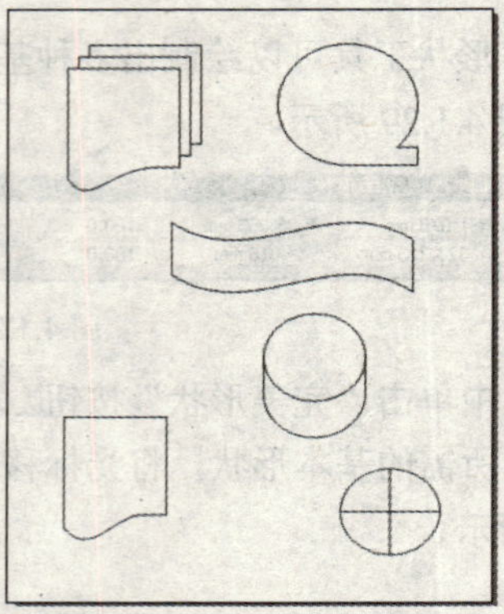

图 4.1.37 绘制流程图形状图形

4．星形工具

在工具箱中单击“星形工具”按钮，可显示出该工具的属性栏，如图 4.1.38 所示。

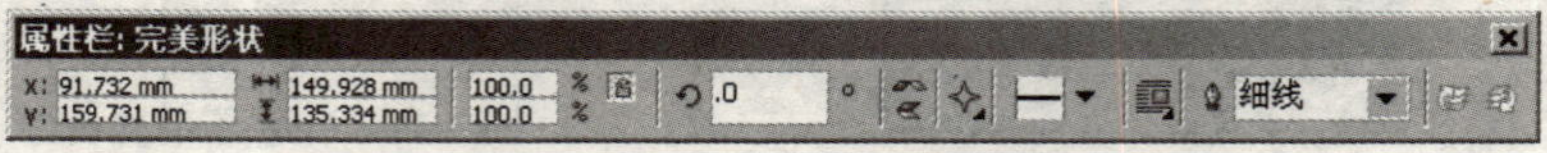

图 4.1.38 “星形工具”属性栏

在属性栏中单击“完美形状”按钮，可打开预设的星形面板，如图 4.1.39 所示。

从中选择需要的星形，在绘图区中按住鼠标左键拖动，即可绘制出所选的星形，如图 4.1.40 所示。

图 4.1.39 星形面板

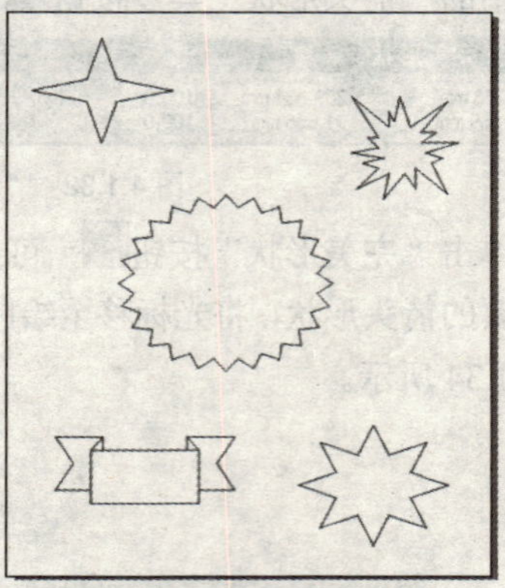

图 4.1.40 绘制星形

5．标注形状工具

单击工具箱中的“标注形状工具”按钮，可显示出其属性栏，如图 4.1.41 所示。

图 4.1.41　“标注形状工具”属性栏

在属性栏中单击“完美形状”按钮，可打开预设的标注形状面板，如图 4.1.42 所示。从中选择需要的标注形状，将光标移至绘图区中，按住鼠标左键拖动，即可绘制出所选的标注形状图形，如图 4.1.43 所示。

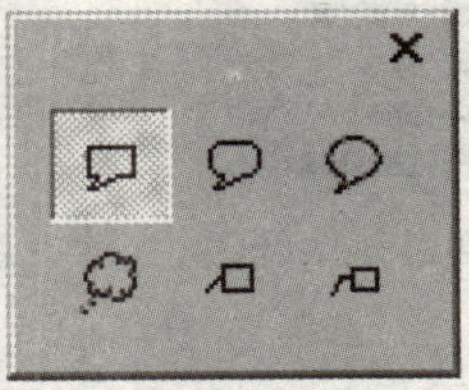

图 4.1.42　标注形状面板

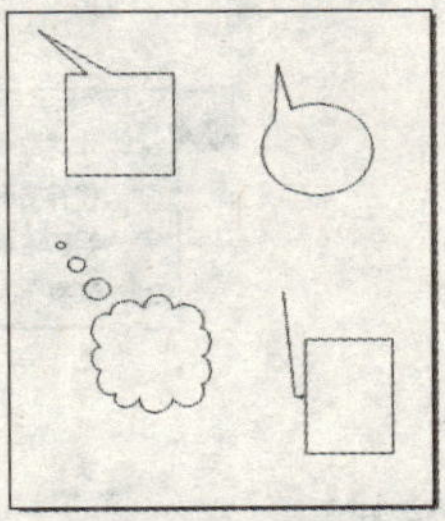

图 4.1.43　绘制标注形状图形

使用各种形状工具绘制图形，如果对所绘制的外观不满意，可在其属性栏中单击轮廓样式选择器下拉列表框，从弹出的下拉列表中选择轮廓线的样式，如图 4.1.44 所示。

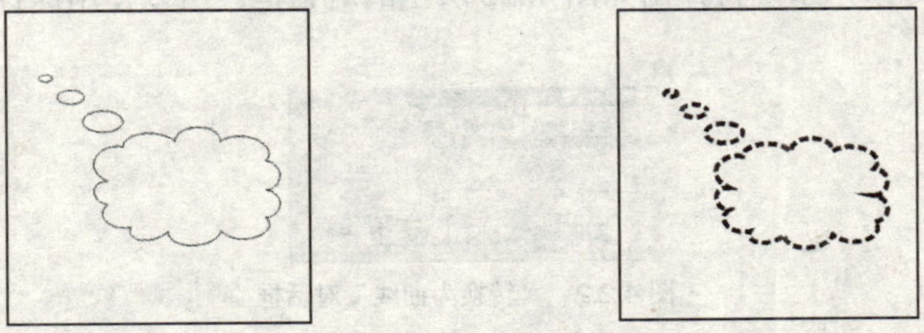

图 4.1.44　改变轮廓线样式

4.1.6　绘制表格

单击工具箱中的表格工具，在“表格工具”属性栏中可以对表格大小、位置、行数和列数等属性进行设置，如图 4.1.45 所示。

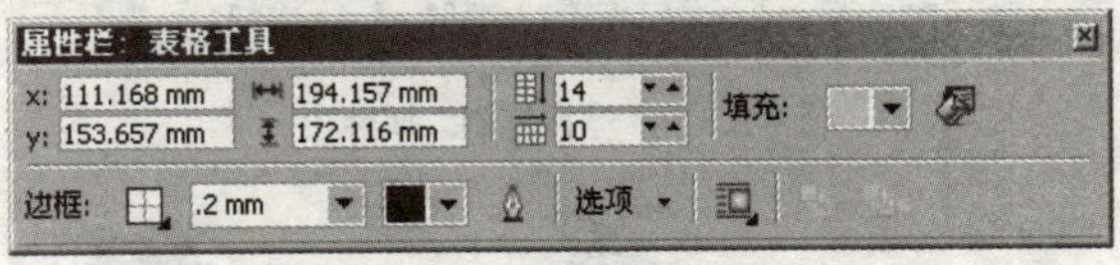

图 4.1.45　“表格工具”属性栏

在如图 4.1.46 所示的表格中通过对填充色、边框色宽度及颜色进行设置，可绘制出如图 4.1.47 所示的表格。

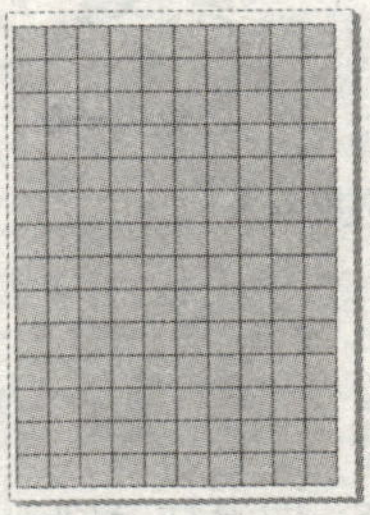

图 4.1.46　表格原图

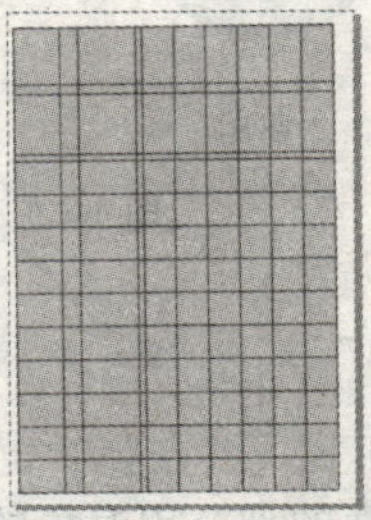

图 4.1.47　修改后的表格

4.2　形状编辑工具

形状编辑工具包括形状工具、涂抹笔刷、粗糙笔刷、变换工具、裁剪工具、刻刀工具、橡皮擦工具和虚拟段删除工具。在第一节中已经对形状工具做了详细介绍，在此主要讲述其他工具的使用。

单击工具箱中的形状工具和裁剪工具右下角的黑色小三角，弹出形状编辑工具组，如图 4.2.1 所示。

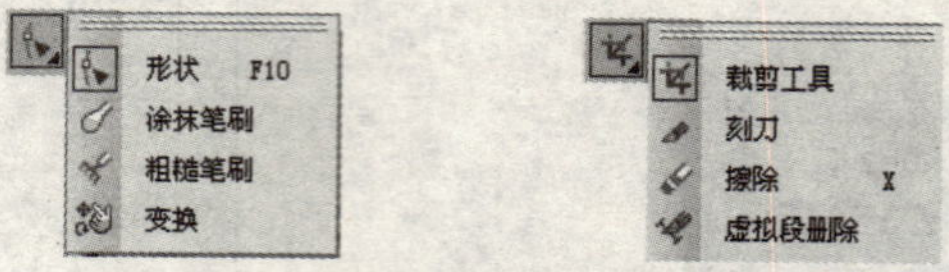

图 4.2.1　形状编辑工具组

4.2.1　涂抹笔刷

涂抹笔刷是将图形不需要的部分使用对象的填充属性来填充。由于涂抹笔刷只能对曲线图形进行操作，对不是曲线的对象，系统将弹出如图 4.2.2 所示的对话框。所以使用涂抹笔刷之前对象必须先转化为曲线。

图 4.2.2　“转换为曲线”对话框

（1）选择需要涂抹的对象。

（2）选择工具箱中的涂抹笔刷工具。

（3）当光标变为时，将其移到要涂抹区域的边缘，单击并按住鼠标不放。

（4）拖动鼠标移至终点，松开鼠标，完成操作。

“涂抹笔刷”属性栏如图 4.2.3 所示。使用涂抹笔刷编辑对象，效果如图 4.2.4 所示。

图 4.2.3　“涂抹笔刷”属性栏

原图　　笔尖=5　　笔尖=50

图 4.2.4　“涂抹笔刷”编辑对象效果

4.2.2　粗糙笔刷

粗糙笔刷将图形不需要的部分用对象的边框属性来填充。同涂抹笔刷一样，粗糙笔刷也用于曲线对象，所以必须先将对象转换为曲线。

（1）选择需要粗糙的对象。

（2）选择工具箱中的粗糙笔刷。

（3）当光标变为①形状时，移到要粗糙区域的边缘，单击鼠标左键并按住不放。

（4）拖动鼠标移至终点，松开鼠标，完成操作。

“粗糙笔刷”属性栏如图 4.2.5 所示。在属性栏上粗糙笔刷“尖突方向”有两种：自动和固定方向。使用粗糙笔刷编辑对象，效果如图 4.2.6 所示。

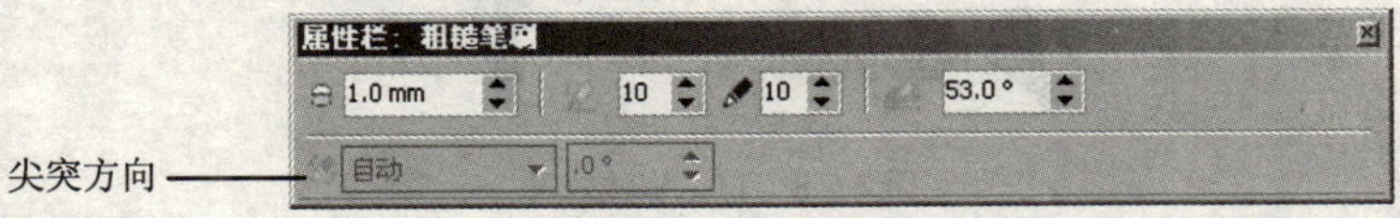

图 4.2.5　“粗糙笔刷”属性栏

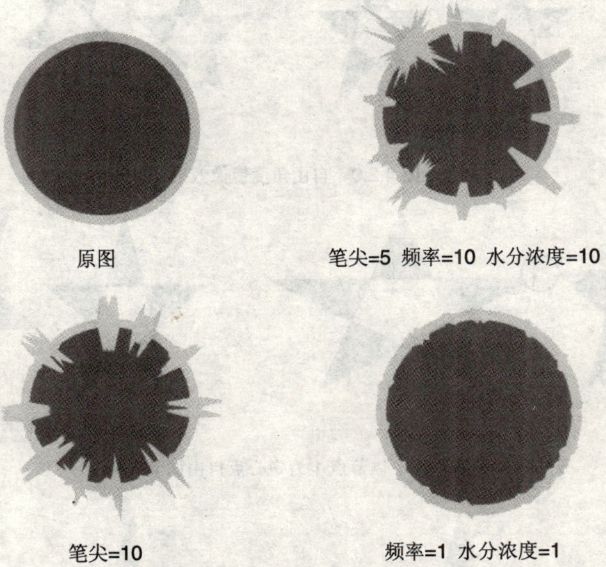

图 4.2.6　“粗糙笔刷”编辑对象效果

4.2.3　变换工具

变换工具包括：自由旋转、自由角度镜像、自由调节和自由扭曲 4 种。使用变形工具的操作步骤如下：

（1）选择需要自由变换的对象。

（2）选择工具箱中的变换工具。

（3）当光标变为十形状时，移到对象上。单击鼠标左键，确定对象自由变换的中心点。

（4）拖动鼠标到终止位置，完成对象的自由变形。

自由变形工具属性栏如图 4.2.7 所示。在属性栏上单击“应用于再制”按钮，使其处于激活状态。单击“自由旋转工具”按钮，对对象进行自由旋转操作，效果如图 4.2.8 所示；单击“自由角度镜像工具”按钮，对对象进行自由角度镜像操作；单击“水平镜像”按钮，效果如图 4.2.9 所示；单击“自由调节工具”按钮，对对象进行自由调节操作，效果如图 4.2.10 所示；单击“自由扭曲工具”按钮，对对象进行自由扭曲操作，效果如图 4.2.11 所示。

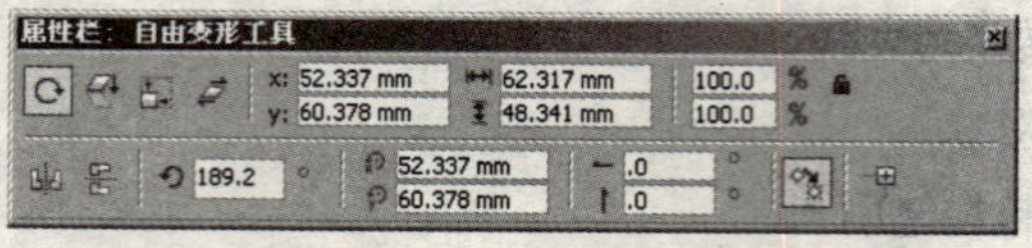

图 4.2.7 “自由变形工具”属性栏

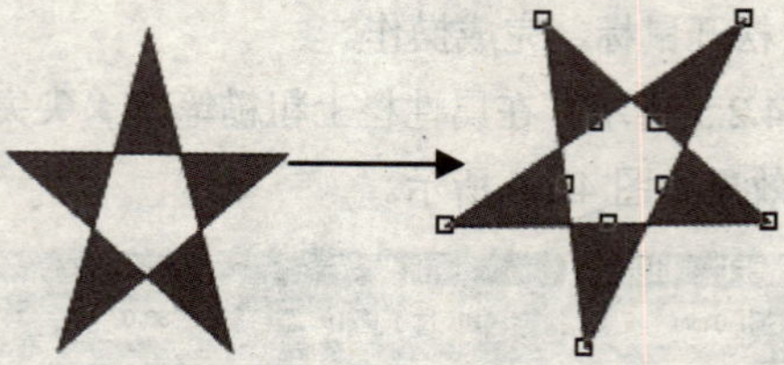

图 4.2.8 自由旋转效果

图 4.2.9 自由角度镜像效果

图 4.2.10 以节点 1 为中心点自由调节效果

图 4.2.11 自由扭曲效果

4.2.4 剪切工具

剪切工具是将一个对象进行裁剪，保留需要的部分。其操作步骤如下：

（1）选择工具箱中的“剪切工具”按钮。

（2）当光标变为形状时，移至需要切割的对象。

（3）单击鼠标左键不放，拖动鼠标使反光部分包含全部需要剪切的部分，松开鼠标，完成对对象的剪切。

4.2.5　刻刀工具

刻刀工具是将一个对象分为多个部分，其操作步骤如下：

（1）选择工具箱中的刻刀工具。

（2）当光标变为形状时，移至对象边缘。

（3）当光标变为形状时，单击鼠标不放，拖动鼠标至另一端，松开鼠标，完成对对象的切割。

“刻刀工具”属性栏如图 4.2.12 所示。单击属性栏上的“成为一个对象”按钮，表示切割后的对象仍然是一个整体。使用刻刀工具编辑对象效果如图 4.2.13 所示。

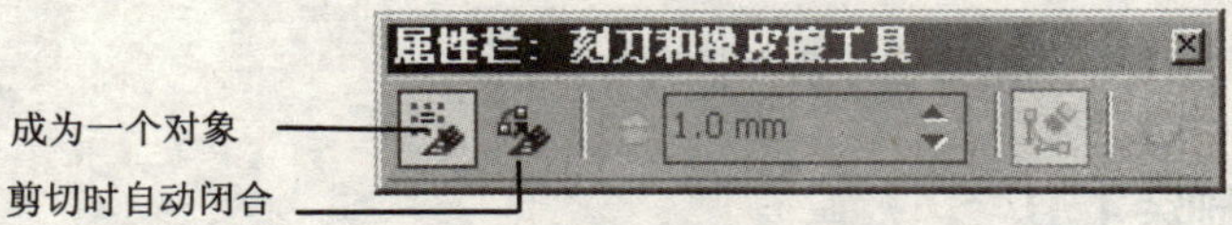

图 4.2.12　“刻刀和橡皮擦工具”属性栏

图 4.2.13　“刻刀工具”编辑对象效果

4.2.6　橡皮擦工具

橡皮擦工具可以将对象中不需要的部分擦除，如果擦除对象时影响了路径，系统会自动调整。使用橡皮擦工具的步骤如下：

（1）选择需要擦除的对象。

（2）选择工具箱中的橡皮擦工具。

（3）当光标变为形状时，将其移至对象上，单击鼠标左键确定擦除的起点。

（4）拖动鼠标至擦除的终点，松开鼠标，完成擦除操作。

（5）松开鼠标后稍等片刻，系统自动调整擦除路径。

“橡皮擦工具”属性栏如图 4.2.14 所示。在属性栏上，通过调整微调框中的值来改变橡皮擦的大小，数值越大，橡皮擦的宽度越大。单击“圆形/方形”按钮，改变橡皮擦的形状，使橡皮擦的形状在方形和圆形形状之间转换。使用橡皮擦工具的效果如图 4.2.15 所示。

图 4.2.14　“刻刀和橡皮擦工具”属性栏

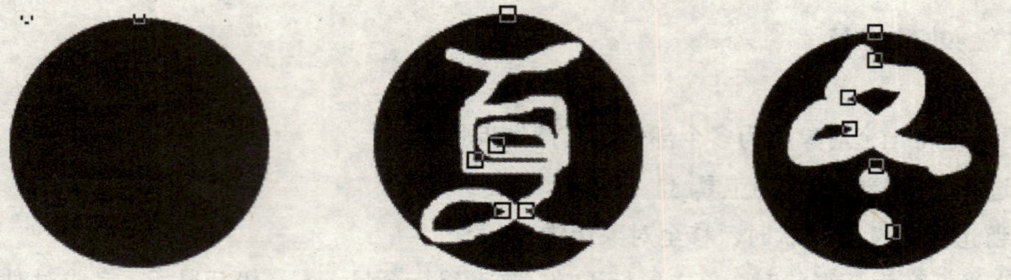

原图　　宽度值=3　　宽度值=6

图 4.2.15　“橡皮擦工具”编辑对象效果

注意　使用橡皮擦工具操作过的对象都将变为曲线。

4.2.7　虚拟段删除工具

虚拟段删除工具是在绘制对象的过程中，为了完成绘制对象，将所做的一些辅助性的图形、线删除，它与刻刀工具及橡皮擦工具功能基本相同。使用虚拟段删除工具的操作步骤如下：

（1）选择工具箱中的虚拟段删除工具。

（2）当光标变为时，将其移至线条对象上，单击鼠标左键删除线条。

（3）当光标变为时，单击并按住鼠标不放，拖动鼠标将辅助图形框选中，此时的椭圆图形被删除。

使用虚拟段删除的效果如图 4.2.16 所示。

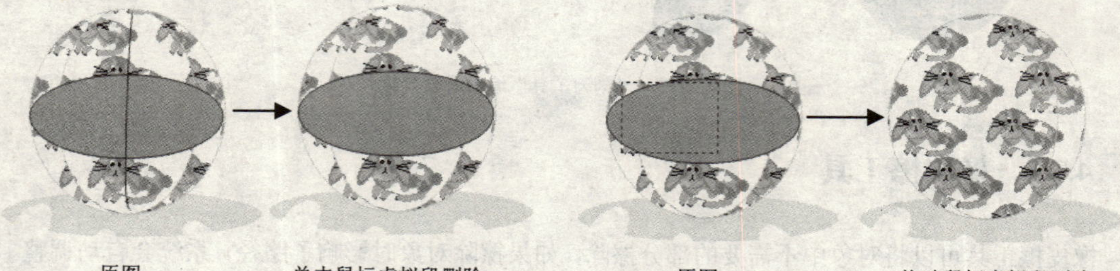

原图　　单击鼠标虚拟段删除　　原图　　拖动鼠标虚拟段删除

图 4.2.16　虚拟段删除效果

4.3　图形对象的编辑

上一节主要讲述了形状编辑工具，本节将讲述图形对象属性的编辑及对象管理器的使用。

4.3.1　对象属性的编辑

这一部分主要讲述对象的填充和轮廓的编辑。打开对象属性编辑器的操作步骤如下：

（1）新建一空白文档（或打开一绘图文件，选中对象）。

（2）在文档空白处单击鼠标右键，弹出如图 4.3.1 所示的快捷菜单。

（3）选择 属性(I) 选项，弹出如图 4.3.2 所示的 对象属性 对话框。

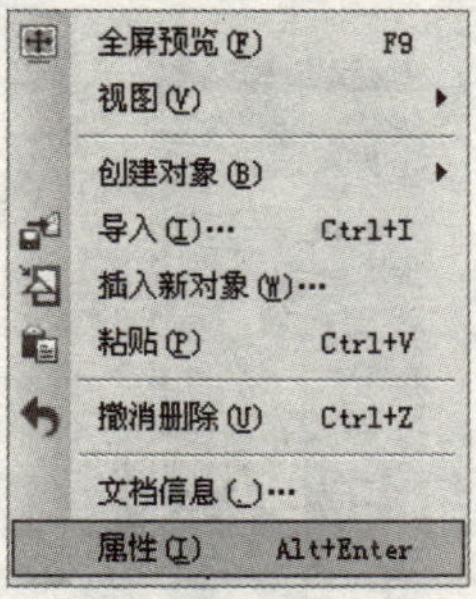

图 4.3.1　快捷菜单

1. 填充对象

选择图形对象，单击**对象属性**对话框中的“填充工具”按钮，此时的**对象属性**对话框如图 4.3.3 所示。

图 4.3.2　“对象属性”对话框

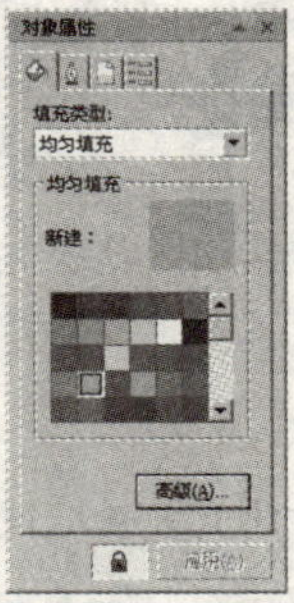

图 4.3.3　“对象属性”对话框

均匀填充：即单色填充对象。可直接使用调色板上的颜色对图形进行填充，效果如图 4.3.4 所示。

渐变填充：渐变填充有 4 种渐变方式：线性、射线、圆锥和方形，效果如图 4.3.5 所示。

红色填充　　绿色填充　　黄色填充

图 4.3.4　单色填充

线性填充　　射线填充　　圆锥填充　　方形填充

图 4.3.5　渐变填充

图样填充：图样填充有 3 种样式：双色、全色和位图图样填充。在如图 4.3.6、图 4.3.7 和图 4.3.8 所示的**对象属性**对话框中选择双色、全色和位图图样填充对象，效果如图 4.3.9 所示。

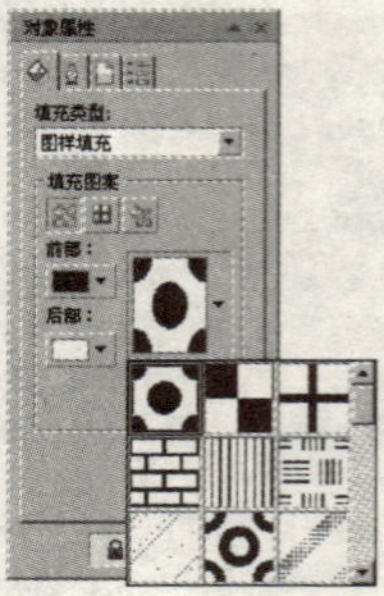

图 4.3.6　双色图样

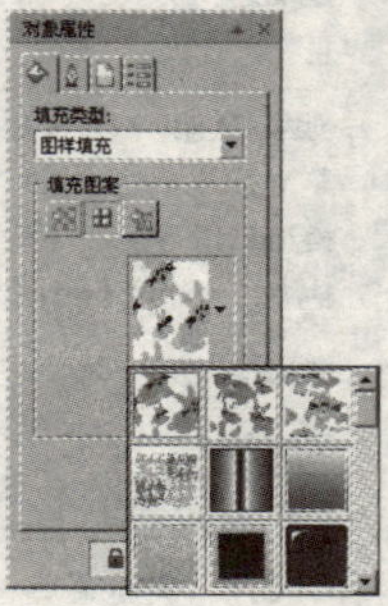

图 4.3.7　全色图样

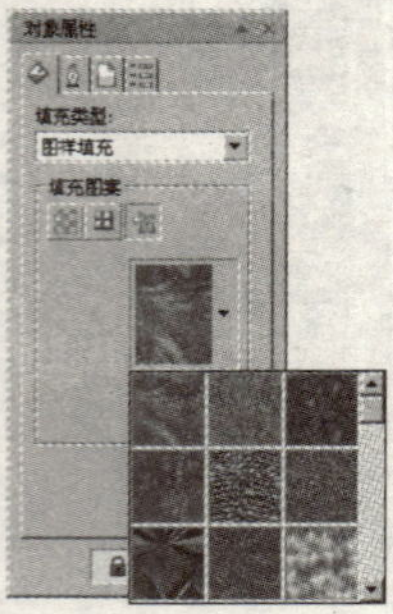

图 4.3.8　位图图样

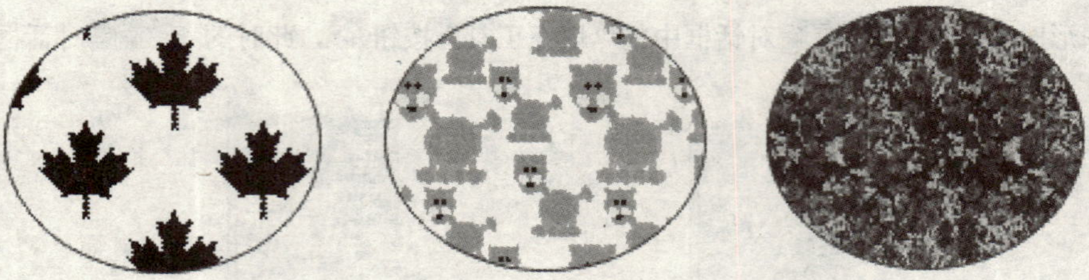

双色填充　　全色填充　　位图填充

图 4.3.9　图样填充

Postscript 填充：PostScript 图案是使用 PostScript 程序语言所设计的图形，效果如图 4.3.10 所示。

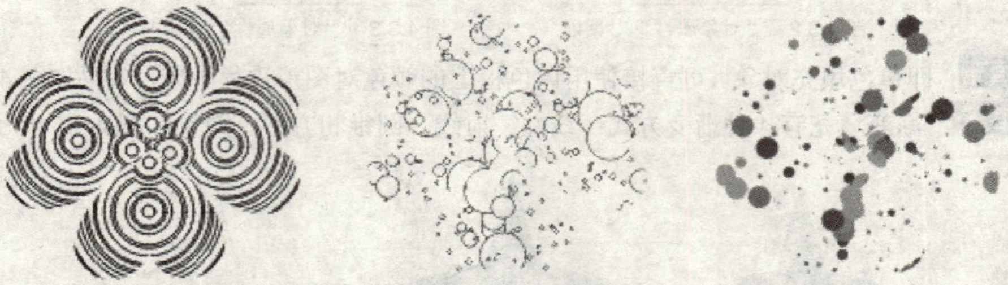

图 4.3.10　PostScript 填充

底纹填充：系统提供了三百多种底纹填充图样，这些纹理都是模仿真实的物质（如生物、细菌、天空、湖泊和矿石等）设置的。底纹填充效果如图 4.3.11 所示。

闪光丝绸填充　　棉球填充　　萤火虫填充

图 4.3.11　底纹填充

无填充：单击此按钮，将取消对象的所有填充，恢复默认填充，效果如图 4.3.12 所示。

提示

对象填充也可以选择工具箱中的填充工具填充对象。单击“填充工具”按钮右边的黑色小三角，可以弹出填充工具组。

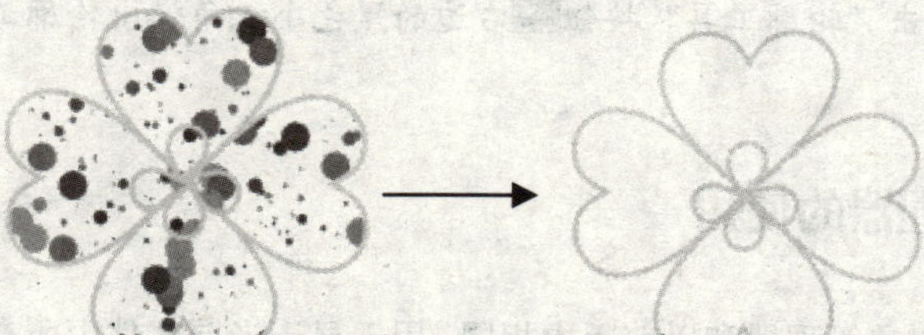

图 4.3.12　无填充

2. 对象轮廓编辑

对象轮廓的编辑包括轮廓的宽度、轮廓的颜色和轮廓线的样式。轮廓的颜色为单色；轮廓线的样式有实线、虚线和箭头等多种，也可以自定义轮廓线样式。

选择需进行轮廓编辑的图形，单击如图 4.3.2 所示的对象属性对话框中的“轮廓”按钮，弹出如图 4.3.13 所示的对象属性对话框。

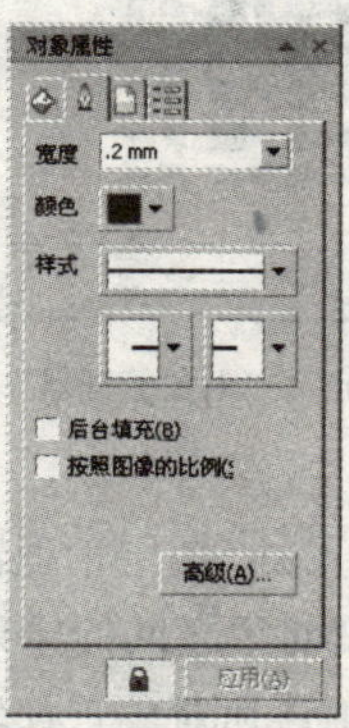

图 4.3.13　“对象属性”对话框

对象轮廓编辑效果如图 4.3.14 所示。

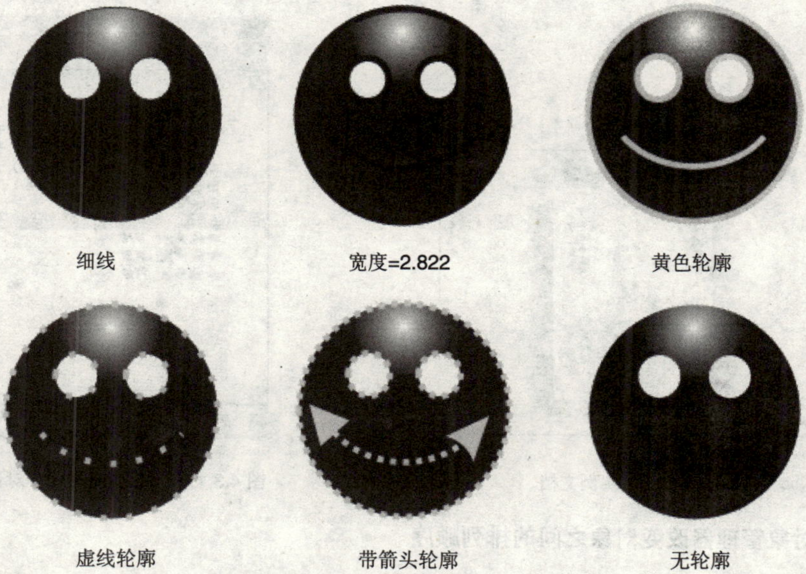

图 4.3.14　对象轮廓编辑效果

提示 也可以单击"轮廓工具"按钮右边的黑色小三角弹出轮廓工具组，对图形轮廓进行编辑。

4.3.2 对象管理器的使用

CorelDRAW X4 的对象管理器和以前版本相同，用于显示当前文件中所有对象的属性和页面中图层之间的关系。使用不同的小图标及文字对每一个对象所做的操作都做了说明。所以对于不同层次的用户来说，对象管理器都是一个很好的帮手。

打开对象管理器的方法是：选择菜单栏中的 工具(O) → 对象管理器(N) 命令，弹出如图 4.3.15 所示的 对象管理器(N) 对话框。

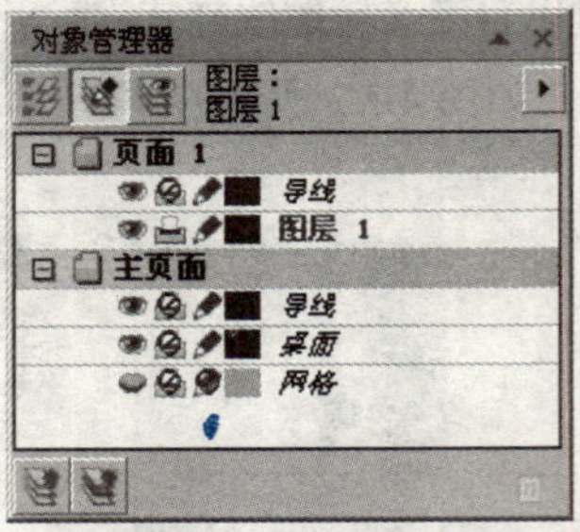

图 4.3.15 "对象管理器"对话框

该对话框中各按钮的功能介绍如下：

：显示对象属性；：跨图层编辑；：图层管理器视图；：新建图层；：新建主图层。

通过在对象管理器中拖动对象可以改变对象之间的排列顺序，也可以改变对象的填充属性，还可以取消群组或重新群组。下面通过例子详细讲述对象管理器的使用方法。

打开如图 4.3.16 所示的文档，该文档的对象管理器如图 4.3.17 所示。使用对象管理器对文档进行修改。

图 4.3.16 实例文档

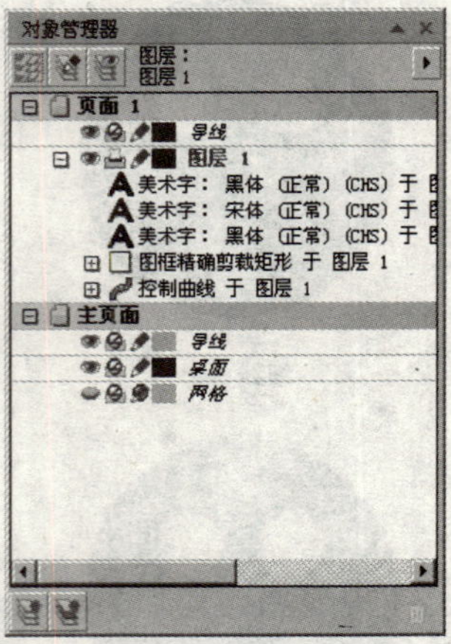

图 4.3.17 "对象管理器"对话框

1. 使用对象管理器改变对象之间的排列顺序

在如图 4.3.17 所示的"对象管理器"对话框中将对象矩形放在"美术字"文本上方。其操作过程如图 4.3.18 所示，效果如图 4.3.19 所示。

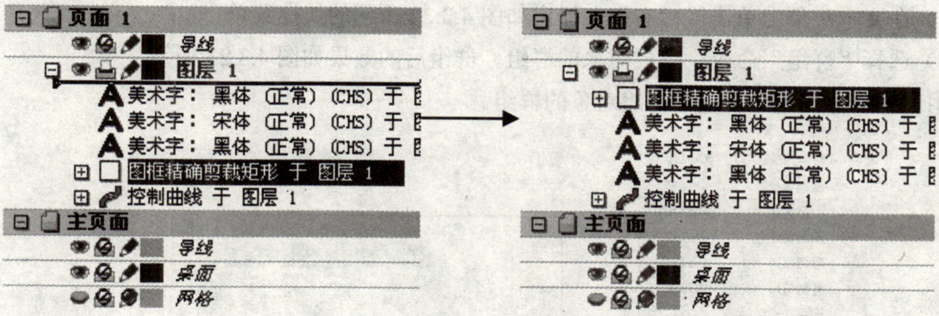

图 4.3.18　改变对象之间的排列顺序

图 4.3.19　改变顺序后的效果

2．使用对象管理器改变对象的填充

在如图 4.3.17 所示的 对象管理器(N) 对话框中选中矩形对象。单击鼠标右键，在弹出如图 4.3.20 所示的快捷菜单中选择 属性(I) 选项，弹出 对象属性 对话框，使用对象属性编辑中所讲的填充方法，改变矩形的填充。改变后的效果如图 4.3.21 所示。

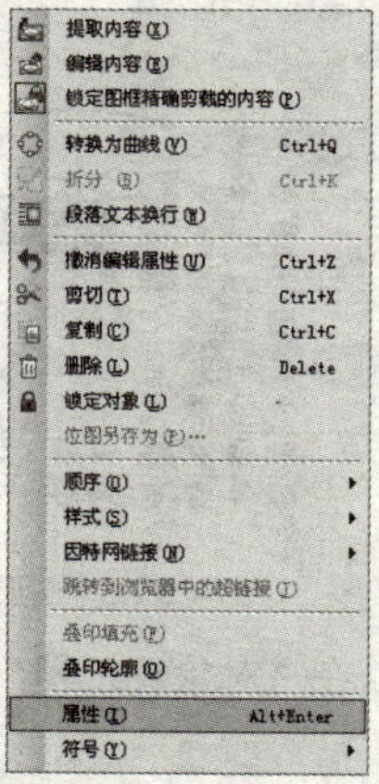

图 4.3.20　快捷菜单

图 4.3.21　改变矩形填充后的效果

使用同样的方法也可以改变对象的轮廓等属性。

3．使用对象管理器群组对象

将如图 4.3.21 所示文档中所有的文本群组。其操作步骤如下：

（1）在对象管理器中按住“Ctrl”键选择所有的文本对象。

（2）在文本对象上单击鼠标右键，弹出如图 4.3.22 所示的快捷菜单。

（3）选择“群组”命令，完成对象的群组。群组后的效果如图 4.3.23 所示。

使用同样的方法也可以取消群组对象的群组。

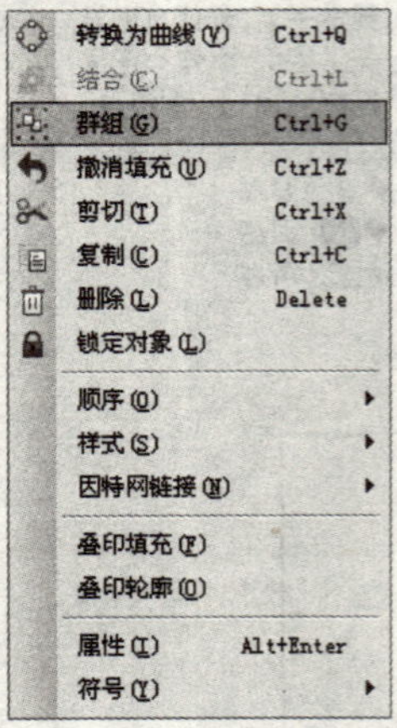

图 4.3.22　快捷菜单

图 4.3.23　群组后的效果

4．使用对象管理器增加图层

为文档增加一个新图层，重命名为“China Post”，将“China Post”图层拖到图层 1 上。

单击对象管理器 (N)对话框上的“新建图层”按钮，将在当前图层上方增加新的图层，如图 4.3.24 所示。在新建图层上单击鼠标右键，弹出如图 4.3.25 所示的快捷菜单，选择“重命名”选项，将图层 2 重命名为“China Post”，如图 4.3.26 所示。

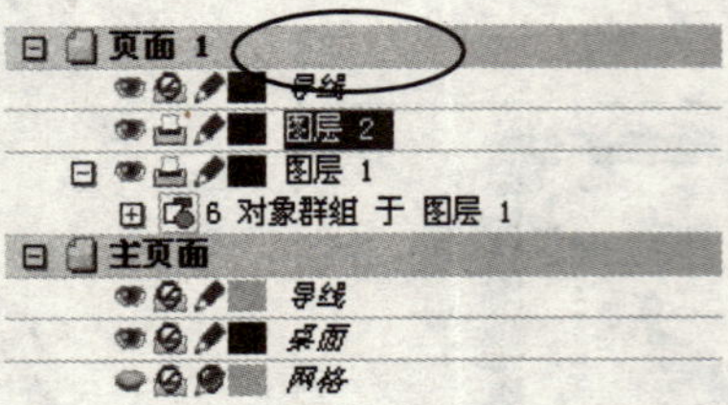

图 4.3.24　增加图层

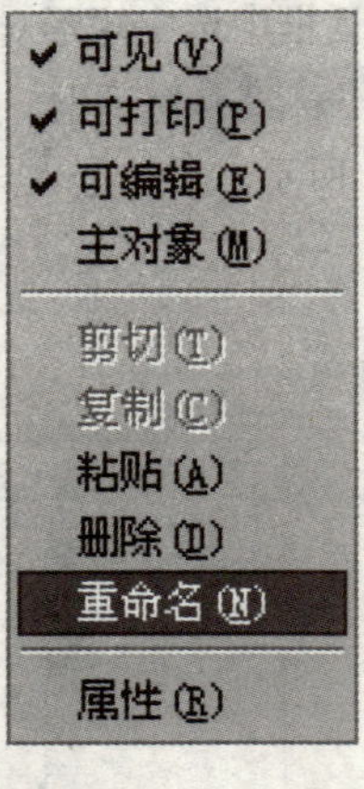

图 4.3.25　快捷菜单

图 4.3.26　图层重命名

单击对象管理器 (N)对话框上的“新建主图层”按钮，也可以在“对象管理器”对话框中的主页面下增加新的主图层。

4.4　典型实例——绘制景色

本节将绘制景色，效果如图 4.4.1 所示。

图 4.4.1　最终效果图

操作步骤

（1）新建一个图形文件，用鼠标双击工具箱中的“矩形工具”按钮，即可绘制与页面同等大小的矩形，然后在调色板中单击蓝色色块，即可将矩形填充为蓝色，如图 4.4.2 所示。

（2）单击工具箱中的“矩形工具”按钮，将光标移至绘图区中，按住鼠标左键拖动，即可绘制一个矩形，将该矩形填充为橘红色，在调色板中的黄色色块上单击鼠标右键，可将矩形的轮廓线填充为黄色，如图 4.4.3 所示。

图 4.4.2　绘制矩形并填充

图 4.4.3　绘制矩形并填充

（3）使用挑选工具选择矩形，即可为矩形添加变形框，将光标移至变形框右侧的中间控制点处，此时光标显示为水平箭头符号，按住鼠标左键向左拖动至合适位置后，单击鼠标右键，此时即可在矩形左侧复制一个矩形，如图 4.4.4 所示。

（4）根据步骤（3）的操作，在矩形上方复制一个矩形，如图 4.4.5 所示。

图 4.4.4　复制矩形

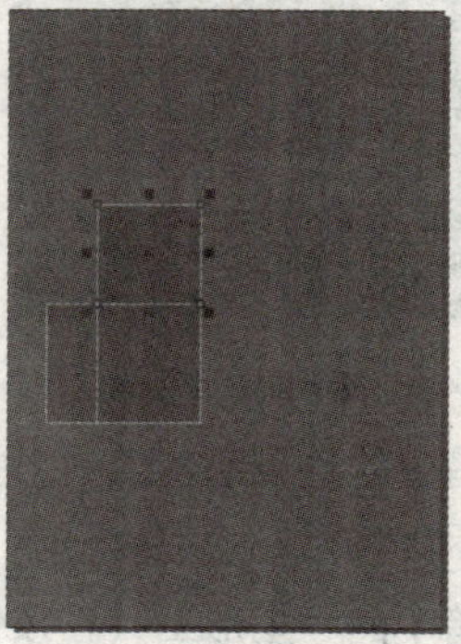

图 4.4.5　复制矩形

（5）确定刚复制的矩形处于选中状态，然后在此矩形上单击，此时即可为该矩形添加旋转框，将光标移至旋转框上方中间的控制点处，此时光标可变为符号，按住鼠标左键向左拖动，即可将矩形拉伸为如图 4.4.6 所示的形状。

（6）在调色板中的紫色色块上单击，可将拉伸后的矩形填充为紫色。

（7）单击工具箱中的“多边形工具”按钮，在其属性栏中设置多边形端点数为 3，在绘图区中拖动鼠标绘制三角形，并将其填充为紫色，如图 4.4.7 所示。

（8）单击工具箱中的“矩形工具”按钮，在绘图区中拖动鼠标绘制矩形，并设置矩形左上与右上边角为圆角，再将其填充为黄色，如图 4.4.8 所示。

图 4.4.6　拉伸后的矩形形状

图 4.4.7　绘制三角形并填充

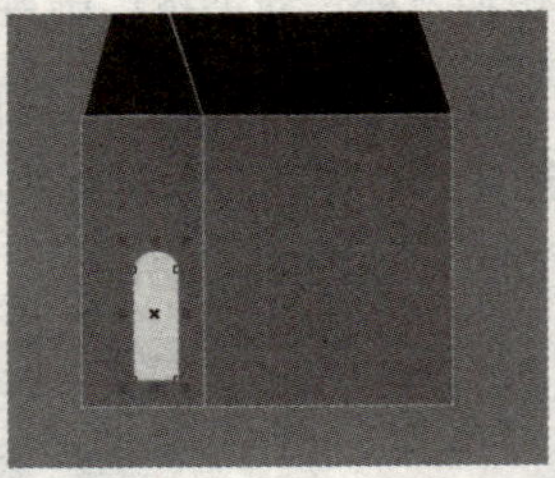

图 4.4.8　绘制圆角矩形并填充

（9）使用挑选工具选择左边的矩形、圆角矩形与三角形，将其向上移动至适当位置后单击鼠标右键，即可复制所选的图形，并将其缩小排放在所绘房屋图形的上面，如图 4.4.9 所示。

（10）单击工具箱中的“图纸工具”按钮，在其属性栏中设置图纸的行数与列数都为 2，然后在绘图区中拖动鼠标绘制图纸图形，并将其填充为黄色，如图 4.4.10 所示。

图 4.4.9　复制图形并排放位置

图 4.4.10　绘制图纸图形并填充

（11）单击工具箱中的“贝塞尔工具”按钮，在绘图区中绘制封闭曲线图形，并将其填充为绿色，如图 4.4.11 所示。

（12）单击工具箱中的“星形工具”按钮，在绘图区中拖动鼠标绘制多个大小不同的星形，并将其填充为白色，如图 4.4.12 所示。

图 4.4.11　绘制图形并填充

图 4.4.12　绘制星形

（13）单击工具箱中的“手绘工具”按钮，在绘图区中拖动鼠标绘制封闭的曲线图形，并将其填充为深绿色，如图 4.4.13 所示。

（14）使用矩形工具与贝塞尔工具在绘制区中绘制树干与树枝图形，如图 4.4.14 所示。

图 4.4.13　绘制曲线图形并填充

图 4.4.14　绘制树杆与树枝

（15）使用挑选工具框选树的整体图形，将其向右拖动至适当位置后单击鼠标右键，可复制所选的图形，最终效果如图 4.4.1 所示。

小　　结

本章主要介绍了在 CorelDRAW X4 中各种线条的绘制与编辑方法，并对所使用的手绘工具、贝塞尔工具、艺术笔工具与形状工具等的属性与功能进行了相应的讲解。通过本章的学习，希望用户能够在以后的绘图中熟练应用它们进行绘制与编辑。

过关练习四

一、填空题

1．使用__________工具可以绘制任意比例的矩形、正方形以及圆角矩形。

2. 使用_________工具可以通过确定 3 个点的位置绘制任意大小的椭圆形。
3. 在 CorelDRAW X4 中使用__________工具和__________工具，可以绘制矩形图形。
4. _________矩形是指矩形的 4 个角是圆滑的，而不是尖锐的。
5. 使用椭圆工具可以绘制不同大小的__________、__________、__________或__________。

二、选择题

1. 智能绘图工具可以完成（　）功能。

A．自动识别图形形状　　B．平滑曲线
C．自动平衡对称图形　　D．对象轮廓修改

2. 在对象管理器对话框中，单击（　）按钮，可以在页面中新建一个图层页面。

A．　　B．
C．　　D．

3. 绘制好矩形或正方形后，单击工具箱中的（　）工具，可改变矩形为圆角矩形。

A．挑选　　B．贝塞尔
C．形状　　D．3 点矩形

4. （　）工具绘制的图形可以被分解。

A．螺旋形　　B．图纸
C．基本形　　D．矩形

5. 要使用矩形工具绘制正方形，可按住（　）键的同时拖动鼠标进行绘制。

A．Ctrl　　B．Alt
C．Shift+Ctrl　　D．Shift

6. 使用（　）工具绘制出的图形是由一系列以行与列排列的矩形组成的。

A．矩形　　B．基本形状
C．边形　　D．图纸

三、简答题

1. 如何使用椭圆工具绘制饼形？
2. 使用螺旋形工具绘制的图形，怎样使其成为封闭的图形？
3. 如何使用 3 点椭圆工具绘制椭圆对象？
4. 如何使用多边形工具绘制三角形？

四、上机操作题

1. 使用椭圆工具在绘图区中绘制正圆与椭圆图形。
2. 新建一个图形文件，根据本章学过的知识绘制出如题图 4.1 所示的标志效果。

题图 4.1　绘制标志

第5章 对象的轮廓线与填充

本章要点

- ☑ 轮廓工具
- ☑ 填充工具
- ☑ 交互式填充
- ☑ 对象的其他填充方式
- ☑ 设置调色板

学习目标

在 CorelDRAW X4 中绘制出的图形对象都具有轮廓线。可以通过使用轮廓工具组来改变任何对象轮廓线的宽度、样式以及箭头形状，还可对其进行颜色的填充。

5.1 轮廓工具

轮廓是指对象边缘的线条，对图形对象的轮廓线可设置颜色、宽度以及笔尖角度的轮廓笔，在 CorelDRAW X4 中提供了轮廓工具组，使用轮廓工具组中的工具可以对图形对象的轮廓线进行精确的设置。

5.1.1 设置对象轮廓属性

对象的轮廓属性包括轮廓线的粗细、轮廓样式、轮廓颜色以及轮廓转角、线条端头以及书法形状等，通过设置对象轮廓属性可美化对象的外观。

1. 设置轮廓线粗细

在绘图区中绘制的线条与图形，其轮廓线都比较细，因此可通过“轮廓笔”对话框来设置轮廓线的粗细程度。

单击工具箱中的“轮廓工具”按钮，从打开的工具组中单击“画笔”按钮，弹出轮廓笔对话框，如图 5.1.1 所示。

单击宽度(W):下边的发丝下拉列表框，可弹出如图 5.1.2 所示的下拉列表，从中选择相应的数值，可设置所选图形对象的轮廓线粗细。在此下拉列表框右侧的毫米下拉列表中可为轮廓线设置单位。

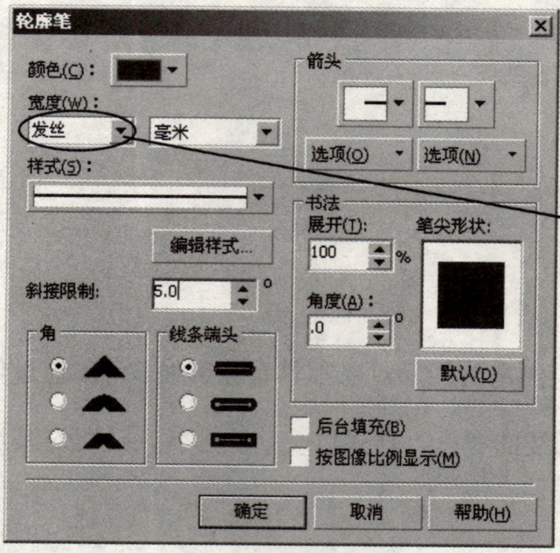

图 5.1.1 “轮廓笔”对话框

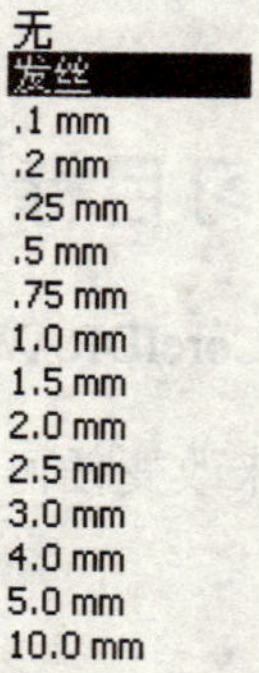

图 5.1.2 宽度下拉列表

也可直接在宽度(W):下边的下拉列表中输入相应的数值，来设置对象的轮廓线粗细。例如，可将所选对象的轮廓线宽度设置为 4 mm，其具体的操作方法如下：

（1）使用多边形工具在绘图区中拖动鼠标绘制多边形对象。

（2）在轮廓工具组中单击“画笔”按钮，弹出轮廓笔对话框，在毫米下拉列表中选择毫米，在发丝下拉列表框中输入数值为 4，单击确定按钮，改变对象轮廓线粗细后的效果如图 5.1.3 所示。

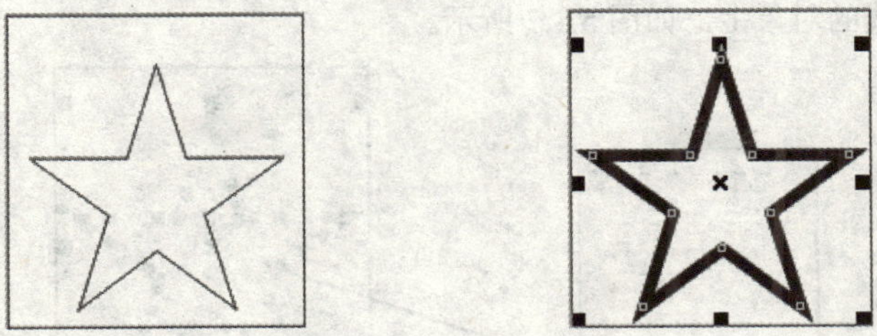

图 5.1.3　设置轮廓线宽度

2. 设置轮廓线的样式

轮廓线的样式分为实线与虚线，在 CorelDRAW X4 中提供了多种虚线样式，也可以根据需要自己编辑所需的虚线样式。

要为对象设置轮廓线的样式，可在**轮廓笔**对话框中的 样式(S): 下拉列表中选择所需的轮廓线的样式，单击 确定 按钮，可改变对象的轮廓线样式，如图 5.1.4 所示。

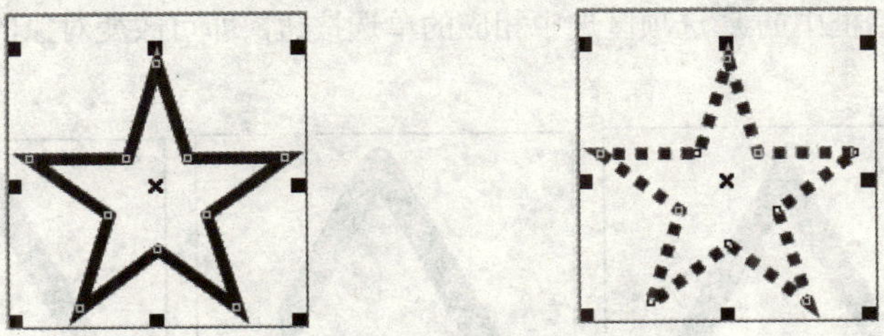

图 5.1.4　设置对象轮廓线的样式

如果在 样式(S): 下拉列表中没有找到满意的样式，此时就可以自己编辑一种新的轮廓线样式并应用于对象上，要编辑新的轮廓线样式，其具体的操作方法如下：

（1）在轮廓工具组中单击“画笔”按钮，弹出**轮廓笔**对话框。

（2）在此对话框中单击 编辑样式... 按钮，弹出**编辑线条样式**对话框，如图 5.1.5 所示。

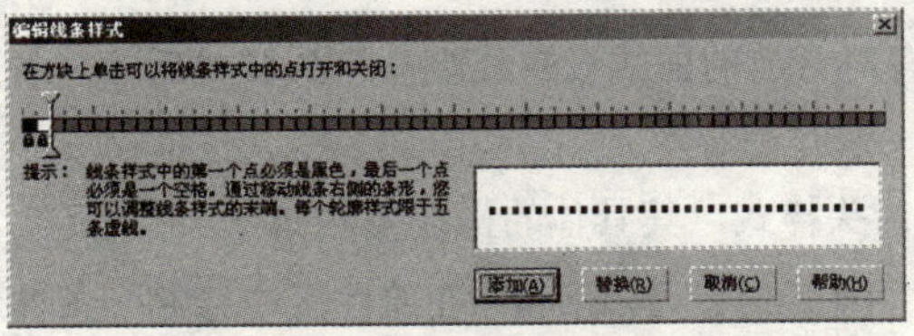

图 5.1.5　“编辑线条样式”对话框

（3）用鼠标拖动对话框中的滑块，可调整线条样式的端点，然后单击其中的白色小方格使其变为黑色小方格，即可编辑线条样式，如图 5.1.6 所示。

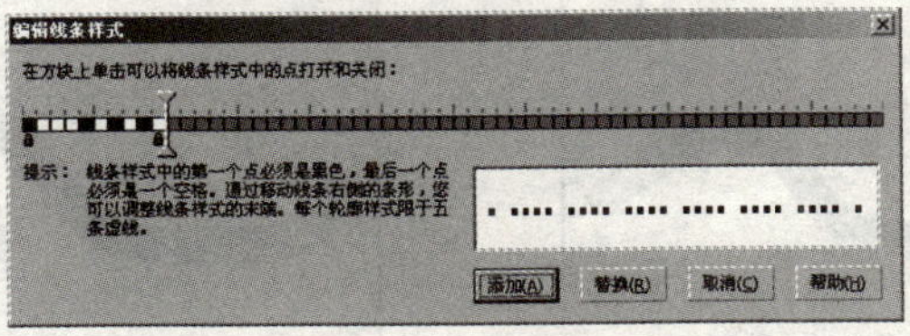

图 5.1.6　编辑线条样式

（4）编辑完成后，单击 添加(A) 按钮，可将编辑好的线条样式添加到**轮廓笔**对话框中的 样式(S): 下拉列表中，在此下拉列表中的最下面即可显示所编辑的样式。选择该样式，单击 确定 按钮，即可将该样式应用于所选的对象上，如图 5.1.7 所示。

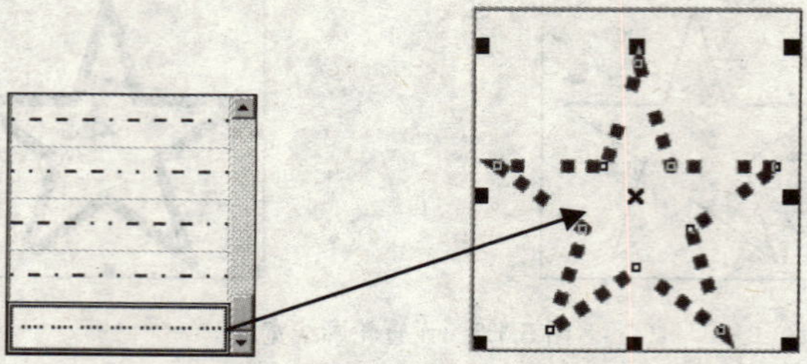

图 5.1.7　为对象应用编辑的样式

3．设置转角样式

在“轮廓笔”对话框中也可设置对象的转角样式，即锐角、圆角或梯形角，具体的设置方法如下：

（1）使用多边形工具在绘图区中绘制一个三角形。

（2）为了便于查看效果，可将三角形的轮廓线宽度设置为 6 mm。

（3）在轮廓笔对话框中的角选项区选中相应的单选按钮，即可改变对象的转角样式，如图 5.1.8 所示。

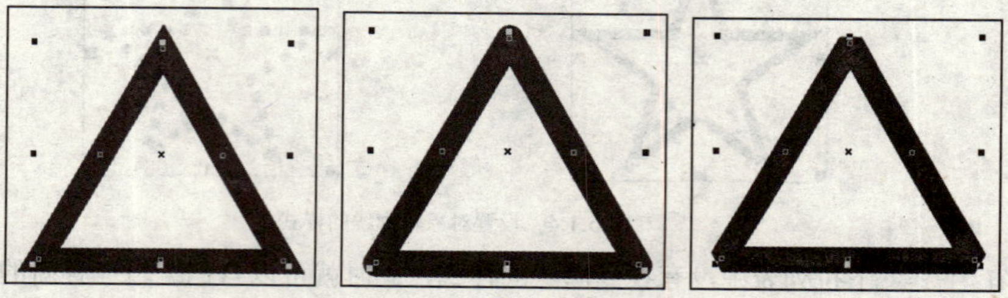

锐角　　圆角　　梯形角

图 5.1.8　改变转角样式

4．设置线端与箭头样式

在 CorelDRAW 中，只有对开放的曲线设置线端与箭头样式后才能看到其效果，而对于闭合的形体对象设置的线端没有任何效果。

要为曲线设置其线端与箭头样式，其具体的操作方法如下：

（1）单击工具箱中的“手绘工具”按钮，在绘图区中绘制一条曲线。

（2）在轮廓工具组中单击“画笔”按钮，弹出轮廓笔对话框，在线条端头选项区中提供了 3 种线条端头样式，即平头、圆头与方头，从中选中相应的单选按钮，可改变线的端头，例如选择平头与圆头，效果如图 5.1.9 所示。

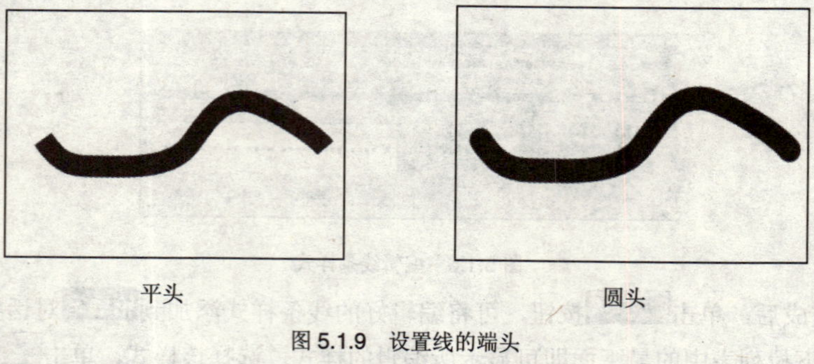

平头　　圆头

图 5.1.9　设置线的端头

（3）在轮廓笔对话框中的箭头选项区中单击下拉按钮，可从打开的面板中为线条选择起点箭头样式，单击下拉按钮，可从打开的面板中为所选的线条设置终止箭头样式，如图 5.1.10 所示。

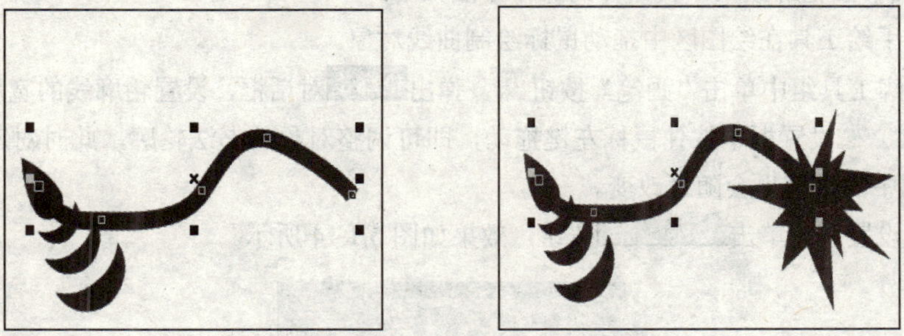

图 5.1.10　设置线条的箭头样式

（4）在箭头选项区中单击选项(O)按钮，可弹出其下拉菜单，从中选择无(N)命令可去除线条的箭头样式；选择对换(S)命令，可使所选线条的起点箭头与终止箭头互换位置。

当对预设的箭头样式不满意时，可通过“编辑箭头尖”对话框对原有的箭头样式进行编辑修改，其具体的操作方法如下：

（1）在轮廓工具组中单击“画笔”按钮，弹出轮廓笔对话框。

（2）在箭头选项区中选择一种预设的箭头样式，然后单击选项(O)按钮，在弹出的下拉菜单中选择新建(N)…命令，弹出编辑箭头尖对话框，如图 5.1.11 所示。

（3）将光标移至对话框中箭头四周的黑色控制点上，按住鼠标左键拖动可放大或缩小箭头，在白色节点上按住鼠标左键拖动，可移动箭头的位置。分别单击中心在 X 中(X)按钮与中心在 Y 中(Y)按钮，可使箭头在 X 轴与 Y 轴上对齐，如图 5.1.12 所示。

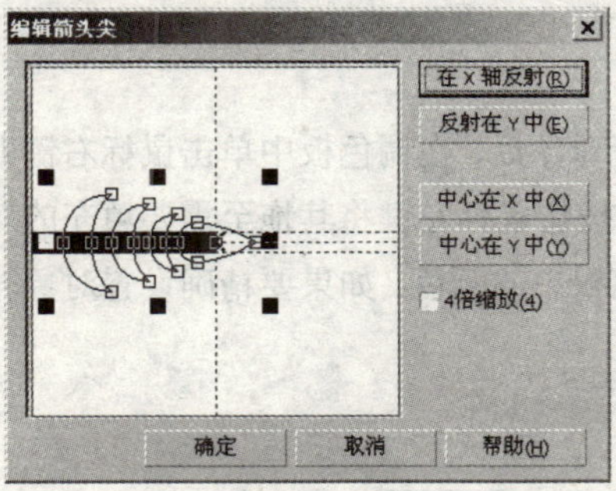

图 5.1.11　“编辑箭头尖”对话框

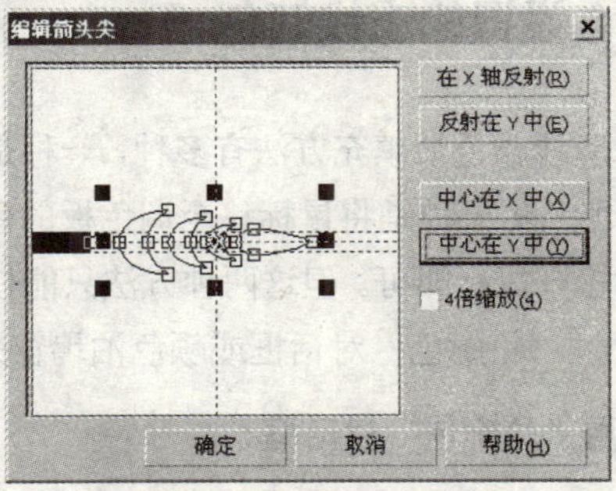

图 5.1.12　对齐箭头

（4）单击确定按钮，可完成箭头的编辑，返回到轮廓笔对话框中单击确定按钮，即可将所编辑的箭头应用于所选的对象上，如图 5.1.13 所示。

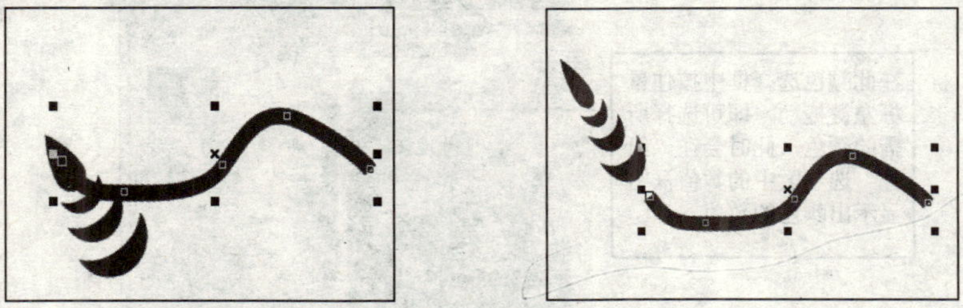

编辑前　　　　编辑后

图 5.1.13　应用编辑的箭头

5．设置对象的书法轮廓

创建对象的书法轮廓效果，其具体的操作方法如下：

（1）使用手绘工具在绘图区中拖动鼠标绘制曲线对象。

（2）在轮廓工具组中单击“画笔”按钮，弹出轮廓笔对话框，设置轮廓线的宽度为 3，在书法选项区中的笔尖形状:设置框中按住鼠标左键拖动，即可调整对象的书法轮廓，此时对应的展开(T):与角度(A):输入框中的数值也会随之改变。

（3）完成设置后，单击确定按钮，效果如图 5.1.14 所示。

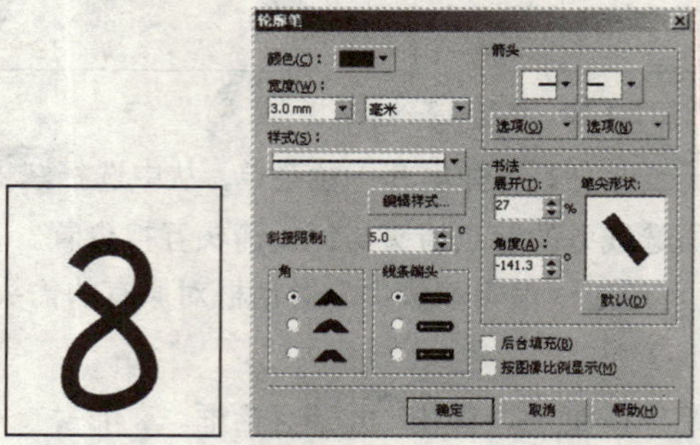

图 5.1.14　设置对象的书法效果

提示　在轮廓笔对话框中，选中☑按图像比例显示(M)复选框，可使对象在缩放时线条的宽度按比例缩放。

5.1.2　设置轮廓线颜色

对象轮廓线颜色的填充方法有多种，一种是在选择对象后，在调色板中单击鼠标右键即可设置对象的轮廓颜色；另一种是将鼠标移至调色板的色块上，按住鼠标左键将其拖至需要填充的对象的轮廓线上，然后松开鼠标即可。但这两种方法只能使用调色板中的颜色，如果要精确设置对象轮廓线的颜色，则应通过“轮廓色”对话框或颜色泊坞窗来设置。

1．使用“轮廓色”对话框

单击轮廓工具组中的“轮廓色对话框”按钮，可弹出轮廓色对话框，如图 5.1.15 所示。通过在此对话框中选择模型、混和器与调色板选项卡，可在相应的选项中对所选对象的轮廓颜色进行精确设置。

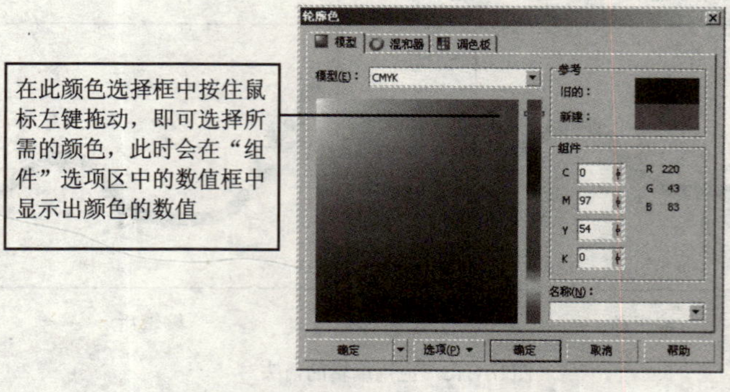

图 5.1.15　“轮廓色”对话框

2. 使用颜色泊坞窗

单击轮廓工具组中的“颜色泊坞窗”按钮，可打开颜色泊坞窗，在此泊坞窗中也可精确设置轮廓线的颜色。分别单击泊坞窗中的“显示颜色滑块”按钮、“显示颜色查看器”按钮或“显示调色板”按钮，可使颜色泊坞窗以 3 种形式显示，如图 5.1.16 所示。

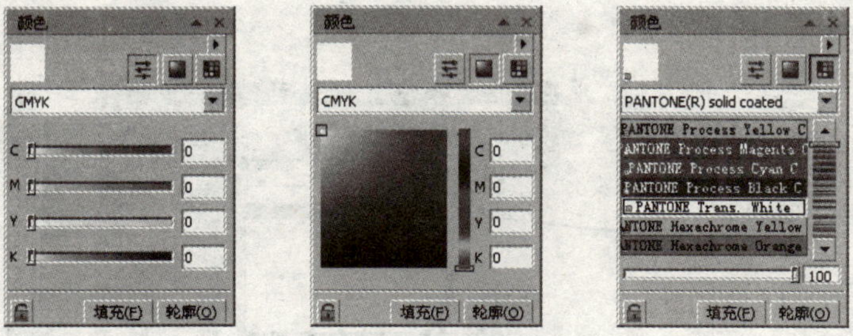

显示颜色滑块　　显示颜色查看器　　显示调色板

图 5.1.16　“颜色”泊坞窗

5.2　填充工具

在 CorelDRAW X4 中提供了多种填充方式，通过单击填充工具组中的相关按钮，可弹出相应的对话框，从中设置所需的颜色，即可为所选的对象填充颜色。

5.2.1　对象的均匀填充

均匀填充又称为单色填充、标准填充，它只为对象填充一种颜色，如黄色、红色、黑色、蓝色等，它是一种最简单的填充方式。

前面介绍过通过调色板为对象填充单一的色彩的方法，但通过“均匀填充”对话框可精确设置所选对象的单色填充。

单击工具箱中的“填充工具”按钮，从打开的工具组中单击“填充颜色对话框”按钮，可弹出均匀填充对话框，如图 5.2.1 所示，通过此对话框可为所选的对象进行标准的填充。

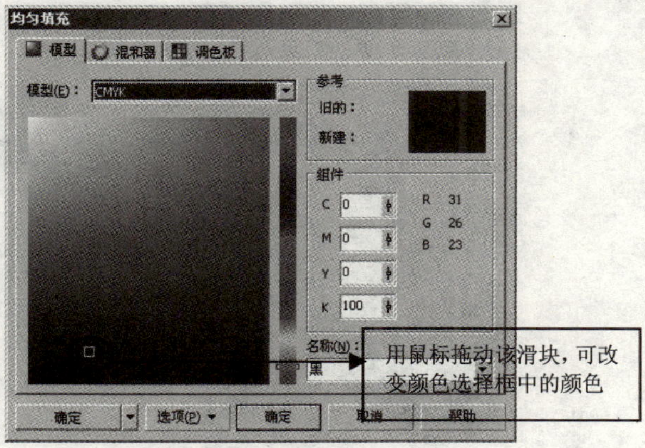

图 5.2.1　“均匀填充”对话框

在此对话框中包含了 3 个不同的选项卡，即模型、混和器与调色板选项卡，这与“轮廓色”

对话框是相同的。

1.“模型”选项卡

要使用“模型”选项卡来设置颜色，其具体的操作方法如下：

（1）在均匀填充对话框中默认情况下打开模型选项卡，在模型(E):下拉列表中可选择一种颜色模式，如图 5.2.2 所示。

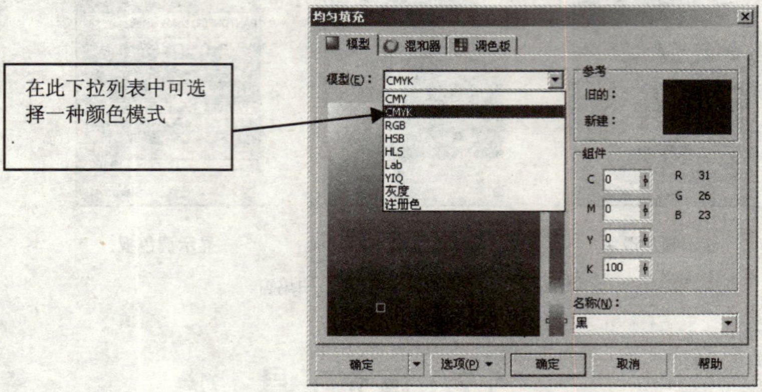

图 5.2.2　选择颜色模型

（2）将鼠标移至选择颜色窗口中，拖动鼠标并单击可选择一种颜色，当在颜色窗口中选择好颜色后，在参考选项区中可显示出所选颜色与原颜色的对比，在组件选项区中可显示出所选颜色的具体数值，也可直接输入数值，得到所需的颜色。

（3）在名称(N):下拉列表中可选择系统预设的颜色名称，此时会在对话框中显示出所选颜色的相关信息。

当在某些色彩模式（如 RGB）下选择颜色时，某些颜色会超出 CMYK 四色印刷油墨的色域范围而使其无法正确印刷，为了避免这些问题，系统提供了色谱报警功能，如在均匀填充对话框中单击选项(P)按钮，从弹出的下拉菜单中选择色谱报警(G)命令，就会在对话框中显示出超出 CMYK 色域范围的色彩区域。

当选择色谱报警(G)命令时，所选的色彩若超出了 CMYK 色域范围，则会在对话框中的参考选项区中的新颜色色块左边出现警告符号，如图 5.2.3 所示，因此，在选择颜色时要特别注意警告符号。

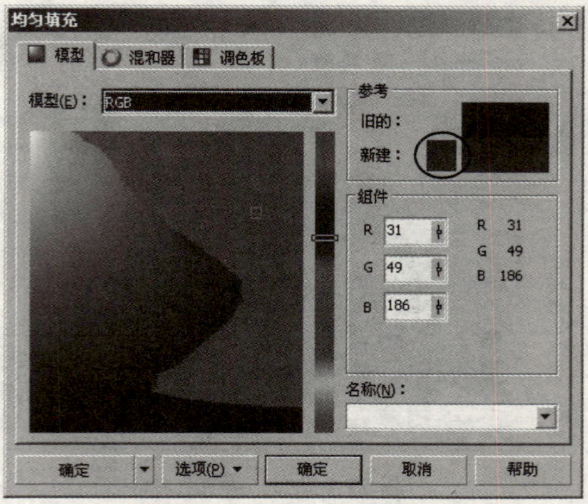

图 5.2.3　显示颜色警告符号

2.“混和器”选项卡

要使用混和器选项卡为所选的对象设置填充颜色，其具体的操作方法如下：

（1）在均匀填充对话框中选择混和器选项卡，可显示出相应的参数，如图 5.2.4 所示。

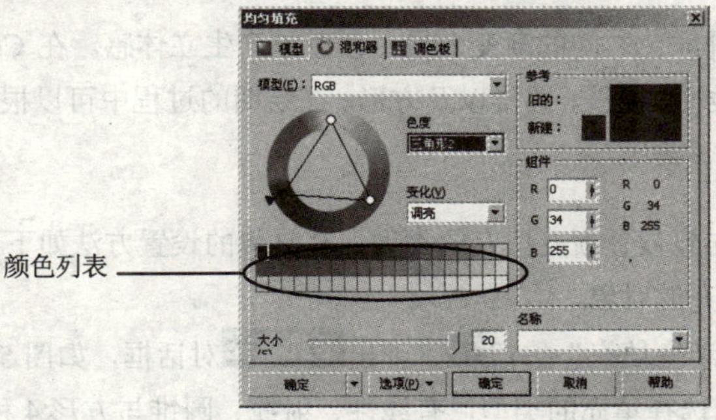

图 5.2.4　“混和器”选项卡

（2）在模型(E):下拉列表中可选择一种颜色类型；在色度下拉列表中可选择一种色相；在变化(V)下拉列表中可选择颜色变化的趋向；还可以通过调节大小滑块或输入相应的数值来设置颜色列表中色块的多少。

3.“调色板”选项卡

在均匀填充对话框中打开调色板选项卡，可显示出该选项的参数，如图 5.2.5 所示。

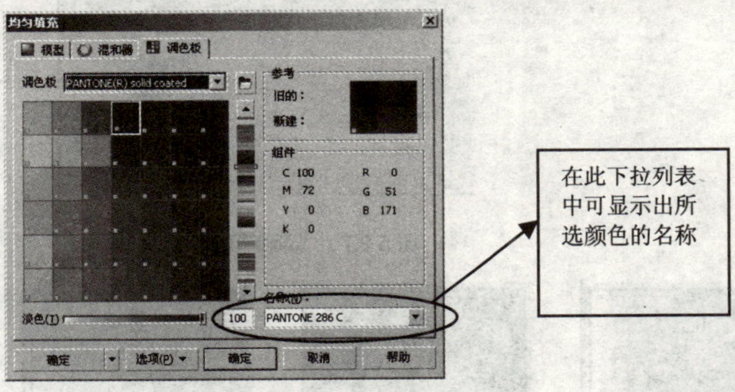

图 5.2.5　“调色板”选项卡

单击选项(P)按钮，从弹出的下拉菜单中可以选择值 1命令，在其子菜单中可选择所需的颜色模式，作为组件选项区中第一列的颜色参数；选择值 2子菜单颜色模式，可作为组件选项区中第二列的颜色参数，如图 5.2.6 所示。

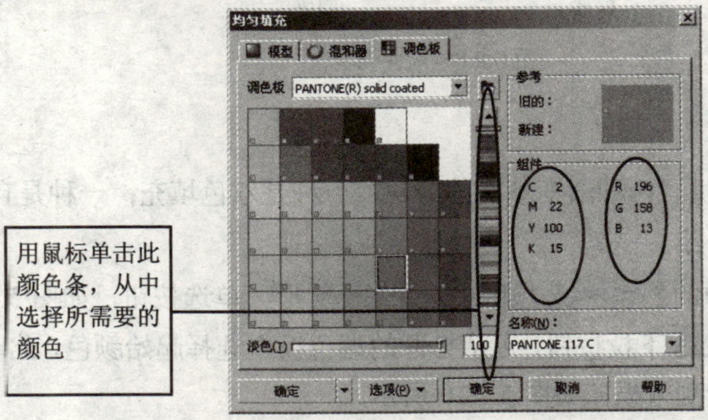

图 5.2.6　选择不同的色彩模式后所显示的数值

设置完成后，单击确定按钮，即可将设置的颜色应用于所选的对象上。

5.2.2 对象的渐变填充

渐变填充可以为对象填充多种颜色之间的渐变效果，使对象产生立体感。在 CorelDRAW X4 中提供了多种渐变填充的方式，如线性、射线、圆锥以及方形。在绘图的过程中可以根据需要进行设置。

1. 设置渐变填充的类型

要为对象填充渐变颜色，首先要设置渐变填充的类型，其具体的设置方法如下：

（1）在绘图区中选择需要填充的对象。

（2）在填充工具组中单击“渐变填充”按钮，弹出渐变填充对话框，如图 5.2.7 所示。

（3）在类型(T):下拉列表中可选择填充的类型，有线性、射线、圆锥与方形 4 种。线性填充是以直线的方式进行渐变；射线是以圆形的方式进行渐变，一般可用于产生球体的效果；圆锥是以圆锥的方式进行渐变；方角是以正方形的方式进行渐变，这 4 种渐变类型的效果如图 5.2.8 所示。

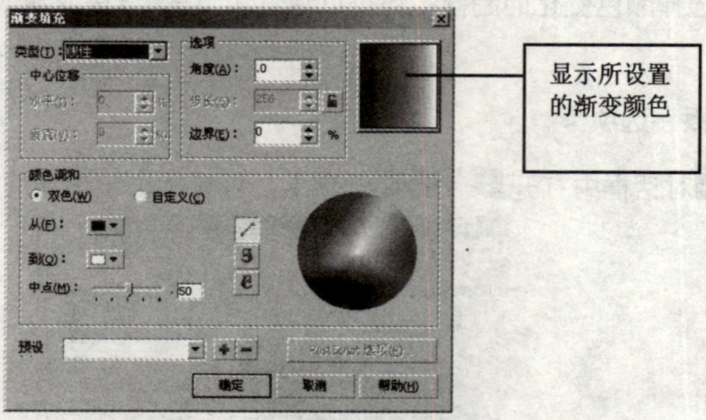

图 5.2.7 “渐变填充”对话框

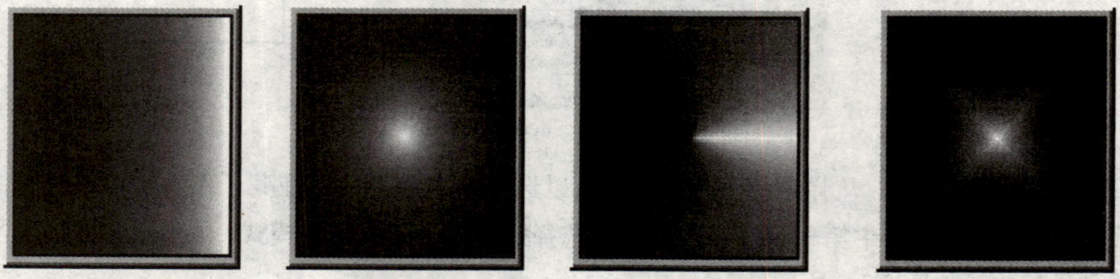

线性　　射线　　圆锥　　方形

图 5.2.8 渐变类型

2. 编辑渐变颜色

在 CorelDRAW X4 中提供了两种渐变填充的方法，一种是双色填充；一种是自定义颜色填充。首先对双色填充的方法进行介绍。

（1）在渐变填充对话框中的颜色调和选项区中选中双色(W)单选按钮，如图 5.2.9 所示。

（2）单击从(F):右侧的下拉按钮，可从打开的调色板中选择起始颜色，此时可在渐变填充对话框右上角的渐变预览框中看到效果，如图 5.2.10 所示。

（3）单击到(O):右侧的下拉按钮，从打开的调色板中选择所需的终止颜色。

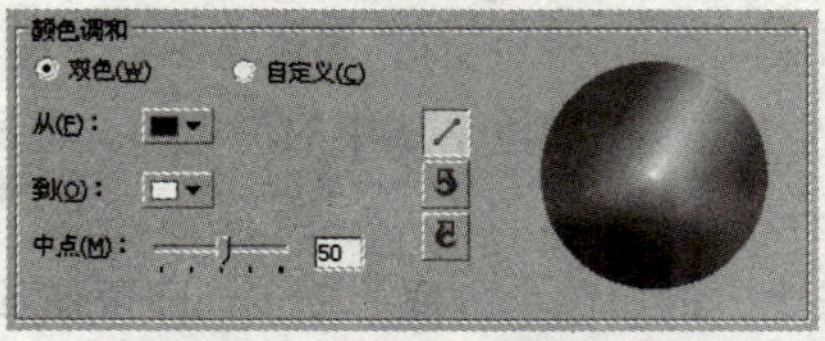

图 5.2.9 “颜色调和”选项区

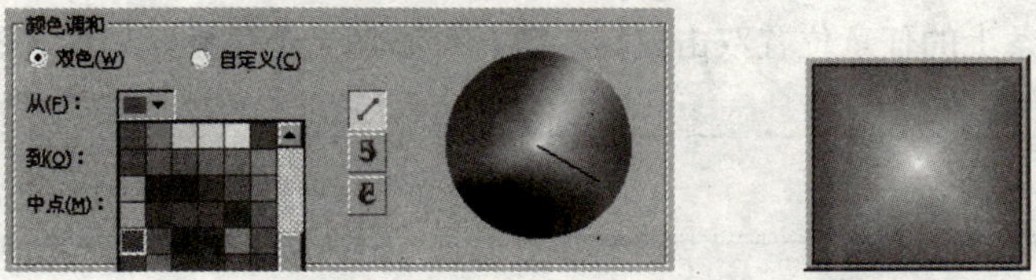

图 5.2.10 选择起始颜色并进行预览

(4)完成颜色的选择后，可看到在颜色轮中所选的起始到终止颜色中间出现一条直线，如图 5.2.11 所示。

(5) 在颜色轮左侧提供了 3 种渐变的方向，单击“逆时针”按钮，效果如图 5.2.12 所示，将产生一种由多种颜色参与的渐变。

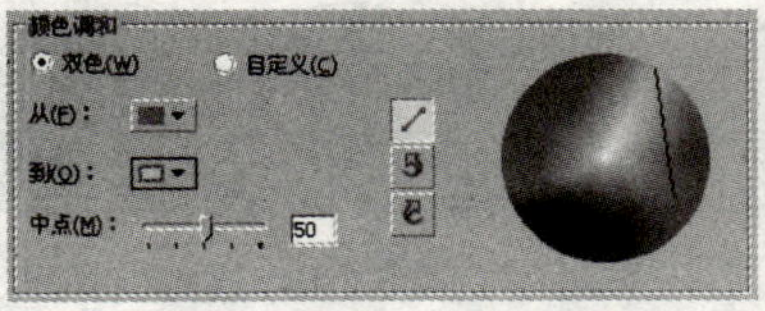

图 5.2.11 改变起始和终止颜色

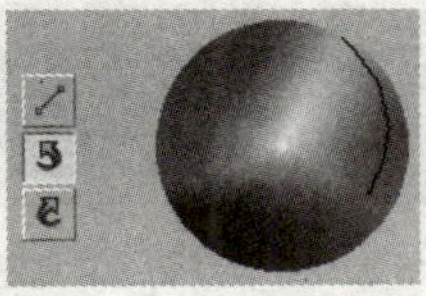

图 5.2.12 改变颜色渐变方向

(6) 如果单击“顺时针”按钮，可产生由颜色轮中所选的起始颜色沿顺时针方向直达终止颜色所经过的颜色变化。

(7) 调整中点(M)滑块或直接输入数值，可设置渐变颜色的中心位置，如图 5.2.13 所示。

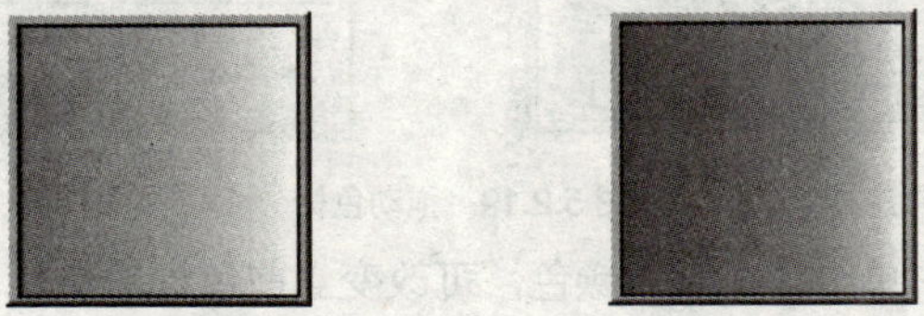

中点值为 1　　中点值为 70

图 5.2.13 调节中心位置

提示 参与渐变颜色的多少与所选的起始、终点颜色以及所选的颜色类型有关。

3. 自定义渐变颜色

在 CorelDRAW X4 中，如果要自定义渐变颜色，其具体的操作方法如下：

(1) 在渐变填充对话框中的颜色调和选项区中选中自定义(C)单选按钮，此时该选项区变为如图 5.2.14 所示的状态。

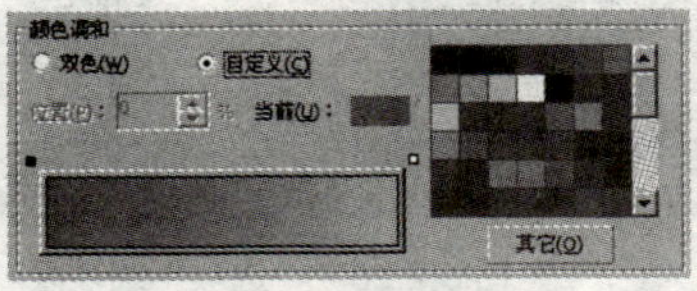

图 5.2.14 “颜色调和”选项区

（2）在渐变条上方显示着两个小方框色标，黑色表示处于选中状态，即可以改变该位置的颜色，此时只需要在右侧的调色板中单击某种颜色，选中的黑色小方框所对应位置的颜色将变为黄色，如图 5.2.15 所示。

（3）将鼠标移至渐变条上方的白色小方框上单击，即可使其处于选中状态，然后在右侧的调色板中选择相应的颜色可改变终止颜色。

（4）在渐变条上的任意位置双击鼠标左键，可添加一个色标，如图 5.2.16 所示。

图 5.2.15　改变所选小方框处的颜色

图 5.2.16　添加色标

（5）在对话框右侧的调色板中选择相应的颜色，可改变渐变条中添加色标处的颜色，如图 5.2.17 所示。

（6）在 位置(P): 输入框中输入数值，可移动当前所选色标的位置，数值为 1 时，在最左侧；数值为 99 时，在最右侧，如图 5.2.18 所示。

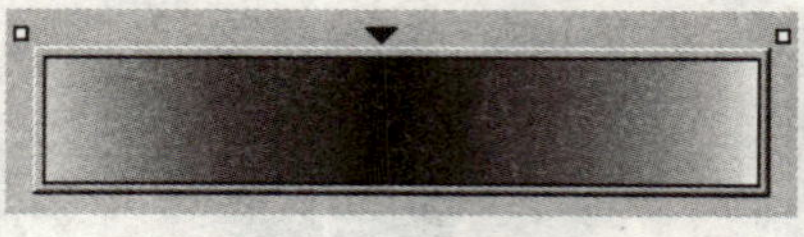

图 5.2.17　设置新色标颜色

图 5.2.18　改变色标的位置

（7）将鼠标移至渐变条上双击，可继续添加色标，此时在 当前(U): 右侧的颜色框中显示的是当前色标的颜色，直接用鼠标拖动渐变条上的色标，可改变当前颜色在颜色混和器中的位置，如图 5.2.19 所示。

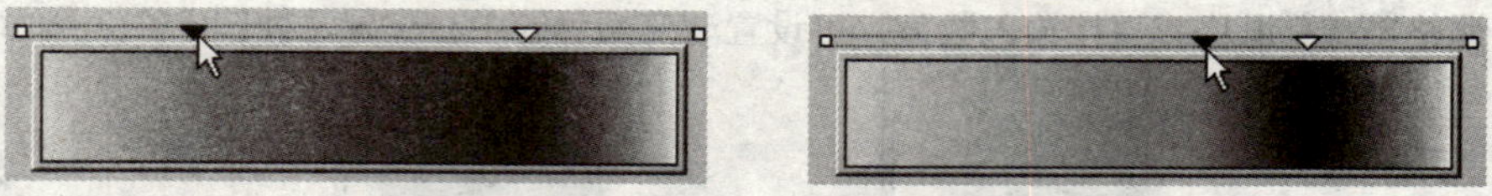

图 5.2.19　拖动色标

（8）在右侧的调色板中单击任意一种颜色，可改变当前色标的颜色。

（9）如果对添加色标处的颜色不满意，可将鼠标移至渐变条的色标处，双击鼠标左键即可删除该色标。

4．设置渐变的其他选项

在 渐变填充 对话框中的 选项 选项区中可设置渐变的角度、步长以及边界填充。其具体的操作步骤如下：

（1）在 角度(A): 输入框中输入数值，可设置渐变填充的旋转角度，输入正值时，沿逆时针方向旋转；输入负值时，沿顺时针方向旋转，如图 5.2.20 所示。

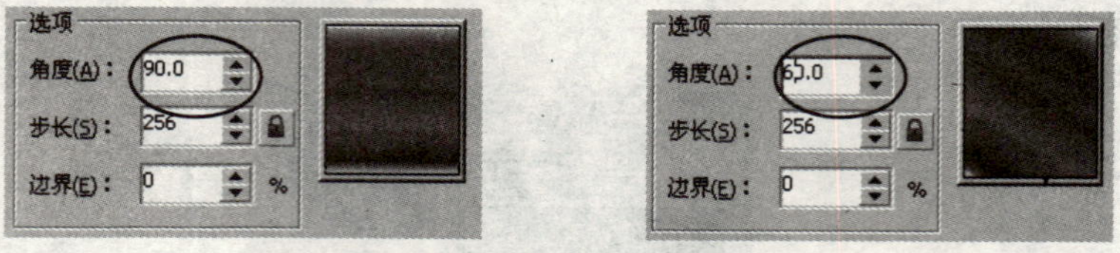

图 5.2.20　“选项”选项区

（2）也可用鼠标拖动的方式来改变渐变填充的旋转角度，将鼠标移至预览框中时，光标会变为

“十”字形，按住鼠标左键拖动即可。

（3）在边界(E):输入框中输入数值，可控制渐变色两边颜色的宽度，其取值范围在 0～49 之间，数值越小，两边颜色的宽度越小，如图 5.2.21 所示。

图 5.2.21 设置边界填充

（4）单击步长(S):右侧的按钮，可激活该输入框，在此输入框中输入数值，可设置渐变填充的层次，即颜色的过渡，输入数值越大，颜色过渡越平滑；输入数值越小，则颜色过渡越不平滑，如图 5.2.22 所示。

图 5.2.22 设置渐变步长值

提示 设置不同的步长值可产生不同的渐变填充效果。

5．选择预设渐变样式

在 CorelDRAW X4 中提供了多种预设的渐变颜色，并且确定了旋转类型、旋转角度以及中心位置，可以根据需要进行选择。

要选择预设渐变样式，其具体的操作方法如下：

（1）在渐变填充对话框中单击预设(R):下拉列表框。

（2）可从弹出的下拉列表中选择预设的渐变填充颜色，例如选择“粉红霓虹”选项，可在对话框中显示出该选项的相关参数，如图 5.2.23 所示。

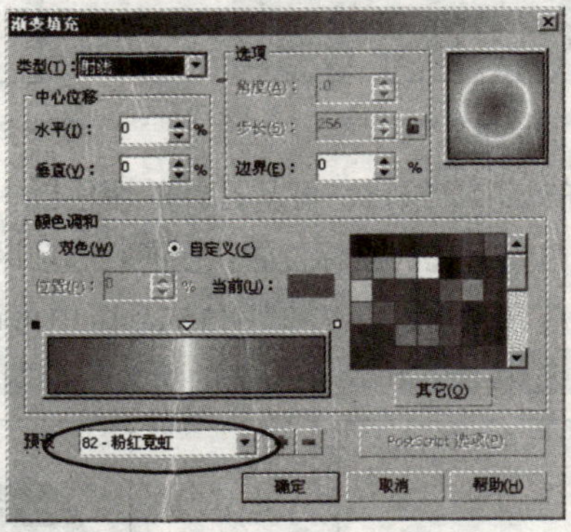

图 5.2.23 选择预设的渐变颜色

（3）选择好预设渐变填充后，还可对其进行修改，如改变其类型、中心位移、角度以及边界等参数。

（4）设置好参数后，单击确定按钮，填充对象后的效果如图 5.2.24 所示。

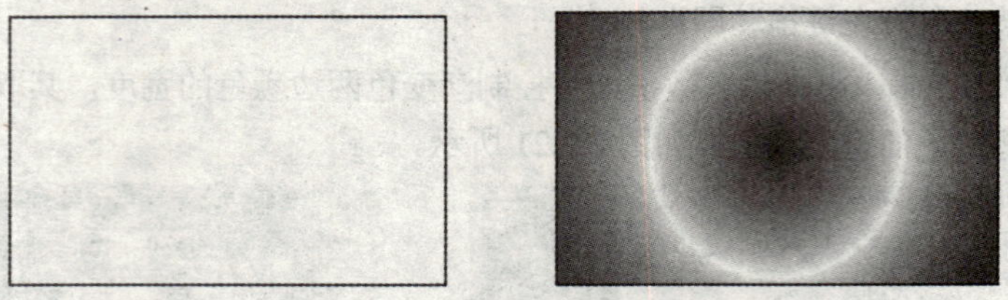

图 5.2.24　为对象填充渐变效果

5.2.3　对象的图样填充

在 CorelDRAW X4 中，除了为对象进行均匀填充与渐变填充外，还可以进行图样填充。图样填充包括双色、全色以及位图填充。

1．双色填充

双色填充将使用两种颜色的图案效果进行填充。

单击填充工具组中的“图样填充对话框”按钮，弹出图样填充对话框，选中双色(C)单选按钮，如图 5.2.25 所示。在对话框中单击图案下拉按钮，可从打开的面板中选择预设的图案，如图 5.2.26 所示。

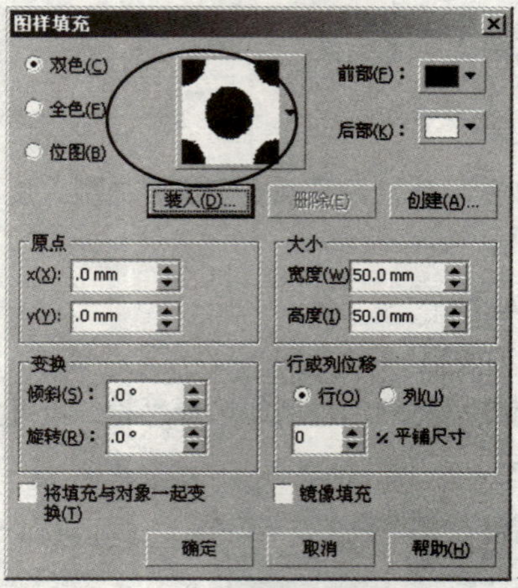

图 5.2.25　“图样填充”对话框

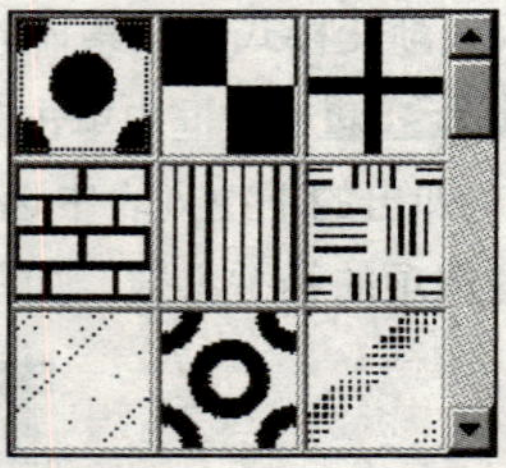

图 5.2.26　选择预设的双色图案

单击前部(F)：与后部(K)：右侧的按钮，可从打开的调色板中选择所需的颜色。

在原点选项区中可设置填充中点所在的坐标位置；在大小选项区中可设置图案的大小；在变换选项区中可设置图案的倾斜角度和旋转角度；在行或列位移选项区中可设置在行或列上错位的百分比。

设置好参数后，单击确定按钮，可填充所选的对象，如图 5.2.27 所示。

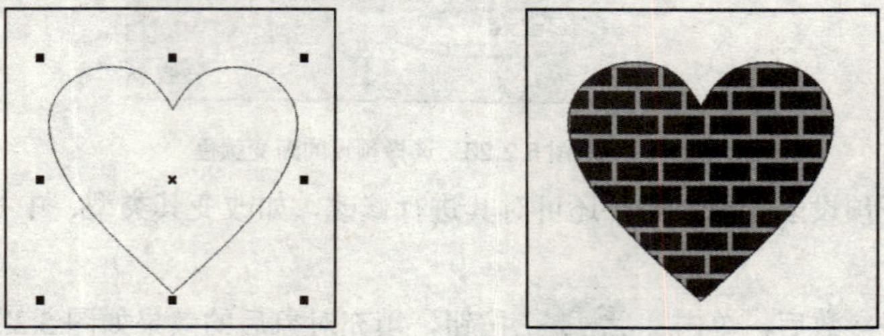

图 5.2.27　填充双色图案

如果对预设的双色图案不满意，可以自定义双色图案，其具体的操作方法如下：

（1）在绘图区中选择需要填充双色图案的对象。

（2）单击填充工具组中的“图样填充对话框”按钮，弹出图样填充对话框。

（3）在对话框中选中双色(C)单选按钮后，单击创建(A)...按钮，可弹出双色图案编辑器对话框，在此对话框中可根据需要绘制图案效果。将鼠标移至此对话框中的空白格子上，单击或拖动鼠标可使格子被填充为黑色，而在填充后的黑色格子上单击鼠标右键可恢复为空白格子，如图 5.2.28 所示。

（4）在双色图案编辑器对话框中编辑好双色图案后，单击确定按钮，可返回到图样填充对话框，并在图案下拉列表中显示出编辑的图案效果，如图 5.2.29 所示。

（5）也可单击前部(R):与后部(K):右侧的下拉按钮，从打开的调色板中选择所需的颜色，也可设置其大小、原点位置以及变换图案等。

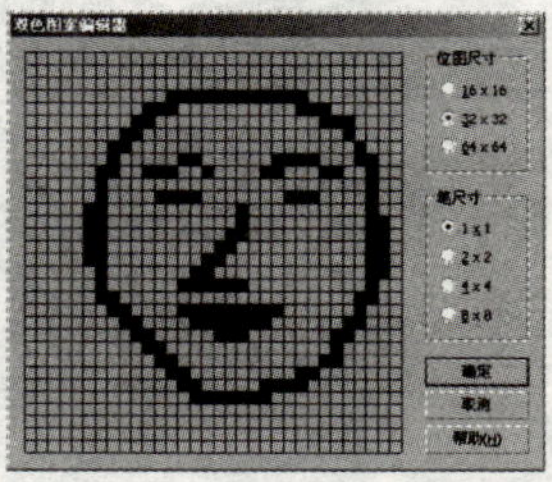

图 5.2.28　编辑双色图案

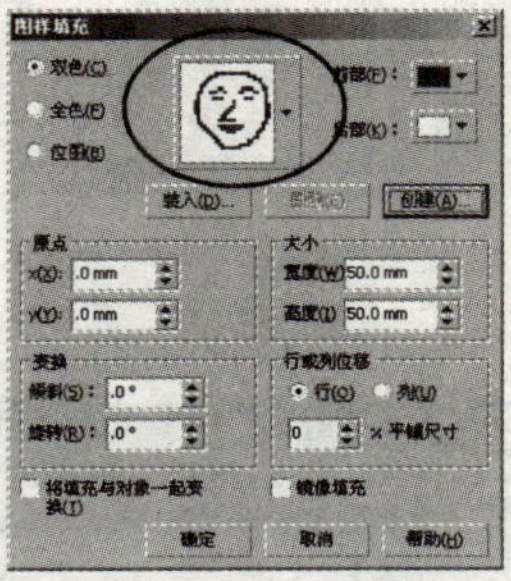

图 5.2.29　显示编辑的图案效果

（6）单击确定按钮，可将所编辑的图案应用于所选的对象上，如图 5.2.30 所示。

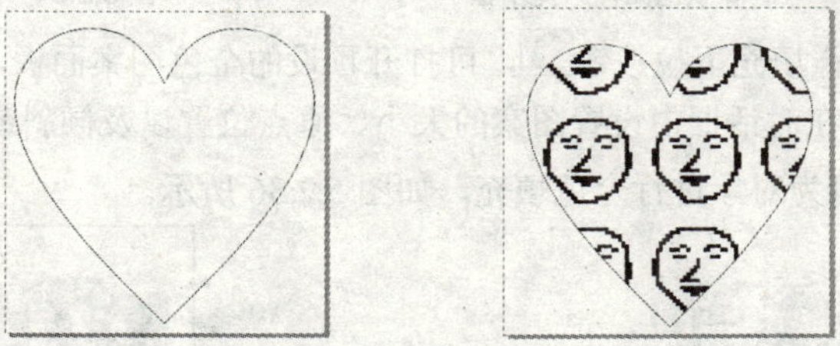

图 5.2.30　填充自定义的双色图案

提示　在 CorelDRAW X4 中也可导入位图，将其转换为双色图案并填充到图形中。

在对心形填充双色图案后，当对心形进行旋转、缩放与倾斜等操作时，可发现填充后的双色图案并不会随心形的变换而变换，如图 5.2.31 所示。如果要使图案随心形一起变换，可在图样填充对话框中选中将填充与对象一起变换(T)复选框，单击确定按钮，再次变换心形，则填充的双色图案就会随之变换，如图 5.2.32 所示。

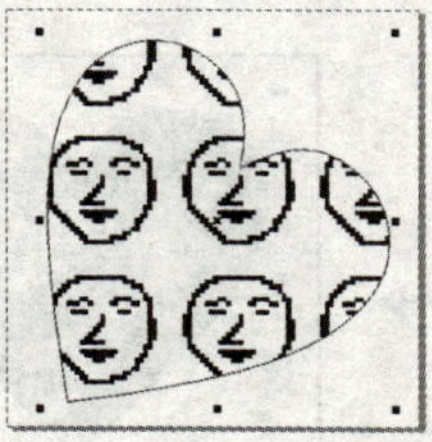

图 5.2.31　图案未随心形变换

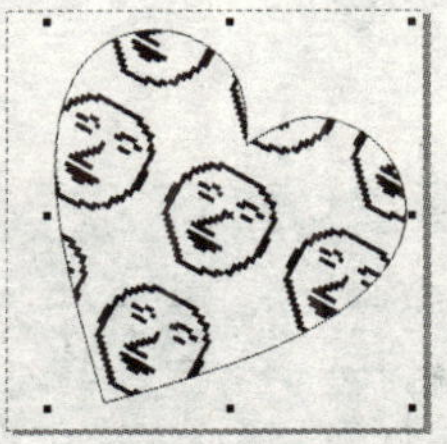

图 5.2.32　图案随心形变换

如果不需要自己编辑的双色图案时，可以将其删除，其具体的操作方法如下：

（1）单击填充工具组中的“图样填充对话框”按钮，弹出图样填充对话框。

（2）单击图样下拉按钮，从打开的面板中选择自定义图案，单击删除(E)按钮，可弹出删除双色图样提示框，如图 5.2.33 所示，单击确定按钮即可删除所选的图案。

2. 全色填充

全色填充可以是矢量图图案也可以是位图图案，全色填充可保留图案完整的颜色信息，因而色彩比较丰富。在 CorelDRAW X4 中预设了许多全色填充图案，可以根据需要选择使用。

在图样填充对话框中选中全色(F)单选按钮，可在该对话框中显示出该选项的参数，如图 5.2.34 所示。

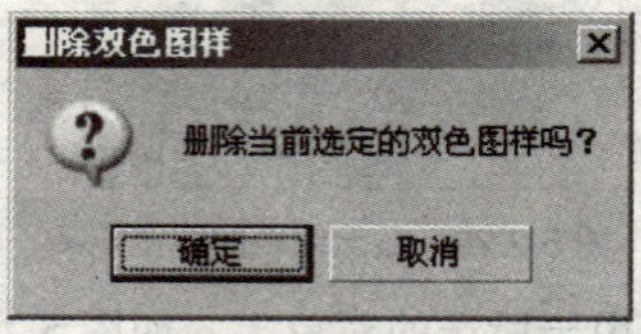

图 5.2.33 “删除双色图样”提示框

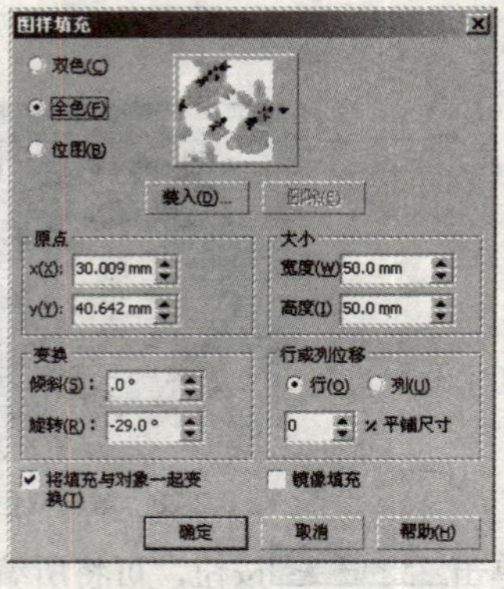

图 5.2.34 全色选项

在该对话框中单击图样填充下拉按钮，可打开预设的全色图案面板，如图 5.2.35 所示。从中选择所需的预设图案后，在对话框中设置图案的大小、原点位置以及倾斜或旋转等，设置好参数后，单击确定按钮，即可为对象进行全色填充，如图 5.2.36 所示。

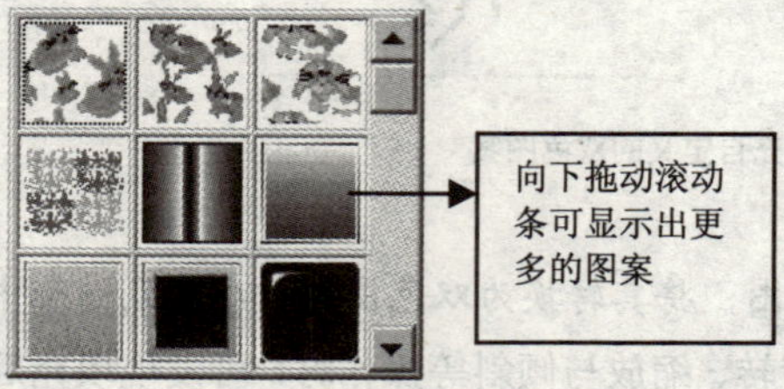

图 5.2.35 全色图案面板

图 5.2.36 全色填充

在该对话框中单击装入(D)...按钮，可弹出导入对话框，从中选择一幅位图，单击导入按钮，返回到图样填充对话框，即可将图案导入到图样填充下拉列表中，单击确定按钮，可填充所选的对象，效果如图 5.2.37 所示。

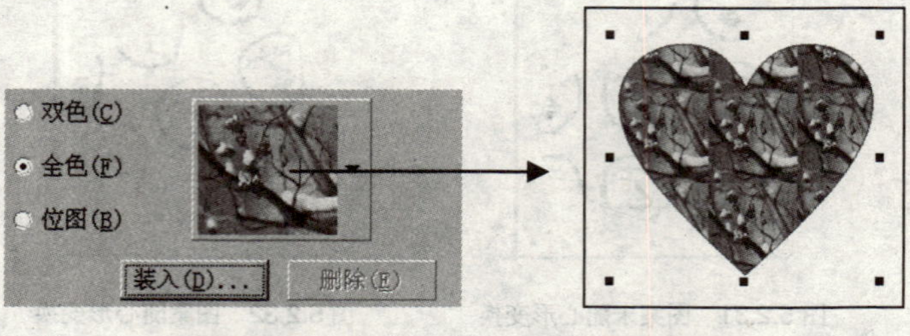

图 5.2.37 导入位图并为对象进行全色填充

3. 位图填充

位图填充是使用预设的或从外部导入的位图对对象进行填充，它与全色填充不同的是，位图填充只能使用位图进行填充，而不能使用矢量图填充。

要使用位图填充对象，其具体的操作方法如下：

（1）在绘图区中选择需要进行位图填充的对象。

（2）单击填充工具组中的“图样填充对话框”按钮，弹出图样填充对话框，从中选中 位图(B) 单选按钮，此时对话框显示如图 5.2.38 所示。

（3）在对话框中单击图样填充下拉按钮，可打开预设的位图填充面板，如图 5.2.39 所示，从中选择所需的图案样式，并在对话框中设置其他相关的参数。

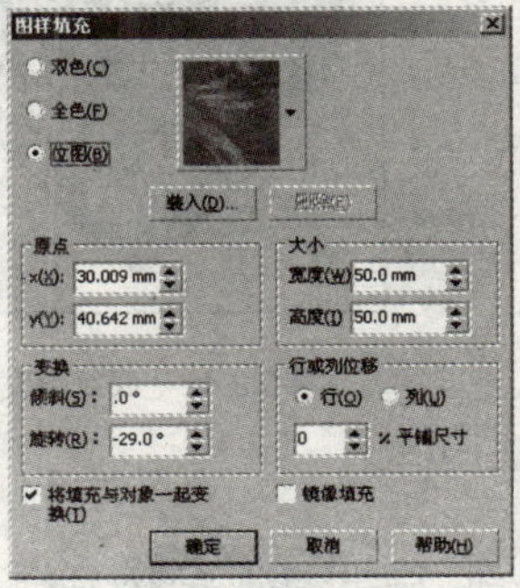

图 5.2.38　位图填充选项

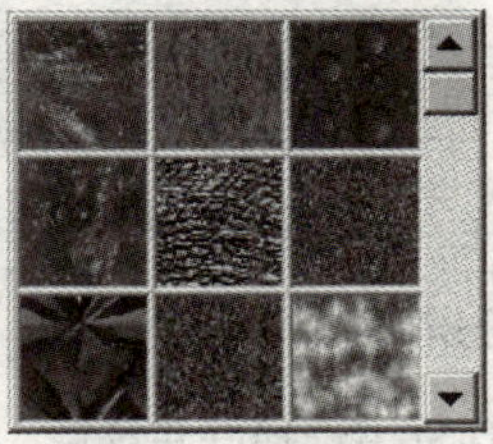

图 5.2.39　位图填充面板

（4）设置好参数后，单击 确定 按钮，即可填充对象，如图 5.2.40 所示。

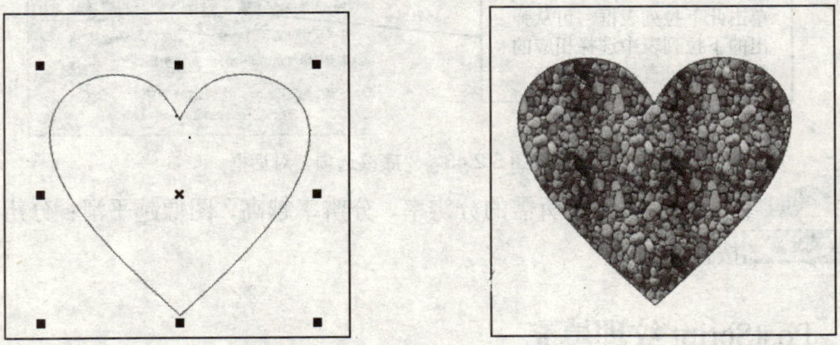

图 5.2.40　为对象进行位图填充

（5）也可在图样填充对话框中单击 装入(D)... 按钮，在弹出的导入对话框中选择位图图像，并将其填充到对象中。

5.2.4　对象的底纹填充

底纹填充是为对象填充天然材料的外观效果，此填充的效果是位图，因此在底纹填充时可以设置底纹的分辨率，但底纹填充的原理与矢量图一样，以数字与函数式来计算图像效果。

1. 设置底纹效果

要为对象进行底纹填充，其具体的操作方法如下：

（1）使用挑选工具选择要填充底纹的对象。

（2）在填充工具组中单击“底纹填充对话框”按钮，弹出底纹填充对话框。

（3）在底纹库(L):下拉列表中选择一种底纹库，然后在底纹列表(T):中选择一种底纹，选择后该底纹将显示在底纹列表下面的预览框中。

（4）多次单击预览(V)按钮，所选的底纹将会在预览框中随机产生变化。

（5）在对话框中单击色调：与亮度：右侧的下拉按钮，可从打开的调色板中为所选的底纹选择相应的颜色，此时将弹出如图 5.2.41 所示的提示框。单击确定按钮，返回到底纹填充对话框中，单击预览(V)按钮，可预览改变颜色后的效果，然后单击确定按钮，可为对象填充底纹效果，如图 5.2.42 所示。

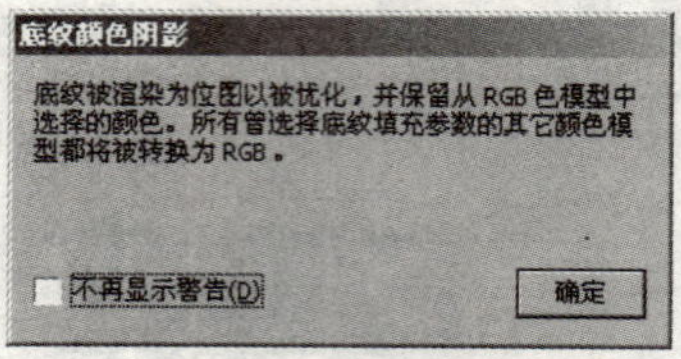

图 5.2.41 确定更改颜色

图 5.2.42 底纹填充效果

2. 设置底纹分辨率

在底纹填充对话框中选择好底纹后，单击选项(O)...按钮，弹出底纹选项对话框，如图 5.2.43 所示，利用此对话框可设置所选底纹的分辨率与平铺尺寸。

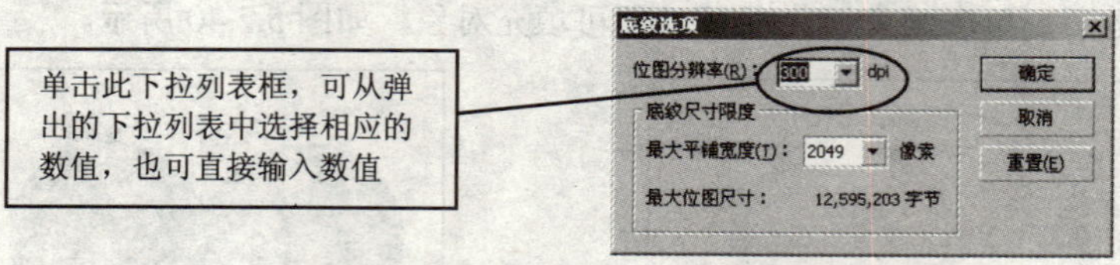

图 5.2.43 “底纹选项”对话框

在位图分辨率(R):输入框中可输入所需的分辨率，分辨率越高，图像越平滑；分辨率越低，图像越粗糙，单击确定按钮即可。

5.2.5 PostScript 纹理填充

PostScript 纹理填充是用 PostScript 语言设计出的一种填充类型，其效果非常特殊。

要为对象进行 PostScript 纹理填充，其具体的操作步骤如下：

（1）使用挑选工具在绘图区中选择需要填充的对象。

（2）单击填充工具组中的“PostScript 填充对话框”按钮，弹出PostScript 底纹对话框，如图 5.2.44 所示。

（3）在该对话框左边的下拉列表中可选择预设的 PostScript 纹理，并选中预览填充(P)复选框，可对所选的 PostScript 纹理进行预览，然后在参数选项区中设置好相关的参数，单击预览框下的刷新(R)按钮预览设置后的效果，满意后单击确定按钮，即可为所选的对象填充相应的纹理，如图 5.2.45 所示。

提示 在填充工具组中单击“无填充”按钮，可去除所选对象的内部填充。

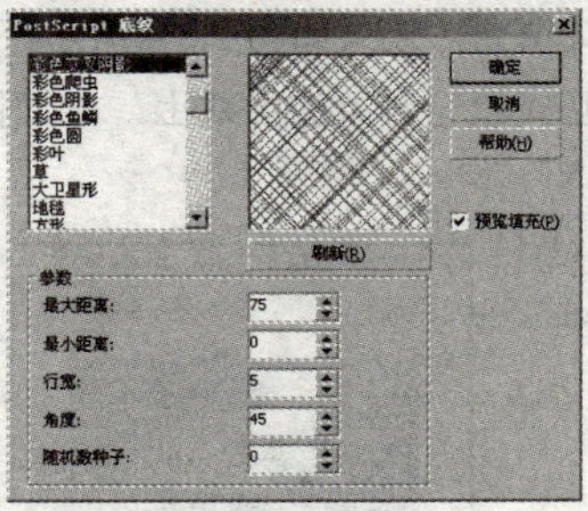

图 5.2.44 “PostScript 底纹”对话框

图 5.2.45 填充 PostScript 纹理效果

5.3 交互式填充

在 CorelDRAW X4 中提供了两种交互式填充工具，即交互式填充与交互式网状填充，使用这两种填充工具可以对所选对象进行特殊填充。

5.3.1 交互式填充工具

使用交互式填充工具可以对所选对象进行均匀填充、渐变填充、图案填充、底纹填充以及 PostScript 填充等操作，因此使填充变得简单直观。

要使用交互式填充工具填充对象，其具体的操作方法如下：

（1）在绘图区中选择需要填充的对象，单击工具箱中的“交互式填充工具”按钮，此时可显示出该工具的属性栏，如图 5.3.1 所示。

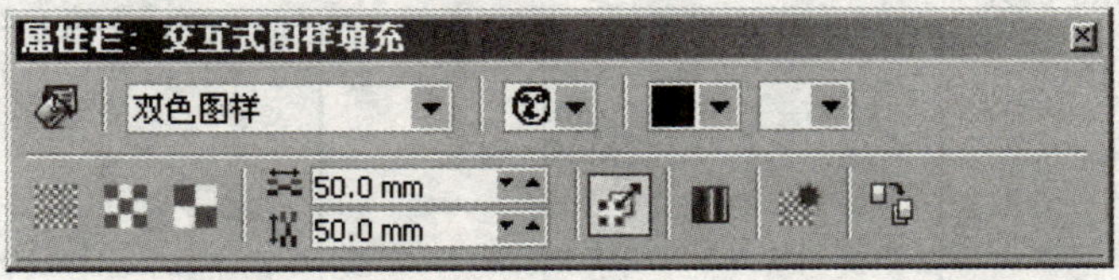

图 5.3.1 “交互式填充工具”属性栏

（2）在属性栏中单击填充类型下拉列表框 双色图样 ，可弹出如图 5.3.2 所示的下拉列表，在此下拉列表中选择一种填充类型。

（3）如果选择 圆锥 选项，此时属性栏如图 5.3.3 所示。

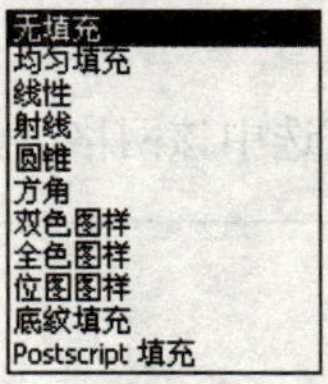

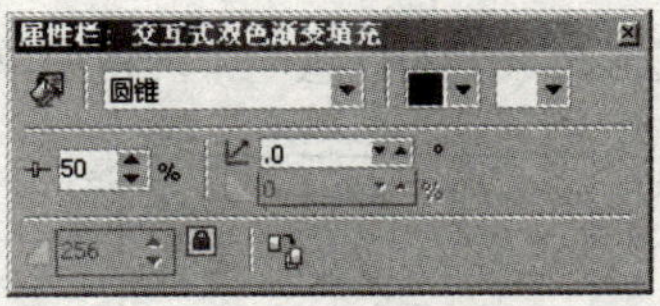

图 5.3.2 填充类型下拉列表　　图 5.3.3 选择“圆锥”选项后的属性栏

1）单击下拉按钮，可从打开的调色板中选择一种颜色，设置圆锥填充的起点颜色。

2）单击下拉按钮，可从打开的调色板中选择一种颜色，设置圆锥填充的终点颜色。

3）在渐变填充中心点输入框 50 % 中输入数值，可设置改变渐变颜色的分布状态。

4）在渐变式填充角输入框 .0 ° 中输入数值，可设置圆锥渐变填充的角度。

（4）设置好参数后，按回车键即可应用交互式填充，效果如图 5.3.4 所示。

（5）使用鼠标也可将调色板中的颜色拖至交互式填充对象的虚线上，松开鼠标后，即可将所选的颜色添加到对象中，如图 5.3.5 所示。

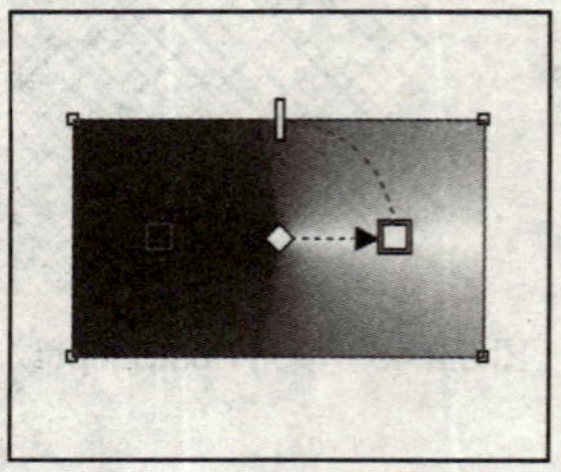

图 5.3.4　交互式填充效果

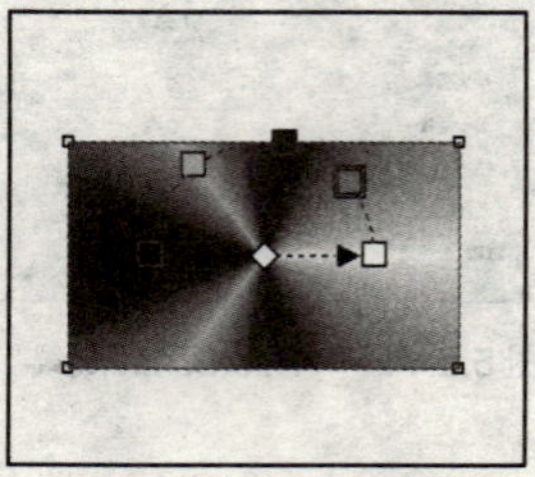

图 5.3.5　添加颜色

提示　在交互式填充工具属性栏中的填充类型下拉列表中选择一种填充类型后，其属性栏中的参数也会随之改变，通过调整参数，可设置交互式填充的属性。

5.3.2　交互式网状填充工具

使用交互式网状填充工具可以更容易地对图形对象进行变形和多样色彩的填充，从而突破均匀填充与渐变填充的限制，达到一种新的填充效果。

使用交互式网状填充工具填充对象，其具体的操作方法如下：

（1）使用基本绘图工具在绘图区中绘制一个图形对象。

（2）在交互式填充工具组中单击“交互式网状填充工具”按钮，此时可在绘制的图形对象上显示网格，如图 5.3.6 所示。

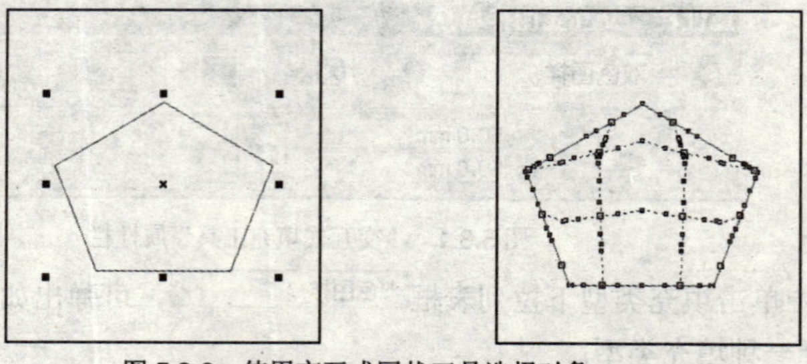

图 5.3.6　使用交互式网状工具选择对象

（3）在交互式网状工具属性栏中的网格大小输入框中输入数值，可设置网格的列数与行数，此处输入行数为 3，列数为 5，按回车键确认，如图 5.3.7 所示。

（4）将光标移至图形对象上的任意一个网格中单击，即可选中该网格，如图 5.3.8 所示。

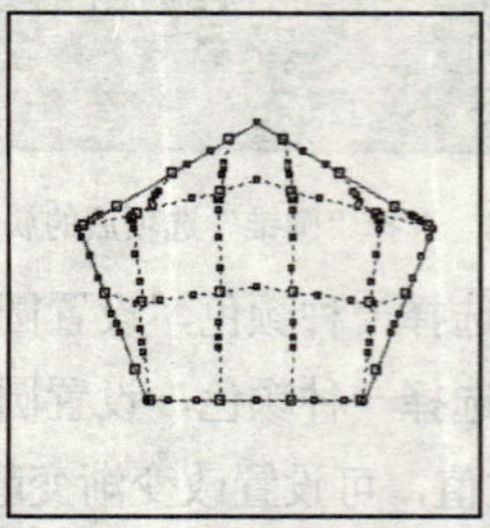

图 5.3.7　设置网格行数与列数

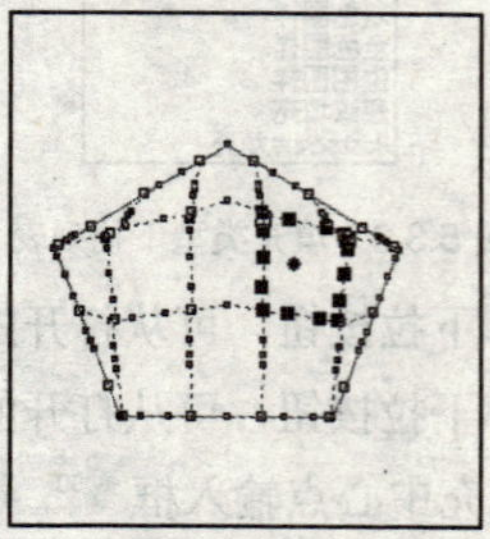

图 5.3.8　选中网格

（5）在调色板中单击任意一种颜色色块，可将其填充到选中的网格中，并可以看到填充效果是以网格为中心向外分散进行填充的，效果如图 5.3.9 所示。

（6）如果需要进行精确的填充，可将鼠标移至对象网格上的任意一个节点上单击，选择该节点，此时可显示出与编辑曲线相同的控制柄，调整控制柄，并在调色板中单击相应的颜色色块，可围绕该节点向外分散填充，如图 5.3.10 所示。

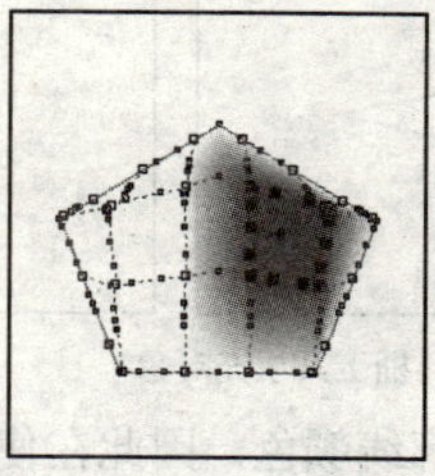

图 5.3.9　交互式网状填充效果

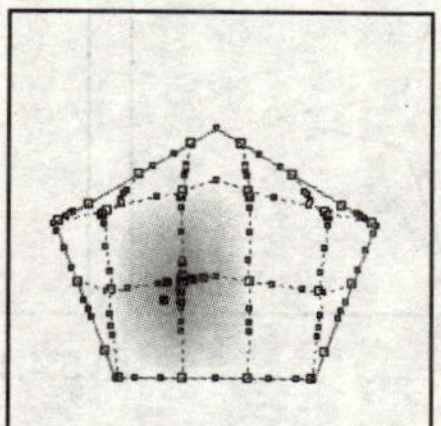

图 5.3.10　交互式网状的精确填充

（7）用鼠标拖动网格上的节点，可改变填充区域的颜色，如图 5.3.11 所示。

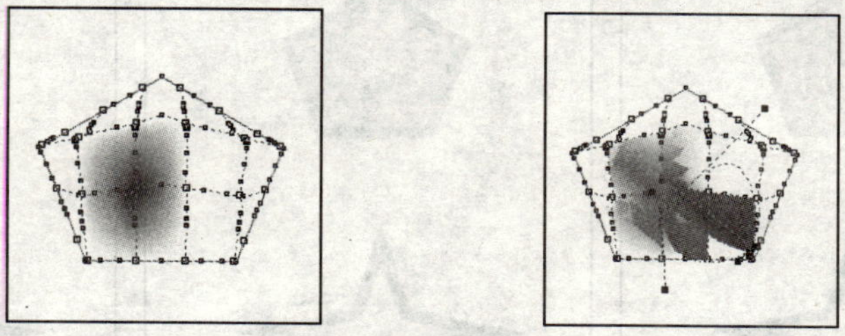

图 5.3.11　改变填充区域颜色

提示　通过“交互式网状工具”属性栏中的其他属性，可对网格上的节点进行相应的编辑。

5.4　对象的其他填充方式

在 CorelDRAW X4 中，除了可以使用填充工具与交互式填充工具为对象填充色彩外，还可以使用滴管工具与颜料桶工具对图形对象进行快速方便的单色填充。

滴管工具用于吸取指定对象的颜色，而颜料桶工具用于将吸取的颜色填充到指定的对象中，这两种工具需要配合使用。

5.4.1　用滴管工具吸取颜色

要用滴管工具吸取颜色，可单击工具箱中的“滴管工具”按钮，将光标移至绘图区中，此时光标显示为形状，在需要吸取颜色的对象上单击鼠标左键即可吸取颜色。

5.4.2　用颜料桶工具填充

吸取颜色后，在滴管工具组中单击“颜料桶工具”按钮，将光标移至需要填充颜色的对象上，当光标变为形状时在对象内部单击，即可将所吸取的颜色填充到该对象中，如图 5.4.1 所示。

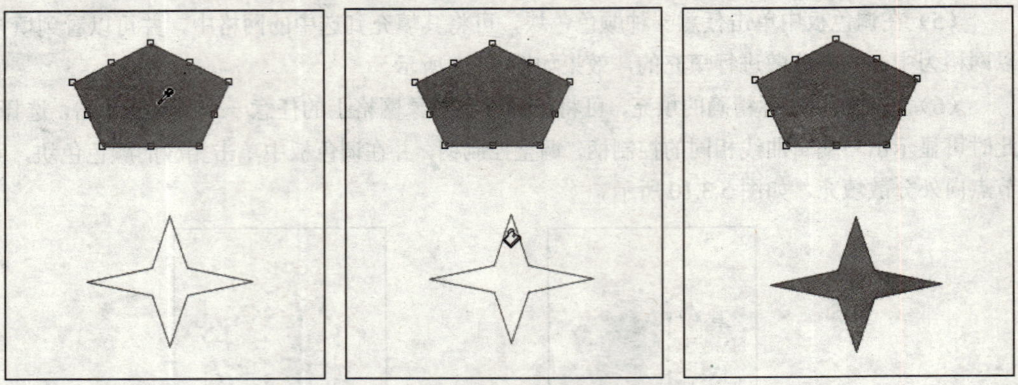

图 5.4.1　使用滴管和颜料桶工具填充对象

使用滴管工具吸取的颜色包括对象的填充颜色与轮廓线颜色，因此在使用颜料桶工具填充颜色时，也可将填充对象的轮廓线颜色应用到需要填充的对象上，如图 5.4.2 所示。

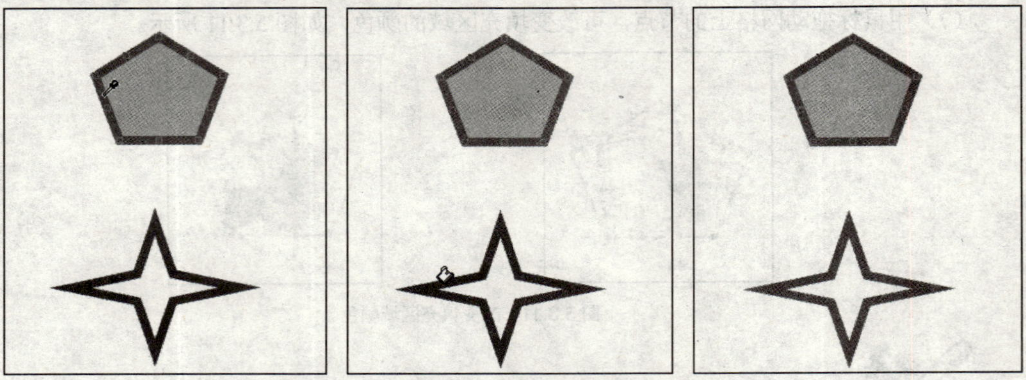

图 5.4.2　使用滴管和颜料桶工具填充对象的轮廓

选择滴管和颜料桶工具后，其属性栏显示如图 5.4.3 所示。

图 5.4.3　“滴管和颜料桶工具”属性栏

5.5　设置调色板

在 CorelDRAW X4 中，调色板是由一系列的纯色组合而成的，可用于设置对象的填充与轮廓颜色。在绘图的过程中，为了方便操作，可打开调色板使其显示在工作界面的右侧。

5.5.1　调色板的选择

选择菜单栏中的 窗口(W) → 调色板(L) 命令，可弹出其子菜单，如图 5.5.1 所示，在此菜单中可以根据需要选择不同的调色板。

在此菜单中选择一个调色板命令后，会在该命令前显示“√”符号，并且所选调色板出现在绘图区中，再次选择该调色板命令，即可关闭该调色板。

如果不需要使用调色板，可选择菜单栏中的窗口(W)→调色板(L)→无(N)命令，即可将 CorelDRAW X4 工作界面中所有打开的调色板关闭。

此外，也可将已经保存过的调色板载入并进行使用，只需选择菜单栏中的窗口(W)→调色板(L)→打开调色板(O)…命令，弹出打开调色板对话框，如图 5.5.2 所示，从中选择所需的调色板，然后单击打开(O)按钮，即可载入所选的调色板到工作界面中。

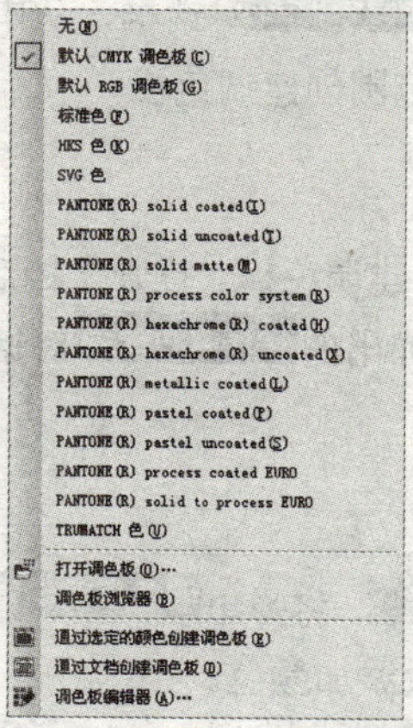

图 5.5.1　调色板子菜单

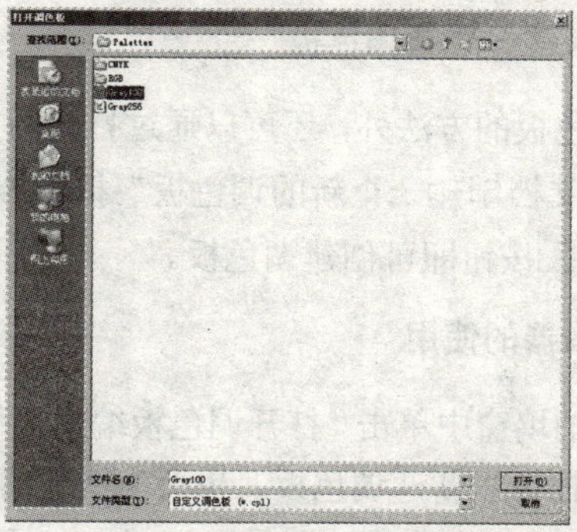

图 5.5.2　“打开调色板”对话框

5.5.2　调色板浏览器的使用

通过调色板浏览器可以新建、打开以及编辑调色板。选择菜单栏中的窗口(W)→调色板(L)→调色板浏览器(B)命令，打开调色板浏览器(B)泊坞窗，如图 5.5.3 所示。

1．打开调色板

在调色板浏览器泊坞窗中提供了多种可供选择使用的调色板，只需选中所需的调色板前面的复选框，即可使该调色板显示在工作界面中，或单击此泊坞窗右上角的“打开”按钮，从弹出的打开调色板对话框中选择需要打开的调色板。

2．创建一个新的空白调色板

在调色板浏览器泊坞窗中单击“创建一个新的空白调色板”按钮，弹出保存调色板为对话框，如图 5.5.4 所示。

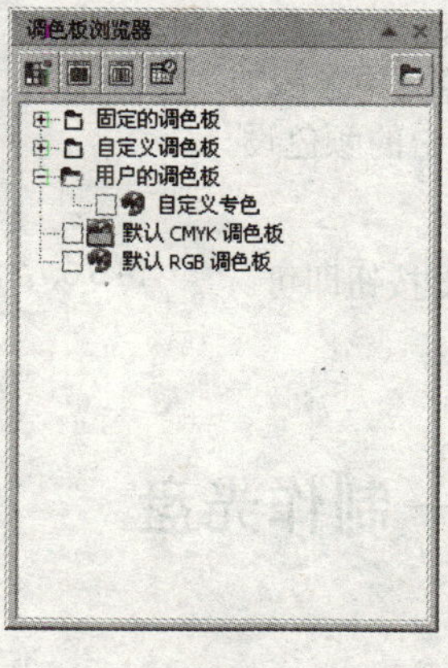

图 5.5.3　“调色板浏览器”泊坞窗

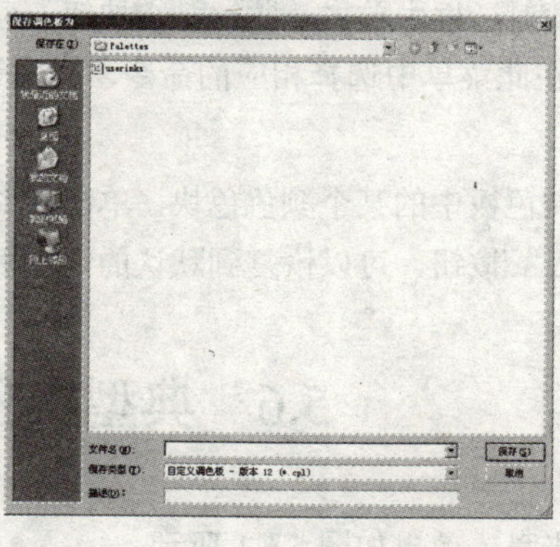

图 5.5.4　“保存调色板为”对话框

在 文件名(N): 输入框中可设置所要创建的调色板名称，单击 保存(S) 按钮，即可创建一个空白调色板。

3．使用选定的对象创建一个新调色板

要在选择对象的范围内创建调色板，只需先选择一个或多个对象，然后在 调色板浏览器 泊坞窗中单击“使用选定的对象创建一个新调色板”按钮，弹出 保存调色板为 对话框，从中设置新建调色板的文件名称，单击 保存(S) 按钮，即可根据所选对象的颜色范围创建调色板。

4．使用文档创建一个新调色板

除上述创建调色板的方法外，还可以通过打开的文档新建调色板。打开文档后，单击 调色板浏览器 泊坞窗中的“使用文档创建一个新的调色板”按钮，在弹出的 保存调色板为 对话框中输入调色板的名称，单击 保存(S) 按钮即可创建调色板。

5．调色板编辑器的使用

在 调色板浏览器 泊坞窗中单击“打开调色板编辑器”按钮，将弹出 调色板编辑器 对话框，如图 5.5.5 所示，通过此对话框可以新建调色板，也可为新建的调色板添加颜色。

在 调色板编辑器 对话框中选择某个颜色色块后，单击 编辑颜色(E) 按钮，弹出 选择颜色 对话框，如图 5.5.6 所示，在此对话框中可编辑当前所选的颜色，设置完成后，单击 确定 按钮即可替换颜色。

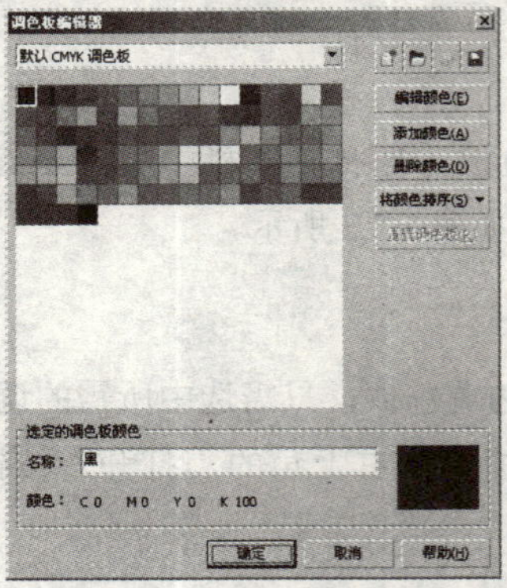

图 5.5.5 “调色板编辑器”对话框

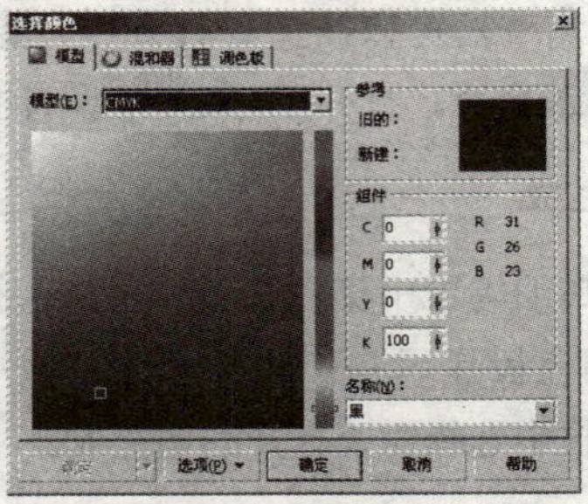

图 5.5.6 “选择颜色”对话框

如果要为指定的调色板添加颜色，可单击 添加颜色(A) 按钮，弹出 选择颜色 对话框，从中设置所需的颜色，然后单击 确定 按钮，即可将设置好的颜色添加到调色板中。

在 调色板编辑器 对话框中单击 将颜色排序(S) 按钮，可弹出如图 5.5.7 所示的下拉菜单，在此菜单中选择相应的命令，可对调色板中的颜色设置排列方式。

图 5.5.7 将颜色排序下拉菜单

如果要删除调色板中的某个颜色色块，单击 删除颜色(D) 按钮即可。单击 重置调色板(R) 按钮，可以恢复到默认的调色板状态。

5.6 典型实例——制作光盘

本节将制作光盘，效果如图 5.6.1 所示。

图 5.6.1　最终效果图

操作步骤

（1）新建一个图形文件，单击工具箱中的“椭圆工具”按钮，按住“Ctrl”键的同时在绘图区中拖动鼠标绘制一个正圆对象，如图 5.6.2 所示。

（2）使用挑选工具选择该正圆，将其等比例缩小并复制，效果如图 5.6.3 所示。

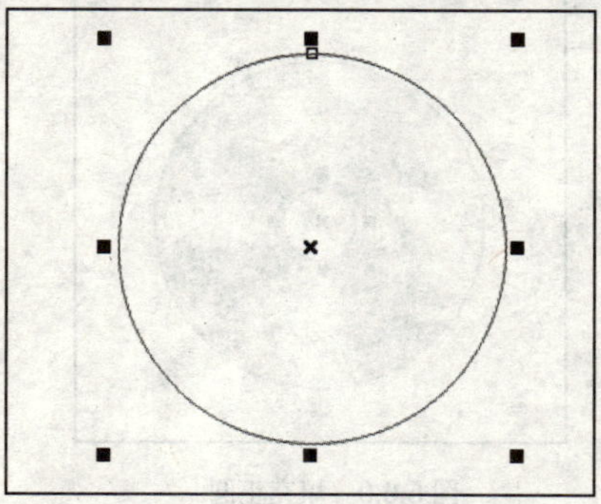

图 5.6.2　绘制正圆

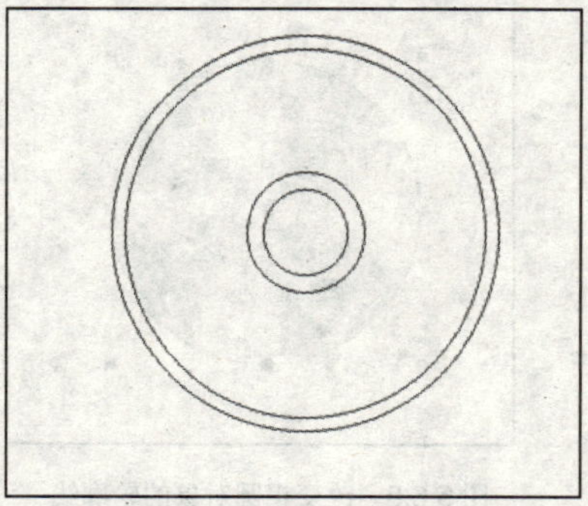

图 5.6.3　等比例缩小并复制正圆

（3）选择大正圆对象后，在填充工具组中单击“渐变填充”按钮，弹出渐变填充对话框，设置渐变颜色与其他参数如图 5.6.4 所示。

（4）单击确定按钮，可填充所选的正圆对象，如图 5.6.5 所示。

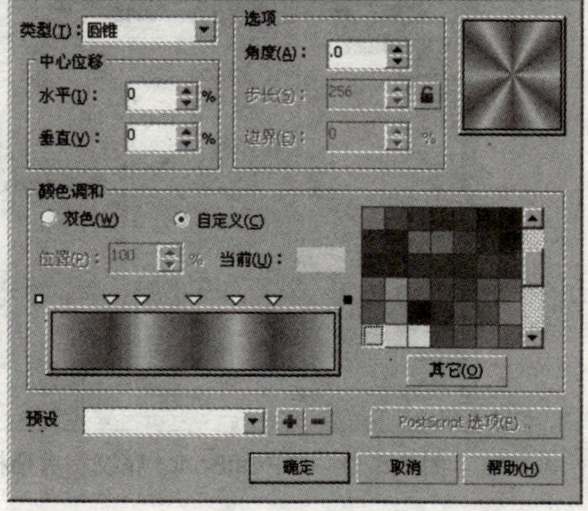

图 5.6.4　“渐变填充”对话框

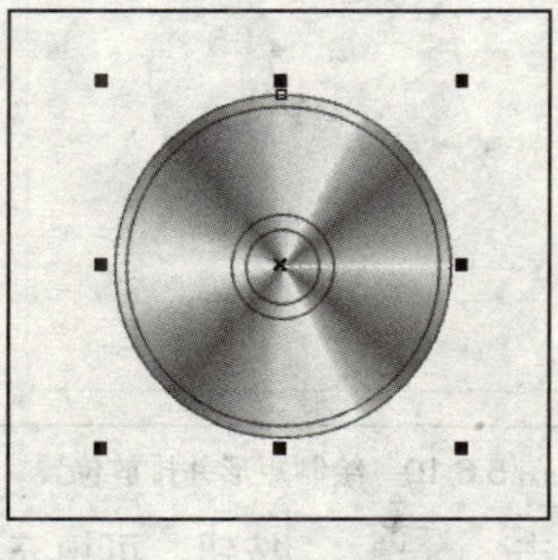

图 5.6.5　为对象进行渐变填充

（5）使用挑选工具选择如图 5.6.6 所示的两个正圆对象，在轮廓工具组中单击“轮廓笔对话框”按钮，弹出轮廓笔对话框，设置轮廓颜色为白色，设置其他参数如图 5.6.7 所示。

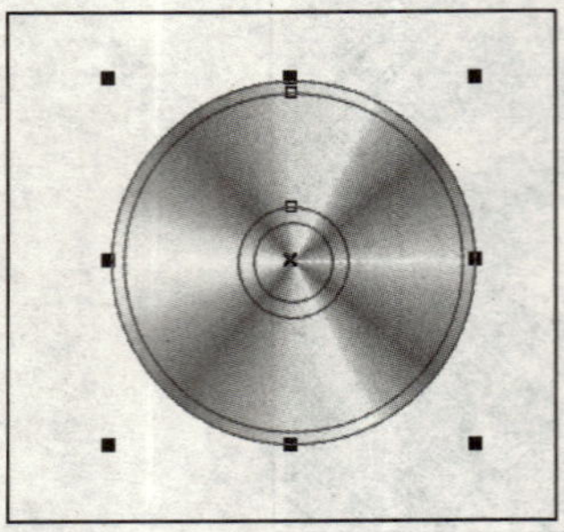

图 5.6.6　选择两个正圆对象

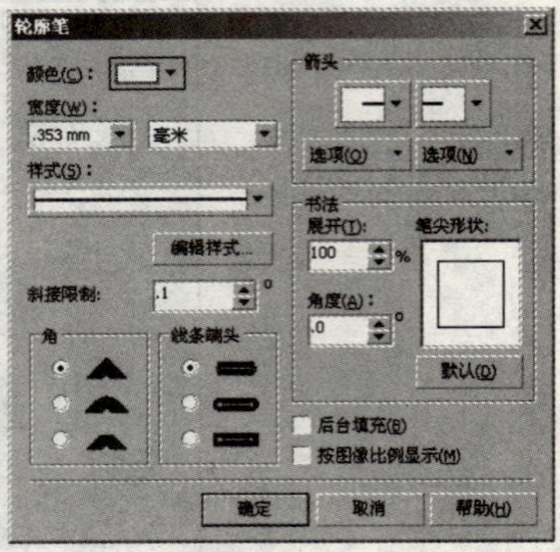

图 5.6.7　“轮廓笔”对话框

（6）单击确定按钮，可改变所选正圆对象的轮廓线，效果如图 5.6.8 所示。

（7）使用挑选工具选择最小的正圆对象，在调色板中单击白色色块，将其填充为白色，如图 5.6.9 所示。

（8）使用挑选工具框选绘制好的光盘图形，按“Ctrl+G”键将其群组为一个整体。

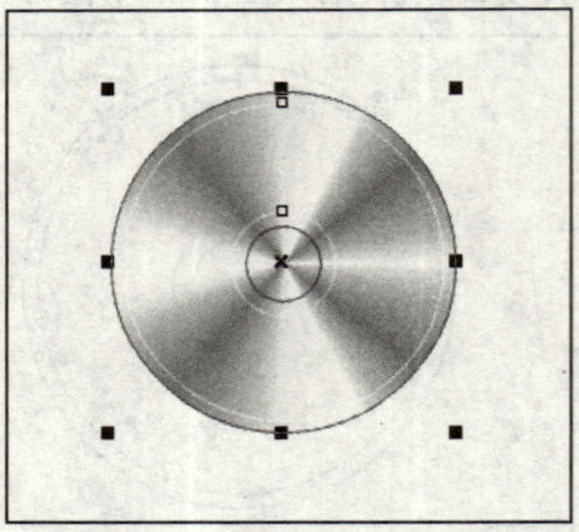

图 5.6.8　改变正圆对象的轮廓线

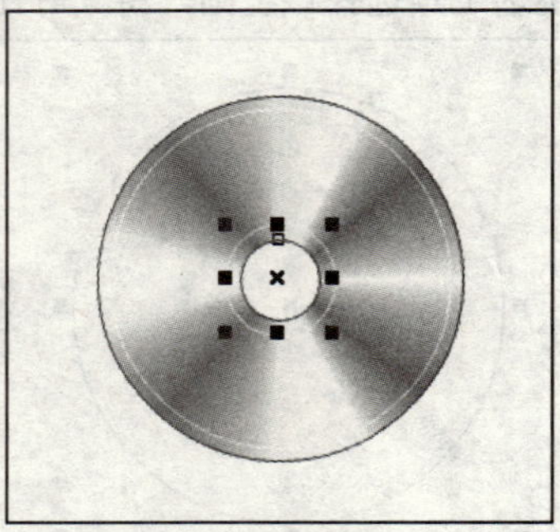

图 5.6.9　填充正圆

（9）单击工具箱中的“矩形工具”按钮，在绘图区中拖动鼠标绘制矩形对象，并将其排放在光盘图形的下面，如图 5.6.10 所示。

（10）单击填充工具组中的“PostScript 填充对话框”按钮，弹出PostScript 底纹对话框，参数设置如图 5.6.11 所示。

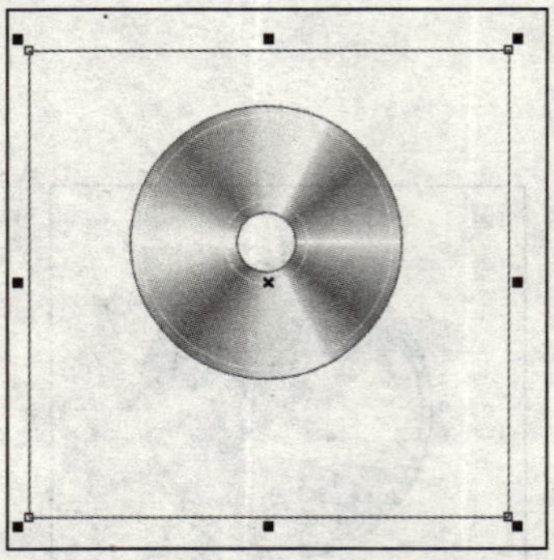

图 5.6.10　绘制矩形并排放位置

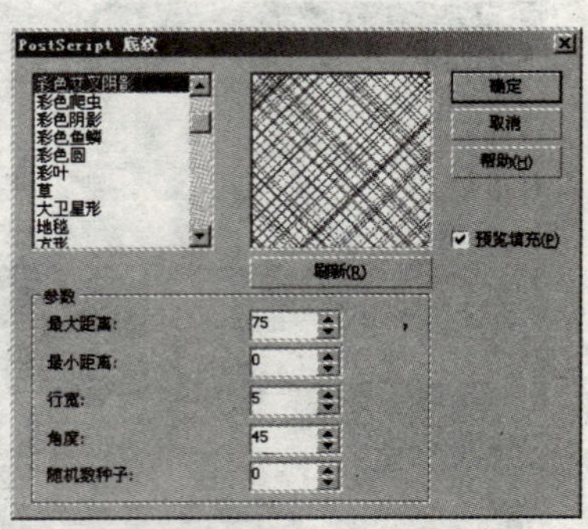

图 5.6.11　“PostScript 底纹”对话框

（11）单击确定按钮，可填充矩形对象，如图 5.6.12 所示。

（12）单击轮廓工具组中的“无轮廓”按钮，可除去矩形对象的轮廓线。

（13）单击工具箱中的“文本工具”按钮字，在光盘图形下面输入文字，如图 5.6.13 所示。

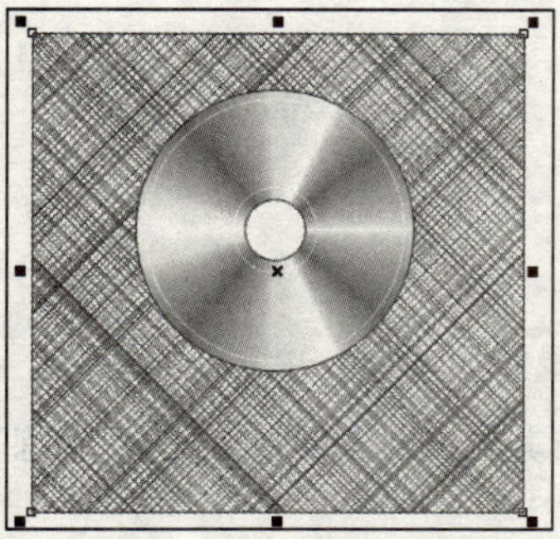

图 5.6.12 为矩形填充 PostScript 底纹效果

图 5.6.13 输入文字

（14）单击工具箱中的“交互式填充工具”按钮，在属性栏中选择线性渐变，将鼠标移至文字上按住鼠标左键从下向上拖动，可为文字填充渐变效果，如图 5.6.14 所示。

（15）在轮廓工具组中单击“轮廓笔工具”按钮，弹出轮廓笔对话框，设置轮廓颜色为橘红色，设置宽度(W): 为 1 mm，单击 确定 按钮，最终的光盘效果如图 5.6.1 所示。

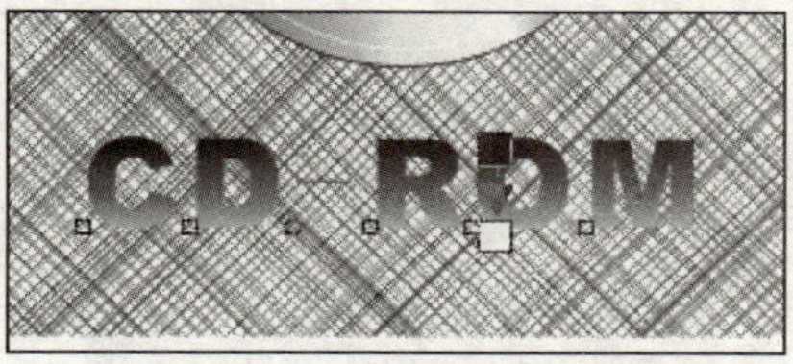

图 5.6.14 为文字填充线性渐变效果

小 结

本章主要讲述了 CorelDRAW X4 中对象轮廓线与填充的设置方法，通过本章的学习，可以使用户掌握并灵活运用它们创建出色彩丰富的图形效果。

过关练习五

一、填空题

1. __________填充又称为单色填充、标准填充，它只为对象填充单一的颜色。

2. 在 CorelDRAW X4 中渐变填充的方式有__________、__________、__________与__________。

二、选择题

1.（ ）填充可以通过双色、全色或位图的方式对图形进行填充。

A. 底纹　　B. 标准

C. 图案　　D. 纹理

2. 在 CorelDRAW X4 中，提供了（ ）种交互式填充方式。

A. 1　　B. 2

C. 3　　D. 4

三、简答题

1. 如何为对象设置轮廓线的样式？
2. 如何自定义轮廓线样式？
3. 如何设计一个新的箭头样式？

四、上机操作题

新建一个图形文件，在绘图区中绘制星形对象，设置其轮廓线宽度为 2 mm，并练习使用各种填充工具对其进行填充。

第6章 对象的操作技巧

本章要点

- ☑ 选取对象的方法
- ☑ 复制与删除对象
- ☑ 对象的变换操作
- ☑ 对象的对齐与分布
- ☑ 对象的顺序
- ☑ 群组与结合对象
- ☑ 锁定与转换对象
- ☑ 查找与替换功能
- ☑ 对象的修整

学习目标

在 CorelDRAW X4 中，对象的操作包括选取、移动、复制、旋转、对齐、分布、群组与结合等，本章将主要介绍对象的这些操作方法与技巧。

6.1 选取对象的方法

在 CorelDRAW X4 中，要对一个对象进行各种编辑操作，必须先选择该对象，其选取方法有多种，可以根据不同的需要使用不同的方法进行选择。

6.1.1 使用挑选工具

挑选工具用于选择一个或多个需要编辑的对象。使用挑选工具选择对象的方法有两种，即单击选取和拖动鼠标选取。

1．单击选取

可使用挑选工具单击选择绘图区中的对象，其具体的操作方法如下：

（1）单击工具箱中的“挑选工具”按钮。

（2）将光标移至需要选择的对象上单击，此时对象周围将出现一些黑色的控制点，表明该对象已经被选中，如图 6.1.1 所示。

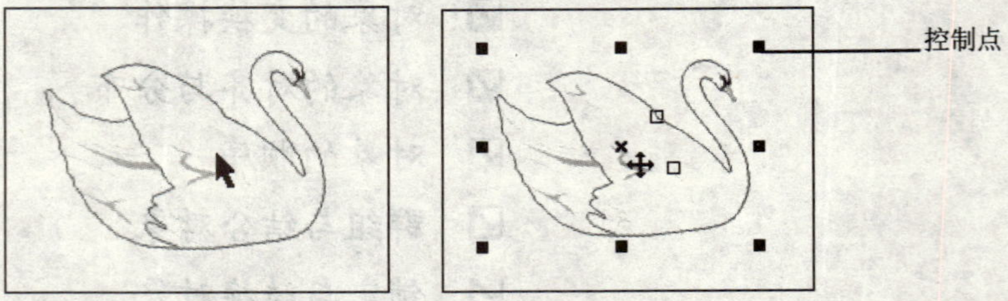

图 6.1.1　选择对象

用鼠标单击选取对象时，如果按住“Shift”键依次单击各对象，可以同时选择多个对象；如果需要从多个重叠在一起的对象中选择某一对象，可在按住“Alt”键的同时使用鼠标逐次单击最上层的对象，即可依次选择下面各层的对象；如果需要选择群组中的某个对象，只需按住“Ctrl”键的同时，用鼠标单击需要选择的对象即可，此时对象周围的控制点为小黑圆点，如图 6.1.2 所示。

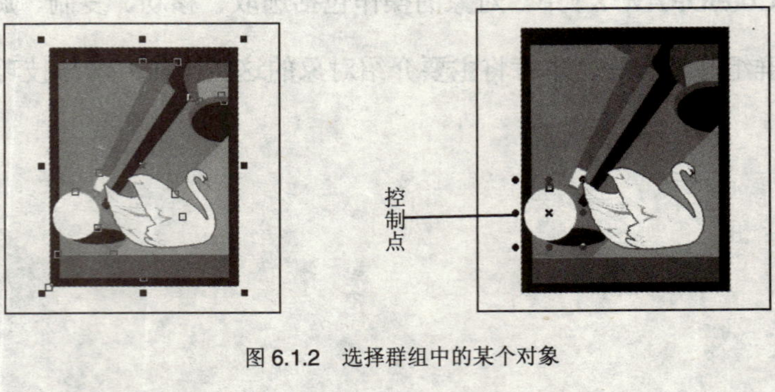

图 6.1.2　选择群组中的某个对象

2．拖动鼠标选取

在选择对象时，也可使用拖动鼠标的方式来选择对象，其具体的操作方法如下：

（1）单击工具箱中的“挑选工具”按钮。

（2）将光标移至需要选择对象的左上角处，按住鼠标左键拖动至对象的右下角以完全包含该对象，松开鼠标即可看到对象被框选，如图 6.1.3 所示。

图 6.1.3　拖动鼠标框选对象

6.1.2　使用菜单中的命令

选择菜单栏中的 编辑(E) → 全选(A) 命令，弹出其子菜单，如图 6.1.4 所示。在此菜单中选择所需的命令，可将当前文档中的所有对象、文字、辅助线或节点全部选取。

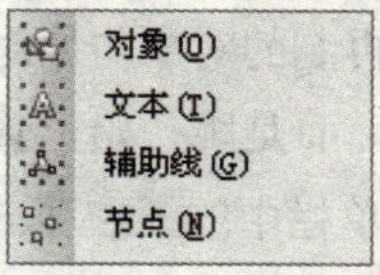

图 6.1.4　全选子菜单

选择 对象(O) 命令，可选择除锁定对象外的所有图形、位图以及文本对象。

选择 文本(T) 命令，可选择所有文本，即美术字与段落文本对象。

选择 辅助线(G) 命令，可选择所有辅助线。

选择 节点(N) 命令，选择的对象为线条或美术字时，即选择对象的所有节点。

6.1.3　创建对象时选取

当使用椭圆工具、多边形工具以及其他一些基本的绘图工具绘制对象时，系统会自动将所绘对象选择，此时即可直接对对象进行缩放、旋转以及移动等操作。

6.1.4　取消选择

在 CorelDRAW X4 中，选择了对象后，如果要取消对象的选取状态，只需将光标移至绘图区中的空白区域单击鼠标左键即可。

6.2　复制与删除对象

在绘图区中绘制好图形对象后，可以通过复制来减少对象的重复操作，也可通过删除功能将绘图区中不需要的图形对象删除。

6.2.1　复制、剪切与粘贴对象

在 CorelDRAW X4 中，经常需要将复制、剪切与粘贴等命令结合使用，从而制作出图形对象的副本。

1．复制命令

要复制所选的对象，可选择菜单栏中的 编辑(E)→复制(C) 命令，或在工具栏中单击“复制”按钮，即可将所选对象复制到剪贴板上。

2．剪切命令

如果要将对象复制到剪贴板上并且从原位置清除对象，可选择菜单栏中的 编辑(E)→剪切(T) 命令，或在工具栏中单击“剪切”按钮即可。

3．粘贴命令

选择菜单栏中的 编辑(E)→粘贴(P) 命令，或在工具栏中单击“粘贴”按钮，即可将剪贴板中的对象粘贴到绘图区中，且复制的对象重叠在原对象的正上方。

6.2.2 再制对象

使用再制命令不仅可以复制对象，还可复制对象的旋转、移动以及缩放等属性。

再制的对象与原对象之间有一个较小的位移，也就是说，再制的对象不直接出现在原对象的初始位置，而是距初始位置有一个指定的水平与垂直偏移。要再制对象，可使用挑选工具选择对象后，选择菜单栏中的 编辑(E)→再制(D) 命令，或按“Ctrl+D”键，即可将所选的对象再制一个副本，如图 6.2.1 所示。

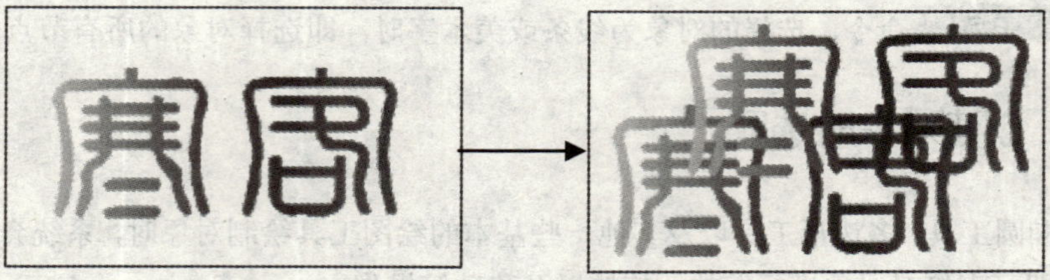

图 6.2.1　再制对象

如果要通过再制命令制作同心的图形对象，其具体的操作方法如下：

（1）单击工具箱中的“矩形工具”按钮，在绘图区中绘制一个正方形，如图 6.2.2 所示。

（2）按小键盘中的“+”键复制一个正方形，将光标移至正方形右上角的控制点上，按住“Shift”键的同时拖动鼠标至适当位置后，松开鼠标，即可将复制的正方形向中心缩小，如图 6.2.3 所示。

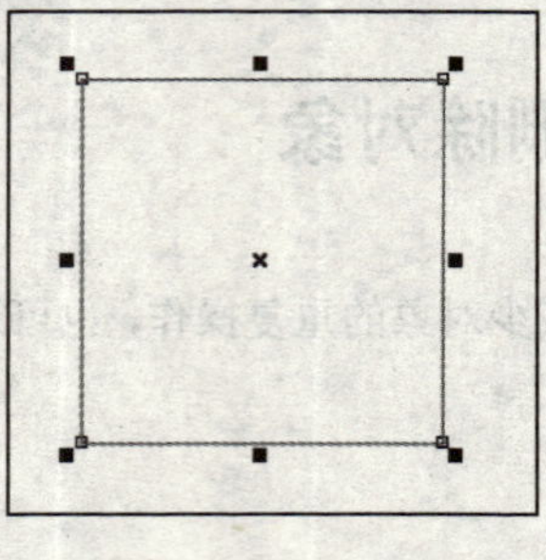

图 6.2.2　绘制正方形

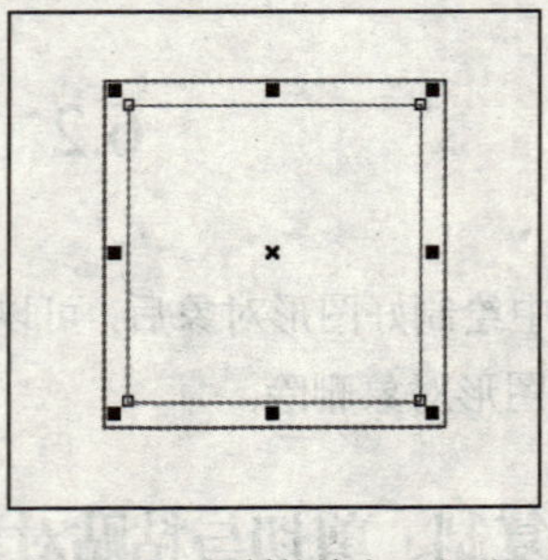

图 6.2.3　复制并缩小正方形

（3）选择菜单栏中的 编辑(E)→再制(D) 命令，再制一个正方形，并且将该图形向中心缩小，如图 6.2.4 所示。反复执行几次再制操作后，即可制作出多个同心正方形，如图 6.2.5 所示。

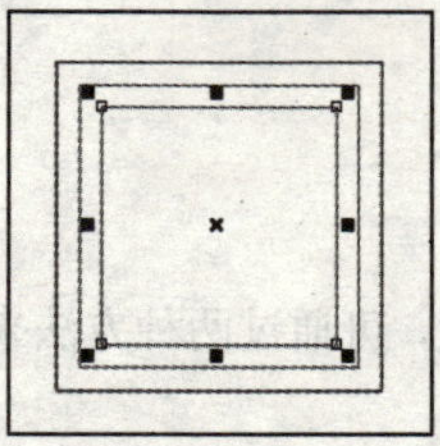

图 6.2.4　再制对象

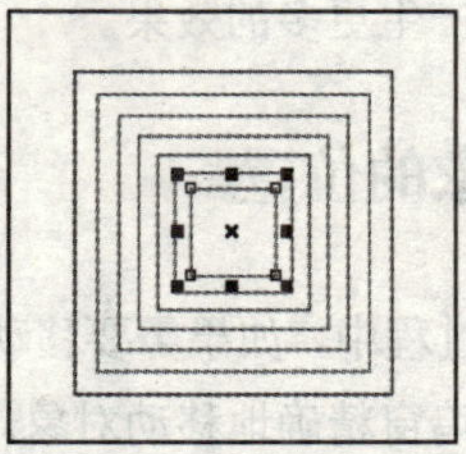

图 6.2.5　制作的同心正方形

6.2.3　复制对象属性

复制对象属性功能可以将一个对象的属性复制到其他对象上，包括对象的轮廓线、轮廓色以及填充等。要使用复制对象属性功能，其具体的操作方法如下：

（1）选择需要复制其他对象属性的对象后，选择菜单栏中的 编辑(E) → 复制属性自(M)… 命令，弹出 复制属性 对话框，如图 6.2.6 所示。

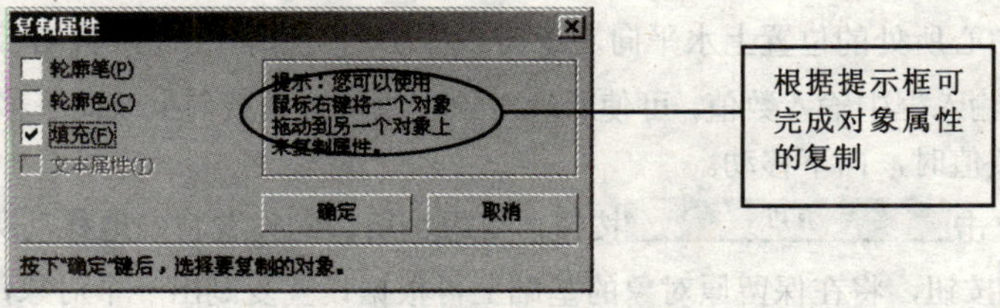

图 6.2.6　“复制属性”对话框

（2）在对话框中选中相应的复选框，可将相应的属性栏复制到所选的对象上。

（3）单击 确定 按钮，此时光标显示为➡形状，将光标移至其他对象上单击，即可将该对象的属性复制到所选对象上，如图 6.2.7 所示。

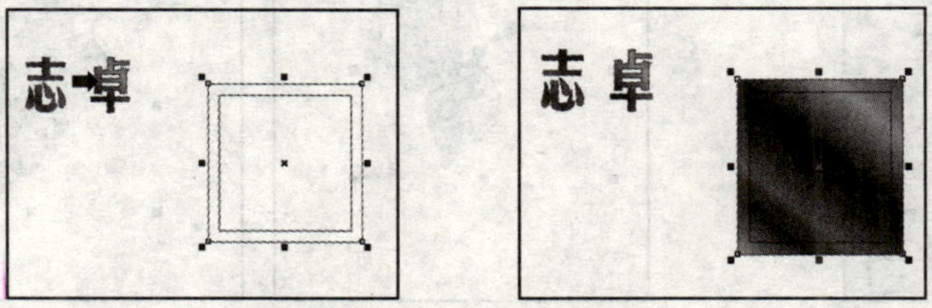

图 6.2.7　复制对象的填充属性

6.2.4　删除对象

在绘制图形的过程中，可以将绘图区中不需要的对象删除，从而保持页面整齐。

要删除对象，可在选择某个对象后，选择菜单栏中的 编辑(E) → 删除(L) 命令，或按“Delete”键即可。

6.3　对象的变换操作

在 CorelDRAW X4 中，对象的变换操作主要包括移动、旋转、缩放、镜像以及倾斜对象等，通过这些操作可以使对象产生更多的效果。

6.3.1 移动对象的位置

在编辑图形对象的过程中，如果需要移动对象的位置，可通过两种方法来完成，即直接使用鼠标移动对象或通过变换泊坞窗精确地移动对象。

1. 用鼠标移动对象

可先选择需要移动的对象，将光标移至对象的中心位置，光标显示为✥形状，按住鼠标左键拖动，即可移动对象。

2. 精确移动对象

如果要精确移动对象的位置，可在选择对象后，选择菜单栏中的排列(A)→变换(F)→位置(P)命令，打开变换泊坞窗，如图 6.3.1 所示。

选中☑相对位置复选框，将以当前对象所在位置为标准进行变换。在水平：输入框中输入数值，所选对象即在变换中心所处的位置上水平向左或向右移动，数值为正值时，向右移动；数值为负值时，向左移动。在垂直：输入框中输入数值，可使所选对象在原位置垂直向上或向下移动，数值为正值时，向上移动；数值为负值时，向下移动。

设置完成后，单击应用按钮，可根据所做的设置精确地移动所选的对象；如单击应用到再制按钮，将在保留原对象的基础上再根据设置复制出一个对象，如图 6.3.2 所示。

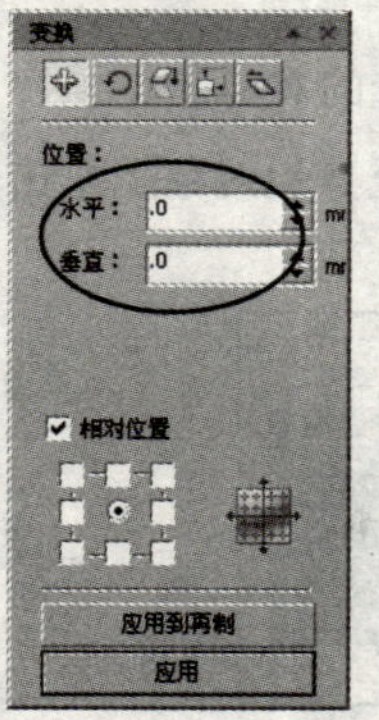

图 6.3.1 “变换”泊坞窗

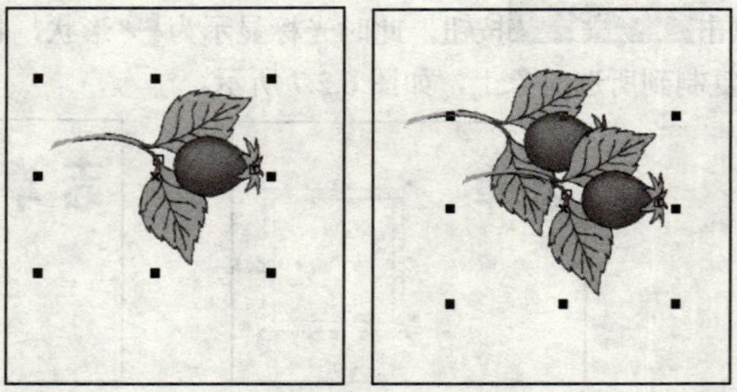

图 6.3.2 移动并复制对象

此外，还可以通过键盘上的方向键来移动对象，操作方法是选择对象后，按键盘上的→，←，↑或↓4 个方向键即可移动对象。

6.3.2 对象的旋转

在 CorelDRAW X4 中，可以通过拖动鼠标的方法快速地旋转对象，也可以通过设置精确的数值来进行旋转。

1. 用鼠标旋转对象

要旋转对象，可使用挑选工具选择对象后，再将光标移至对象上单击，此时对象四周出现 8 个双向箭头，即处于旋转状态，将光标移至对象 4 个角的任意一个双向箭头符号↖上，光标变为↻形状，按住鼠标左键拖动即可旋转对象。例如，要旋转一个椭圆，其具体的操作方法如下：

（1）在绘图区中绘制椭圆对象，并使用挑选工具将其选中。

（2）将光标移至椭圆对象上，当光标显示为✥形状时单击鼠标左键，对象上的控制点变为双向箭头符号，中心点✖符号变为旋转中心点⊙符号。

（3）移动光标至⊙符号上，按住鼠标左键拖动可改变旋转中心点的位置，将光标移至 4 个角的任意一个弧形箭头上，光标变为↻形状，按住鼠标左键拖动至适当角度后，松开鼠标即可旋转对象，如图 6.3.3 所示。

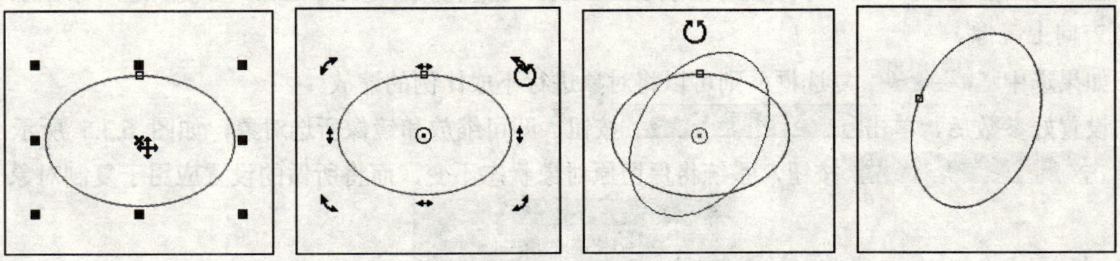

图 6.3.3　旋转椭圆

提示 移动旋转中心点的位置后，再拖动双向箭头旋转，可使对象以新的旋转中心为轴进行旋转。

2．精确旋转对象

通过设置相应的数值，可以精确地旋转对象，其具体的操作方法如下：

（1）使用挑选工具选择对象，然后选择菜单栏中的 排列(A) → 变换(F) → 旋转(R) 命令，打开 变换 泊坞窗。

（2）在泊坞窗中的 角度: 输入框中输入数值，可设置所选对象要旋转的角度值；在 中心: 选项区中的两个输入框中可输入水平与垂直方向的数值，来确定对象旋转中心的位置；选中 ☑相对中心 复选框，可在其下方的指示器中选择旋转中心的相对位置。

（3）最后单击 应用 按钮，可根据设置旋转对象。若单击 应用到再制 按钮，可保留原对象状态不变，将所做设置应用到复制的对象上，如图 6.3.4 所示。

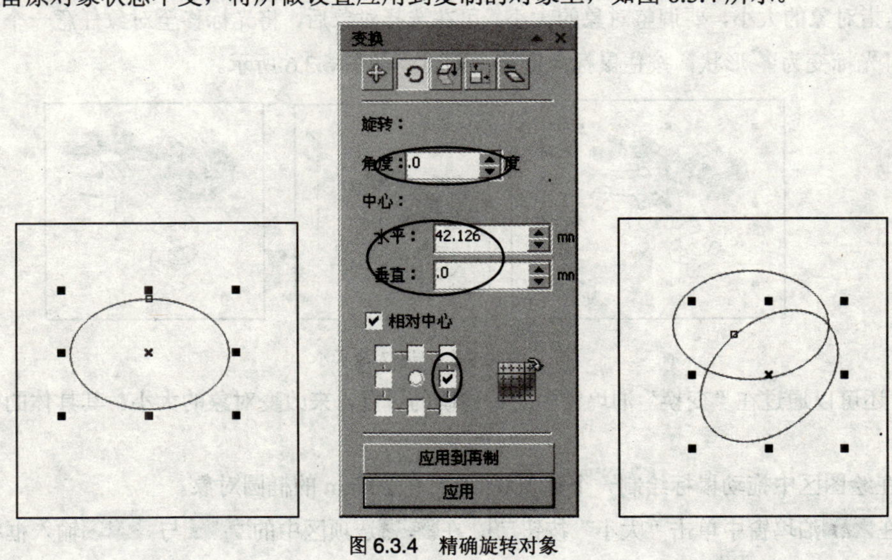

图 6.3.4　精确旋转对象

6.3.3 缩放与镜像对象

缩放和镜像变换可同时进行，也可以分开进行。使用挑选工具选择图形对象后，选择菜单栏中的 排列(A)→变换(F)→比例(S) 命令，打开 变换 泊坞窗。

在泊坞窗中的 缩放: 选项区中的 水平: 与 垂直: 输入框中输入数值，可设置对象在水平与垂直方向上的缩放比例。

在 镜像: 选项区中单击“水平镜像”按钮或“垂直镜像”按钮，可使所选对象在水平或垂直方向上镜像。

如果选中 ☑ 不按比例 复选框，则可以将对象进行不成比例的缩放。

设置好参数后，单击 应用 按钮，即可缩放和镜像所选对象，如图 6.3.5 所示；如果单击 应用到再制 按钮，系统将保留原对象状态不变，而将所做的设置应用于复制对象。

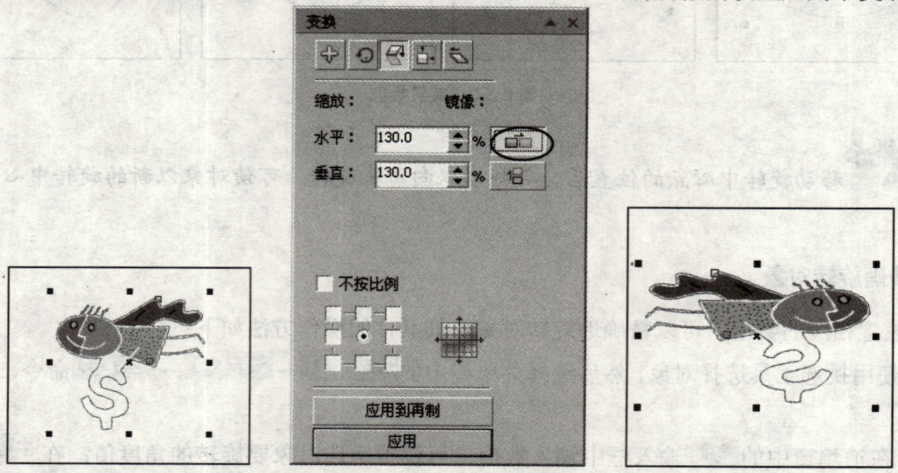

图 6.3.5 缩放与镜像对象

6.3.4 调整对象的尺寸

尺寸是指对象的大小，要调整对象的大小，可在选择对象后，将光标移至对象任意一个角的控制点上，此时光标变为↗形状，按住鼠标左键拖动即可，如图 6.3.6 所示。

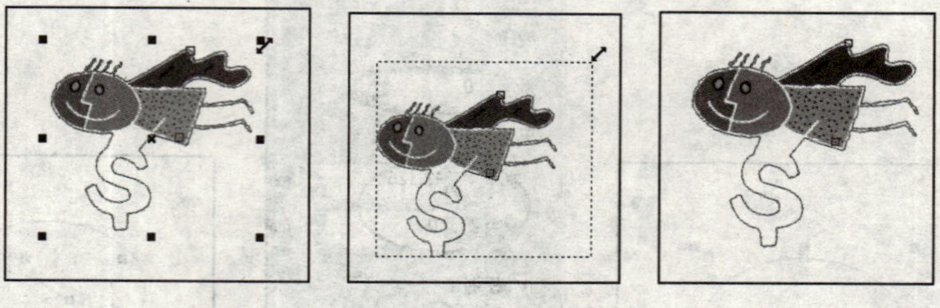

图 6.3.6 调整对象大小

此外，还可以通过在“变换”泊坞窗中进行精确的设置，来改变对象的大小，其具体的操作方法如下：

（1）在绘图区中拖动鼠标绘制一个宽 100 mm、高 20 mm 的椭圆对象。

（2）在 变换 泊坞窗中单击“大小”按钮，在 大小: 选项区中的 水平: 与 垂直: 输入框中输入数值，可设置对象的大小，此处分别输入 70 与 50。

（3）单击 应用 按钮，可变换对象大小，单击 应用到再制 按钮，可保留原对象的大小与位置，并将所做设置应用到复制的对象上，如图 6.3.7 所示。

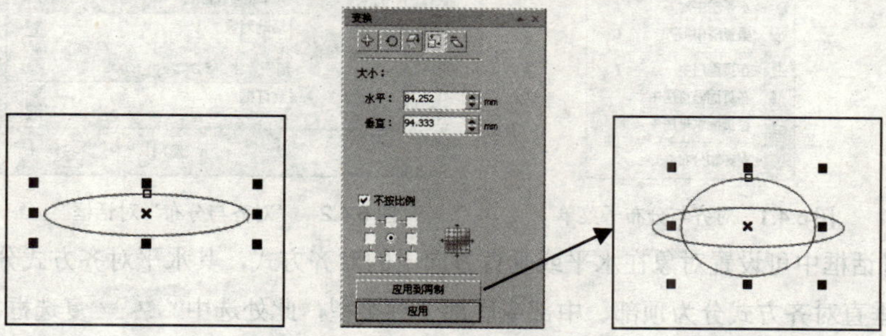

图 6.3.7　精确改变对象大小

6.3.5　倾斜对象

当对象处于旋转状态时，即显示出 8 个双向箭头，将光标移至对象 4 条边的双向箭头↔上，当光标变为⇅形状时，按住鼠标左键拖动即可使对象倾斜，如图 6.3.8 所示。

图 6.3.8　倾斜对象

通过“变换”泊坞窗中的倾斜功能可以精确倾斜对象，在绘图区中选择需要倾斜的对象后，在 变换 泊坞窗中单击“倾斜”按钮，在 倾斜: 选项区中的 水平: 与 垂直: 输入框中输入数值，可设置倾斜的角度，单击 应用 或 应用到再制 按钮，可精确倾斜对象。

6.4　对象的对齐与分布

在 CorelDRAW X4 中绘制好图形后，可以使用对齐或分布功能将对象有序地进行排列。

6.4.1　对齐对象

在 CorelDRAW X4 中，可以将所选的两个或多个对象按指定的方式进行对齐。

要对齐对象，其具体的操作方法如下：

（1）单击工具箱中的“挑选工具”按钮，在绘图区中选择需要对齐的两个或多个对象。

（2）选择菜单栏中的 排列(A) → 对齐和分布(A) 命令，弹出其子菜单，如图 6.4.1 所示，从中选择相应的对齐命令可以使所选的对象对齐。如果选择 对齐和分布(A)… 命令，则会弹出 对齐与分布 对话框，如图 6.4.2 所示。

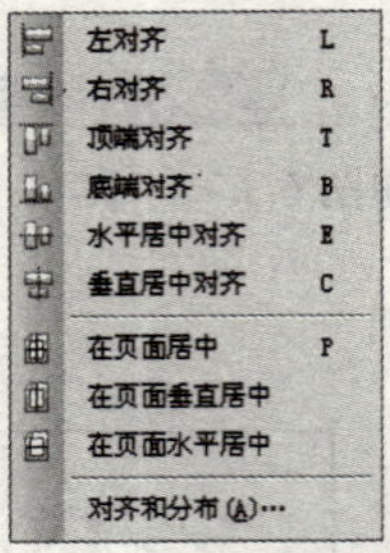

图 6.4.1 对齐与分布子菜单

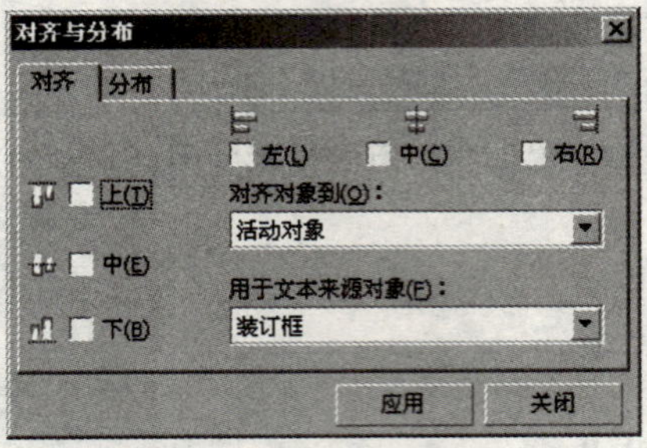

图 6.4.2 “对齐与分布”对话框

（3）在对话框中可设置对象在水平或垂直方向上的对齐方式，其水平对齐方式分为左、中或右 3 种类型；而垂直对齐方式分为顶部、中部或底部 3 种类型，此处选中 ☑左(L) 复选框。

（4）在 对齐对象到(O)： 下拉列表中可选择一种对象对齐的参照标准。

（5）设置好参数后，单击 应用 按钮，可使所选的两个对象左对齐，如图 6.4.3 所示。

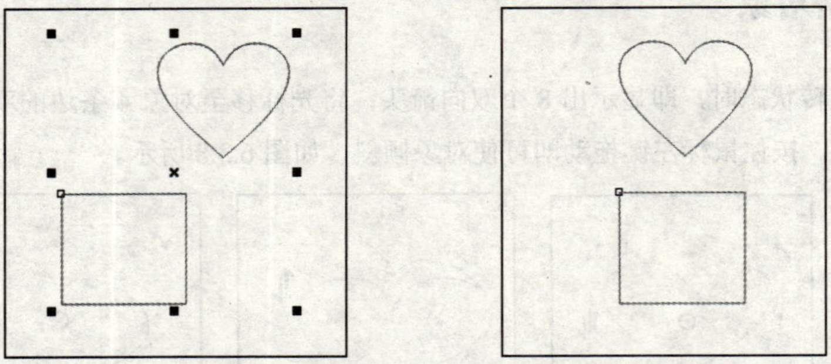

图 6.4.3 使所选的对象左对齐

6.4.2 分布对象

使用分布功能，可以使两个或多个对象在水平或垂直方向上根据所做设置均匀地分布。

要分布对象，其具体的操作方法如下：

（1）单击工具箱中的“挑选工具”按钮，在绘图区中选择需要对齐的两个或多个对象，如图 6.4.4 所示。

（2）选择菜单栏中的 排列(A) → 对齐和分布(A) → 对齐和分布(A)… 命令，弹出 对齐与分布 对话框，在其对话框中选择 分布 选项卡，如图 6.4.5 所示。

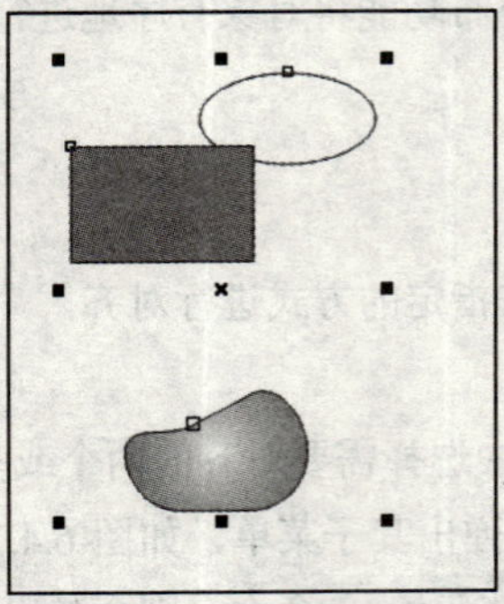

图 6.4.4 选择的对象

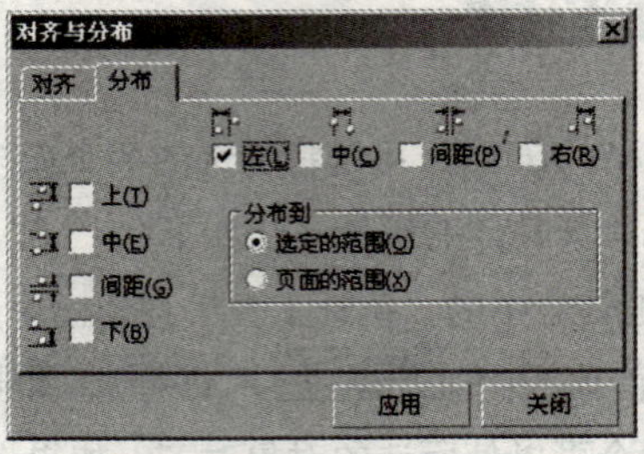

图 6.4.5 “分布”选项卡

（3）设置对象在水平或垂直方向上的分布方式，其中水平分布方式分为左、中、间距与右 4 种；

垂直分布方式分为顶部、中、间距和底部 4 种。

（4）在分布到选项区中可以选择一种对象的分布范围，即选定的范围或页面范围。

（5）设置完毕后，单击应用按钮，可分布所选对象的垂直间距相等，如图 6.4.6 所示。

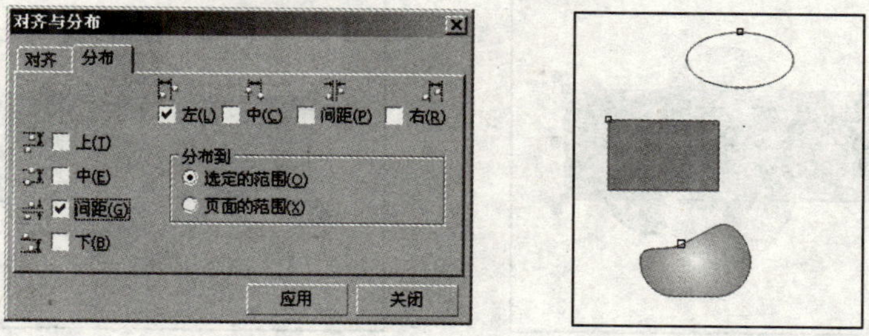

图 6.4.6　分布对象

在实际绘图过程中，对象的对齐与分布经常是同时进行的，此时就需要在对齐与分布对话框中同时对对象进行对齐与分布设置。

6.5　对象的顺序

在 CorelDRAW X4 中绘制的对象存在着重叠关系，即在绘制对象或导入对象时，最后绘制的对象或导入的对象将在最上层，而最先绘制的对象将在最底层。

通过选择菜单栏中的排列(A)→顺序(O)命令，弹出其子菜单，如图 6.5.1 所示，从中选择相应的命令可以轻松地调整对象的叠放顺序。改变对象的顺序就是将对象上移一层、下移一层或移到最顶层或最底层。

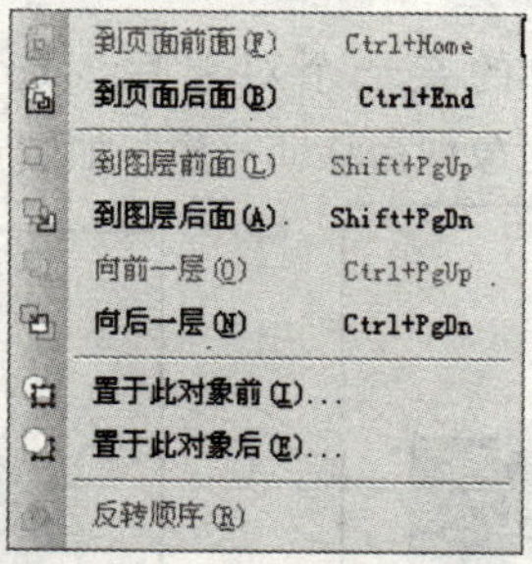

图 6.5.1　顺序子菜单

要在多个重叠在一起的对象中选择某一个对象，可选择菜单栏中的排列(A)→顺序(O)→到页面前面(F)命令，即可使所选的对象排放在最前面，如图 6.5.2 所示。

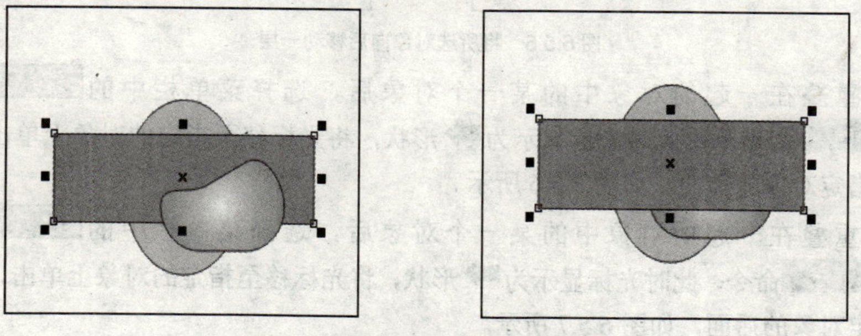

图 6.5.2　将所选对象排放在最前面

在多个重叠在一起的对象中选择某一个对象，然后选择菜单栏中的排列(A)→顺序(O)→到页面后面(B)命令，即可将所选的图形对象排放在所有对象的最后面，如图 6.5.3 所示。

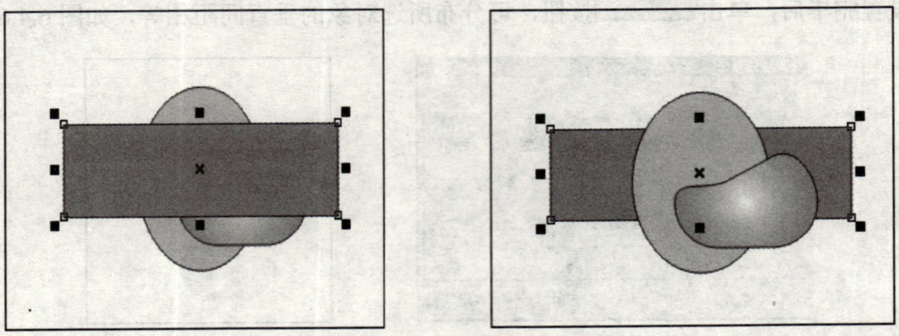

图 6.5.3　将所选对象排放在最后面

选择多个重叠在一起的对象中的某一个对象后，选择菜单栏中的排列(A)→顺序(O)→向前一层(O)命令，即可将所选的对象向前移动一层，如图 6.5.4 所示。

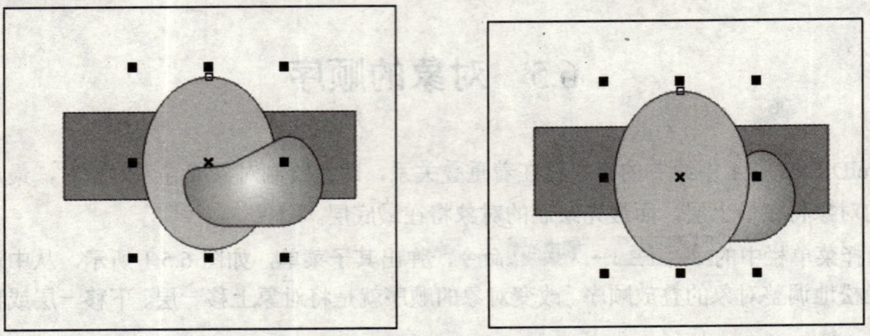

图 6.5.4　将所选对象向前移动一层

选择多个重叠在一起的对象中的某一个对象后，选择菜单栏中的排列(A)→顺序(O)→向后一层(N)命令，即可将所选的对象向后移动一层，如图 6.5.5 所示。

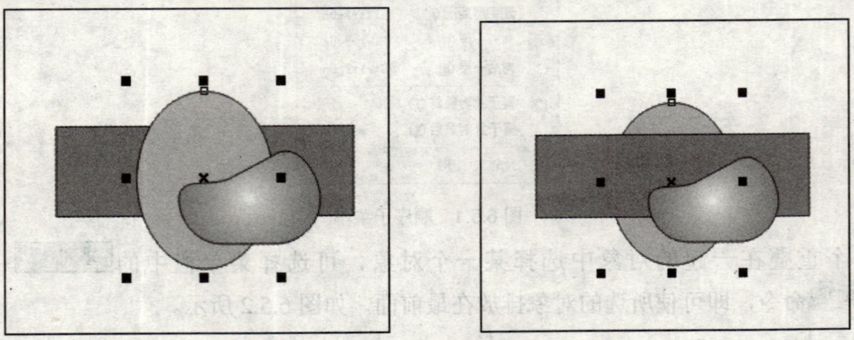

图 6.5.5　将所选对象向后移动一层

选择多个重叠在一起的对象中的某一个对象后，选择菜单栏中的排列(A)→顺序(O)→置于此对象前(I)...命令，此时光标显示为➡形状，将光标移至指定的对象上单击，即可将所选的对象排放在指定对象的前面，如图 6.5.6 所示。

选择多个重叠在一起的对象中的某一个对象后，选择菜单栏中的排列(A)→顺序(O)→置于此对象后(E)...命令，此时光标显示为➡形状，将光标移至指定的对象上单击，即可将所选的对象排放在指定对象的后面，如图 6.5.7 所示。

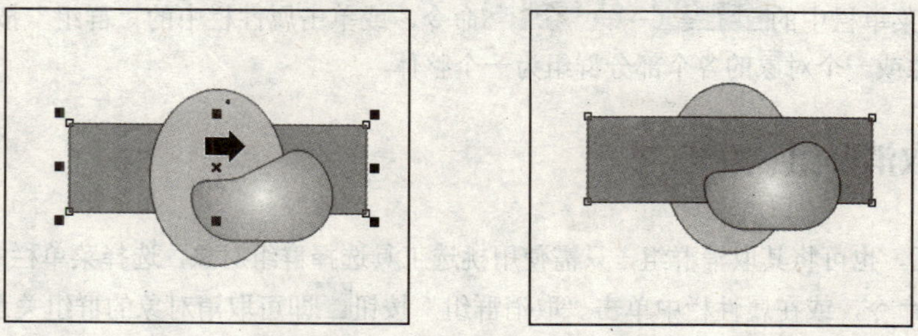

图 6.5.6　将所选对象排放在指定对象之前

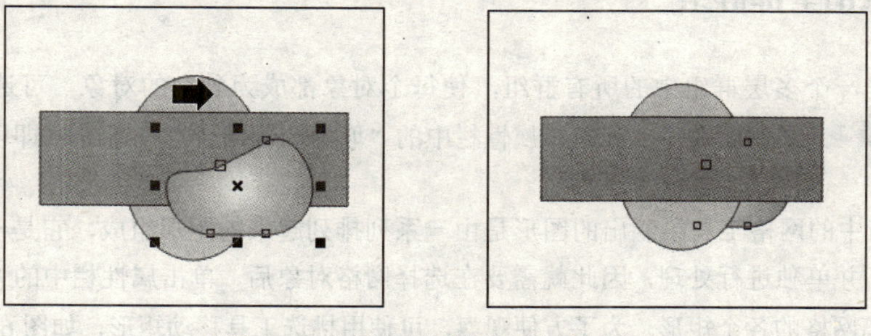

图 6.5.7　将所选对象排放在指定对象之后

如果要将重叠在一起的全部对象按照相反的顺序排列，操作很简单，只需要使用挑选工具框选重叠在一起的全部对象，然后选择菜单栏中的 排列(A) → 顺序(O) → 反转顺序(R) 命令即可，如图 6.5.8 所示。

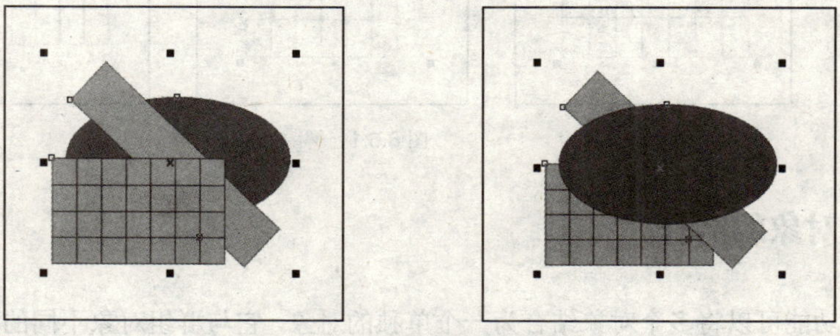

图 6.5.8　将重叠对象按相反顺序排列

6.6　群组与结合对象

在 CorelDRAW X4 中，可以将多个独立的对象进行群组或结合，使其变为一个整体对象。这样不仅便于操作，还可以制作出特殊的效果。

6.6.1　群组对象

群组就是将多个所选的对象或一个对象的各部分组合成一个整体。群组后对象可以像单个对象一样进行移动、旋转或缩放等操作。

要群组对象，应将要群组的对象全部选中，其具体的操作方法如下：

（1）使用挑选工具将需要群组的两个或多个对象全部选中。

（2）选择菜单栏中的 排列(A) → 群组(G) 命令，或单击属性栏中的“群组”按钮，即可将所选的多个对象或一个对象的各个部分群组为一个整体。

6.6.2 取消群组

群组对象后，也可将其取消群组，只需使用挑选工具选择群组对象，选择菜单栏中的 排列(A) → 取消群组(U) 命令，或在属性栏中单击“取消群组”按钮即可取消对象的群组关系。

6.6.3 取消全部群组

如果要取消一个多层群组中的所有群组，使每个对象都成为独立的对象，可选择菜单栏中的 排列(A) → 取消全部群组(N) 命令，或单击属性栏中的“取消全部结合”按钮，即可一次性解散多层群组的对象。

使用工具箱中的网格工具绘制出的图形是由一系列排列起来的矩形组成，它是一个群组对象。可以将其解散，并单独进行处理，因此就需要在选择网格对象后，单击属性栏中的“取消群组”按钮，即可分离网格的各个矩形，为了方便观察，可使用挑选工具移动矩形，如图 6.6.1 所示。

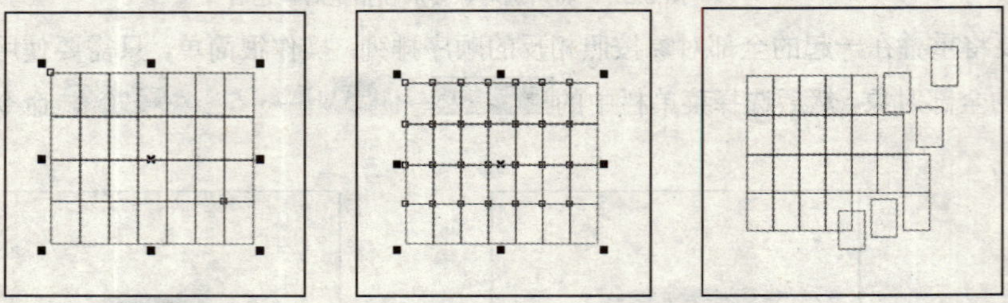

图 6.6.1 解散网格

6.6.4 对象的结合

使用结合功能可以将多个对象结合为一个单独的对象，它与群组对象不同的是，群组对象内每个对象依然相对独立，且保留着原有的属性，如形状、颜色以及轮廓等，而结合对象将融合在一起，成为一个全新形状的对象，并且不再具有原有的属性。

要结合多个对象，其具体的操作方法如下：

（1）使用挑选工具在绘图区中框选多个需要结合的对象，然后选择菜单栏中的 排列(A) → 结合(C) 命令，或在属性栏中单击“结合”按钮，则会使结合后的对象保留所选对象中位于最下层对象的相关属性，如填充、轮廓线等，如图 6.6.2 所示。

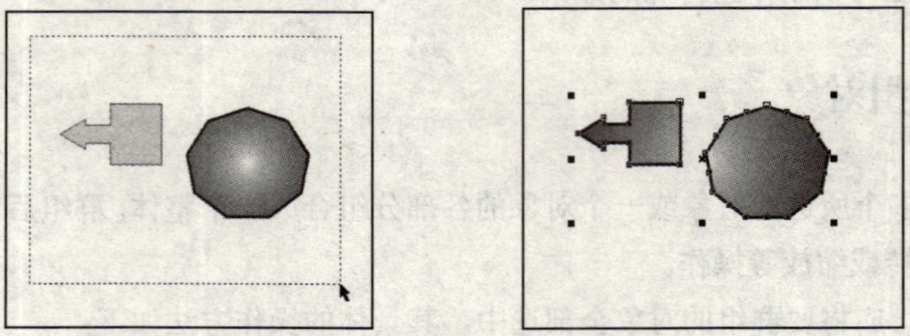

图 6.6.2 框选对象后的结合效果

（2）当需要结合的多个对象有重叠部分时，则结合之后重叠部分将成为镂空的，而结合之后仍保留其轮廓线，使用结合功能的这一特性可制作出特殊的图形效果，如图 6.6.3 所示。

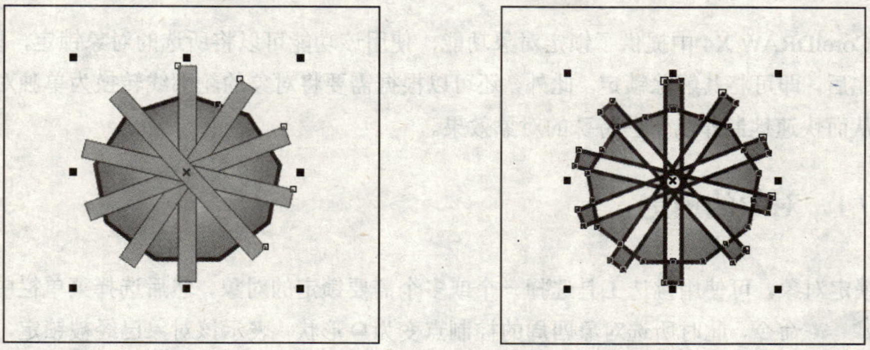

图 6.6.3　重叠对象的结合效果

（3）如果需要结合的对象是线条与封闭对象，则结合后的线条将成为封闭对象的一部分，同时具有封闭对象的属性，如图 6.6.4 所示。

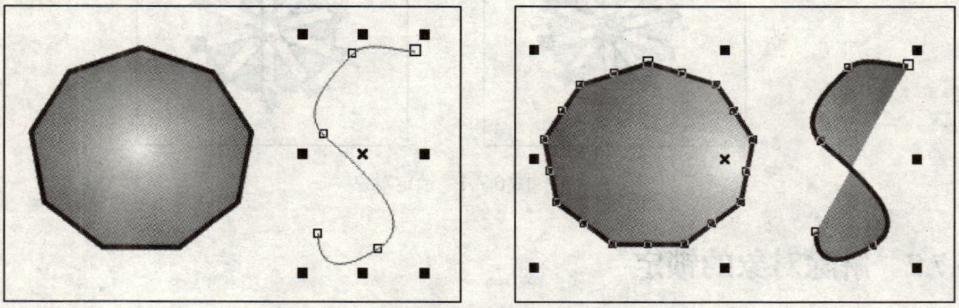

图 6.6.4　线条与封闭对象结合效果

（4）如果在结合对象时，按住“Shift”键的同时逐个选择多个对象，则结合后的对象将会保留最后选择的对象属性，如填充、轮廓线以及轮廓色等。

6.6.5　对象的拆分

使用拆分功能可以将结合后的对象分离为结合前的单独对象状态。要将一个结合的对象整体拆分，可先选中要拆分的对象整体，然后选择菜单栏中的 排列(A) → 拆分 曲线 于 图层 1(B) 命令，即可将一个整体对象拆分，如图 6.6.5 所示。

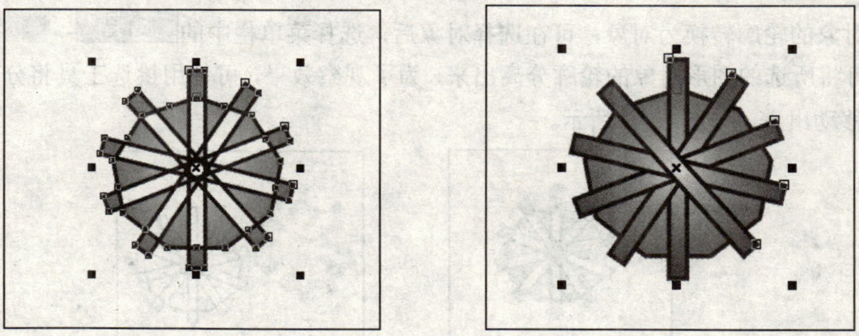

图 6.6.5　拆分对象

6.7 锁定与转换对象

在 CorelDRAW X4 中提供了锁定对象功能，使用该功能可以将所选的对象锁定，以免发生变化，当编辑完后，即可将其解除锁定。此外，还可以根据需要将对象的轮廓线转换为单独对象，并且进行编辑，从而快速地制作出一些特殊的对象效果。

6.7.1 对象的锁定

要锁定对象，可使用挑选工具选择一个或多个需要锁定的对象，然后选择菜单栏中的 排列(A)→锁定对象(L) 命令，此时所选对象四周的控制点变为🔒形状，表示该对象已经被锁定，无法对其进行任何操作，如图 6.7.1 所示。

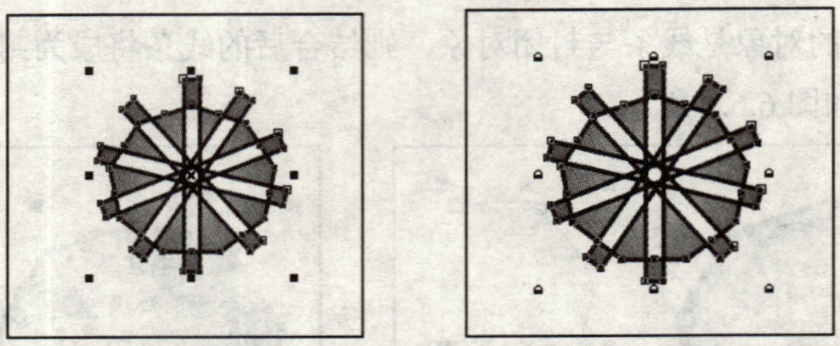

图 6.7.1 锁定对象

6.7.2 解除对象的锁定

锁定对象后，如果需要对其进行编辑，要先将其解除锁定状态，选择菜单栏中的 排列(A)→解除锁定对象(K) 命令，可以解除所选对象的锁定状态，使其恢复到可编辑状态。

如果在绘图区中有多个锁定的对象，可选择菜单栏中的 排列(A)→解除锁定全部对象(J) 命令，即可一次解除所有对象的锁定状态。

6.7.3 对象的转换

在 CorelDRAW X4 中，除了可以将对象转换为曲线，还可以将对象的轮廓分离出来，转换为单独的轮廓线对象。

要将对象的轮廓转换为对象，可在选择对象后，选择菜单栏中的 排列(A)→将轮廓转换为对象(E) 命令，即可将所选的图形对象的轮廓分离出来，为了观察效果，可使用挑选工具将分离后的轮廓线从原对象中移动出来，如图 6.7.2 所示。

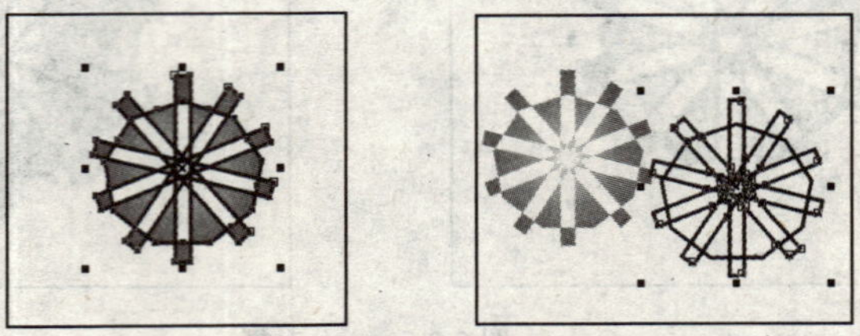

图 6.7.2 转换对象的轮廓为对象

6.8　查找与替换功能

选择菜单栏中的 编辑(E) → 查找和替换(F) 命令，弹出其子菜单，如图 6.8.1 所示，根据需要从中选择相应的命令可对其进行查找或替换。

6.8.1　对象的查找

绘制作品时，如果需要查找符合某些特性的对象，可选择 编辑(E) → 查找和替换(F) → 查找对象(O)… 命令完成。

要在绘图区中查找对象，其具体的操作步骤如下：

（1）打开需要查找的图形文件中的某个绘图页面，如图 6.8.2 所示。

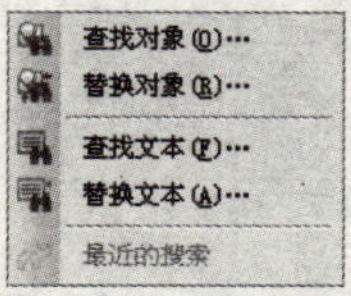

图 6.8.1　查找和替换子菜单

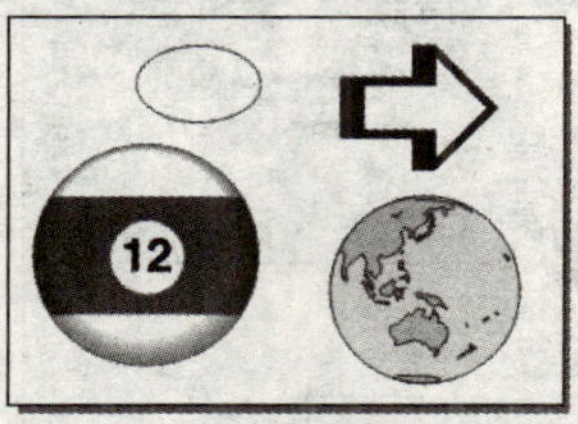

图 6.8.2　需要查找的绘图页面

（2）选择菜单栏中的 编辑(E) → 查找和替换(F) → 查找对象(O)… 命令，将弹出 查找向导 对话框，如果只查找当前所打开图形文件中的对象，可选中 开始新的搜索(B) 单选按钮，如图 6.8.3 所示。

图 6.8.3　“查找向导”对话框

（3）单击 下一步(N) > 按钮，进入下一个 查找向导 对话框，如图 6.8.4 所示，在此对话框中包含 4 个选项卡，可设置需要查找的对象属性。

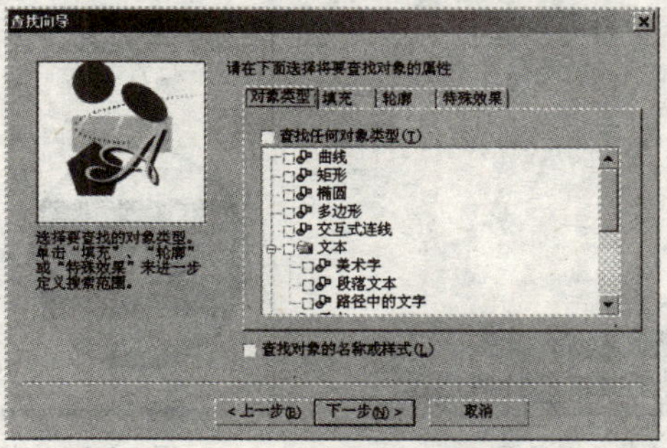

图 6.8.4　设置对象属性

1）在对象类型选项卡中可设置将要查找的对象类型，此处选中☑椭圆复选框，表示要查找图形对象中的椭圆对象。

2）在填充选项卡中可设置查找对象所使用的填充颜色。

3）在轮廓选项卡中可设置查找对象所具有的轮廓特征。

4）在特殊效果选项卡中可设置查找对象所具有的特殊效果。

5）选中☑查找对象的名称或样式(L)复选框，可以根据对象的名称或具有的样式来查找。

（4）设置完参数后，单击下一步(N) >按钮，进入下一个查找向导对话框，如图 6.8.5 所示。在此对话框中的请选择查找以下对象：列表中显示了将要查找的对象；在查找内容(W)：列表中显示了查找对象所满足的条件；如果要更精确地设置查找对象，可单击指定属性(S) 椭圆形...按钮，从弹出的指定的椭圆形对话框中对查找对象做更为精确的设置，如图 6.8.6 所示。

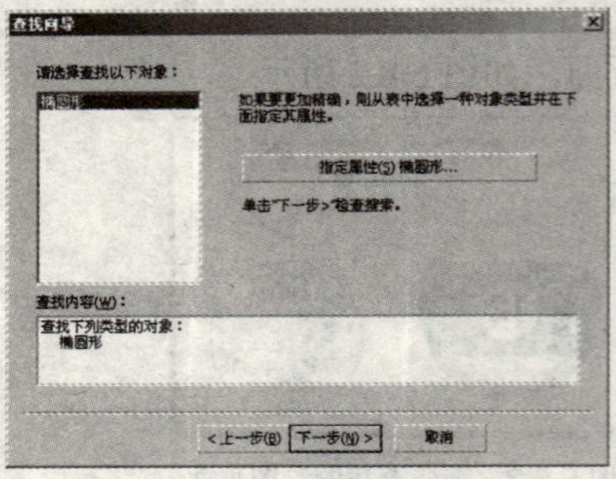

图 6.8.5　显示查找对象

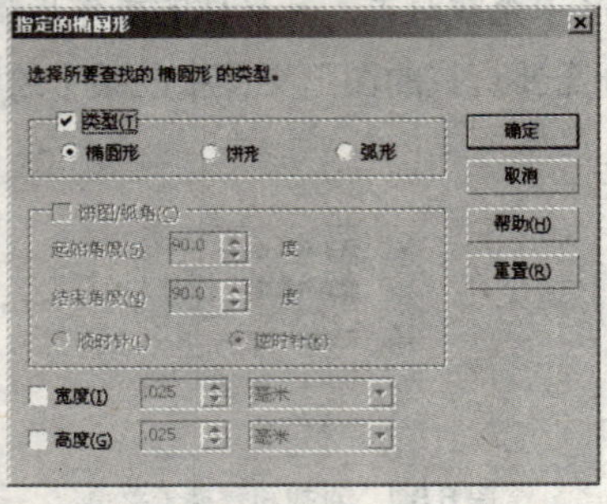

图 6.8.6　设置查找对象属性

（5）当在步骤（3）的对象类型选项卡中选择了对象后，单击下一步(N) >按钮，弹出下一个查找向导对话框，在该对话框中显示出了查找对象满足的属性，如图 6.8.7 所示。

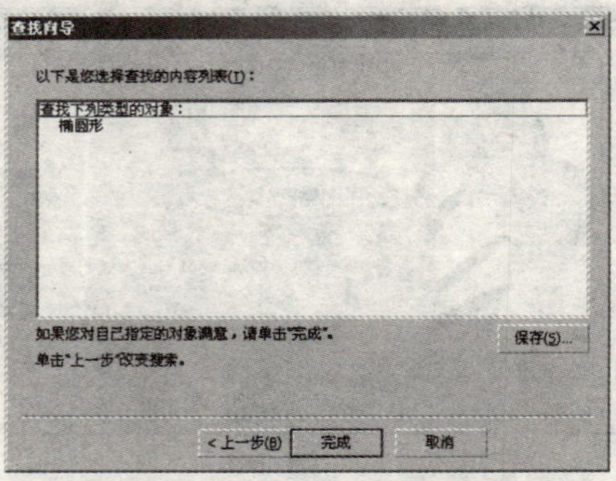

图 6.8.7　显示查找对象满足的属性

（6）单击完成按钮，将显示如图 6.8.8 所示的查找对话框，此时如果查找到满足条件的对象，则该对象会处于选中状态，如图 6.8.9 所示。

图 6.8.8　"查找"对话框

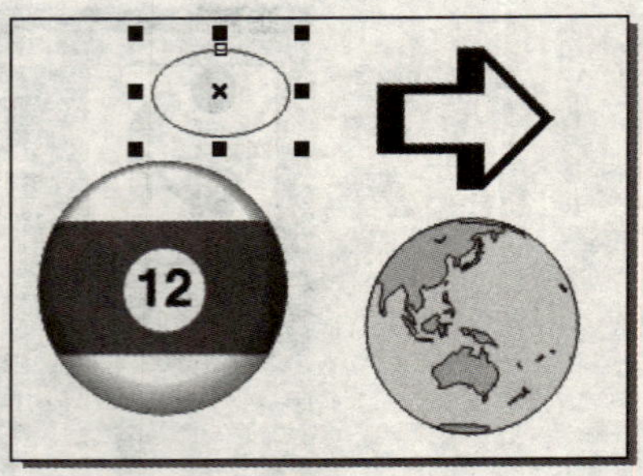

图 6.8.9　查找对象的结果

6.8.2　对象的替换

在当前打开的文档中，如果要寻找并更改拥有适当属性的对象，通过选择菜单栏中的编辑(E)→查找和替换(F)→替换对象(R)…命令来完成。

要替换对象，其具体的操作方法如下：

（1）选择菜单栏中的编辑(E)→查找和替换(F)→替换对象(R)…命令，弹出替换向导对话框，如图 6.8.10 所示。在此对话框中有 4 种替换属性特征可供选择，如替换颜色、替换颜色模型或调色板、替换轮廓笔属性以及替换文本属性；当选中☑只应用于当前选定的对象(A)复选框时，则只能对当前选中的对象属性进行替换。

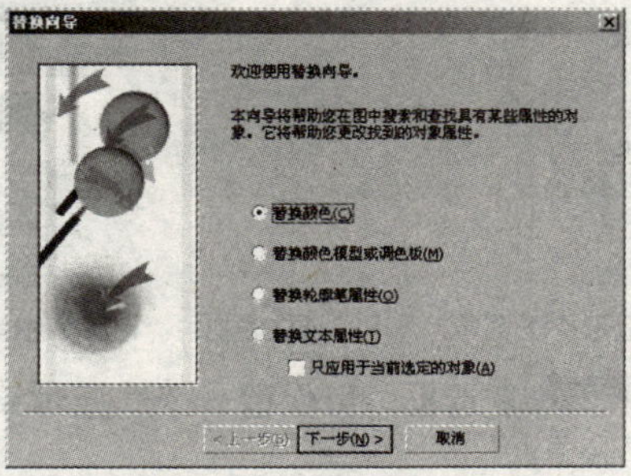

图 6.8.10　“替换向导”对话框

（2）此处选中⊙替换颜色(C)单选按钮，单击下一步(N) >按钮，即可弹出下一个替换向导对话框，在此对话框中可选择要查找的颜色和替换的颜色，如图 6.8.11 所示。

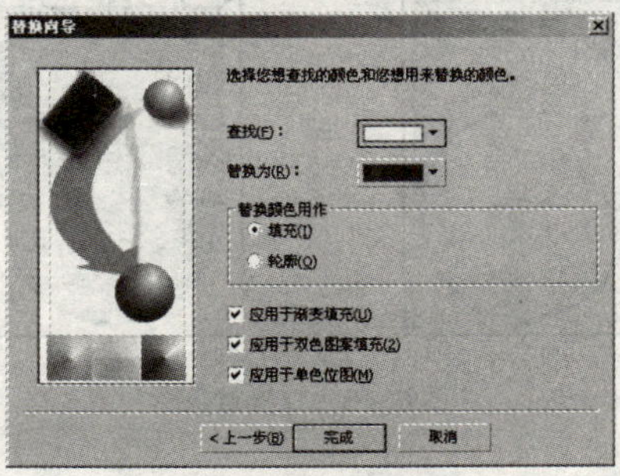

图 6.8.11　选择替换颜色

（3）单击完成按钮，即可弹出如图 6.8.12 所示的查找并替换对话框，单击替换(R)按钮即可完成替换操作；如要替换相同属性的对象有多个，可单击全部替换(L)按钮，一次性替换所有符合替换条件的对象的颜色。

图 6.8.12　“查找并替换”对话框

6.9　对象的修整

在绘制图形的过程中，需要对图形进行修整操作，例如，将两个具有重叠部分的图形进行修剪，从而形成另一个图形。选择菜单栏中的排列(A)→造形(P)命令，可弹出其子菜单，如图 6.9.1 所示，利用其中的命令即可完成修整对象的操作。

6.9.1 焊接对象

使用焊接命令可以使两个或多个对象结合在一起，从而创建一个独立的对象。如果焊接的是重叠的对象，它们会结合在一起成为拥有一个轮廓的对象；如果不是重叠对象，它们会形成一个焊接群组，从而作为一个独立的对象进行各种操作。焊接的操作方法如下：

（1）使用挑选工具选择要进行焊接的对象，然后选择菜单栏中的排列(A)→造形(P)命令，可打开造形泊坞窗，在焊接下拉列表中选择焊接选项，如图 6.9.2 所示。

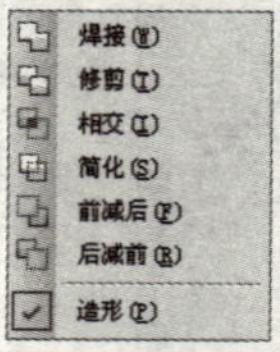

图 6.9.1 “造形”子菜单

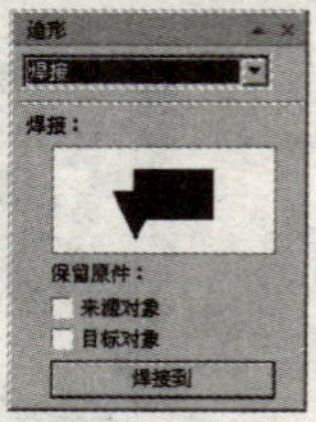

图 6.9.2 “造形”泊坞窗中的焊接选项

（2）在此泊坞窗中选中来源对象复选框，可保留一个选择对象的拷贝；选中目标对象复选框，可保留一个目标对象的拷贝。

（3）单击焊接到按钮，此时光标显示为形状，单击目标对象，即可将所选的对象焊接到目标对象中，从而成为一个整体对象，如图 6.9.3 所示。

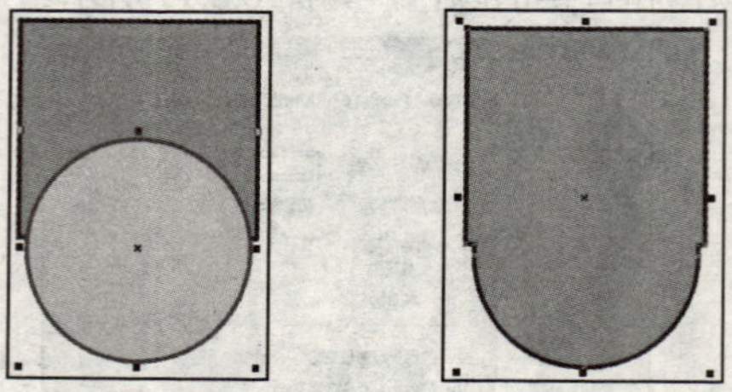

图 6.9.3 焊接对象

6.9.2 修剪对象

使用修剪功能可以将目标对象与其他对象重叠的区域从目标对象中修剪掉，而目标对象仍然会保留其填充与轮廓属性。

要修剪对象，可先选中要修剪的所有对象，然后选择菜单栏中的排列(A)→造形(P)命令，可打开造形泊坞窗，在焊接下拉列表中选择修剪选项，单击修剪按钮，此时光标变成形状，在要修剪的目标对象上单击即可，为显示修剪后的效果，可将对象稍微移动一些距离，效果如图 6.9.4 所示。

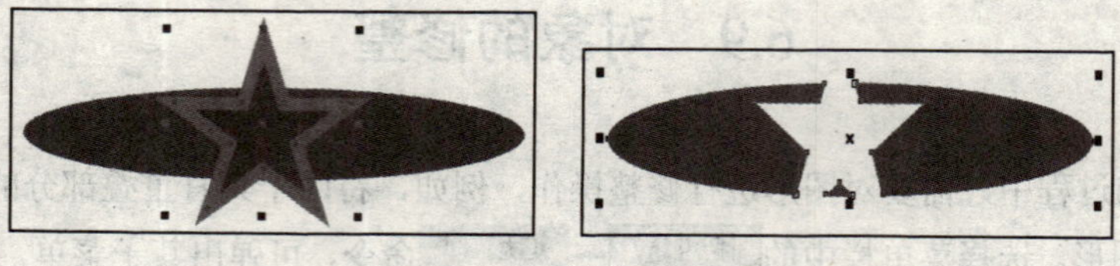

图 6.9.4 修剪对象

6.9.3　相交对象

使用相交功能，可以将两个或多个对象的重叠对象的交集部分创建成为一个新对象。新对象的形状可以比原来简单，也可能比原来复杂，这取决于交集形状的复杂过程。

要为对象使用相交操作，应先选择相交的一个对象，在 造形(P) 泊坞窗中的 焊接 下拉列表中选择 相交 选项，选中 ☑ 来源对象 复选框，然后单击 相交 按钮，将鼠标移至目标对象上单击，此时就可以将两个对象相交的区域保留，并保留源对象，拖动图形可看见相交后的效果，如图 6.9.5 所示。

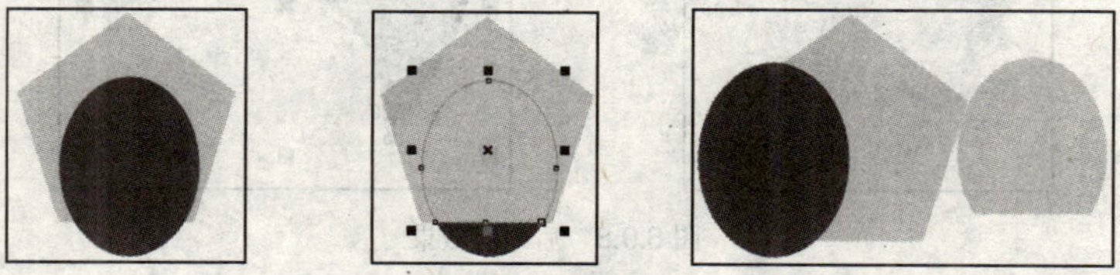

图 6.9.5　相交对象

6.9.4　对象的简化

使用简化功能，可以将两个或多个重叠对象的交集部分，创建成一个新对象，该对象的填充和轮廓属性以指定作为目标对象的属性为依据。

要为对象使用简化操作，可先在绘图区中选择多个相交的对象，然后在 造形(P) 泊坞窗中的 焊接 下拉列表中选择 简化 选项，单击 应用 按钮，会发现多个对象好像没有发生什么变化，这时可使用挑选工具将各个对象移动一定距离，就可看出简化后的效果，如图 6.9.6 所示。

图 6.9.6　简化对象

6.9.5　前减后

使用前减后功能可以用前面的对象减去后面对象，并减去前后对象的重叠部分，保留前面对象。

选择两个需要相减的对象，然后在 修整 泊坞窗中的 焊接 下拉列表中选择 前减后 选项，单击 应用 按钮，即可使前面的对象减去后面对象，并减去它们的重叠部分，如图 6.9.7 所示。

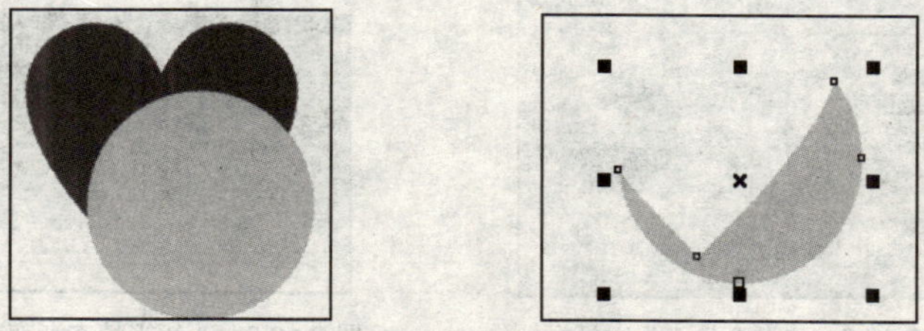

图 6.9.7　前减后效果

6.9.6 后减前

使用后减前功能可以使后面对象减去前面对象，并减去前后对象的重叠部分，保留后面对象。

选择需要相减的两个对象，在 造形(P) 泊坞窗中的 焊接 下拉列表中选择 后减前 选项，然后单击 应用 按钮即可，如图 6.9.8 所示。

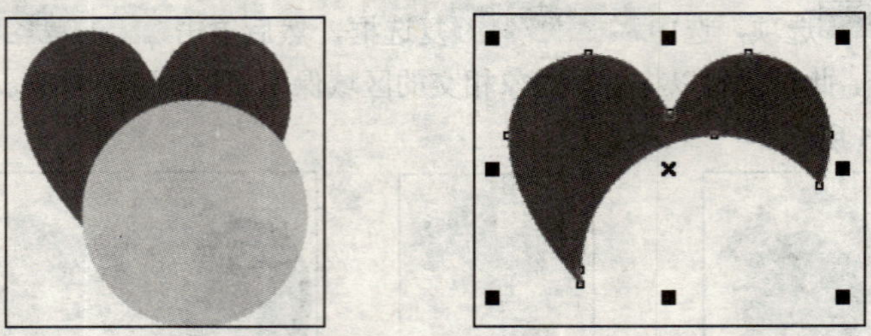

图 6.9.8 后减前效果

6.10 典型实例——制作放大图像效果

应用本章所学的知识点，制作放大图像效果，如图 6.10.1 所示。

图 6.10.1 最终效果图

操作步骤

（1）新建一个图形文件，设置页面大小为 A4，方向为横向。双击工具箱中的“矩形工具”按钮，即可绘制与页面大小相同的矩形对象。

（2）单击填充工具组中的“渐变填充”按钮，弹出 渐变填充 对话框，设置渐变颜色为蓝色到白色的渐变，设置其他参数如图 6.10.2 所示。

（3）单击 确定 按钮，填充矩形后的效果如图 6.10.3 所示。

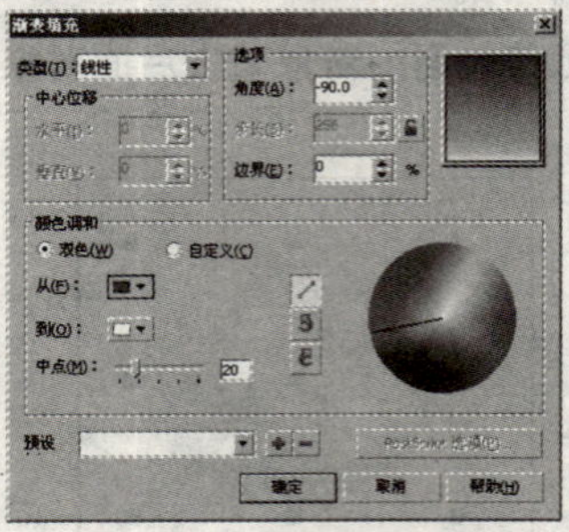

图 6.10.2 “渐变填充”对话框

图 6.10.3 为矩形填充渐变效果

（4）单击工具箱中的“矩形工具”按钮，在绘图区中拖动鼠标绘制矩形，并将其转换后调整其形状，如图 6.10.4 所示。

（5）选择调整后的形状，并使用挑选工具单击该形状，使其进入旋转模式，将光标移至旋转中心位置符号⊙上，按住鼠标左键将其向下拖动，至适当位置后松开鼠标，如图 6.10.5 所示。

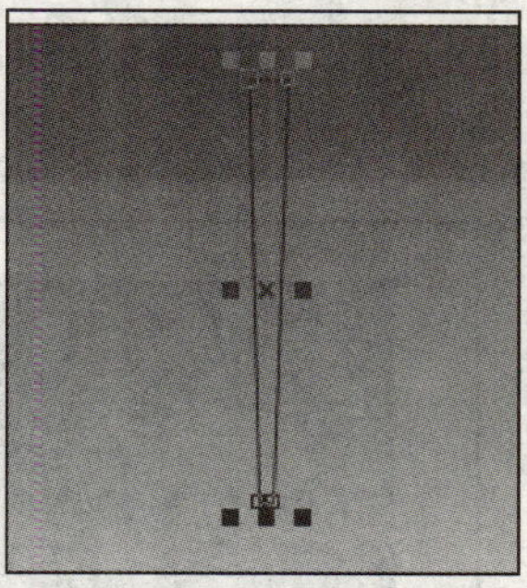
图 6.10.4　绘制矩形并调整其形状

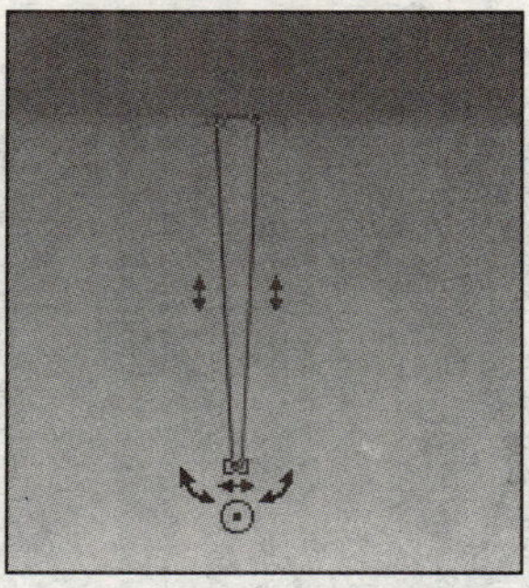
图 6.10.5　改变旋转中心位置

（6）选择菜单栏中的 排列(A) → 变换(F) → 旋转(R) 命令，打开 变换 泊坞窗，在 角度: 输入框中输入数值为 10，单击 应用到再制 按钮多次，即可旋转并复制对象，如图 6.10.6 所示。

（7）使用挑选工具框选调整后的形状与复制的多个对象，按“Ctrl+G”键将其群组，然后在调色板中单击红色色块，将群组后的对象填充为红色，如图 6.10.7 所示。

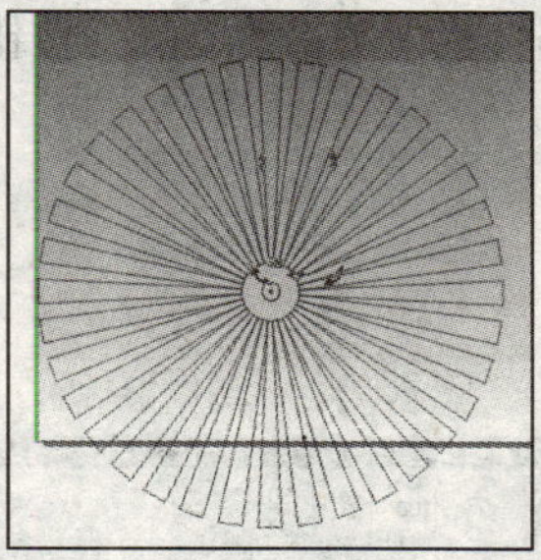
图 6.10.6　旋转复制对象

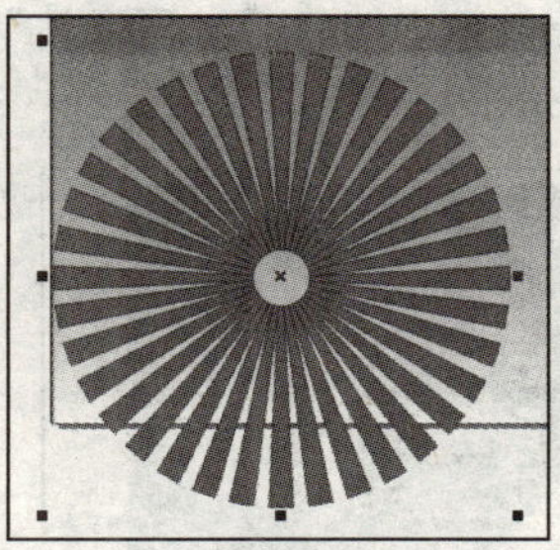
图 6.10.7　群组对象并填充

（8）去除群组对象的轮廓线，并使用挑选工具将其移至绘图区中的适当位置。

（9）按“Ctrl+I”键导入一幅图片，将其移至适当位置，如图 6.10.8 所示。

（10）单击工具箱中的“椭圆工具”按钮，在绘图区中拖动鼠标绘制椭圆对象，并将其填充为淡黄色，如图 6.10.9 所示。

图 6.10.8　导入的图片

图 6.10.9　绘制椭圆并填充

（11）使用挑选工具选择导入的图片，按“Ctrl+C”键复制，按“Ctrl+V”键可在原位置粘贴图片，在属性栏中单击“镜像”按钮，即可将复制的图片水平镜像，再使用挑选工具拖动图片四角的任意一个控制点将图片放大，将其移至椭圆对象上，如图 6.10.10 所示。

（12）使用挑选工具选择群组后的对象，将其复制并缩小移至页面的左上角，然后填充该对象为淡红色，如图 6.10.11 所示。

图 6.10.10　镜像并放大后的图像

图 6.10.11　复制并填充缩小对象

（13）根据步骤（12）的方法再复制一个群组的对象，并排放至页面的右上角，如图 6.10.12 所示。

（14）单击工具箱中的“艺术笔工具”按钮，在属性栏中单击“喷罐”按钮，设置其他参数如图 6.10.13 所示。

图 6.10.12　复制并排放对象位置

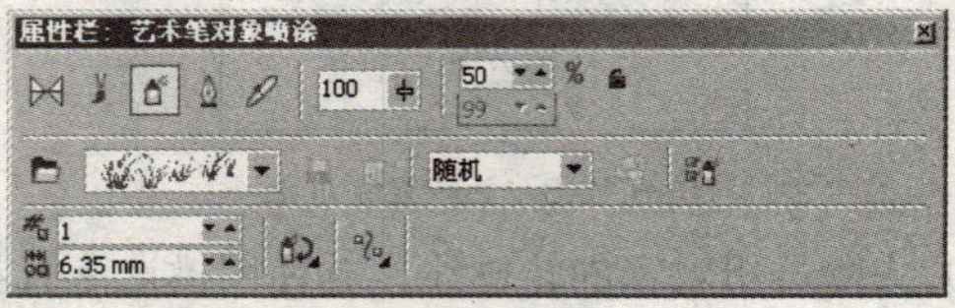

图 6.10.13　“艺术笔工具”属性栏

（15）在绘图区中拖动鼠标绘制所选择的喷涂样式，效果如图 6.10.14 所示。

（16）使用挑选工具选择绘制的艺术笔图形，按“Ctrl+C”键复制，再按“Ctrl+V”键在原位置粘贴，并使用挑选工具将复制的对象向上移动，效果如图 6.10.15 所示。

图 6.10.14　绘制喷涂艺术笔图形

图 6.10.15　复制并移动对象位置

（17）使用挑选工具逐个选择绘制与复制的喷涂图形，按“Ctrl+G”键将其群组，然后选择菜单栏中的 排列(A) → 顺序(O) → 置于此对象前(I)... 命令，此时光标显示为➡形状，在填充渐变的矩形对象上单击（见图 6.10.16），即可将所选择的对象排放在指定对象的前面，最终的放大效果如图 6.10.1 所示。

图 6.10.16　排放对象顺序

小　结

本章主要介绍了 CorelDRAW X4 中对象的各种操作方法，如选取对象、复制与删除对象、对象的变换、对象的对齐与分布、对象的顺序、群组与结合对象以及锁定对象等操作。通过本章的学习，用户应熟练掌握对象的各种操作技法，并能有序地排列、对齐或分布多个图形对象，制作出多种图形效果。

过关练习六

一、填空题

1. 对齐和分布的功能能使其在__________和__________快速地对齐或分布。
2. 对象的变换包括_________、_________、_________、_________和_________5 种方式。
3. 对象的修整包括_________、_________、_________、_________、_________、_________和_________7 种操作。

二、选择题

1. 在标准属性栏中，按钮是（　）按钮。

　A．群组　　　B．取消群组

　C．结合　　　D．取消全部群组

2. 利用对象管理器可以对图层进行（　）操作。

　A．编辑　　　B．复制

　C．输入文字　　　D．不可作任何操作

3. 在 CorelDRAW 中可以将对象转换为（　）进行编辑。

A. 曲线　　B. 轮廓线
C. 排列　　D. 分布

三、简答题

1. 运用修剪命令修剪过的对象，仍保留着什么属性？
2. 在对齐与分布对话框中，分布的方式有几种，分别是什么？

四、上机操作题

绘制椭圆、五角星和心形各一个，将这三个对象选中并群组在一起，然后在不解散群组的前提下删除五角星，最终效果如题图 6.1 所示。

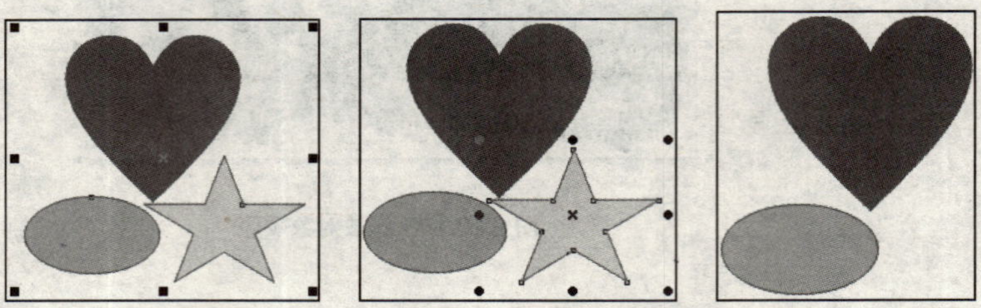

题图 6.1　在不解散群组的前提下删除五角星

第7章 文本的输入与编辑

本章要点

- ☑ 输入文本
- ☑ 编辑文本
- ☑ 编辑文本特殊效果

学习目标

文本是 CorelDRAW 中有特殊属性的图形对象，利用 CorelDRAW X4 的文本功能可以制作出非常复杂的版式。本章将具体介绍 CorelDRAW X4 中文本的基本操作、编辑处理以及使用技巧。

7.1 输入文本

在 CorelDRAW X4 中，输入的文本可分为美术字文本和段落文本两大类，它们之间可以互相转换。美术字文本是指单个文字对象，而段落文本是指大块区域的文本，对其进行编辑可通过 CorelDRAW X4 编辑和排版功能来实现。

7.1.1 美术字文本

输入美术字文本的方法如下：

（1）在工具箱中选择文本工具字或按快捷键“F8”。

（2）在绘图页中的适当位置单击鼠标，将会出现闪动的光标，通过键盘直接输入美术字文本，如图 7.1.1 所示。

图 7.1.1 输入文本

（3）单击工具箱中的“挑选工具”按钮，选中该文字，在字体大小列表和字体列表中设置文本的字号和字体，如图 7.1.2 所示。

图 7.1.2 设置字号和字体

（4）单击工具箱中的“形状”按钮，文字周围将出现美工文字的控制点，拖动字距控制点和行高控制点可调整文本的字距和行距，如图 7.1.3 所示。

图 7.1.3 调整文本的字距和行距

（5）单击工具箱中的“形状”按钮，选中需要改变颜色的文字的控制点，单击调色板中的色块即可，如图 7.1.4 所示。

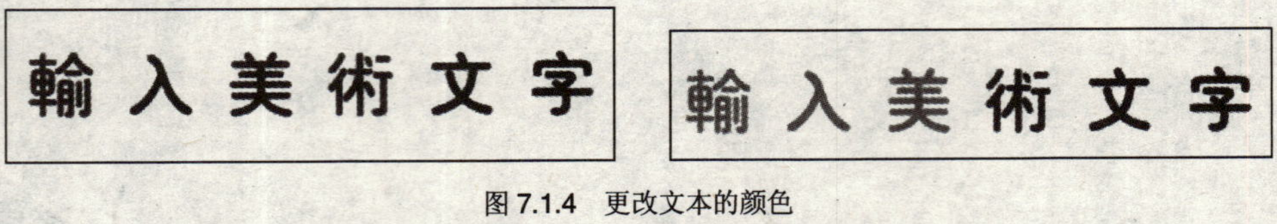

图 7.1.4 更改文本的颜色

（6）单击工具箱中的“形状”按钮，选中所需要移动的文字的控制点，拖动鼠标即可移动该文字，如图 7.1.5 所示。

（7）单击工具箱中的“形状”按钮，选中所需要旋转的文字的控制点，在其属性栏中的旋转角度微调框中输入数值即可实现旋转操作，如图 7.1.6 所示。

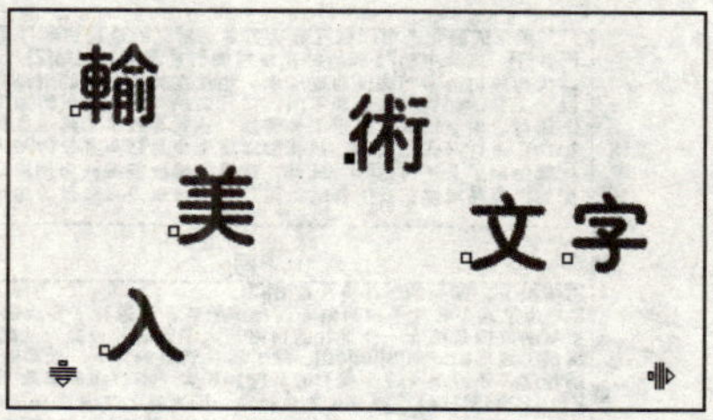

图 7.1.5　移动文本

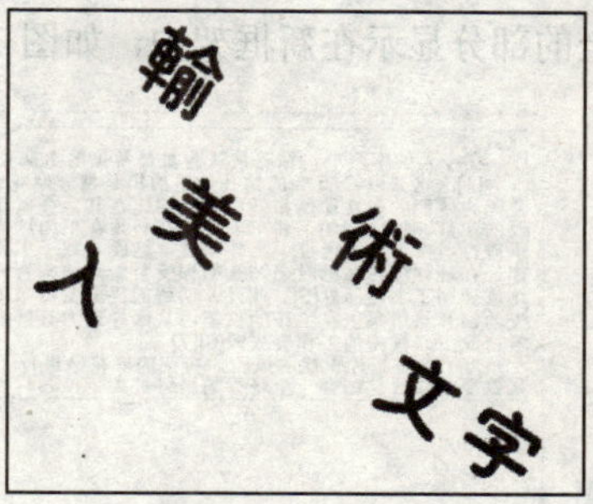

图 7.1.6　旋转文本

（8）选中需要转换为段落文本的美术字文本，选择 文本(T) → 转换到段落文本(V)　Ctrl+F8 命令即可，如图 7.1.7 所示。

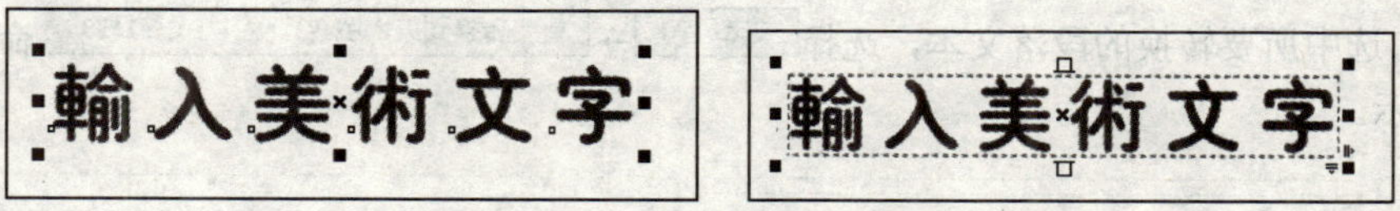

图 7.1.7　将美术字文本转换为段落文本

7.1.2　段落文本

输入段落文本的方法如下：

（1）单击工具箱中的“文本工具”按钮。

（2）在需要输入文字的位置，拖曳出一个矩形框，松开鼠标即可在该框中输入文字，如图 7.1.8 所示。

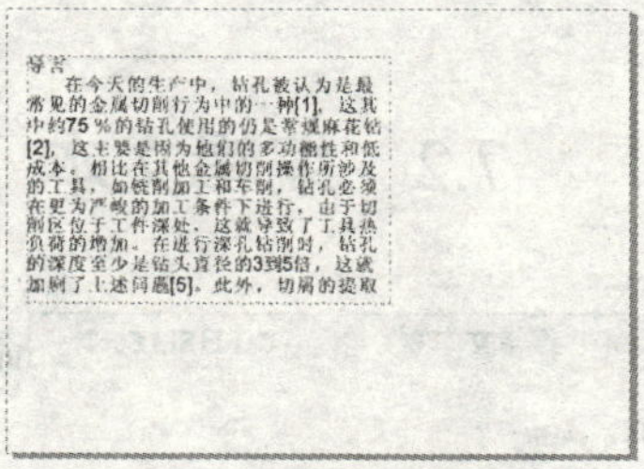

图 7.1.8　段落文本

（3）用鼠标拖动框架上方或下方的控制点可调整框架的大小，如图 7.1.9 所示。

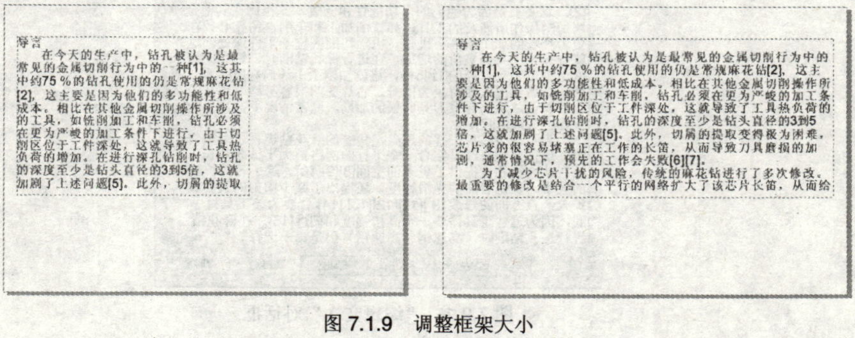

图 7.1.9　调整框架大小

（4）若框架太小而无法显示全部的文本时，可将该框架中无法显示的文本放置在另一个框架中，单击框架下方的控制点，当光标呈形状时，在其他合适的位置拖出一个矩形框，可将文本中显示不完全的部分显示在新框架中，如图 7.1.10 所示。

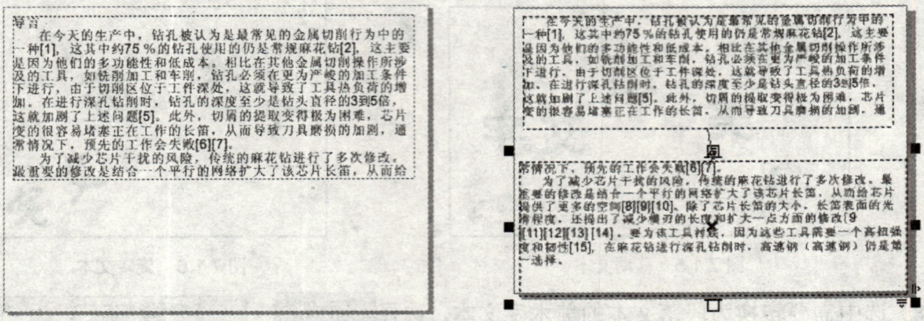

图 7.1.10　将框架中的无法显示的文本放置在另一个框架

（5）选中所要转换的段落文本，选择 文本(T) → 转换到美术字(V) Ctrl+F8 命令即可，如图 7.1.11 所示。

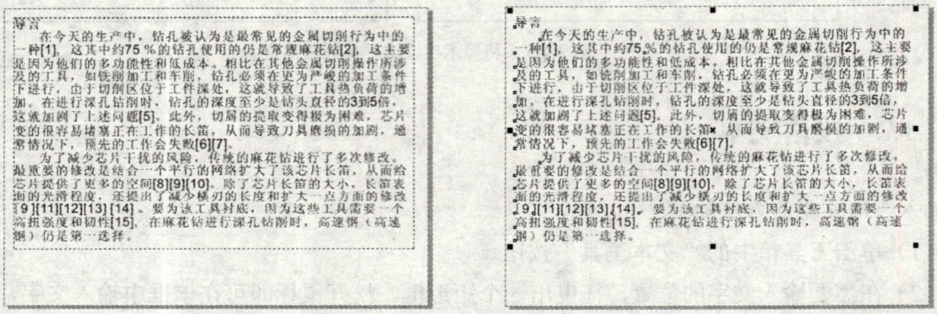

图 7.1.11　段落文本转换为美术字文本

7.2　编辑文本

选择菜单栏中的 文本(T) → 编辑文本(X)... Ctrl+Shift+T 命令，在弹出的编辑文本对话框中可实现对文本的编辑，如图 7.2.1 所示。

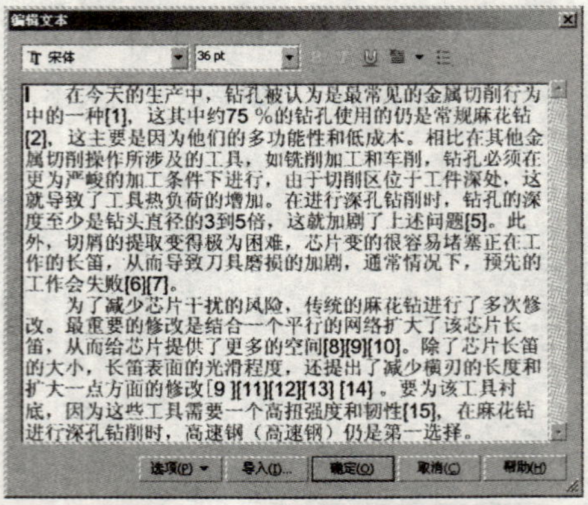

图 7.2.1　“编辑文本”对话框

7.2.1　格式化文本

选择菜单栏中的 文本(T) → 字符格式化(F) Ctrl+T 命令，打开 字符格式化 泊坞窗，在其中显示着设置字符的相关选项参数，如图 7.2.2 所示。

7.2.2　对齐文本

单击工具箱中的“水平对齐”按钮，可在其下拉列表中选择对齐方式来实现文本的对齐效果，如图 7.2.3 所示。

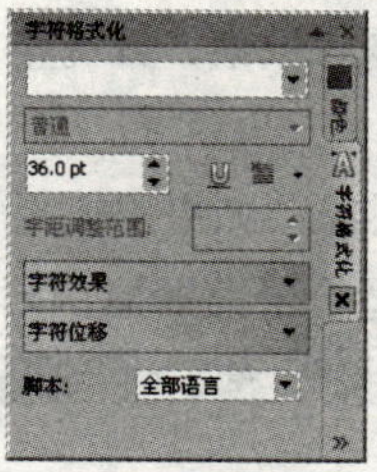

图 7.2.2　“字符格式化”泊坞窗

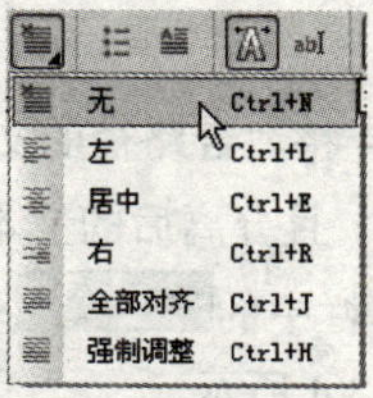

图 7.2.3　水平对齐下拉列表

单击“无”按钮，文本不产生任何对齐效果。

单击“左”按钮，将使文本向左对齐。

单击“居中”按钮，将使文本居中对齐。

单击“右”按钮，将使文本向右对齐。

单击“全部对齐”按钮，将使文本向两端对齐。

单击“强制调整”按钮，将强制使文本全部对齐。

7.3　编辑文本特殊效果

在 CorelDRAW X4 中可以对美术字文本与段落文本进行特殊的编辑，如将美术字沿路径排列、使段落文本绕图排列以及使段落文本适合框架等。

7.3.1　使文本适合路径

文本适合路径就是将美术字文本沿着指定的对象排列，如曲线、椭圆以及多边形等。通过属性栏还可以调整适合路径后的文本方向与形状。

1．添加文本适合路径的效果

文本适配路径的方法如下：

（1）单击工具箱中的“文本工具”按钮字，在视图窗口中输入文本并使用工具箱中的手绘工具绘制曲线，如图 7.3.1 所示。

（2）单击工具箱中的“挑选工具”按钮，将所绘制的曲线和输入的文本同时选中。

（3）选择 文本(T) → 使文本适合路径(T) 命令即可使文本适配路径，如图 7.3.2 所示。

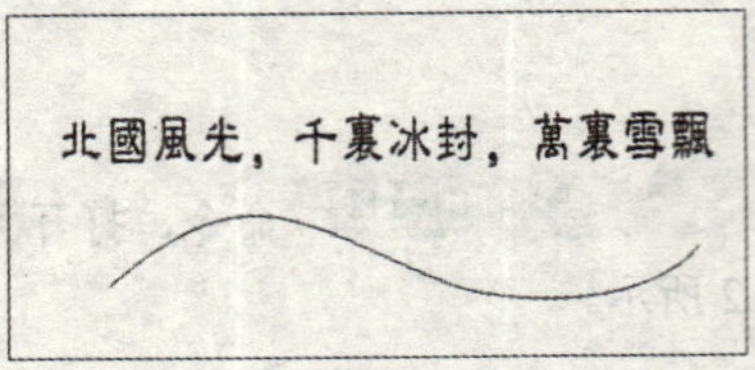

图 7.3.1　输入文本并绘制曲线

图 7.3.2　文本适配路径

（4）当文本适配路径后，其属性栏如图 7.3.3 所示。

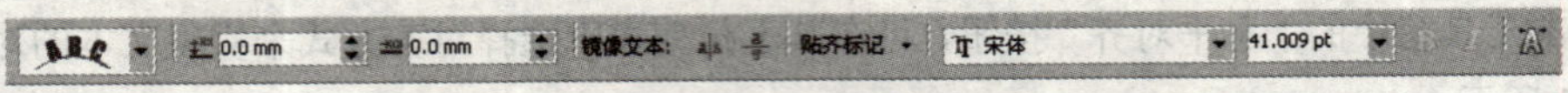

图 7.3.3　“文本适配路径”属性栏

（5）在属性栏中的 .0 mm 和 .0 mm 微调框中输入数值，可调整文本和路径在垂直方向和水平方向上的距离。

（6）CorelDRAW X4 将适合路径的文本视为一个对象，如果不需要使文本成为路径的一部分，也可以将文本与路径分离，且分离后的文本将保持它所适合于路径时的形状。使用挑选工具选择路径和适合的文本，选择菜单栏中的 排列(A) → 拆分 在一路径上的文本 于 图层 1(B)　Ctrl+K 命令，即可拆分文本与路径，如图 7.3.4 所示。

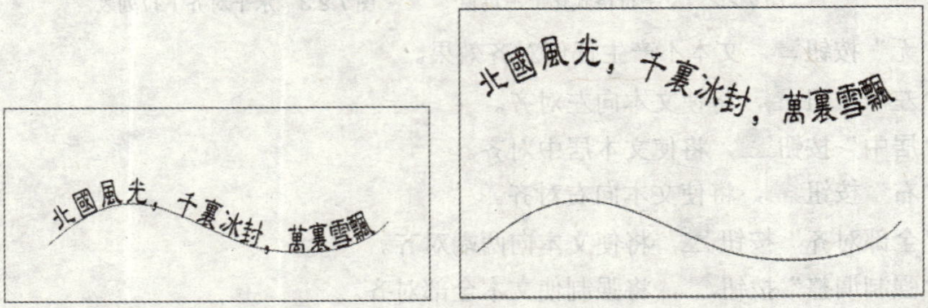

图 7.3.4　将文本与路径分离

2．修改效果

创建文本适合于路径效果后，通过属性栏还可以修改其效果，如改变文字的方向、垂直放置、文本放置的位置以及路径距离或水平偏移等。

文字的方向是指文字在路径的相对位置方向的变化，在 CorelDRAW X4 中提供了 5 种文字的方向。在属性栏中单击文字方向下拉列表框 ABC ，可弹出如图 7.3.5 所示的下拉列表，选择 ABC 选项，表示文本随路径的方向旋转；选择 ABC 选项表示垂直倾斜；选择 ABC 选项表示水平倾斜；选择 ABC 选项表示以文本中心为基准倾斜；选择 ABC 选项表示文本以中心为基准垂直放置。此处选择 ABC 选项，使文字水平倾斜，效果如图 7.3.6 所示。

图 7.3.5　文字方向下拉列表

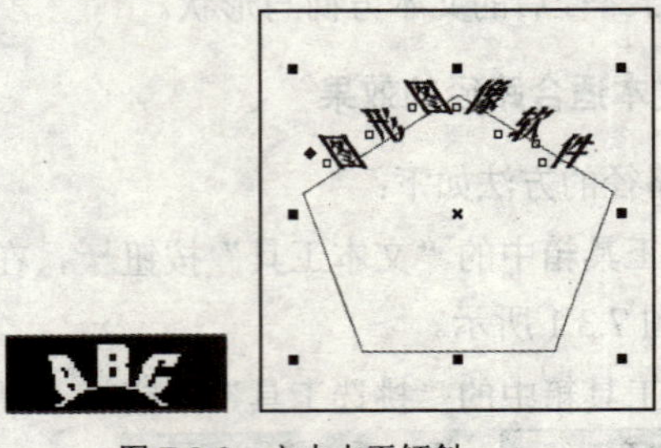

图 7.3.6　文本水平倾斜

7.3.2 将文本填入框架

在 CorelDRAW X4 中提供了文本适合框架功能，可以将文本填入到封闭的曲线对象、椭圆对象、矩形对象以及星形对象中。

文本填入框架的方法如下：

（1）在视图窗口中创建图形对象，如图 7.3.7 所示。

（2）单击工具箱中的“文本工具”按钮字，将鼠标移动到图形对象内边缘，当光标呈形状时，单击鼠标可在图形对象内边缘产生一个虚线文本框，并有闪烁的光标，如图 7.3.8 所示。

（3）在该虚线文本框中输入需要的文字，如图 7.3.9 所示。

图 7.3.7 创建图形

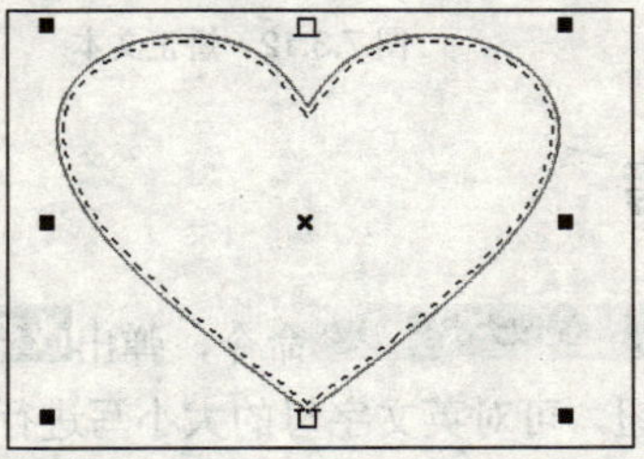

图 7.3.8 虚线文本框效果

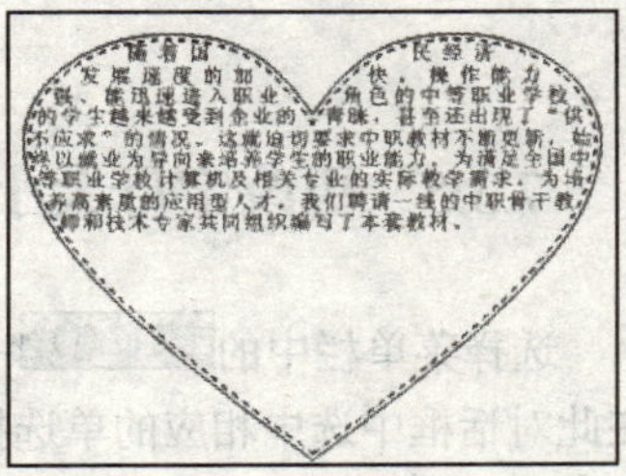

图 7.3.9 文本填入框架

（4）选择 排列(A) → 拆分 命令，可将图形对象和文本分隔，如图 7.3.10 所示。

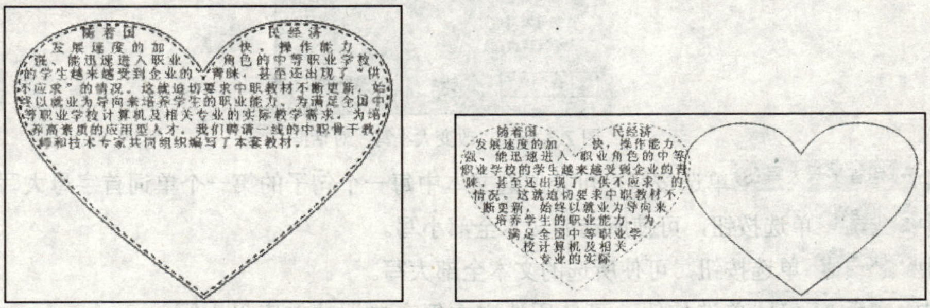

图 7.3.10 将图形对象和文本分隔

7.3.3 使文本对齐基准

使用对齐基准功能可以将位置偏移基线的字符垂直对齐文本基准线。

如果要使填入路径的文本对齐基准，可先将文本与路径分离，再使用挑选工具选择文本，然后选择菜单栏中的 文本(T) → Aa 对齐基线(A) 命令，效果如图 7.3.11 所示。

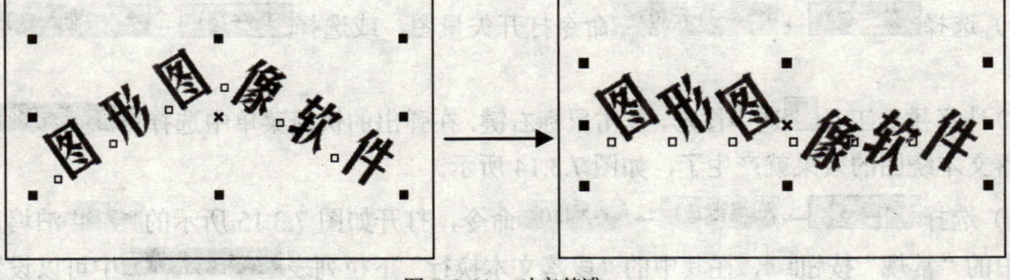

图 7.3.11 对齐基准

7.3.4 矫正文本

矫正文本功能与对齐基准功能相似，可以使文本排得更整齐。选择不规则的文本，然后选择菜单栏中的 文本(T) → 矫正文本(S) 命令，可将该文本拉直，如图 7.3.12 所示。

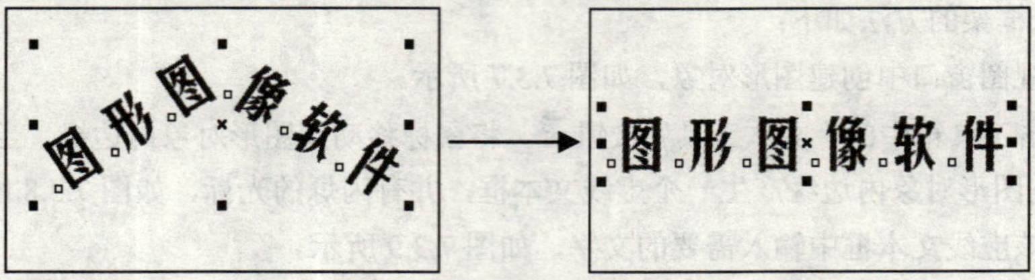

图 7.3.12 矫正文本

7.3.5 更改字母大小写

选择菜单栏中的 文本(T) → 更改大小写(G)… 命令，弹出 改变大小写 对话框，如图 7.3.13 所示，在此对话框中选中相应的单选按钮，可对英文字母的大小写进行转换。

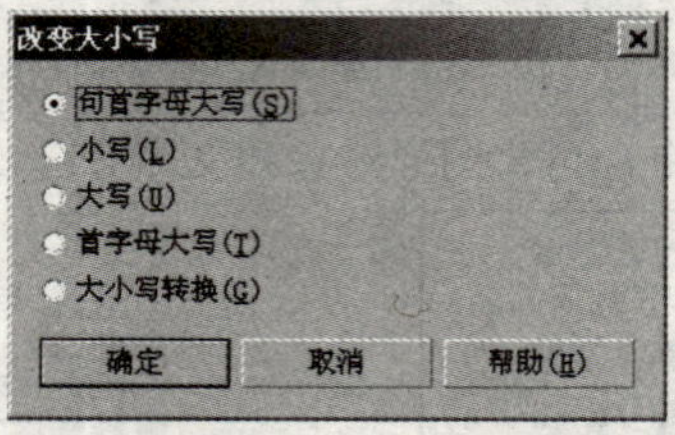

图 7.3.13 "改变大小写"对话框

选中 句首字母大写(S) 单选按钮，可使所选文本中每一个句子的第一个单词首字母大写。

选中 小写(L) 单选按钮，可使所选的文本全部小写。

选中 大写(U) 单选按钮，可使所选的文本全部大写。

选中 首字母大写(T) 单选按钮，可使所选文本每个单词的首字母大写。

选中 大小写转换(G) 单选按钮，可将所选的文本进行大小写转换，即将文本中的大写字母变为小写字母，将小写字母变为大写字母。

7.3.6 段落文本环绕图形

段落文本绕图是常用的一种文本编排方式，其操作方法如下：

（1）在工具箱中选择文本工具，然后在绘图页中创建段落文本。

（2）选择 文件(F) → 打开(O)… 命令打开矢量图，或选择 文件(F) → 导入(I)… 命令导入位图。

（3）选择挑选工具选中图形，单击鼠标右键，在弹出的快捷菜单中选择 段落文本换行(W) 命令，这样段落文本绕图的效果就产生了，如图 7.3.14 所示。

（4）选择 窗口(W) → 泊坞窗(D) → 属性(I) 命令，打开如图 7.3.15 所示的 对象属性 泊坞窗。单击该泊坞窗中的"常规"按钮，在其中的"段落文本换行"下拉列表 无 中可以设置段落文本环绕图表的样式。

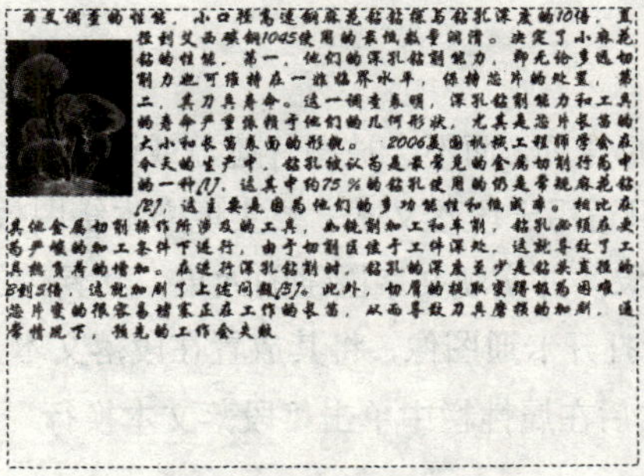

图 7.3.14　段落文本绕图

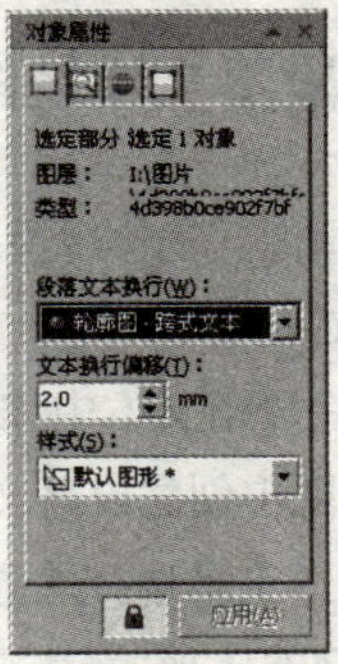

图 7.3.15　“对象属性”泊坞窗

7.3.7　美术字文本转换为曲线

使用文本工具，在页面中输入文本。我们可以对文本使用特殊属性，也可以随时改变文本的字号、字体类型等，但有时候要对文本进行一些其他的操作，文本有一些固有的属性为进行某些操作带来不便，这时就需要将文本转换为曲线，对文本进行更多的操作。

在 CorelDRAW 中，可以轻松地对文本进行编辑。下面介绍将文本转换为曲线的具体操作：

（1）单击工具箱中的“文本工具”按钮，在页面中输入文字，如图 7.3.16 所示。

（2）使输入的文字处于选中状态，选择菜单栏中的 排列(A) → 转换为曲线(V) 命令，将文本转换为曲线，这时的文字状态如图 7.3.17 所示。将文本转换为曲线还可以使用快捷键“Ctrl+Q”。

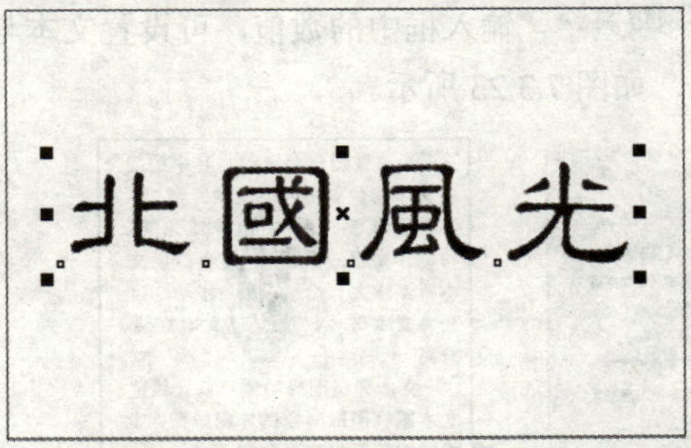

图 7.3.16　输入文字

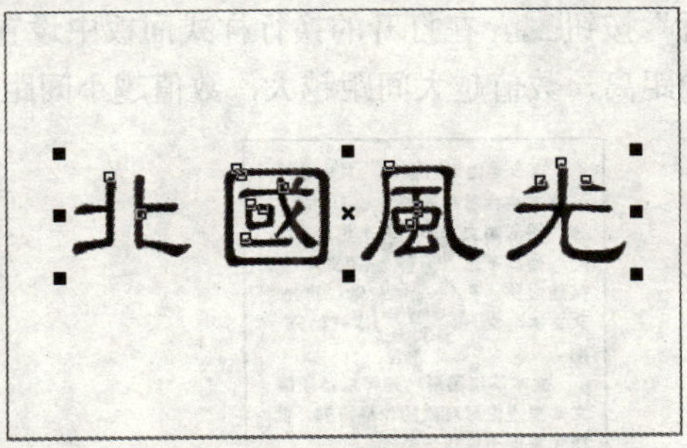

图 7.3.17　将文本转换为曲线

（3）选择菜单栏中的 排列(A) → 拆分 曲线 于 图层 1(B) 命令，将曲线拆分，如图 7.3.18 所示。

（4）单击工具箱中的“挑选工具”按钮，就可以将拆分后的曲线文字移动位置，也可以将需要组合的部首组合在一起，如图 7.3.19 所示。

图 7.3.18　拆分曲线

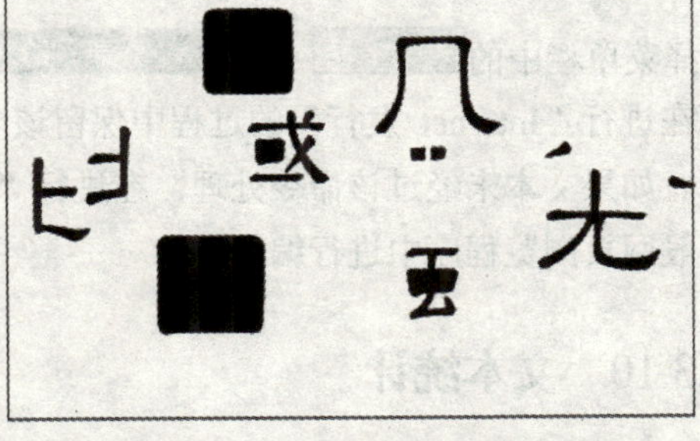

图 7.3.19　移动拆分后的曲线文字

7.3.8 使段落文本绕图排列

文本绕图是指图文混排时文字围绕图形排列，而不会被图片遮盖或遮盖图片。文本绕图常见于报纸和杂志中，在 CorelDRAW 中文字围绕只适用于段落文本，要实现文本绕图效果，只需在图形或位图对象上设置。在段落文本中加入图形对象，并实现文字围绕的效果，其具体的操作方法如下：

（1）在绘图区中创建段落文本后，并打开卡通图像，将其放置在段落文本上，如图 7.3.20 所示。

（2）使用挑选工具选择熊猫对象，然后在属性栏中单击“段落文本换行”按钮，可打开换行样式面板，如图 7.3.21 所示。

图 7.3.20 段落文本与图形

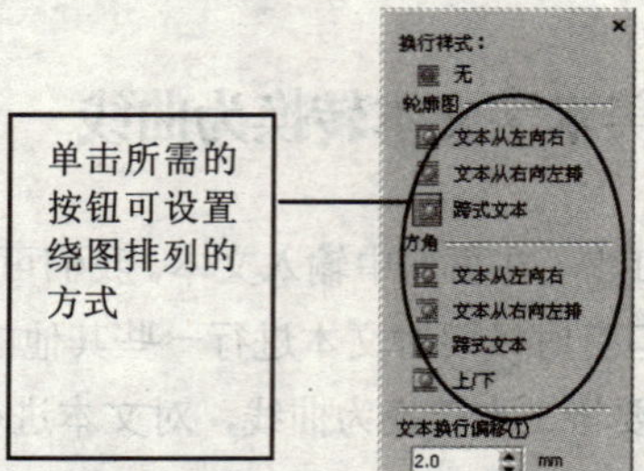

图 7.3.21 换行样式面板

（3）从中可以选择一种文本围绕样式，此处选择跨式文本选项，效果如图 7.3.22 所示。

（4）如果要设置文本与图形之间的距离，可确认选中图形对象，然后在属性栏中单击“段落文本换行”按钮，在打开的换行样式面板中设置 文本换行偏移(I) 输入框中的数值，可设置文本与图形之间的距离，数值越大间距越大，数值越小间距越小，如图 7.3.23 所示。

图 7.3.22 跨式文本围绕效果

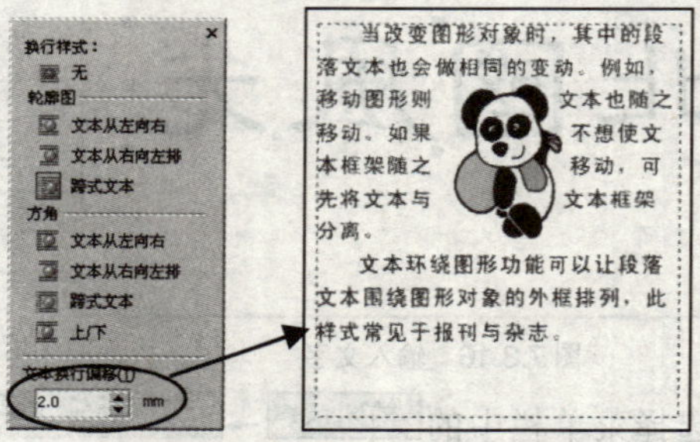

图 7.3.23 设置文本与图形的间距

7.3.9 使文本与 Web 兼容

选择菜单栏中的 文本(T) → 生成 Web 兼容的文本(M) 命令，可以将段落文字转换成网页兼容文本，这样可在进行“Internet 发行”的过程中保留该文本的文字状态，并直接在一般的网页浏览程序中进行编辑。如果文本未经过该命令处理，在进行“Internet 发行”的过程中将会被转换为位图，因而无法在一般网页浏览程序中进行编辑。

7.3.10 文本统计

选择菜单栏中的 文本(T) → 文本统计信息(C)… 命令，弹出 统计 对话框，在此对话框中显示出了所选文本或整个文档中文本的统计资料，包括文档的段落数、字符数和使用的字体，如图 7.3.24 所示。

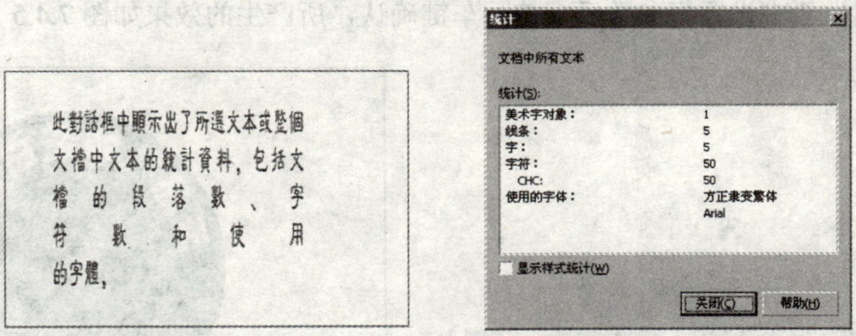

图 7.3.24　统计所选的文本资料

7.4　典型实例——制作商标

本例将制作商标，最终效果如图 7.4.1 所示。

图 7.4.1　商标效果

操作步骤

（1）新建一个图形文件，单击工具箱中的“椭圆工具”按钮，在绘图区中创建一个正圆对象，再将其填充为淡蓝色。

（2）单击工具箱中的“文本工具”按钮字，在其属性栏中设置文本的字体与字号，在绘图区中输入美术字文本，改变文本的颜色为白色，轮廓为黑色，效果如图 7.4.2 所示。

（3）使用挑选工具选择文本与正圆对象，选择菜单栏中的文本(T)→使文本适合路径(T)命令，即可将文本沿正圆对象排列，如图 7.4.3 所示。

图 7.4.2　设置文本属性

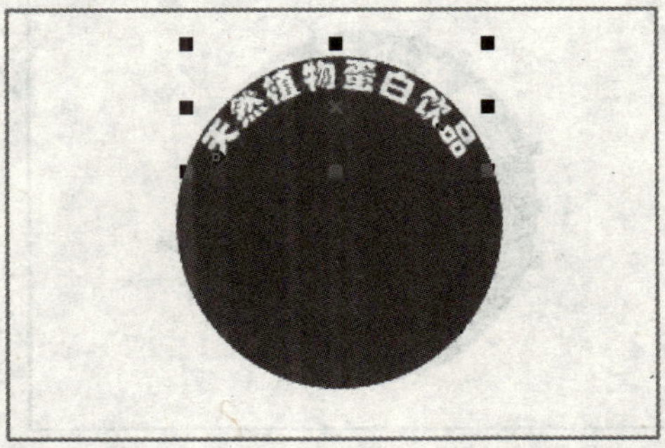

图 7.4.3　将文本沿路径排列

（4）此时在相应的属性栏中设置参数，如图 7.4.4 所示。

（5）在属性栏中设置好参数后，按回车键确认，所产生的效果如图 7.4.5 所示。

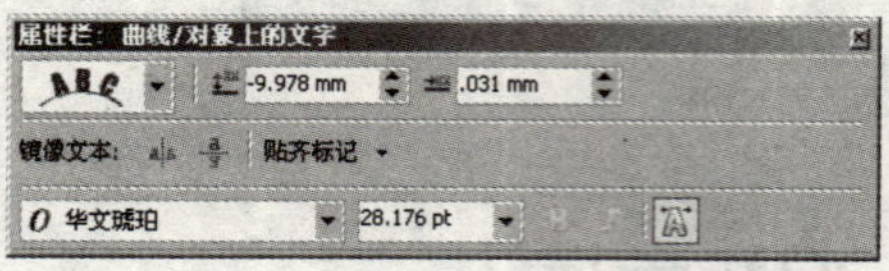

图 7.4.4 “曲线/对象上的文字”属性栏

图 7.4.5 改变文本填入路径属性后的效果

（6）再使用“椭圆工具”在绘图区中绘制一个小正圆，并将其填充为白色，如图 7.4.6 所示。

（7）单击工具箱中的“文本工具”按钮字，在属性栏中根据自己的需要设置字体与字号，在白色正圆上输入文本，如图 7.4.7 所示。

图 7.4.6 绘制小正圆并填充

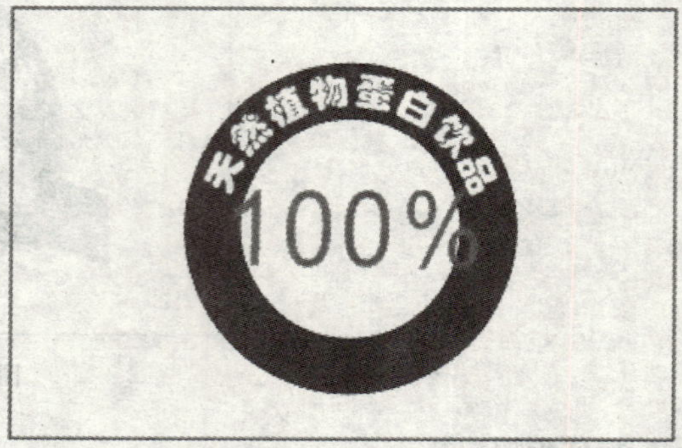

图 7.4.7 输入文字并设置其属性

（8）使用挑选工具单击文本“%”左下方的控制点，然后设置其字体属性，如图 7.4.8 所示。

（9）使用挑选工具选择“100%”文本，然后在其属性栏中单击“倾斜”按钮，即可将所选的文本倾斜处理。

（10）单击工具箱中的“流程图形状工具”按钮，在属性栏中选择好完美形状后，在绘图区中拖动鼠标绘制所选的形状，并将其填充为淡绿色，如图 7.4.9 所示。

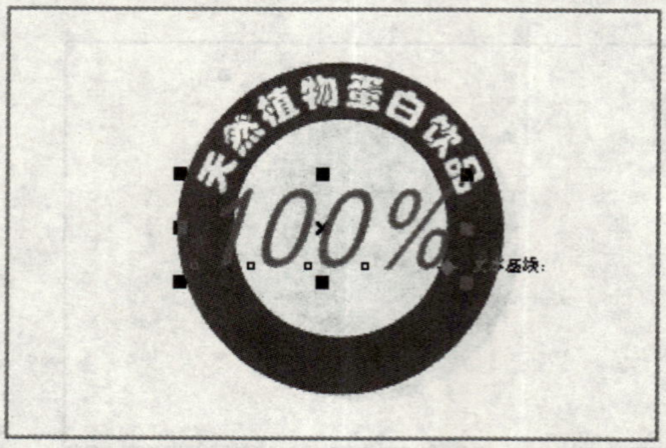

图 7.4.8 设置单个字符的属性

图 7.4.9 绘制流程图形状并填充

（11）单击工具箱中的“文本工具”按钮字，在绘制的流程图对象上输入文字，设置好字体与字号，并设置文字的颜色为白色，然后选择菜单栏中的 文本(T) → 使文本适合路径(T) 命令，将文本填入流程图对象。

（12）选择菜单栏中的 排列(A) → 折分 在一路径上的文本 于 图层 1(B) Ctrl+K 命令，将填充的文本与路径分离，使用挑选工具选择分离后的文本，将其移至合适位置，效果如图 7.4.1 所示。

小　结

本章讲解了 CorelDRAW X4 中美术字文本与段落文本的输入、文本格式的设置以及特殊文本的编辑，包括文本适合路径、文本的围绕以及将文本填入框架等。通过本章的学习，用户应该熟练运用文本适合路径功能与文本的围绕功能制作出生动的版面效果。

过关练习七

一、填空题

1. 在 CorelDRAW X4 中，文本分为__________文本与__________文本两种类型。

2. 美术字文本是指____________，段落文本是指____________。

3. 文本的间距包括___________、___________以及___________。

4. 输入文本的工具是____________。

5. CorelDRAW X4 具有强大的文本处理功能，允许对文本应用特殊的文字效果和复杂的文本处理，可以创建____________和____________。

6. 段落文本不同于美术文本，当使用段落文本时，可以通过段落的__________来改变不同的效果。

7. 美术字文本作为一种特殊的图形对象，除了可以对其进行__________、__________等方面的编辑外，还可以用__________、__________、__________、__________、__________、__________等对其进行艺术效果编辑。

二、选择题

1. 要编排大量的文字，应选择（　）。

A. 美术字　　B. 段落文本

C. 宋体　　D. 24 号字

2. 使用（　）工具只能调整段落文本的字、行间距。

A. 文本　　B. 挑选

C. 手绘　　D. 形状

3. CorelDRAW X4 中的文本包括（　）。

A. 段落文本　　B. 文本填入框架

C. 对齐文本　　D. 美术文本

4. 将美术文字转换为曲线后，可使用（　）对其进行编辑。

A. 形状工具　　B. 文本工具

C．手绘工具　　　　　　D．贝塞尔工具

三、简答题

1．如何创建美术字文本与段落文本？

2．如何将段落文本转换为美术字文本？

四、上机操作题

1．在绘图区中制作如题图 7.1 所示的文字效果。

2．运用本章所学内容，绘出如题图 7.2 所示的效果。

题图 7.1　文字效果

题图 7.2　效果图

3．新建一个图形文件，在绘图区中制作如题图 7.3 所示的图章效果。

题图 7.3　制作图章

第8章 应用交互式特效

本章要点

- ☑ 交互式调和效果
- ☑ 交互式轮廓图效果
- ☑ 交互式变形效果
- ☑ 交互式阴影效果
- ☑ 交互式封套效果
- ☑ 交互式立体效果
- ☑ 交互式透明效果

学习目标

在 CorelDRAW X4 中，通过交互式工具可以创造出许多特殊的效果，这是 CorelDRAW 表现特殊效果最强大的工具组。此工具组的最方便之处就是它的交互性，可以在交互式效果的基础上进行修改，从而创造出生动真实的效果。本章主要介绍这些交互式工具的使用方法与技巧。

8.1 交互式调和效果

交互式调和工具是 CorelDRAW X4 中功能最强大、用途最广泛的工具之一。调和工具不仅能使图形之间产生渐变，还可使颜色产生渐变。单击工具箱中的“交互式调和工具”按钮右下角的三角形，弹出隐藏的交互式工具组，如图 8.1.1 所示。

图 8.1.1 交互式调和工具组

使用交互式调和工具可以使两个分离的对象之间逐步产生调和化的叠影，中间的图形对象会有不同的颜色、轮廓线和填充效果。

单击工具箱中的“交互式调和工具”按钮，其属性栏如图 8.1.2 所示。

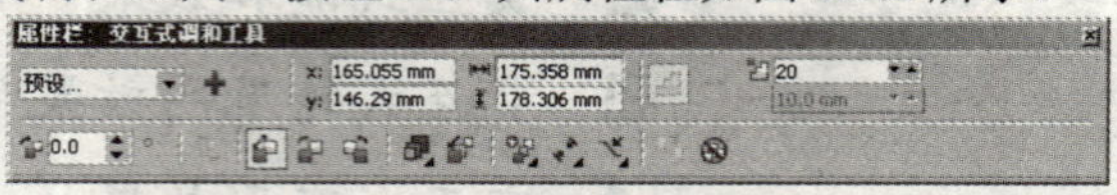

图 8.1.2 “交互式调和工具”属性栏

在 预设... 下拉列表中可以选择 CorelDRAW X4 预设的调和效果。

在 20 输入框中输入数值，可设置步长或调和形状之间的偏移量。

在调和方向微调框 0.0 中输入数值，可调整调和对象的旋转角度。

单击“直接调和”按钮，可直接调和对象的颜色。

单击“顺时针调和”按钮，可按顺时针调和对象的颜色。

单击“逆时针调和”按钮，可按逆时针调和对象的颜色。

单击“对象和颜色加速”按钮，可打开如图 8.1.3 所示的加速面板。在 加速： 选项区中的 对象： 右侧拖动滑块，可设置调和对象中间对象的分布；在 颜色： 右侧拖动滑块，可设置调和对象颜色的渐变分布。

在属性栏中单击“加速调和时的大小调整”按钮，可加大调和对象中每个图形对象间的距离。

在属性栏中单击“起始和结束对象属性”按钮，可弹出如图 8.1.4 所示的下拉菜单。

选择 新起点(N) 命令，将光标移至调和对象的终点图形上单击，即可将调和对象的终点变为调和对象的起始点。

选择 显示起点(S) 命令，系统将自动选中调和对象的起点图形。

选择 新终点 命令，可选择调和对象的终点。

选择 显示终点(H) 命令，系统将自动选中调和对象的终点图形。

在属性栏中单击“路径属性”按钮，可弹出一个下拉菜单，如图 8.1.5 所示，在此菜单中可以设置路径的各个属性。

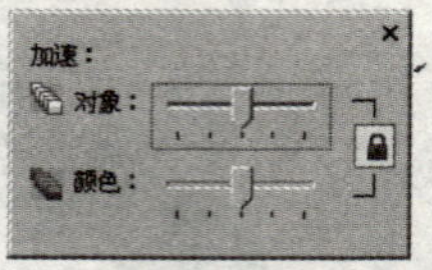

图 8.1.3 加速面板

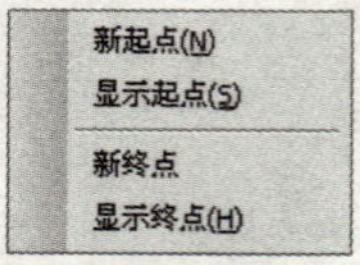

图 8.1.4 起始和结束对象属性下拉菜单

图 8.1.5 路径属性下拉菜单

8.1.1　直接调和效果的应用

使用交互式调和工具可以使两个分离的对象之间逐步产生调和化的叠影，中间的图形对象会有不同的颜色、轮廓线和填充效果。直接调和效果的具体应用方法如下：

（1）在绘图区中创建两个不同的图形对象，如图 8.1.6 所示。

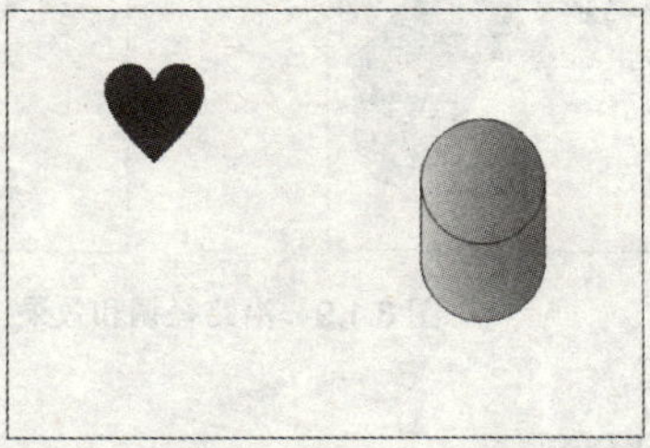

图 8.1.6　绘制的两个对象

（2）单击工具箱中的“交互式调和工具”按钮，将鼠标移至要调和的两个对象中的其中一个图形对象上，按住鼠标左键拖动鼠标到另一个图形，当两个图形中均出现一个矩形时，松开鼠标即可得到调和效果，如图 8.1.7 所示。

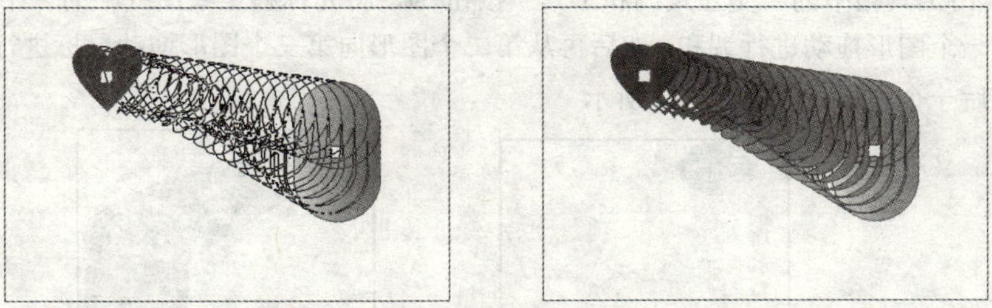

图 8.1.7　调和效果

8.1.2　沿路径调和效果的应用

为图形对象使用调和效果时，可将需要调和的对象沿着一条指定的路径进行调和。其具体的操作方法如下：

（1）使用手绘工具在绘图区中绘制一条曲线，如图 8.1.8 所示。

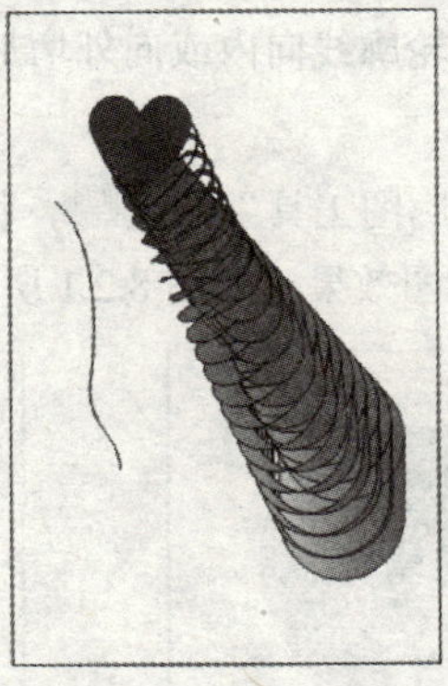

图 8.1.8　绘制曲线

（2）选择已经完成的调和图形对象，在“交互式调和工具”属性栏中单击“路径属性”按钮，从弹出的下拉菜单中选择 新路径 命令，此时光标显示为形状，在曲线上单击鼠标左键，效果如图 8.1.9 所示。

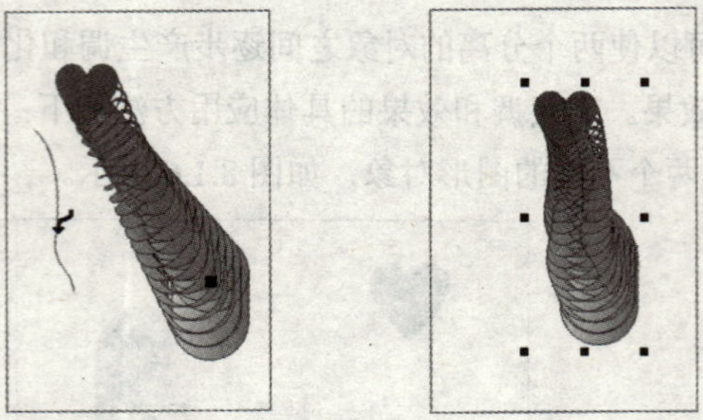

图 8.1.9　沿路径调和效果

8.1.3　多个物体间的调和

要创建多个图形对象之间的调和效果，其具体的操作方法如下：

（1）在绘图区中绘制 3 个以上需要进行调和的图形对象，摆放到不同位置，如图 8.1.10 所示。

（2）单击工具箱中的“交互式调和工具”按钮，将光标移至绘图区中的一个图形上，按住鼠标左键向另一个图形拖动进行调和，然后再从第二个图形向第三个图形拖动鼠标进行调和，依次拖动鼠标直到最后一个图形，如图 8.1.11 所示。

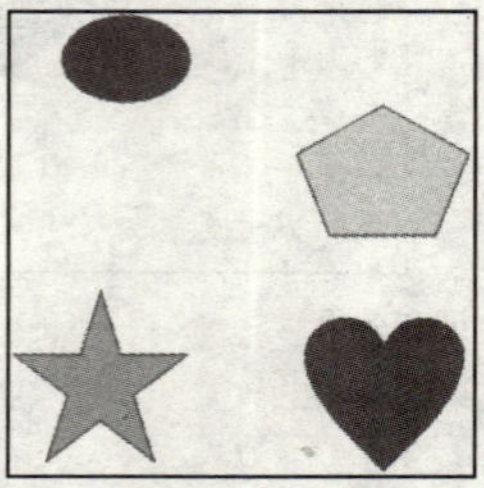

图 8.1.10　绘制多个对象

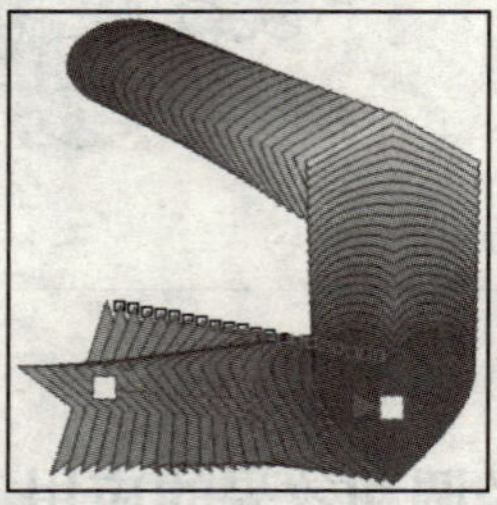

图 8.1.11　多个对象之间的调和

8.2　交互式轮廓图效果

交互式轮廓图工具可以使图形的轮廓线向内或向外增加，也可以指定增加到对象中的轮廓线数，这些轮廓线之间的距离是相等的。

单击调和工具组中的“交互式轮廓图工具”按钮，将鼠标移至对象上，按住鼠标左键并拖动，松开鼠标，即可为所选对象添加轮廓图效果，如图 8.2.1 所示。

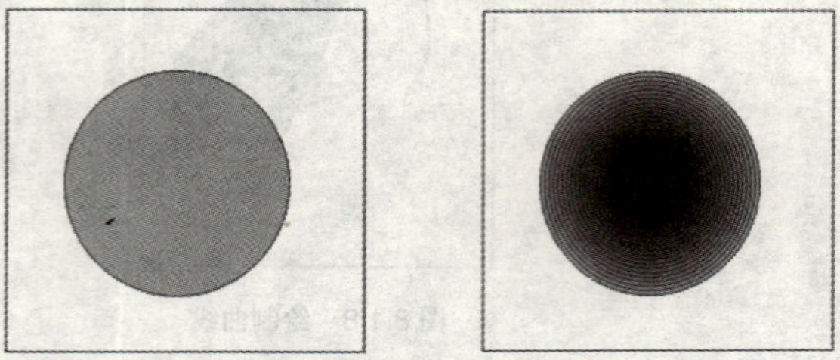

图 8.2.1　轮廓图效果

此时“交互式轮廓线工具”属性栏如图 8.2.2 所示，利用该属性栏，可以对图形的轮廓线间距、颜色与增加方式等进行相应的设置。

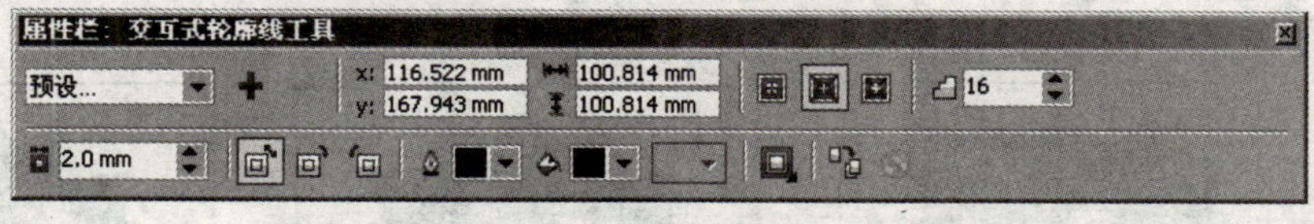

图 8.2.2 “交互式轮廓线工具”属性栏

在属性栏中单击“到中心”按钮，可以制作向中心的轮廓图效果；单击“向内”按钮，可以制作向内的轮廓图效果；单击“向外”按钮，可以制作向外的轮廓图效果，如图 8.2.3 所示。

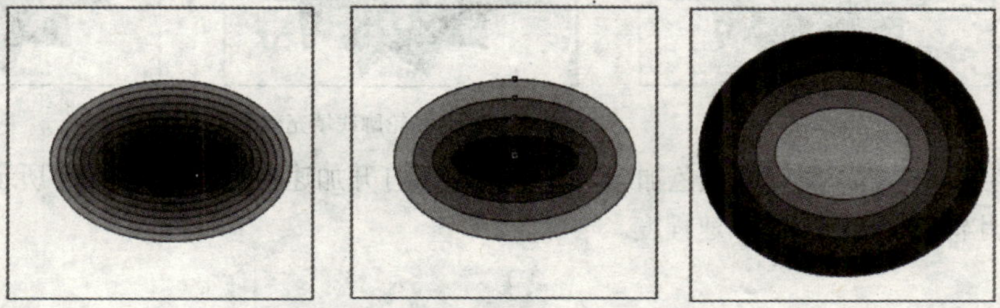

到中心　　向内　　向外

图 8.2.3 3 种轮廓图效果

在属性栏中的轮廓图步长微调框 15 中输入数值，可设置轮廓线条数，如图 8.2.4 所示。

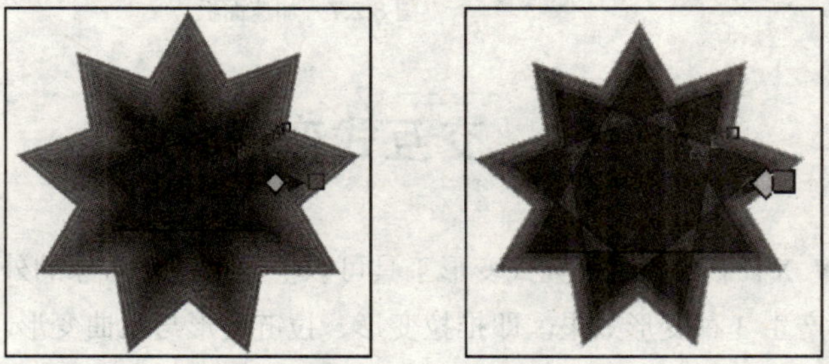

轮廓图步长值为 15　　轮廓图步长值为 3

图 8.2.4 改变轮廓图的步长

在轮廓图偏移微调框 3.0 mm 中输入数值，可设置轮廓线之间的距离，如图 8.2.5 所示。

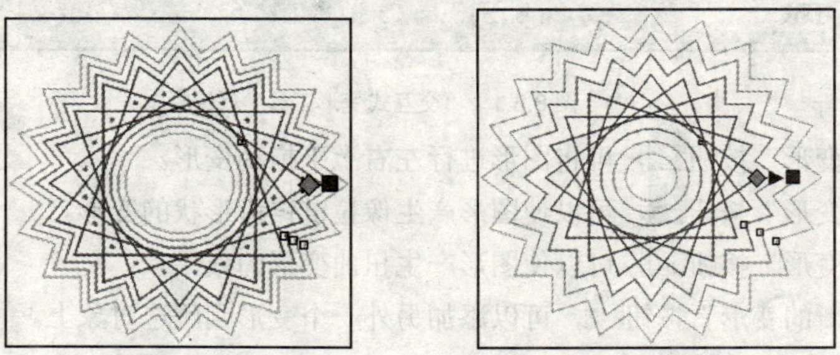

轮廓图偏移值为 3　　轮廓图偏移值为 6

图 8.2.5 改变轮廓线之间的距离

如果要对添加的轮廓线进行填充，可在属性栏中单击“轮廓色”下拉按钮，可从打开的调色板中选择需要的颜色。

在属性栏中还提供了 3 种轮廓线填充的类型，单击“线性轮廓图颜色”按钮，可将轮廓线的颜色以直线轮廓填充；单击“顺时针的轮廓图颜色”按钮，轮廓线的颜色将以顺时针的方向进行填充；单击“逆时针的轮廓图颜色”按钮，轮廓线的颜色将以逆时针的方向进行填充，3 种轮廓线填充效果如图 8.2.6 所示。

图 8.2.6　3 种轮廓线填充效果

在属性栏中单击“对象和颜色加速”按钮，可打开加速面板，如图 8.2.7 所示，通过拖动相应的滑块可调节对象与色彩的加速程度。

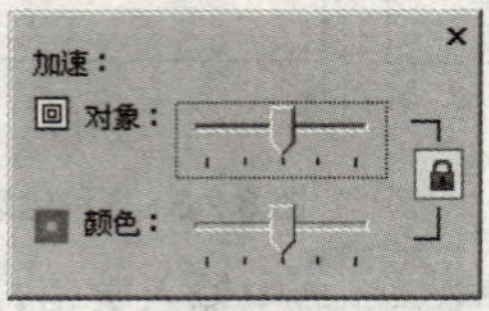

图 8.2.7　加速面板

8.3　交互式变形效果

在 CorelDRAW X4 中，使用交互式变形工具可以快速地改变对象的外形，从而创建出各种有趣的效果，主要可以产生 3 种变形效果，即推拉变形、拉链变形与扭曲变形。

要创建交互式变形效果，可先单击工具箱中的“交互式变形工具”按钮，其属性栏如图 8.3.1 所示。

图 8.3.1　“交互式变形工具”属性栏

单击“推拉变形”按钮，可将图形进行左右上下拖动变形。

单击“拉链变形”按钮，可以使图形产生像拉链锯齿形状的变形。

单击“扭曲变形”按钮，可以使图形产生扭曲变形的效果。

单击“添加新的变形”按钮，可以添加另外一个变形到所选对象上。

在推拉失真振幅微调框 63 中输入数值，可以更精确地调整变形。

8.3.1　推拉变形效果

选中要变形的对象，然后选择交互式工具组中的“交互式变形工具”按钮，并单击属性栏中的“推拉变形”按钮，将鼠标移至所选对象上按住鼠标左键并拖动，此时光标当前位置产生一个菱形控制点，该图案就会随着起始点的位置、控制点的拖拉方向以及位移大小而变形。因此，鼠标拖拉的方向与位移的大小都会影响图案的变形情况，得到不同的效果，如图 8.3.2 所示。

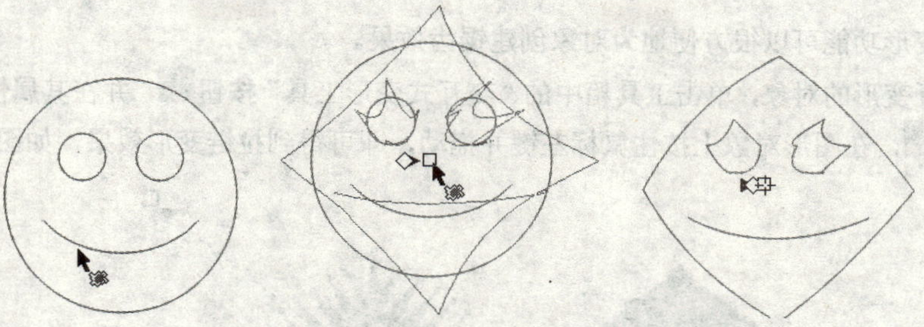

图 8.3.2　推拉变形

使用鼠标拖动起始处与终点处的控制点，可以对变形后的对象进行再次变形，如图 8.3.3 所示。

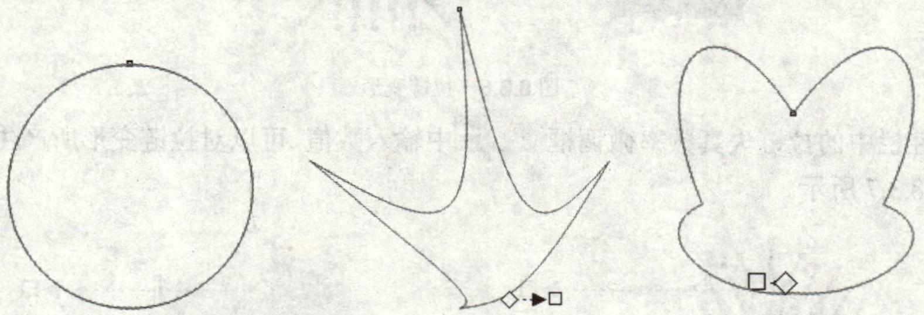

图 8.3.3　拖动控制点再次变形对象

在属性栏中单击“中心变形”按钮，可以将变形对象的起始点移到对象的中心，使对象的推拉变形从中心开始，变为比较对称的图形，如图 8.3.4 所示。

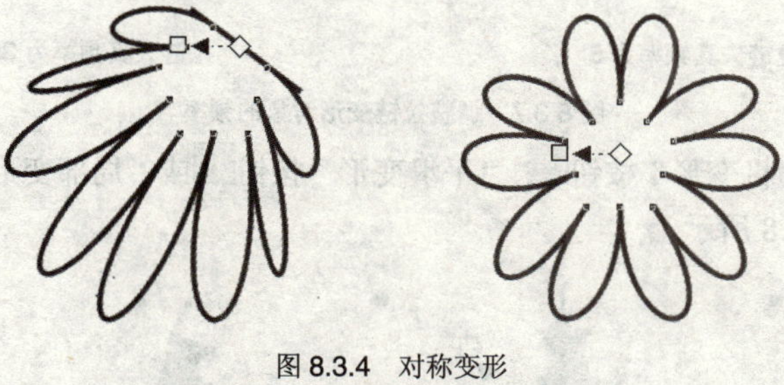

图 8.3.4　对称变形

如果要将一个推拉变形对象的属性应用到其他对象中，应先选中需要进行推拉变形的对象，在属性栏中单击“复制变形属性”按钮，此时光标显示为➡形状，移动鼠标到推拉变形效果对象上单击，即可将该对象的推拉变形效果应用于选中的对象中，如图 8.3.5 所示。

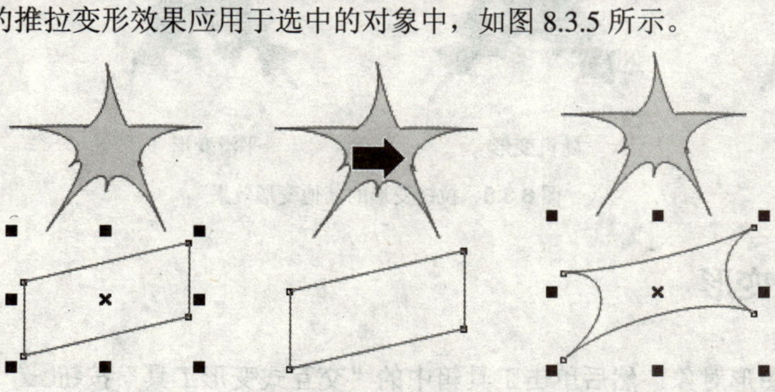

图 8.3.5　复制变形属性

8.3.2　拉链变形

使用拉链变形功能可以很方便地为对象创建锯齿效果。

选择要进行变形的对象，单击工具箱中的“交互式变形工具”按钮，并在其属性栏中单击“拉链变形”按钮，在图形对象上按住鼠标左键并拖动，即可得到拉链变形效果，如图 8.3.6 所示。

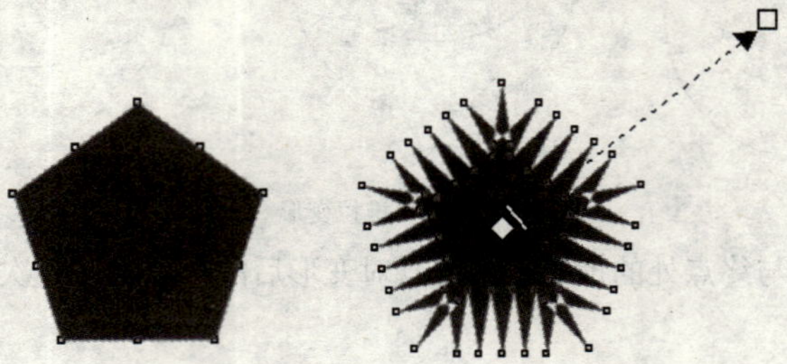

图 8.3.6　拉链变形

通过在属性栏中的拉链失真频率微调框中输入数值，可以对拉链变形所产生的波峰频率进行设置，如图 8.3.7 所示。

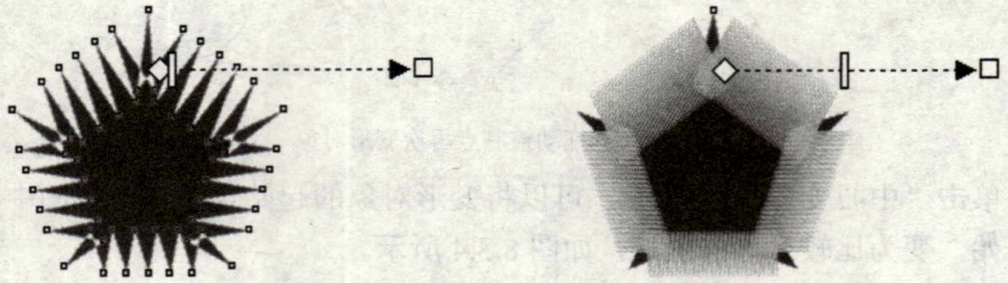

拉链失真频率为 5　　拉链失真频率为 30

图 8.3.7　调整拉链变形对象的频率

单击属性栏中的“随机变形”按钮、“平滑变形”按钮或“局部变形”按钮，可以改变图形的变形效果，如图 8.3.8 所示。

原图形　　随机变形　　平滑变形　　局部变形

图 8.3.8　拉链变形的其他变形效果

8.3.3　扭曲变形

选中要变形的图形对象，然后单击工具箱中的“交互式变形工具”按钮，并在其属性栏中单击“扭曲变形”按钮将光标移至图形对象上，按住鼠标左键并拖动，即可使图形按一定方向旋转变形，如图 8.3.9 所示。

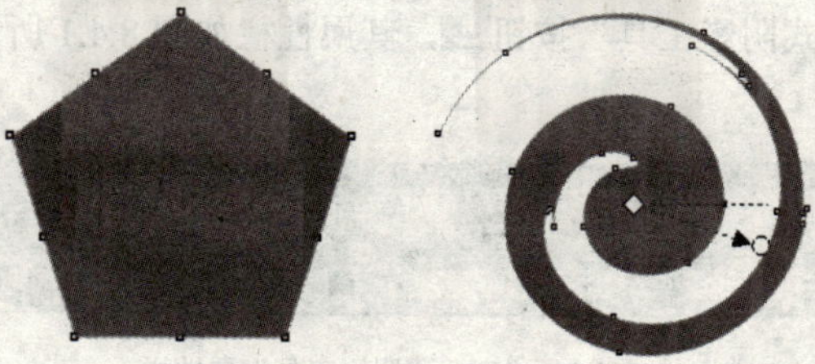

图 8.3.9　扭曲变形

在“交互式变形工具”属性栏中单击下拉列表，可从弹出的下拉列表中为需要变形的对象选择一种预设的变形效果，如图 8.3.10 所示。

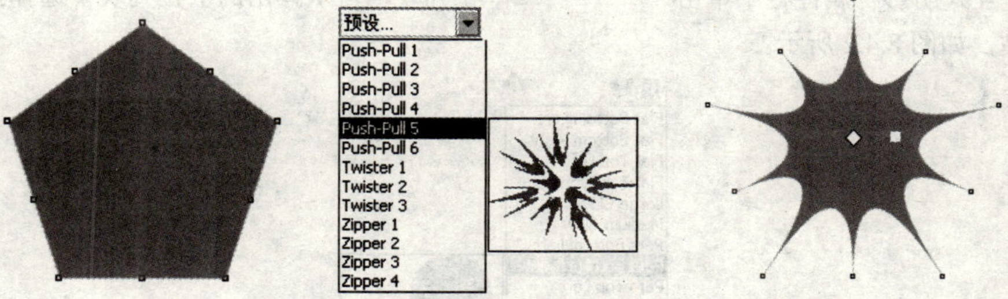

图 8.3.10　选择预设的变形效果

在属性栏中单击“顺时针变形”按钮，可将所选扭曲对象按顺时针进行旋转；单击“逆时针变形”按钮，可将所选扭曲对象按逆时针进行旋转；单击“中心变形”按钮，所选扭曲对象将以中心旋转，如图 8.3.11 所示。

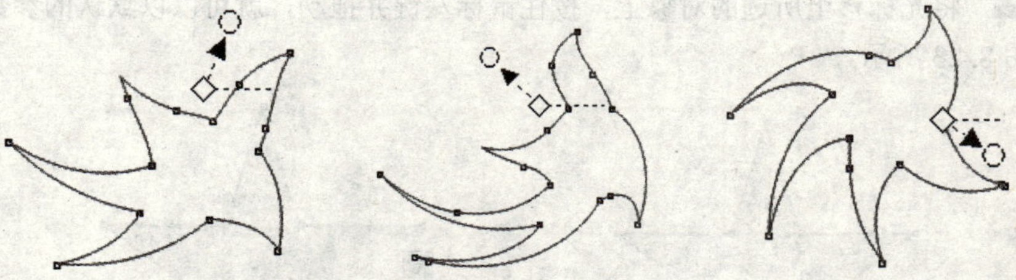

顺时针旋转　　逆时针旋转　　中心变形

图 8.3.11　3 种扭曲变形效果

在属性栏中的完全旋转微调框中输入数值，可设置所选扭曲对象的旋转圈数；在附加角度微调框中输入数值，可设置所选扭曲对象在原来旋转基础上再旋转的角度。

此外，单击属性栏中的“添加预设”按钮，可在弹出的另存为对话框中保存新的变形样式，将其添加到预置列表中，以备后用；单击“删除预设”按钮，可将选中的预设变形样式删除。

如要将已经添加的变形效果清除，只要选中添加了变形效果的对象，单击“交互式变形工具”属性栏中的“清除变形”按钮即可。

8.4　交互式阴影效果

交互式阴影工具可直接为对象添加阴影效果。在 CorelDRAW X4 中，创建的大部分对象都能使用此工具进行处理，而一些特殊的对象则无法使用此工具，如轮廓对象、立体化对象以及渐变对象。

单击工具箱中的“交互式阴影工具”按钮，其属性栏如图 8.4.1 所示。通过此属性栏可编辑对象的阴影效果。

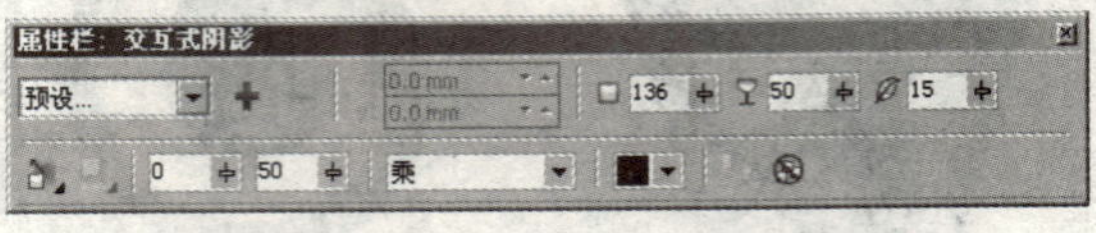

图 8.4.1 “交互式阴影工具”属性栏

8.4.1 阴影透视类型

在“交互式阴影”属性栏中单击 预设... 下拉列表，可从弹出的下拉列表中选择预设的阴影的透视类型，如图 8.4.2 所示。

图 8.4.2 预设阴影类型

如果要为对象添加阴影效果，可先选择需要添加阴影的对象，然后单击工具箱中的“交互式阴影工具”按钮，将光标移至所选的对象上，按住鼠标左键并拖动，就可以以默认的参数生成一种阴影效果，如图 8.4.3 所示。

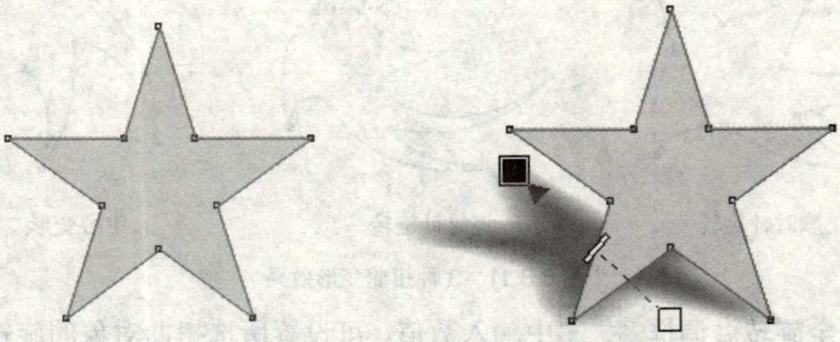

图 8.4.3 移动阴影位置

在 预设... 下拉列表中选择不同的透视类型，可产生不同的透视效果，如图 8.4.4 所示。

图 8.4.4 不同阴影类型的效果

8.4.2 阴影羽化设置

阴影羽化是表现对象阴影的清晰程度。在“阴影工具”属性栏中单击“阴影羽化方向”按钮，可打开阴影羽化方向的设置面板，如图 8.4.5 所示，在此面板中可以为羽化的对象选择阴影的方向。

在“阴影工具”属性栏中的阴影羽化输入框中输入数值，可调整阴影边缘的模糊程度，其取值范围在 0～100 之间。

单击属性栏中的“阴影羽化边缘”按钮，可从打开的阴影羽化边缘面板中选择不同的阴影羽化边缘的类型，如图 8.4.6 所示。

图 8.4.5 羽化方向设置面板

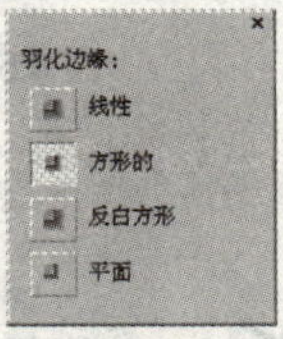

图 8.4.6 阴影羽化边缘面板

8.4.3 设置阴影透明度

在“交互式阴影工具”属性栏的阴影的不透明度输入框中输入数值，可设置下落式阴影的不透明度。其取值范围在 0～100 之间，数值越大，阴影的不透明度就越强，对象的阴影将变得更深，如图 8.4.7 所示。

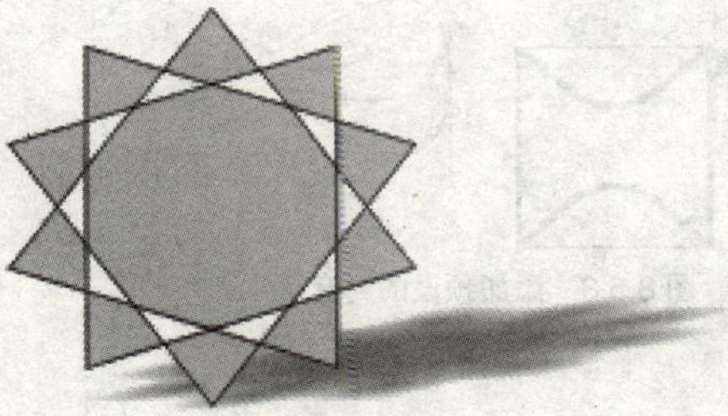

阴影不透明度为 40

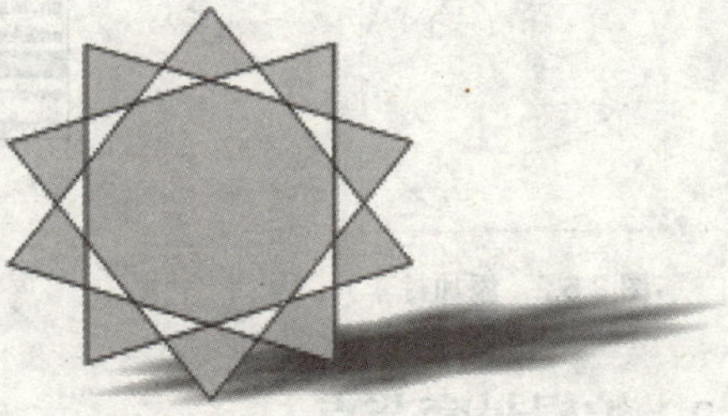

阴影不透明度为 80

图 8.4.7 改变阴影不透明度效果

8.4.4 阴影的颜色

在“阴影工具”属性栏中单击下拉列表，可从弹出的调色板中选择阴影的颜色，如图 8.4.8 所示。

图 8.4.8 设置阴影颜色

8.5 交互式封套效果

交互式封套工具可用于同时改变对象多个节点的性质，例如位置的变化、受力大小的变化等。通过交互式工具以及属性栏中的选项设置，可以很方便地编辑封套，从而得到各种形状的图形。

“交互式封套工具”属性栏与形状工具的属性栏有很多相同的选项，如图 8.5.1 所示。

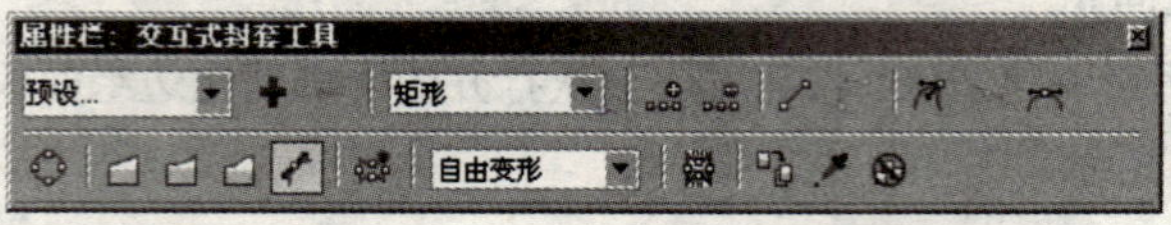

图 8.5.1 “交互式封套工具”属性栏

8.5.1 添加封套

要为图形对象添加默认的封套和预置封套的方法很简单，具体操作步骤如下：

（1）使用挑选工具选择要添加封套效果的对象。

（2）在工具箱中单击“交互式封套工具”按钮，此时被选中的对象就会自动出现一个由节点控制的矩形封套，如图 8.5.2 所示。

（3）在属性栏中单击预设...下拉列表，可从弹出的下拉列表中选择预设封套，此时，原对象将受到所选封套的约束，如图 8.5.3 所示。

图 8.5.2 添加封套

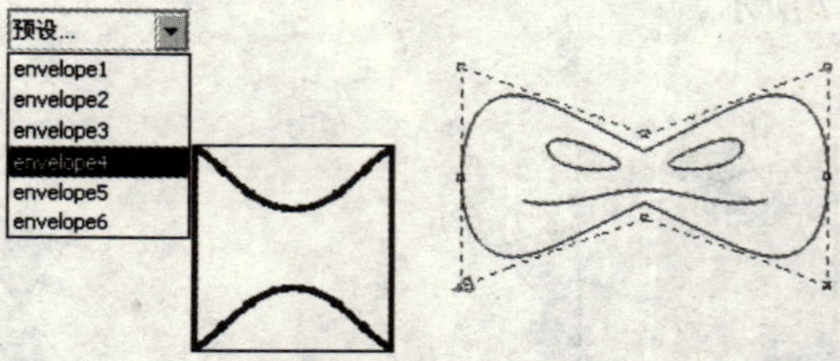

图 8.5.3 添加预设的封套

8.5.2 编辑封套节点

编辑封套节点的方法与编辑曲线节点的方法相似，都可以进行添加、删除、移动或改变节点的属性等操作。对图形对象封套节点的具体编辑方法如下：

（1）将鼠标移至封套上的节点处，此时光标将变成形状，按住鼠标左键并拖动封套的节点，即可改变封套中对象的形状，如图 8.5.4 所示。

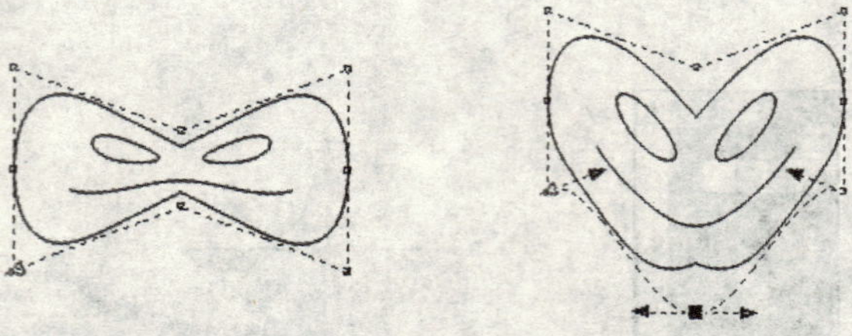

图 8.5.4 调节封套节点

（2）编辑封套节点也可以像编辑曲线节点一样，在某个位置增加一个节点或删除已经存在的节点。节点还可分为直线与曲线节点，通过属性栏中的转换曲线为直线与转换直线为曲线两个按钮，可实现曲线与直线的相互转换。

（3）通过改变节点的尖突、平滑与对称属性，可以调节封套节点的控制点。用鼠标拖动封套节点的控制点，可以改变封套内部对象受力的大小，从而改变对象的形状。

8.5.3　封套的模式

在“交互式封套工具”属性栏中提供了 4 种封套模式，即直线模式、单弧模式、双弧模式与非强制模式。在这 4 种封套模式下可以编辑封套的节点。

进入封套变形后，单击属性栏中的“封套的直线模式”按钮，在使用鼠标调节封套节点变形对象时，将以直线进行变形；单击“封套的单弧模式”按钮，在使用鼠标调节封套节点变形对象时，将以单一弧度变形；单击“封套的双弧模式”按钮，在使用鼠标调节变形对象时，将以双弧度扭曲；单击“封套的非强制模式”按钮，则可以不受任何约束地进行任意变形对象，如图 8.5.5 所示。

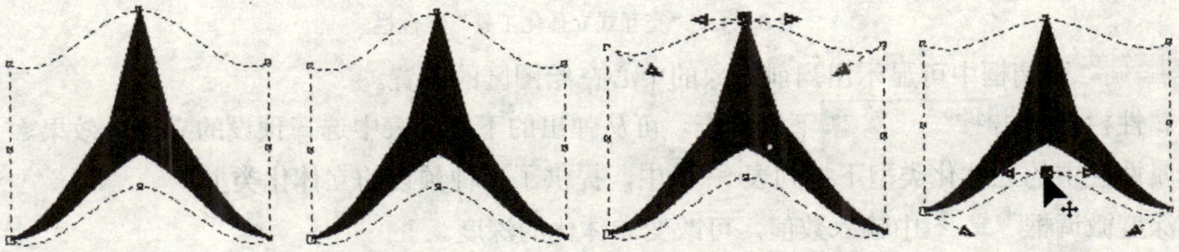

直线模式　　单弧模式　　双弧模式　　非强制模式

图 8.5.5　封套的 4 种模式

8.5.4　映射模式

在“交互式封套工具”属性栏中单击 自由变形 下拉列表，可从弹出的下拉列表中选择不同的映射模式，使封套中的对象适合封套的形状。

水平：此模式先是伸展对象以适合封套的基本尺寸，然后水平压缩对象以适合封套的形状。

原始的：此模式先将对象边角的控制点映射到封套的边角节点上，然后再将其他节点沿对象的边缘线性映射。

自由变形：此模式只将对象边角的控制点映射到封套的边角节点上，其他节点都被忽略。

垂直：此模式将伸展对象以适合封套的基本尺寸，然后垂直压缩对象以适合封套的形状。

在“封套工具”属性栏中单击“创建封套自”按钮，可以将一个指定的封套形状复制到当前的封套图形中，建立一个新的封套，如图 8.5.6 所示。

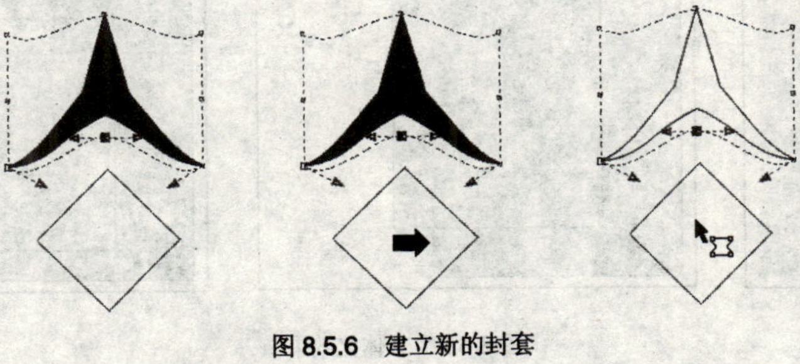

图 8.5.6　建立新的封套

单击属性栏中的“转换为曲线”按钮，可以将对象上的封套转换为曲线对象，从而可以像编辑曲线对象一样编辑它。

如果需要将一个封套对象的属性应用到另一个对象上，单击属性栏中的“复制封套模式”按钮即可。

8.6 交互式立体效果

交互式立体化工具可以为一个平面对象添加立体化效果。在 CorelDRAW X4 中创建的任何图形、文字或线条都可以进行立体化处理。

单击工具箱中的“交互式立体化工具”按钮，其属性栏显示如图 8.6.1 所示。

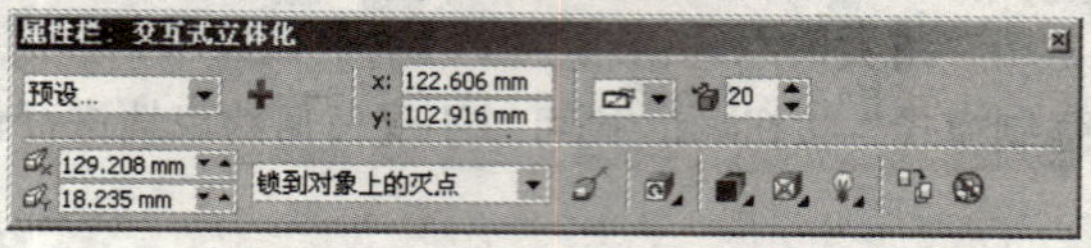

图 8.6.1 “交互式立体化工具”属性栏

在微调框中可显示出当前对象的中心在绘图区的位置。

在属性栏中单击下拉列表，可从弹出的下拉列表中选择预设的立体化效果。

在属性栏中的立体化类型下拉列表中，提供了 6 种预设的立体化类型。

在深度微调框中输入数值，可改变立体化的深度。

单击灭点属性下拉列表，可从弹出的下拉列表中选择几种不同的灭点属性。

单击“VP 对象/VP 页面”按钮，可以相对于对象和页面设置灭点。

单击“立体的方向”按钮，通过输入数值可以调节对象的角度。

单击“颜色”按钮，可以为立体对象填充颜色。

单击“斜角修饰边”按钮，可以使立体化对象产生斜边倒角的效果。

单击“照明”按钮，可以为对象添加灯光，模拟灯光的仿真效果。

单击“清除立体化”按钮，可以删除立体化效果。

8.6.1 交互式立体化效果

选择要添加立体化的图形对象，单击工具箱中的“交互式立体化工具”按钮，再单击对象并按住鼠标左键拖动，即可使所选对象产生立体化效果，如图 8.6.2 所示。还可以通过鼠标拖动蓝色虚线尾部的 ✕ 形状来改变立体化的方向；拖动蓝色虚线上的矩形块则可调节立体化的深度。

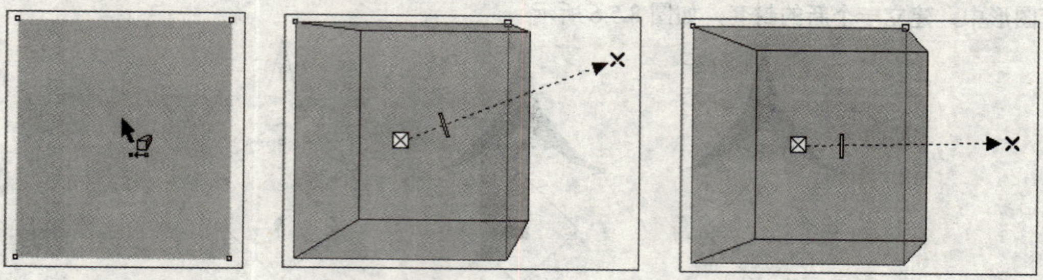

图 8.6.2 立体化效果

8.6.2　交互式立体化类型

为对象添加交互式立体化变形效果后，单击属性栏中的立体化类型下拉列表，可从弹出的下拉列表中选择一种预设的立体化类型，如图 8.6.3 所示。

在属性栏中单击 预设... 下拉列表，可从弹出的下拉列表中选择一种预设的变形样式，如图 8.6.4 所示。

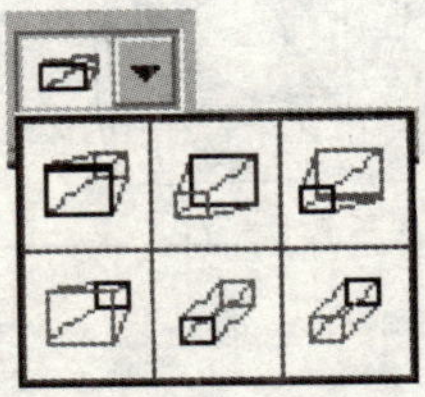

图 8.6.3　交互式立体化类型下拉列表

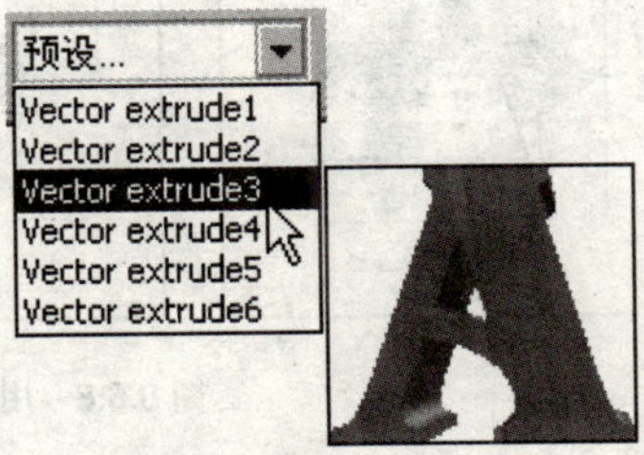

图 8.6.4　交互式立体化预设下拉列表

8.6.3　立体化深度

在“交互式立体化工具”属性栏中的深度微调框 20 中输入数值，可设置立体化的深度。输入的数值越大，对象的立体化深度就越深，如图 8.6.5 所示。

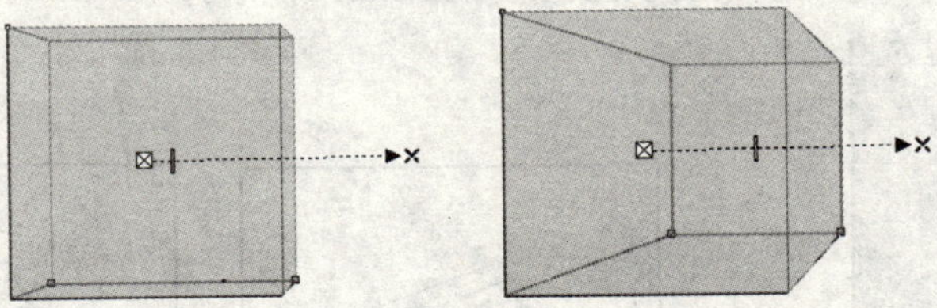

深度为 20　　深度为 40

图 8.6.5　改变对象立体化变形深度

在属性栏中的灭点坐标微调框 31.195 mm 135.863 mm 中输入数值，可设置灭点的位置。灭点是一个设想的点，它在对象后面的无限远处，投影绘图区中时用 ✕ 形状表示；如果对象向消失点变化，就会产生出透视感。

8.6.4　旋转立体化对象

单击属性栏中的“立体的方向”按钮，可打开立体化方向控制面板，如图 8.6.6 所示，通过该面板可旋转立体化对象。

使用鼠标直接拖动圆盘即可旋转所选的立体化对象，如图 8.6.7 所示。

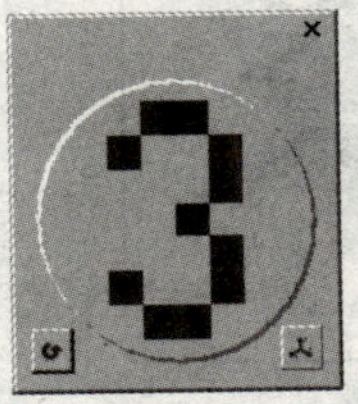

图 8.6.6　立体化方向控制面板

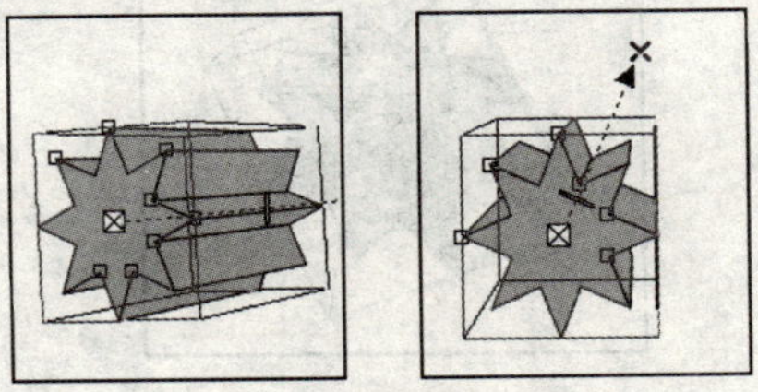

图 8.6.7　旋转立体化对象

使用鼠标单击处于选中状态的立体化对象，此时立体化对象上可出现一个圆形的旋转调节器，将光标移至旋转调节器 4 个控制点的任意一个上，按住鼠标左键并拖动，即可旋转立体化对象，如图 8.6.8 所示。将光标移至调节器内，光标变为形状，按住鼠标左键拖动，可以对立体对象进行任意角度的旋转。

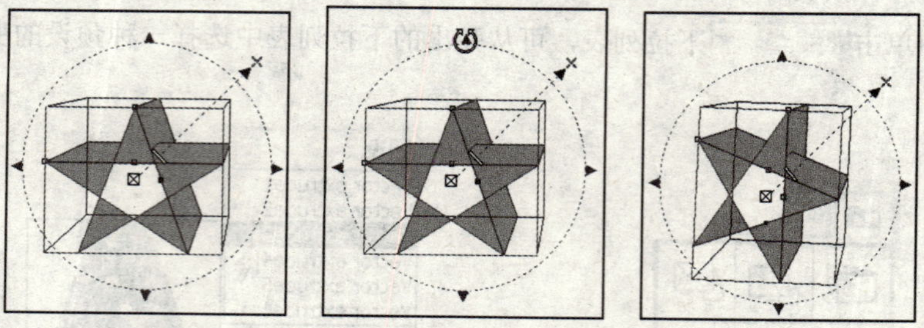

图 8.6.8　用鼠标旋转立体对象

8.6.5　改变立体化对象的颜色

单击属性栏中的“颜色”按钮，可打开立体颜色面板，如图 8.6.9 所示，可以在此面板中设置立体化对象的部分填充颜色。

在此面板中单击“使用纯色”按钮，可激活第一个选择颜色按钮，单击该按钮可从打开的调色板中为立体化对象重新选择一种填充色，如图 8.6.10 所示。

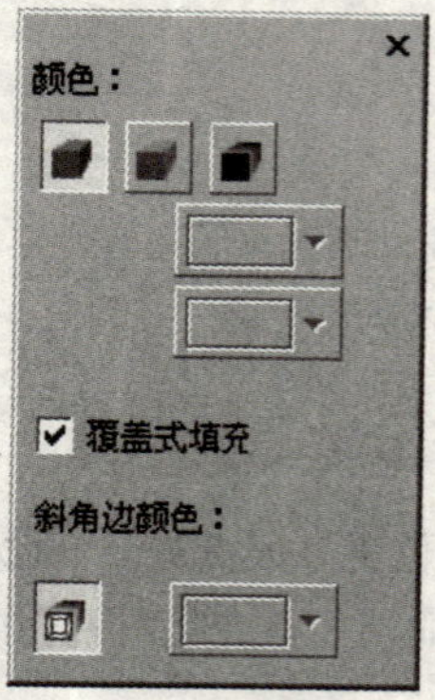

图 8.6.9　立体颜色面板

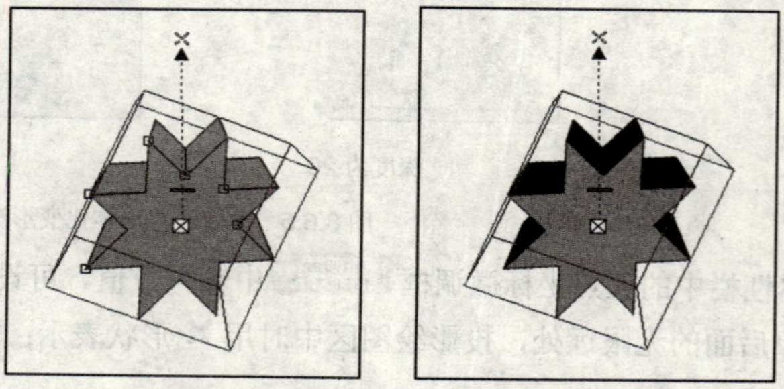

图 8.6.10　使用纯色填充立体化对象

在立体化颜色面板中单击“使用递减的颜色”按钮，可激活前两个颜色按钮，单击第一个颜色按钮，可从打开的调色板中选择一种立体化部分的填充色；单击下面的颜色按钮，可从打开的调色板中选择立体化对象的阴影颜色，从而制作出具有色彩变化的立体效果，如图 8.6.11 所示。

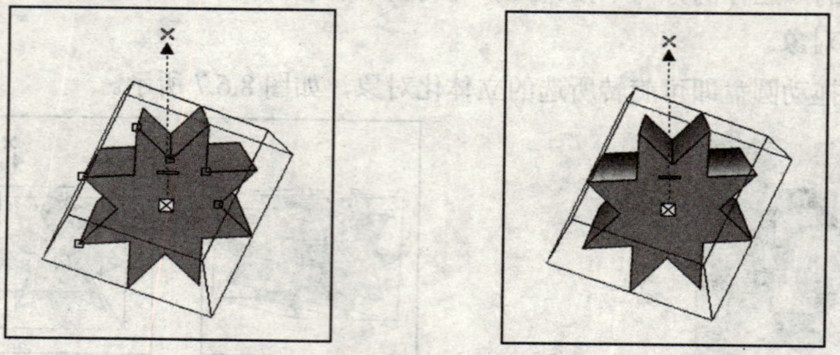

图 8.6.11　制作色彩明暗变化的立体效果

8.6.6 斜角立体化对象

在“交互式立体化工具”属性栏中单击“斜角修饰边”按钮，可打开斜角修饰边控制面板，在此面板中的斜角修饰边深度与斜角修饰边角度微调框中输入适当的值，可制作出带有斜边的立体效果，如图 8.6.12 所示。

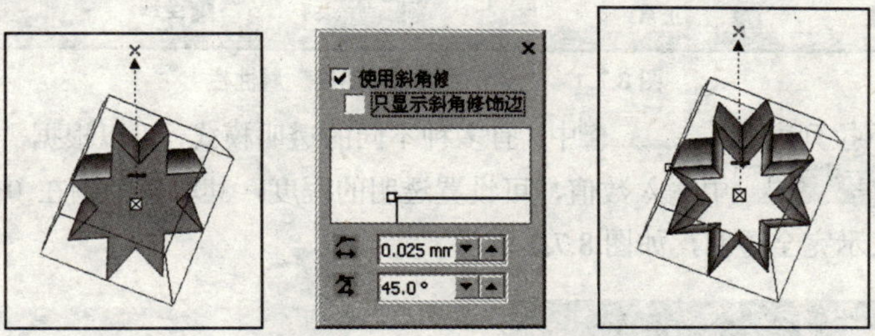

图 8.6.12 为立体化对象修饰斜边

如果选中只显示斜角修饰边复选框，可得到一个仅有斜边而没有深度的立体效果，如图 8.6.13 所示。

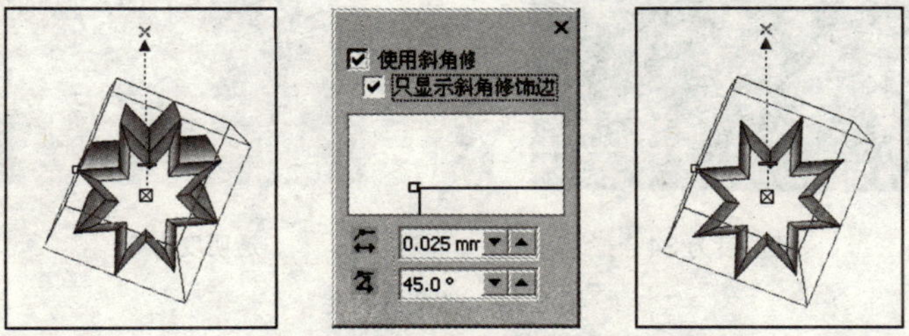

图 8.6.13 仅显示斜边效果

8.6.7 立体化照明

在“交互式立体化工具”属性栏中单击“立体照明”按钮，可打开立体化照明控制面板，从中选择光源的类型与光线的强度，可以制作出立体化光源效果，如图 8.6.14 所示。

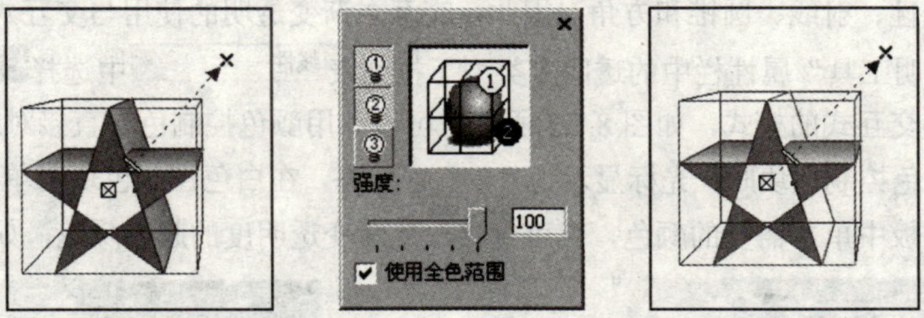

图 8.6.14 立体化照明效果

8.7 交互式透明效果

使用交互式透明工具可以对对象应用均匀、渐变、图样或底纹透明效果，其实质就是在对象当前的填充效果上应用一个灰度遮罩，效果与 Photoshop 中的图层蒙版类似。

8.7.1 标准透明度

单击工具箱中的“交互式透明工具”按钮，在其属性栏中的透明度类型下拉列表无中选择标准选项，此时属性栏如图 8.7.1 所示。

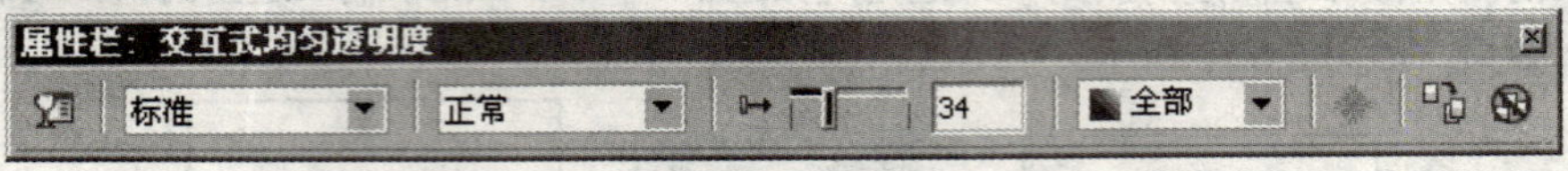

图 8.7.1 “交互式均匀透明度”属性栏

在透明度操作下拉列表正常中，有多种不同的透明模式，可以根据需要选择不同的模式。在开始透明输入框34中输入数值，可设置透明的程度，其取值范围在 0～100 之间，0 表示无透明效果；100 表示完全透明，如图 8.7.2 所示。

透明度为 34　　透明度为 60

图 8.7.2 改变透明度

在属性栏中的透明目标下拉列表全部中，可设置调整透明度的范围，包括全部、填充与轮廓 3 个选项。

8.7.2 渐变透明度

渐变透明度与渐变填充一样，在属性栏中的透明度类型下拉列表无中提供了 4 种渐变过渡的方式，即线性、射线、圆锥和方角。因此，交互式渐变透明的使用与交互式填充是相同的。

在“交互式透明工具”属性栏中的透明度类型下拉列表线性中选择线性选项，此时所选的对象将变为交互式的模式，如图 8.7.3 所示，可以利用颜色控制色块直接对透明的效果进行调整。移动鼠标至白色控制色块时，光标显示为“+”字状态，在白色控制色块上单击，即可选中白色色块，直接在调色板中单击需要的颜色，就可直接改变渐变透明度的起始颜色，如图 8.7.4 所示。

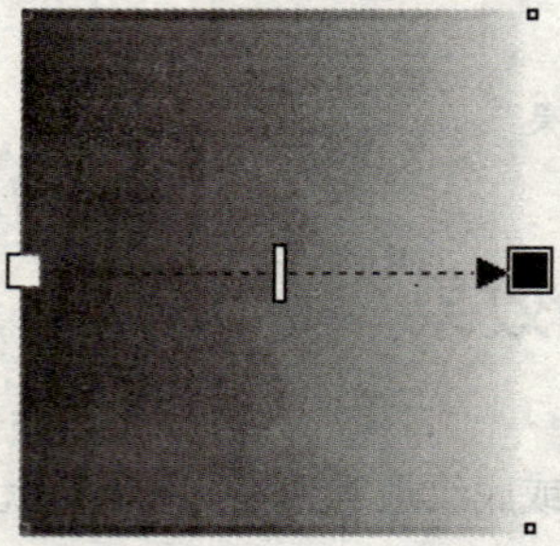

图 8.7.3 交互式线性透明模式

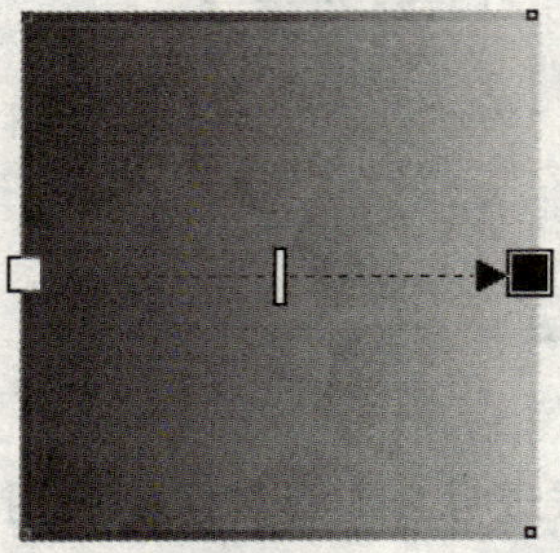

图 8.7.4 改变起始颜色

8.7.3 图样透明度

图样透明度与图样填充一样，也有双色、全色与位图 3 种方式。在“交互式透明工具”属性栏中的透明度类型下拉列表无中选择双色图样选项，可显示出该选项的属性栏，如图 8.7.5 所示。

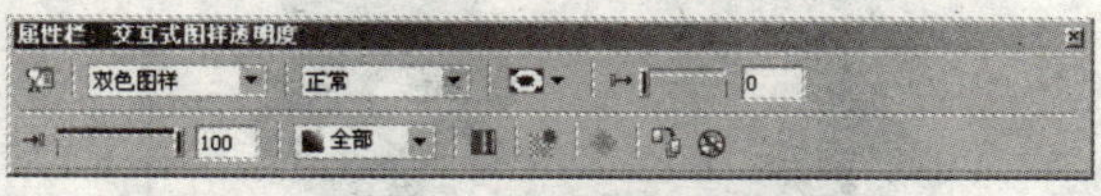

图 8.7.5 “交互式图样透明度”属性栏

要为所选的对象应用图样透明度，可在属性栏中单击下拉列表，从弹出的下拉列表中选择一种预设的图样，即可使所选的图样应用于所选的对象中，如图 8.7.6 所示。

利用交互式透明的方式可以进一步调节圆的透明位置、大小、角度与颜色，只需要将鼠标移至控制色块上，按住鼠标左键并移动，就可以进行旋转变换。变换不但可以调节虚线矩形的倾斜度，而且也可对矩形的中心（菱形色块处）进行调节，如图 8.7.7 所示。

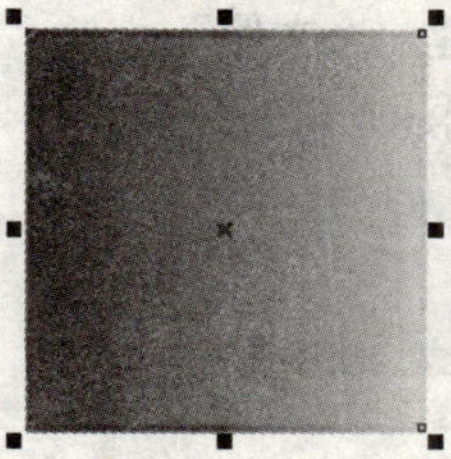
图 8.7.6 应用图样透明度

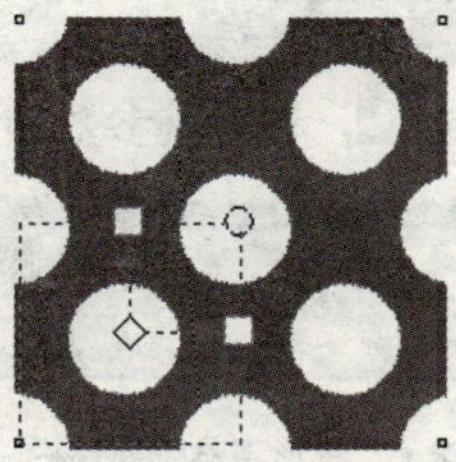
图 8.7.7 调节图样透明度

8.7.4 底纹透明度

在“交互式透明工具”属性栏中的透明度类型下拉列表无中选择底纹选项，此时“交互式底纹透明度工具”属性栏如图 8.7.8 所示。

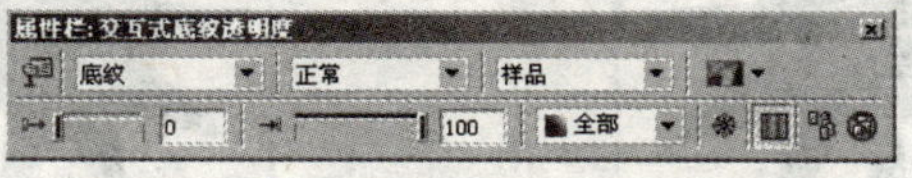

图 8.7.8 “交互式底纹透明度工具”属性栏

使用挑选工具选择需要填充底纹透明的对象，在底纹透明度属性栏中单击底纹库下拉列表框样品，可从弹出的下拉列表中选择一种底纹的样本，然后在属性栏中单击下拉列表，从弹出的下拉列表中选择一种预设的底纹，此时即可为所选择的对象填充底纹透明的效果，如图 8.7.9 所示。

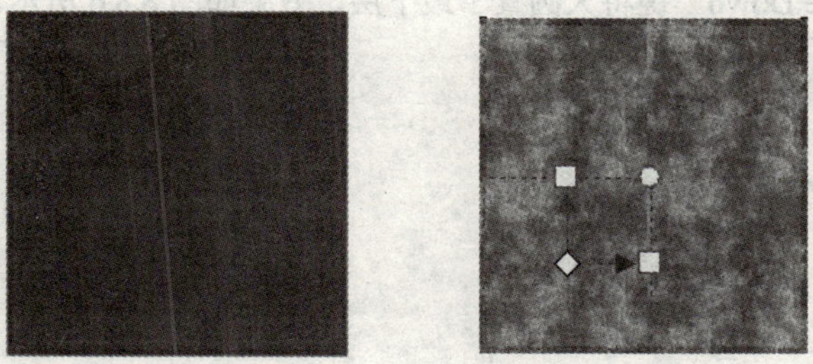
图 8.7.9 应用底纹透明度

8.8 典型实例——制作齿轮

本例将制作“齿轮”效果，最终效果如图 8.8.1 所示。

图 8.8.1 最终效果图

操作步骤

（1）选择 文件(F) → 新建(N) Ctrl+N 命令，新建一个文件。

（2）选择工具箱中的“星形工具”按钮，设置其参数如图 8.8.2 所示。

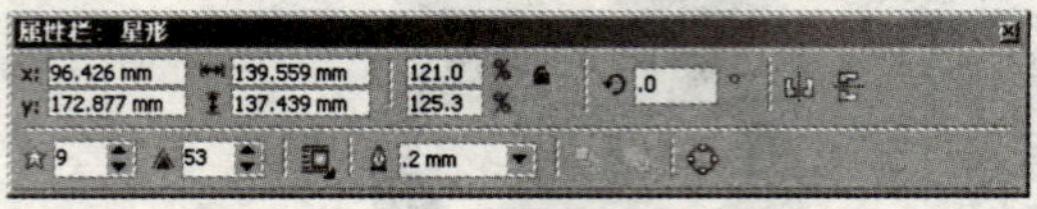

图 8.8.2 “星形工具”属性栏

（3）在绘图区中拖动鼠标绘制星形对象，并填充 80%黑色，效果如图 8.8.3 所示。

（4）单击工具箱中的“椭圆工具”按钮，按住“Ctrl”键绘制正圆，选中两个对象，按“E”键和“C”键使对象水平居中对齐和垂直居中对齐，效果如图 8.8.4 所示。

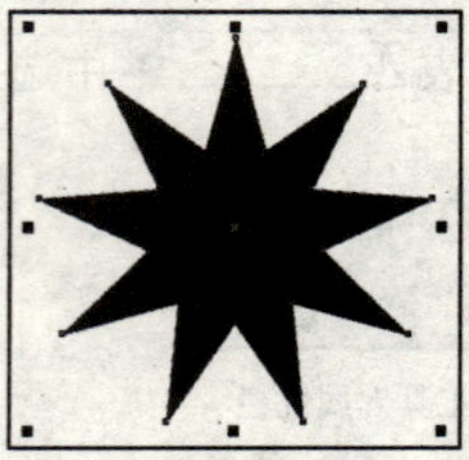

图 8.8.3 绘制星形

图 8.8.4 绘制椭圆并居中

（5）按小键盘区的“+”号键复制正圆，调整其大小，使其覆盖星形的大部分，效果如图 8.8.5 所示。

（6）按“Shift+Page Down”键将大圆置于最下层，效果如图 8.8.6 所示。

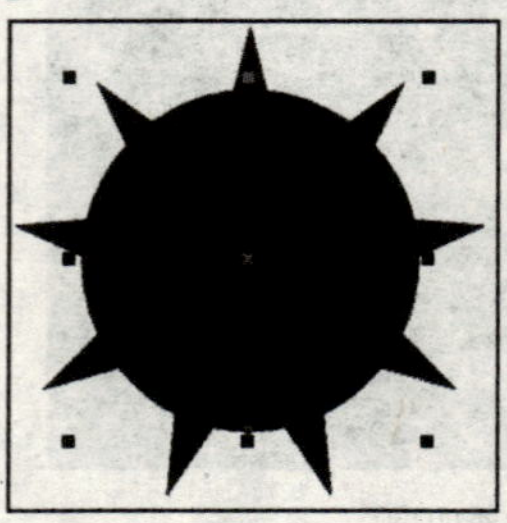

图 8.8.5 调整圆大小

图 8.8.6 将大圆置于最下层

（7）选择菜单栏中的 窗口(W) → 泊坞窗(D) → 造形(P) 命令，打开“造形”泊坞窗，选择其中的 焊接 选项，选中小圆和星形，单击 焊接到 按钮后单击小圆，焊接后效果如图 8.8.7 所示。

（8）选择菜单栏中的 窗口(W) → 泊坞窗(D) → 造形(P) 命令，打开“造形”泊坞窗，选择其中的 相交 选项，选中大圆，单击 相交 按钮后单击焊接后图形，相交效果如图 8.8.8 所示。

图 8.8.7　焊接后效果

图 8.8.8　相交后效果

（9）选择工具箱中的“椭圆工具”按钮，按住“Ctrl”键在图中绘制正圆，并使之与原图形垂直对齐和水平对齐，效果如图 8.8.9 所示。

（10）选择“造形”泊坞窗中的 修剪 选项，选中小圆，单击 修剪 按钮后单击多边形，修剪后效果如图 8.8.10 所示。

图 8.8.9　绘制小圆

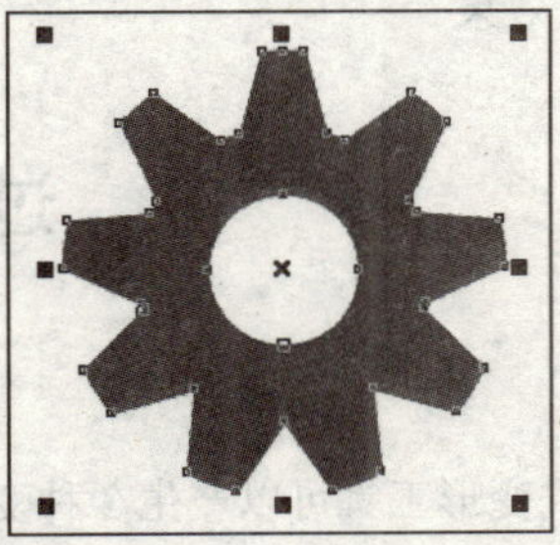
图 8.8.10　修剪后效果

（11）选择工具箱中的“交互式立体化工具”按钮，拖动鼠标使图形产生立体效果，其效果如图 8.8.11 所示。

（12）选择工具箱中的“渐变填充工具”按钮，在弹出的 渐变填充 对话框中设置渐变为“黑色到灰色”，设置其他参数如图 8.8.12 所示。

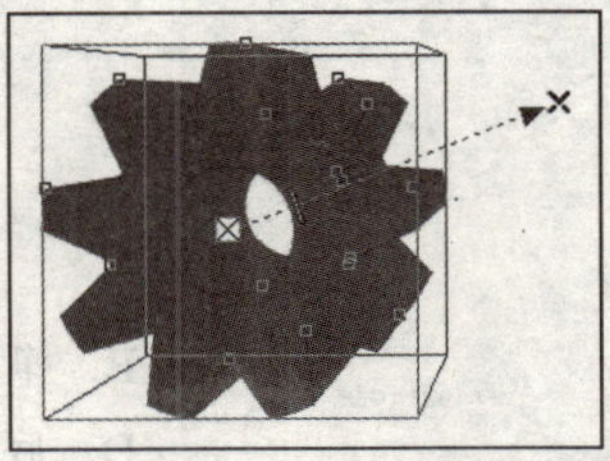
图 8.8.11　拉出立体化效果

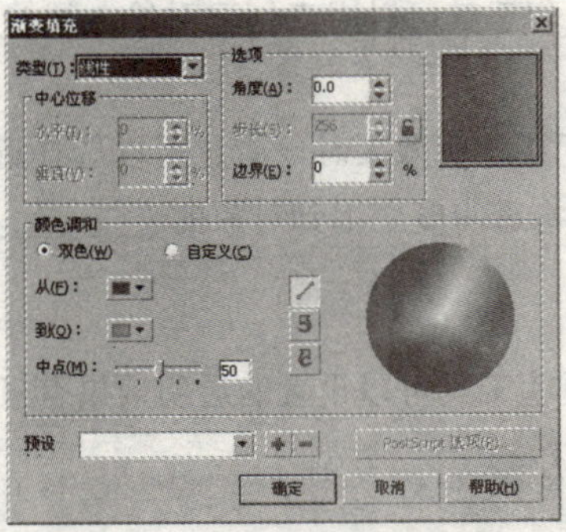

图 8.8.12　“渐变填充”对话框

（13）单击 确定 按钮，渐变效果如图 8.8.13 所示。

（14）复制两个齿轮调节其立体化角度，效果如图 8.8.14 所示。

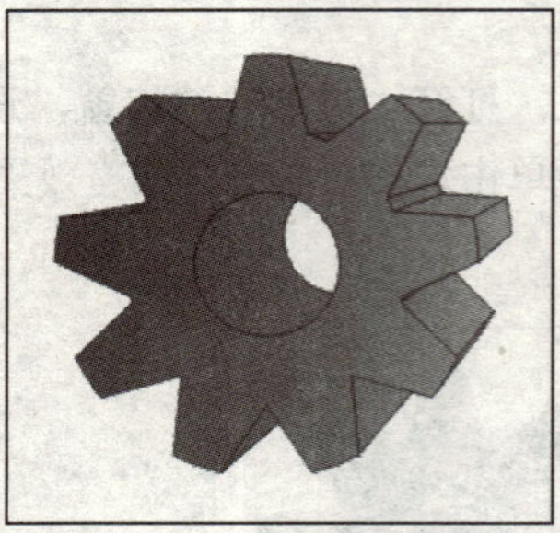

图 8.8.13　渐变效果

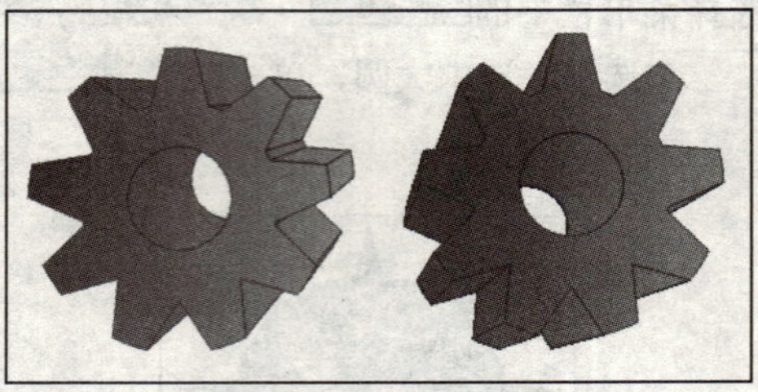

图 8.8.14　调整立体化角度

（15）另外复制一个齿轮，调整其立体化角度，并更改渐变颜色，调整 3 个齿轮的大小及位置，最终效果如图 8.8.1 所示。

小　　结

本章主要介绍了 CorelDRAW X4 中交互式特效的应用，包括调和效果、封套效果、立体化效果、各种透明效果以及阴影效果等。通过本章的学习，读者应不断地练习使用这些交互式工具，并能制作出各种特殊的对象效果。

过关练习八

一、填空题

1．使用交互式变形工具可以产生 3 种变形效果，即__________、__________与__________。

2．使用__________工具可以使两个分离的对象之间逐步产生调和化的叠影。

3．单击工具箱中的交互式调和工具右下角的黑色小三角，弹出交互式调和工具组，分别为__________、__________、__________、__________、__________、__________和__________。

4．交互式封套工具包括 4 种映射模式，分别为__________、__________、__________和__________。

5. 交互式调和工具可以用来创建对象之间的__________、__________、__________及__________的过渡效果。

6．创建交互式透明效果时，用户可以选择透明度应用范围，既可以将透明度应用到对象的内部填充上，也可以将透明度应用到对象的__________。

二、选择题

1．交互式透明工具可以设置的透明效果有（　）。

A．均匀　　　　B．渐变

C．图案　　　　D．底纹

2．（　）对象是将两个或多个对象的重叠区域创建为一个新的对象。

A．修剪　　B．相交

C．前减后　　D．焊接

3．在 CorelDRAW X4 中提供了（　）种交互式工具。

A．5　　B．6

C．7　　D．8

4．在“交互式封套工具”属性栏中提供了（　）种封套模式。

A．4　　B．3

C．2　　D．1

5．在“交互式透明度工具”属性栏中的透明度类型中提供了（　）种渐变透明填充的方式。

A．1　　B．2

C．3　　D．4

三、简答题

1．可以对应用过交互式阴影效果的对象进行阴影分辨率的设置吗？应如何操作？

2．清除交互式效果的方法有几种？分别是什么？

3．交互式透明工具为用户提供了哪几种填充方式？

4．如何创建多个图形对象之间的调和效果？

5．为对象创建阴影效果后，如何改变其阴影的颜色、阴影的羽化以及阴影的不透明度？

6．为对象添加立体化效果后，如何设置其立体化的颜色为渐变色？

四、上机操作题

1．练习创建多个图形对象之间的调和效果，最终效果如题图 8.1 所示。

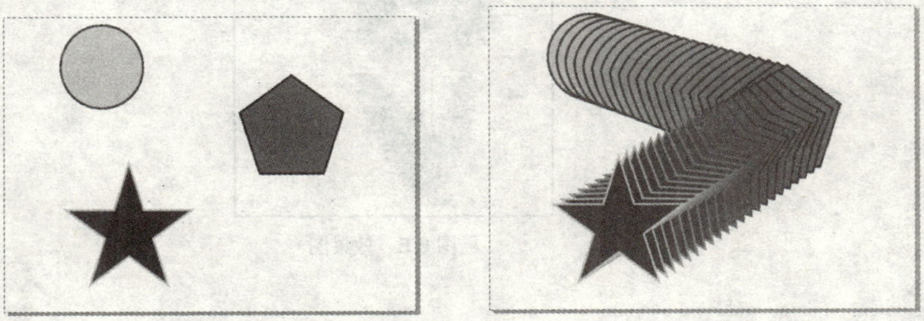

（a）原图　　（b）效果图

题图　8.1

2．使用文字工具在绘图区中输入如题图 8.2（a）所示的文字，然后使用交互式轮廓工具为文字制作如题图 8.2（b）所示的轮廓字效果。

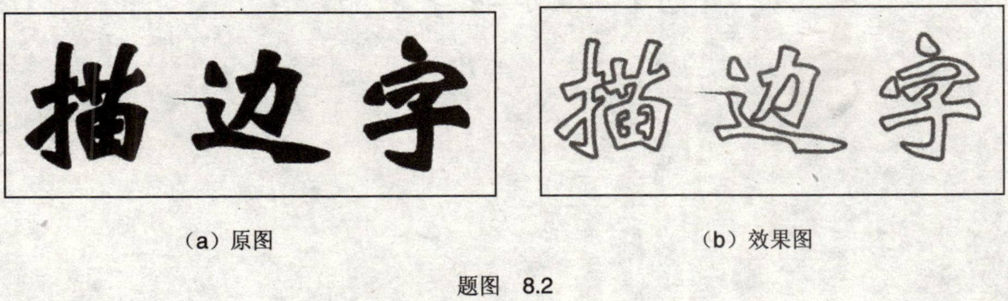

（a）原图　　（b）效果图

题图　8.2

3．使用文字工具在绘图区中输入如题图 8.3（a）所示的文字，然后使用交互式轮廓工具为文字制作如题图 8.3（b）所示的轮廓字效果。

（a）原图

（b）效果图

题图 8.3

4．运用本章所学内容制作如题图 8.4 所示的立体字效果。

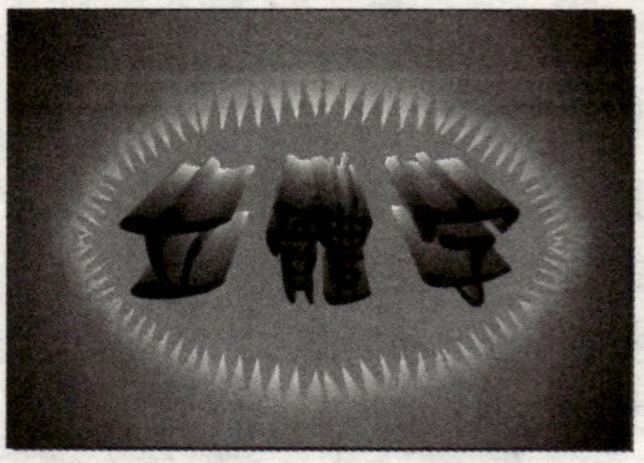

题图 8.4　效果图

5．新建一个图形文件，在绘图区中绘制如题图 8.5 所示的花效果。

题图 8.5　效果图

第9章 透镜与其他特殊效果

本章要点

- ☑ 透镜效果
- ☑ 图框精确剪裁对象
- ☑ 添加透视点
- ☑ 复制与克隆效果

学习目标

在 CorelDRAW X4 的效果菜单中，提供了许多特殊效果命令，通过使用这些命令可以完成多种特殊效果。本章主要介绍这些特殊效果命令的使用方法与功能。

9.1 透镜效果

透镜效果应用了日常所用的照相机镜头的某些原理，将一个镜头放在对象上，使对象在镜头的影响下产生各种不同的效果，如透明、放大、反显或线框等。但透镜只对在它后面的对象产生一种查看效果，而不能改变对象本身的属性。

9.1.1 应用透镜

透镜可以用在 CorelDRAW 创建的任何封闭图形上，如圆形、三角形、多边形以及矩形等，也可以用于改变位图的观察效果。但透镜不能应用在已做了立体化、交互式渐变效果以及轮廓线对象上。

（1）如果要对位图进行透镜处理，则需要先将其导入，然后在位图需要改变的位置绘制一个封闭的图形对象，并进行填充，将其作为透镜的镜头，如图 9.1.1 所示。

（2）选择菜单栏中的 效果(C) → 透镜(S) 命令，打开 透镜 泊坞窗，如图 9.1.2 所示。

图 9.1.1　创建透镜的镜头

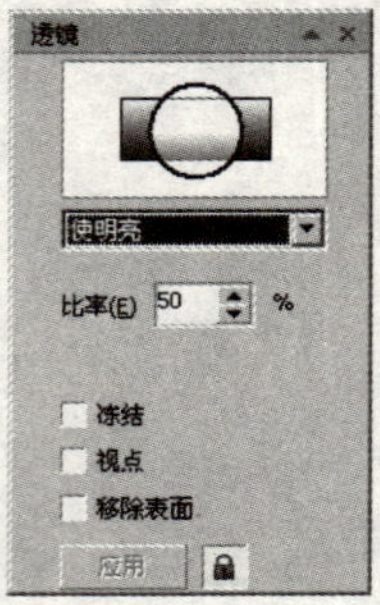

图 9.1.2　“透镜”泊坞窗

（3）在 透镜 泊坞窗中的透镜类型下拉列表 使明亮 中选择 使明亮 选项，并通过在 比率(E) 微调框中输入数值，可改变图像的明暗比例，然后单击 应用 按钮，即可看到镜头下面的图像亮度发生了改变，如图 9.1.3 所示。

9.1.2 透镜类型

在 透镜 泊坞窗中单击透镜类型下拉列表 使明亮 ，可弹出如图 9.1.4 所示的下拉列表，在此列表中提供了多种不同的透镜类型。

图 9.1.3　应用透镜所产生的效果

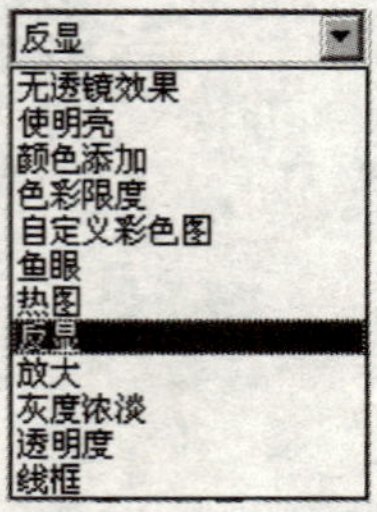

图 9.1.4　透镜类型下拉列表

下面分别介绍不同透镜类型所产生的不同图像效果。

1．颜色添加

使用颜色添加透镜可以将对象的颜色与透镜的颜色当成光线，将这些光线混合起来就产生了透镜的新增色效果。

在透镜类型下拉列表 使明亮 中选择 颜色添加 选项，然后在 比率(E): 微调框中输入数值，它的取值范围在 0～100%之间，0 表示没有光线添加到对象上，因此对象的颜色不变。单击 颜色: 右侧的下拉列表框，可从打开的调色板中选择一种透镜的颜色，最后单击 应用 按钮，得到的透镜效果如图 9.1.5 所示。

2．色彩限度

色彩限度透镜的效果与照相机上的颜色过滤镜片类似，只显示透镜本身的颜色与黑色，而其他的颜色将被转换成透镜的颜色。

在透镜类型下拉列表 使明亮 中选择 色彩限度 选项，然后在 比率(E): 微调框中输入数值可设置透镜的深度，数值越大，限制就越大，也就越接近透镜本身的颜色加黑色；在 颜色: 列表中选择透镜的颜色，最后单击 应用 按钮，得到的效果如图 9.1.6 所示。

图 9.1.5　颜色添加透镜效果

图 9.1.6　色彩限度透镜效果

3．自定义彩色图

自定义彩色图透镜可使透镜对象颜色按照所设置的两种颜色之间的范围显示。

在透镜类型下拉列表 使明亮 中选择 自定义彩色图 选项，此时 透镜 泊坞窗显示如图 9.1.7 所示。

在 从: 与 到: 下面的颜色列表中可以为透镜选择两种颜色，单击 <> 按钮，可交换所选两种颜色的顺序，这种颜色的变化过程有 3 种，分别为 直接调色板 、 向前的彩虹 和 反转的彩虹 。

单击 应用 按钮，图像应用自定义彩色图透镜后的效果如图 9.1.8 所示。

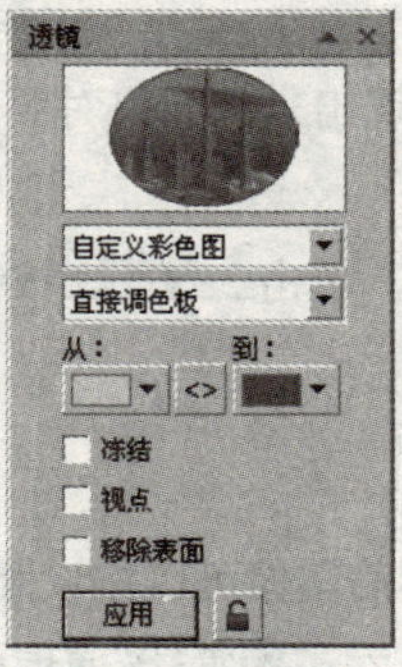

图 9.1.7　“自定义彩色图”选项

图 9.1.8　自定义彩色图透镜效果

4．鱼眼

鱼眼透镜模拟照相机中的鱼眼镜头向外或向内的视觉效果，使图像呈现变形、放大或缩小的状态。

在透镜类型下拉列表使明亮中选择鱼眼选项，在比率(E):微调框中输入数值，可设置图像的变形程度。取值范围在-1000%～1000%之间，当数值为正数时，图像将变形并且放大；当数值为负数时，图像将变形并且缩小；数值为0时，图像无变化。

设置好参数后，单击应用按钮，得到的效果如图 9.1.9 所示。

图 9.1.9 鱼眼透镜效果

5．热图

热图透镜可使图像产生红外图像的效果。该透镜通过使用红、橙、黄、白、青、蓝与紫色来调节透镜作用下的图像的冷暖效果。

在透镜类型下拉列表使明亮中选择热图选项，在调色板旋转:微调框中输入数值，可控制透镜对象的冷暖色，暖色显示为红色和橙色，冷色显示为青色和紫色。输入数值为 0 或 100 时，就会使透镜下的暖色显示为青色和白色；输入数值为 50 时，就会使透镜下的冷色显示为红色。

设置好参数后，单击应用按钮，得到的热图透镜效果如图 9.1.10 所示。

图 9.1.10 热图透镜效果

6．反显

反显透镜可以使透镜下的所有图像都以 CMYK 颜色的补色显现出来。如果对照片使用此透视处理，则可显示出照片的底片效果。

在透镜类型下拉列表使明亮中选择反显选项，单击应用按钮，得到的效果如图 9.1.11 所示。

7．放大

使用放大透镜的效果如同使用放大镜查看物体，放大透镜下面的图像可以按设置的倍数被放大。

在透镜类型下拉列表使明亮中选择放大选项，在数量(U):微调框中输入数值，可设置放大的倍数。

设置好参数后，单击 应用 按钮，得到的效果如图 9.1.12 所示。

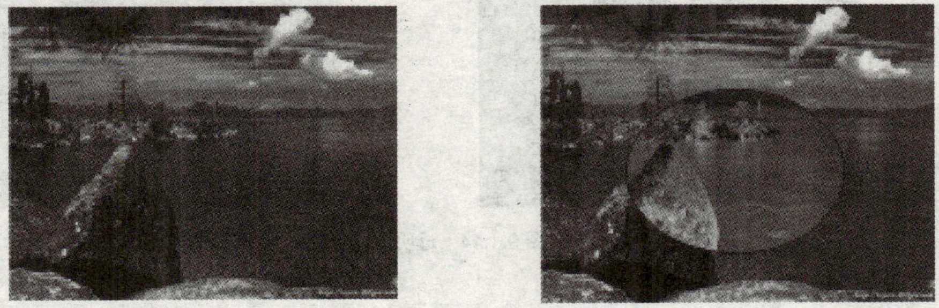

图 9.1.11　反显透镜效果

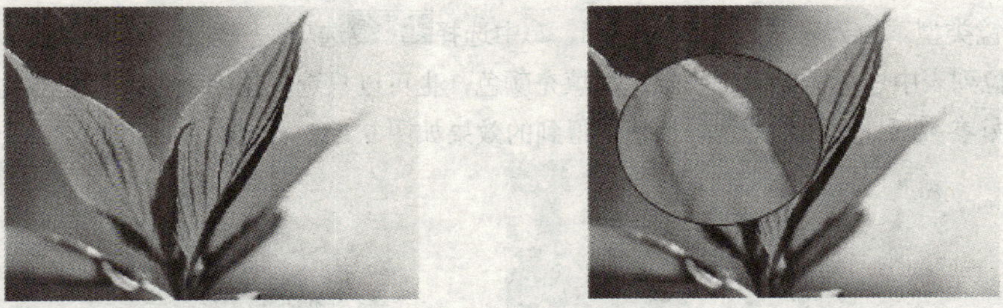

图 9.1.12　放大透镜效果

8．灰度浓淡

使用灰度浓淡透镜可以将图像的颜色变为等值的灰度，而且使这些颜色比透镜本身的色调要浅。在透镜类型下拉列表 使明亮 中选择 灰度浓淡 选项，在 颜色: 列表中选择透镜颜色，然后单击 应用 按钮，得到的效果如图 9.1.13 所示。

图 9.1.13　灰度浓淡透镜效果

9．透明度

使用透明度透镜的效果就像被一块着色的镜片或玻璃遮盖着。在对象上添加透视后，对象显示透镜的颜色，透镜的颜色可以是任意的，也可以根据需要设置对象的透明程度。

在透镜类型下拉列表 使明亮 中选择 透明度 选项，然后在 比率(E): 微调框中输入数值，来设置透明的程度，取值范围在 0～100%之间。值为 0 时，完全不透明；值为 100%时，则完全透明。在颜色列表中选择一种作为透明度透镜的颜色。

设置好参数后，单击 应用 按钮，得到的效果如图 9.1.14 所示。

图 9.1.14 透明度透镜效果

10．线框

线框透镜可使透镜下对象的填充颜色和轮廓色显示为透镜的填充色和轮廓色。

在透镜类型下拉列表 使明亮 中选择 线框 选项，分别在 ☑ 轮廓： 与 ☑ 填充： 右侧的下拉列表中选择需要的轮廓颜色与填充颜色，也可以只选择轮廓颜色或填充颜色。

设置好参数后，单击 应用 按钮，得到的效果如图 9.1.15 所示。

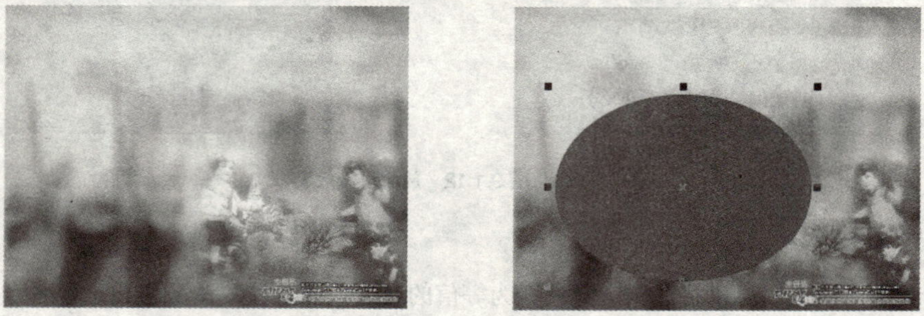

图 9.1.15 线框透镜效果

9.1.3 编辑透镜

创建透镜效果后，根据需要可进行调整，如对某些类型的透镜进行冻结、视角或移除表面设置等，使其达到理想的效果。

1．冻结

冻结可用于固定透镜中的内容，在移动透镜时不改变通过透镜显示的内容。

创建好一种类型的透镜后，在其相应的 透镜 泊坞窗中选中 ☑ 冻结 复选框，然后单击 应用 按钮，即可将透镜中的内容冻结。冻结之后就可以移动透镜，也可以进行复制等操作，如图 9.1.16 所示。

图 9.1.16 应用冻结透镜效果

2. 视点

视点是指通过透镜查看内容的中心点，该点由绘图窗口中的 ✕ 标记表示，可以通过鼠标来移动，还可以将透镜定位在绘图中的任意位置，但总是显示视点标记周围的区域。

创建好一种类型的透镜后，在其相应的 透镜 泊坞窗中选中 ☑ 视点 复选框，此时该复选框的右侧会出现一个 编辑 按钮，单击此按钮，透镜中心会显示 ✕ 标记，通过移动此标记来更改视点的位置，也可在 透镜 泊坞窗中的 X: 与 Y: 坐标轴的微调框中设置视点的位置。

设置好参数后，单击 末端 按钮，再单击 应用 按钮，得到的效果如图 9.1.17 所示。

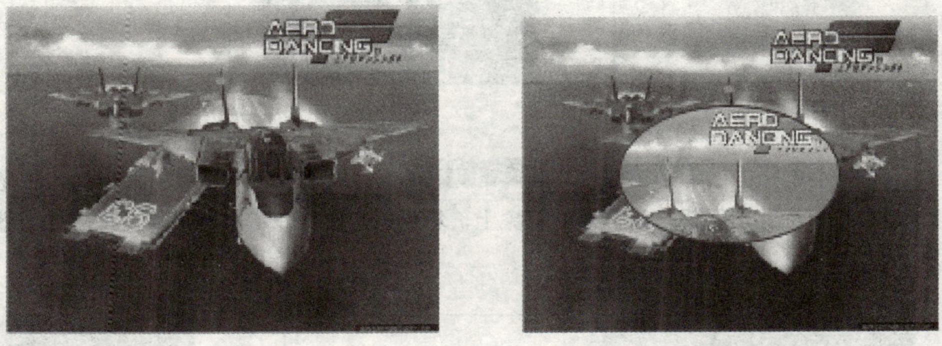

图 9.1.17　应用视点透镜效果

3. 移除表面

设置移除表面只显示它下层存在对象时的透镜效果，也就是说，将透镜移到其他地方去，即改变透镜的作用对象。因此，在对象外是看不到该效果的。

创建好一种类型的透镜后，在其相应的 透镜 泊坞窗中选中 ☑ 移除表面 复选框，再单击 应用 按钮，得到的效果如图 9.1.18 所示。

图 9.1.18　应用移除表面效果

9.2　图框精确剪裁对象

使用图框精确剪裁功能可以将一个矢量对象或位图图像放置到其他对象中。作为图框精确剪裁的容器对象必须是封闭路径的对象。

选择菜单栏中的 效果(C) → 图框精确剪裁(W) 命令，可弹出其子菜单，如图 9.2.1 所示，通过使用这些命令，可以将图形放置在其他对象中。

9.2.1 置于容器内

要创建图框精确剪裁对象，其具体的操作方法如下：

（1）使用挑选工具选择要置于容器中的对象，如图 9.2.2 所示。

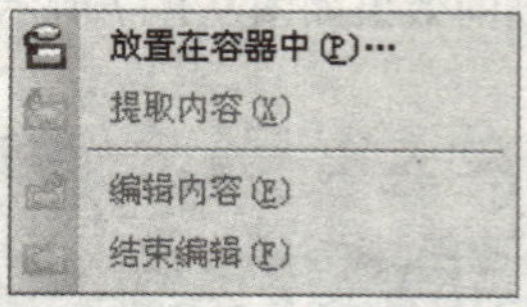

图 9.2.1 精确剪裁子菜单

图 9.2.2 选择要置于容器中的对象

（2）选择菜单栏中的 效果(C) → 图框精确剪裁(W) → 放置在容器中(P)... 命令，此时光标显示为➡形状后，将鼠标移至希望作为容器的对象上，然后单击鼠标左键，即可将图像置于容器内，如图 9.2.3 所示。

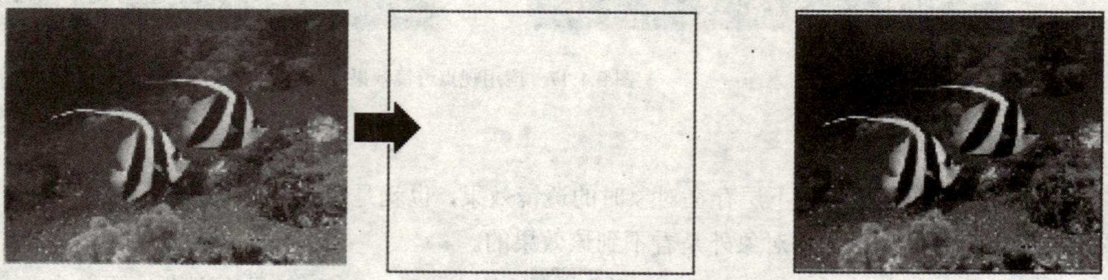

图 9.2.3 图框精确剪裁图像

9.2.2 提取内容

在创建图框精确剪裁对象后，可以将其提取出来。其操作方法很简单，只需要选中容器与对象，然后选择菜单栏中的 效果(C) → 图框精确剪裁(W) → 提取内容(X) 命令即可，此时内置的对象和容器又分为两个对象，如图 9.2.4 所示。

图 9.2.4 提取内容

9.2.3 编辑内容与完成编辑

创建图框精确剪裁对象后，还可以对放置在容器中的内容进行编辑，使用 编辑内容(E) 与结束编辑(F)命令可以完成这些操作。具体的操作方法如下：

（1）使用挑选工具选中一个需要进行编辑的图框精确剪裁容器与对象，如图 9.2.5 所示。

（2）选择菜单栏中的效果(C)→图框精确剪裁(W)→编辑内容(E)命令，此时图形将变成如图 9.2.6 所示的效果。

图 9.2.5　选择图框精确剪裁容器与对象

图 9.2.6　使用编辑内容命令后的效果

（3）对容器中的对象进行编辑完成后，选择菜单栏中的效果(C)→图框精确剪裁(W)→结束编辑(F)命令，结束对容器中对象的编辑，此时将只显示包含在容器内的部分，如图 9.2.7 所示。

图 9.2.7　完成编辑

9.3　添加透视点

在 CorelDRAW X4 中提供了添加透视点功能，使用此功能可以改变图形的透视点，从而制作出具有三维空间距离与深度的透视效果。由于透视效果是将一个对象的一边或相邻的两边缩短之后产生的，所以透视可分为单点透视和双点透视。

9.3.1　单点透视

单点透视是缩短对象的一边，使对象呈现出向一个方向后退的效果。使用单点透视的方法如下：

（1）在绘图区中绘制一个图形对象，然后选择菜单栏中的效果(C)→添加透视(P)命令，这时，在对象周围显示一个虚线外框与 4 个控制点，如图 9.3.1 所示。

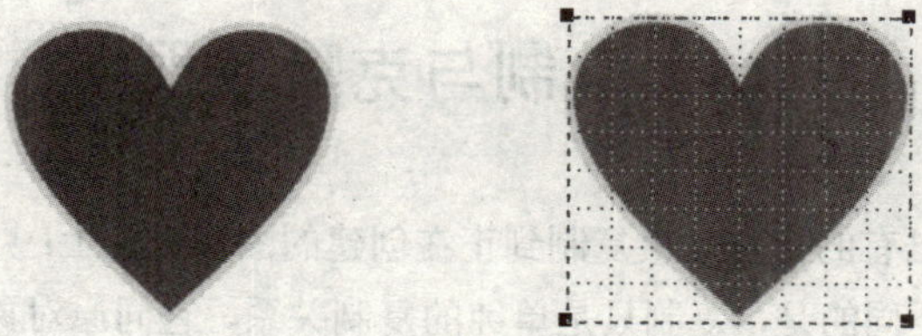

图 9.3.1　添加透视点

（2）将光标移到任意一个控制点上，按住“Ctrl”键的同时单击鼠标左键并拖动，使节点向水平或垂直方向移动，从而创建出单点透视效果，如图 9.3.2 所示。

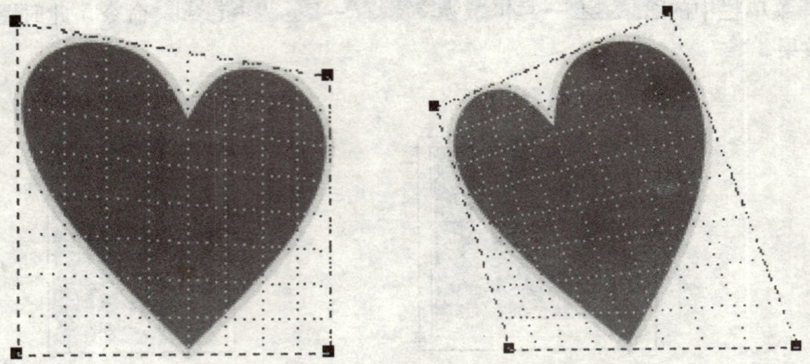

图 9.3.2　创建单点透视效果

在移动控制点时，会发现消逝点 × 也随着移动，如果直接用鼠标拖动消逝点 × 也可以获得各种角度的透视效果。

9.3.2　双点透视

双点透视就是改变对象两条边的长度，从而使对象呈现出向两个方向后退的效果。

要添加双点透视，其具体的操作方法如下：

（1）创建需要进行双点透视的对象，并使用挑选工具将其选择。

（2）选择菜单栏中的 效果(C) → 添加透视(P) 命令，此时所选的对象周围出现一个虚线外框和 4 个黑控制点。

（3）将光标移至任意一个控制点上，按住鼠标左键沿着图形的对角线方向拖动，即可创建出双点透视效果，如图 9.3.3 所示。

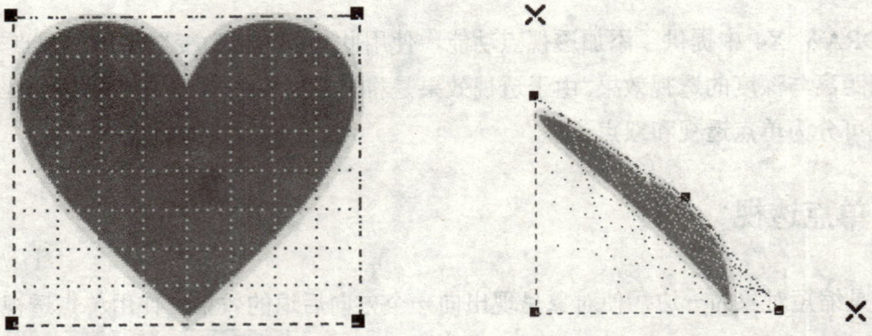

图 9.3.3　双点透视效果

9.4　复制与克隆效果

复制效果可将窗口中已有的特殊效果复制到正在创建的图形对象上；克隆效果和复制效果有点相似，都可快速创建效果。不同的是，复制只是单纯的复制关系，它同原对象之间没有链接关系，而克隆效果与原对象之间有链接关系，也就是说克隆效果将随着原对象的改变而改变。

9.4.1　复制效果

选择 效果(C) → 复制效果(Y) 命令，弹出如图 9.4.1 所示的子菜单，通过选择这些子菜单项，可实现对复制效果的调和自、立体化自、轮廓图自、图框精确剪裁自和阴影自等效果。其操作步骤如下：

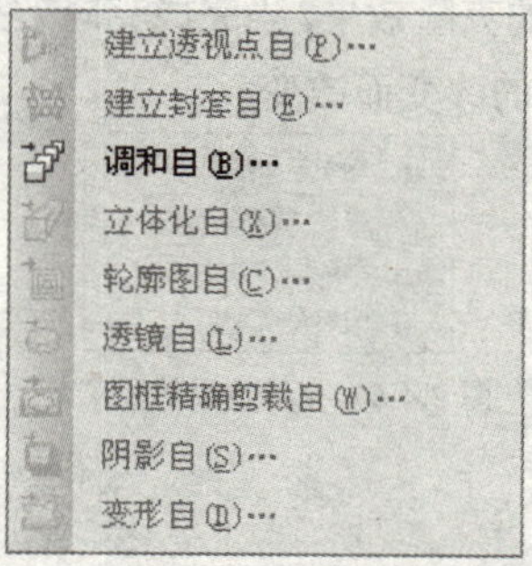

图 9.4.1　复制效果的子菜单

（1）在绘图区中创建一个调和效果对象，再绘制一个圆形和矩形对象，如图 9.4.2 所示。

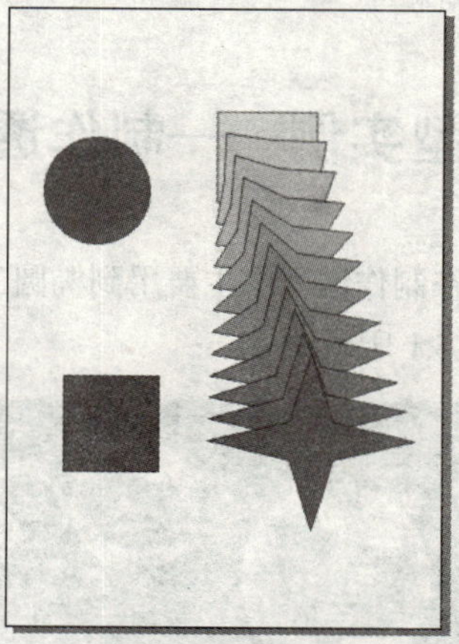

图 9.4.2　创建的立体化效果和绘制的图形

（2）选中绘图区中的圆形和矩形对象，再选择 效果(C) → 复制效果(Y) → 调和自(B)… 命令，此时鼠标光标变为➡形状。

（3）将光标➡移至已经创建的调和效果的对象上单击鼠标，即可完成对象的复制效果，如图 9.4.3 所示。

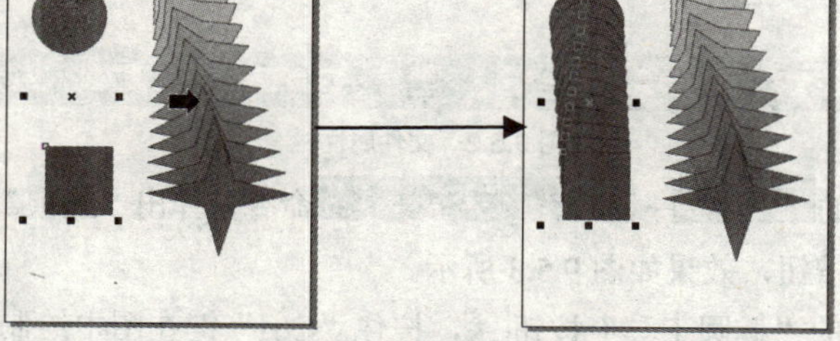

图 9.4.3　对象的复制效果

9.4.2 克隆效果

选择效果(C)→克隆效果(F)命令，弹出如图 9.4.4 所示的子菜单。通过选择这些菜单项，可以实现对克隆对象的调和自、立体化自、轮廓图自和阴影自等效果。其操作方法与复制效果基本相同，这里不再详细介绍，读者可自己创建对象的克隆效果，当完成克隆效果时，试着改变原对象的颜色等属性，会发现克隆效果的对象将随着原对象的改变而改变。

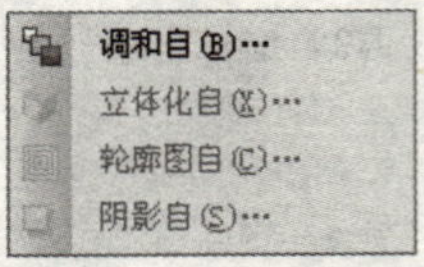

图 9.4.4　克隆效果的子菜单

9.4.3 清除效果

清除效果可清除对象的全部效果，若使用了调和效果，这时选择效果(C)→清除调和命令，即可将复制的调和效果清除掉。

9.5 典型实例——制作透明气泡

本例将制作“透明气泡”效果，在制作过程中主要用到椭圆工具、互动式下拉式阴影工具以及放在容器中等命令，其最终效果如图 9.5.1 所示。

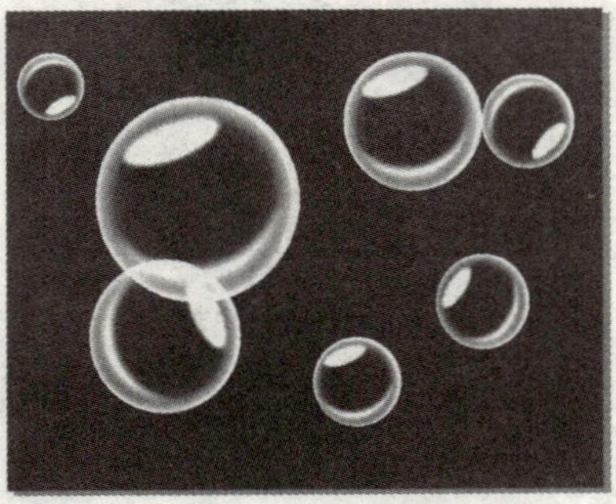

图 9.5.1　最终效果图

操作步骤

（1）选择文件(F)→新建(N) Ctrl+N命令，新建一个文件，设置其页面属性如图 9.5.2 所示。

图 9.5.2　文件属性栏

（2）选择菜单栏中的版面(L)→页面设置(P)…命令，弹出“选项”对话框，设置其背景为“蓝色”，单击确定按钮，效果如图 9.5.3 所示。

（3）选择工具箱中的“椭圆工具”按钮，按住“Ctrl”键在图中绘制正圆，设置其线条宽度为“2 mm”，效果如图 9.5.4 所示。

图 9.5.3　更改背景颜色

图 9.5.4　绘制正圆

（4）选择工具箱中的“交互式阴影工具”按钮，拖动鼠标为圆环增添阴影，设置其颜色为“白色”，更改其属性栏设置（见图 9.5.5），其阴影效果如图 9.5.6 所示。

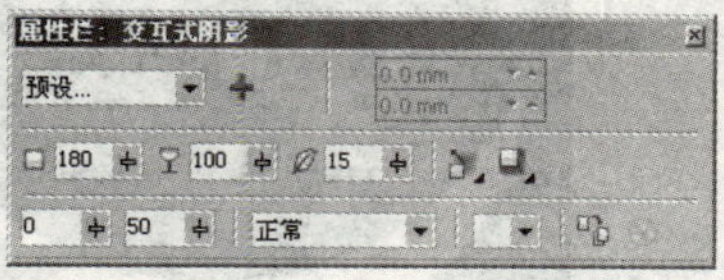

图 9.5.5　“交互式阴影工具”属性栏

图 9.5.6　阴影效果

（5）按住鼠标左键将椭圆及阴影框选住，选择 排列(A) → 拆分 阴影群組 于 图层 1(B)　Ctrl+K 命令，拆分圆环和阴影。

（6）选中阴影部分，选择 效果(C) → 图框精确剪裁(W) → 放置在容器中(P)... 命令，当光标变为实心箭头时单击圆环，将阴影放入圆环中，效果如图 9.5.7 所示。

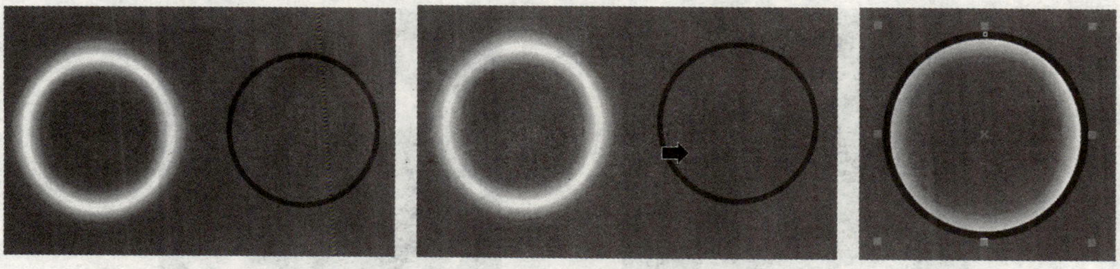

图 9.5.7　将阴影放置于圆环中

（7）选中圆环，用鼠标右键单击颜色调色板中的“无填充”色块，效果如图 9.5.8 所示。

（8）绘制小椭圆，为小椭圆添加白色的阴影，如图 9.5.9 所示。

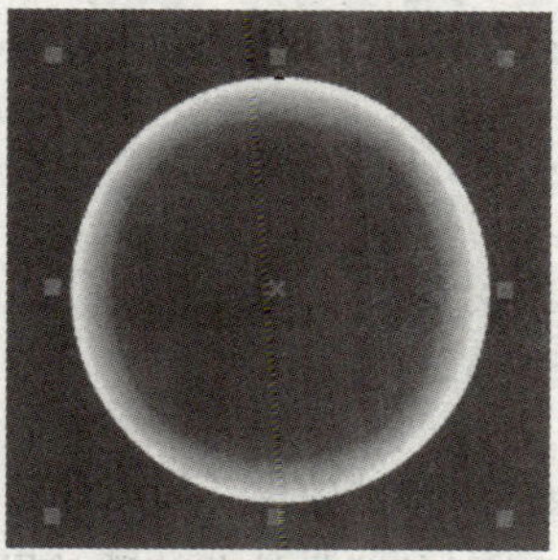

图 9.5.8　取消轮廓线效果

图 9.5.9　绘制白色阴影小椭圆

（9）绘制两个椭圆，打开“造形”泊坞窗，选择下拉列表中的 修剪 选项，对图形进行修剪，留下月牙形，效果如图 9.5.10 所示。

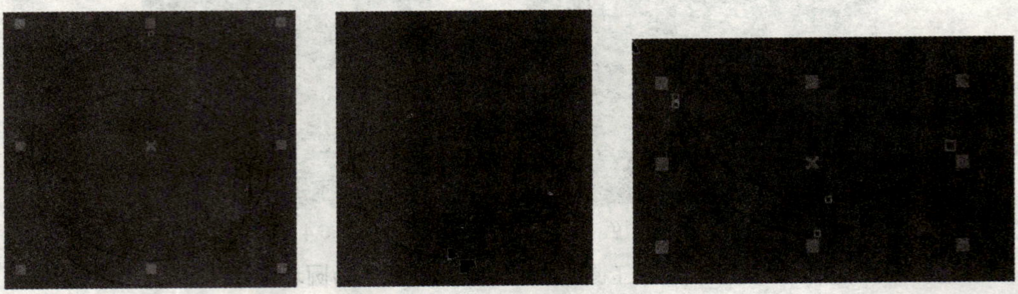

图 9.5.10　绘制月牙

（10）单击颜色调色板中的白色色块，为月牙形填充白色，效果如图 9.5.11 所示。

（11）选择工具箱中的“交互式阴影工具”按钮，拖动鼠标为圆环增加阴影，设置其颜色为“白色”，效果如图 9.5.12 所示。

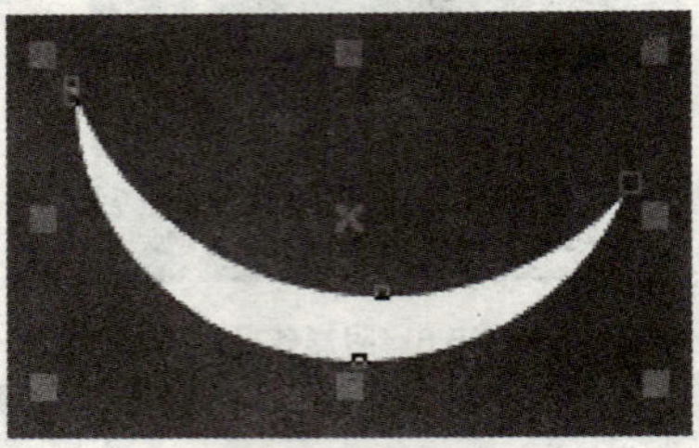

图 9.5.11　填充月牙效果

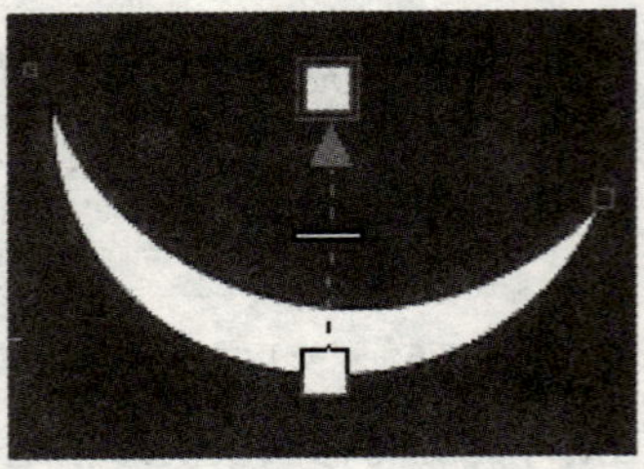

图 9.5.12　添加阴影效果

（12）对小椭圆的阴影与月牙形的阴影分别进行拆分，只保留阴影部分，效果如图 9.5.13 所示。

（13）调整椭圆和月牙角度，并放在合适的位置，效果如图 9.5.14 所示。

图 9.5.13　保留阴影部分

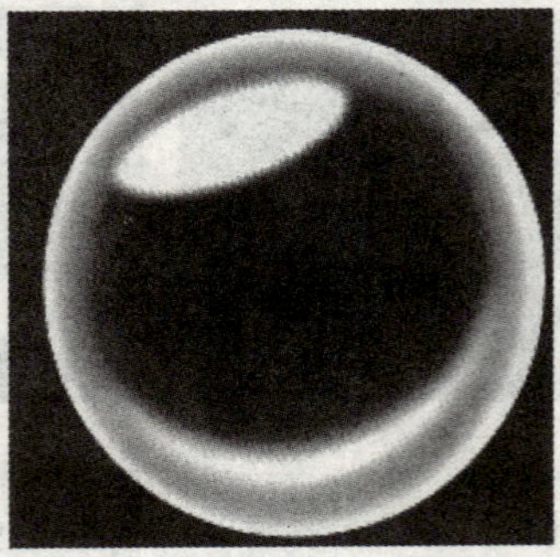

图 9.5.14　调整图形位置

（14）选中全部图形，单击属性栏中的“群组”按钮，将内容全部群组，复制几个气泡，并调整到合适的位置，最终效果如图 9.5.1 所示。

小　结

本章主要讲解了如何在 CorelDRAW X4 中为对象应用特殊效果，如图框精确剪裁效果、透镜效果以及添加透视点效果。通过对本章的学习，可以使用户熟练掌握这些特殊效果的制作方法，从而制作出令人满意的作品。

过关练习九

一、填空题

1．透镜效果是指通过改变对象外观或改变________的方式所取得的特殊效果，而不改变对象实际属性。

2．执行 效果(C) → 透镜(S) 命令，或者按下________快捷键，就可以打开 透镜 泊坞窗。

3．________透镜是通过按 CMYK 模式将透镜下对象的颜色转换为互补色，从而产生类似相片底片的特殊效果。

4．色彩的变换包括________、________和________3 种方式。

5．透视分为________和________。

6．透镜不能应用在已做了_________、_________以及_________的对象上。

7．使用________功能可以将一个矢量对象或位图图像放置到其他对象中。

二、选择题

1．使用（　）透镜的效果如同使用放大镜查看物体。

A．灰度浓淡　　B．放大

C．颜色添加　　D．鱼眼

2．为对象添加透视点后，按住（　）键的同时拖动控制点，即可创建出单点透视效果。

A．Ctrl　　B．Shift

C．Alt　　D．Alt+Ctrl

3．使用（　）透镜时，就像透过有色玻璃看物体一样。

A．使明亮　　B．色彩限度

C．透明度　　D．灰度浓淡

4．当在工作区中时，按下（　）键在容器对象上单击即可进入容器内部。

A．Ctrl　　B．Shift

C．Alt　　D．Ctrl+Shift

5．“图框精确裁剪”命令不可用于下列（　）对象。

A．点阵图对象　　B．矢量图对象

C．再制对象　　D．仿制对象

三、简答题

1．如何将一个位图对象放置到其他对象中？

2．如何将置入容器中的对象提取出来？

3．如何为导入的相片制作底片效果？

4．将对象放置在指定的容器中后，还可以将其提取出来，简述如何进行操作。

5．对于“精确剪裁”功能来讲，其作为精确剪裁容器和对象来说需要注意哪些内容？

四、上机操作题

1．运用本章所学知识，制作如题图 9.1 所示的效果。

题图 9.1

2．结合所学知识将素材图片制作成如题图 9.2 所示的效果。

素材图片

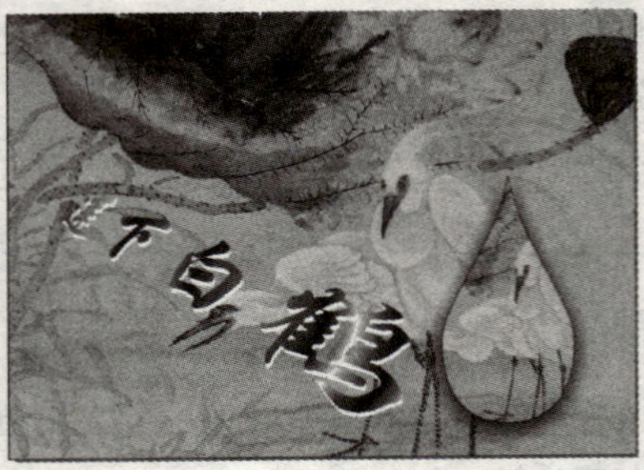

效果图

题图 9.2 效果对比图

第10章 编辑位图

本章要点

- ☑ 位图的编辑
- ☑ 位图颜色与色彩模式
- ☑ 位图的滤镜效果

学习目标

在 CorelDRAW X4 中，除了可以绘制与编辑矢量图形对象外，还可以直接对位图进行各种编辑。本章主要介绍这些位图的编辑方法与技巧。

10.1 位图的编辑

在 CorelDRAW X4 中，除了可以绘制与编辑矢量图对象外，还可以直接对位图进行各种编辑，如裁剪位图、跟踪位图、重新取样以及转换矢量图为位图等。

10.1.1 导入位图

导入位图的方法很简单，其操作步骤如下：

（1）选择 文件(F) → 导入(I)... 命令，弹出 导入 对话框，如图 10.1.1 所示。

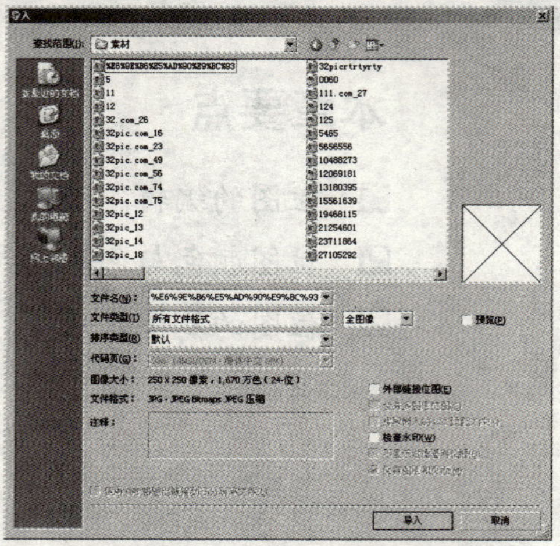

图 10.1.1 “导入”对话框

（2）在 查找范围(I): 下拉列表 素材 中选择导入位图的范围；在 文件类型(T) 下拉列表 所有文件格式 中选择导入位图的类型。

（3）选中 ✔ 预览(P) 复选框，当选中导入的位图时，在预览框中将显示位图的预览效果，如图 10.1.2 所示。

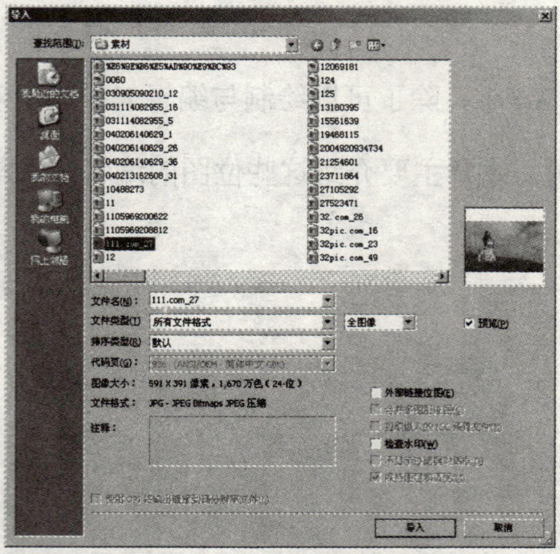

图 10.1.2 预览位图效果

（4）在 导入 对话框中单击 全图像 右侧的黑色小三角，打开如图 10.1.3 所示的选项下拉列表。

（5）在如图 10.1.3 所示的选项下拉列表中，可选择导入时执行的操作，系统默认的选项是 全图像 ，表示将导入整个位图图像。

（6）设置完成后，单击 导入 按钮，当光标在绘图区变为 形状时，在绘图页面中单击或拖动鼠标，当形成合适大小的矩形框后，松开鼠标左键，位图将导入到绘图区中，如图 10.1.4 所示。

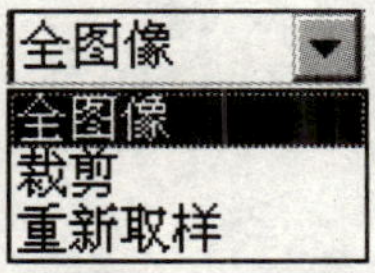

图 10.1.3　选项列表

图 10.1.4　导入的位图

提示　在导入位图图像时，也可导入多个位图，在如图 10.1.1 所示的对话框中，按住“Ctrl”键可以同时选中多个文件对象，单击 导入 按钮，可以将对象依次导入到绘图区中，完成多个位图的导入。

10.1.2　矢量图转换为位图

在某些情况下，可以对矢量图进行一些细节的编辑，CorelDRAW X4 提供的将矢量图转换为位图功能，先对矢量图进行转换。转换为位图后，就可以将各种不同的效果应用于位图。

要将矢量图转换为位图，其具体的操作方法如下：

（1）使用挑选工具在绘图区中选择需要转换的矢量图对象，如图 10.1.5 所示。

（2）选择菜单栏中的 位图(B) → 转换为位图(P)… 命令，弹出 转换为位图 对话框，如图 10.1.6 所示。

图 10.1.5　所选的矢量图对象

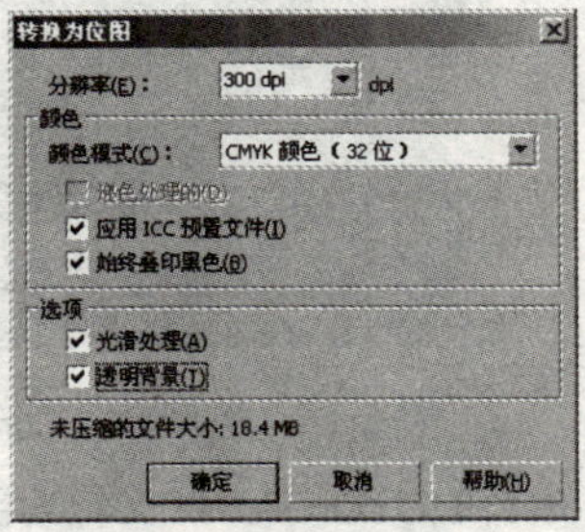

图 10.1.6　“转换为位图”对话框

1）在 颜色模式(C)： 下拉列表中可选择矢量图转换为位图后的颜色模式。

2）在 分辨率(E)： 下拉列表中可选择转换成位图后的分辨率。

3）选中 光滑处理(A) 复选框，可以使转换后的图形边缘更平滑。

4）选中 透明背景(T) 复选框，可以使背景透明。

5）选中 应用 ICC 预置文件(I) 复选框，在矢量图转换为位图时将使用 ICC 色彩描述文件进行色彩的转换。

（3）单击 确定 按钮，即可将所选的矢量图转换为位图，如图 10.1.7 所示。

图 10.1.7　转换为位图后的效果

10.1.3　编辑位图

在 CorelDRAW X4 中提供了附加程序 Corel PHOTO-PAINT X4，利用它可以对位图进行编辑。要编辑位图，其具体的操作方法如下：

（1）使用挑选工具在绘图区中选择位图对象。

（2）选择菜单栏中的 位图(B) → 编辑位图(E)… 命令，可启动附加程序 Corel PHOTO-PAINT X4，如图 10.1.8 所示。

图 10.1.8　Corel PHOTO-PAINT X4 应用程序窗口

（3）在 Corel PHOTO-PAINT X4 应用程序中选择适当的绘图工具，在图像中输入一些特殊效果或进行其他的编辑工作，此处为位图对象填充背景颜色。

（4）设置完成后，选择菜单栏中的 文件(F) → 保存(S) 命令，可保存编辑后的结果，然后关闭 Corel PHOTO-PAINT X4 应用程序窗口，返回到 CorelDRAW X4 中，此时可看到对位图对象所填充的背景颜色效果，如图 10.1.9 所示。

提示　使用挑选工具在绘图区中选择位图对象后，在属性栏中单击 编辑位图(E)... 按钮，也可启动 Corel PHOTO-PAINT X4 应用程序。

图 10.1.9　用 Corel PHOTO-PAINT X4 编辑的效果

10.1.4　裁剪位图

在 CorelDRAW X4 中可以对导入的位图进行裁剪，有两种裁剪位图的方法：一种是导入前的裁剪；另一种是导入后的裁剪，从而可改变位图的形状。通过使用形状工具可以对位图轮廓上的节点进行移动或编辑位图轮廓的曲度。

1．导入前裁剪位图

在位图导入之前进行裁剪，其操作步骤如下：

（1）选择 文件(F) → 导入(I)... 命令，弹出 导入 对话框，选择需导入的位图图片。

（2）在 导入 对话框中单击 全图像 右侧的黑色小三角，打开如图 10.1.3 所示的下拉列表，从中选择 裁剪 选项。

（3）单击 导入 按钮，弹出如图 10.1.10 所示的 裁剪图像 对话框。

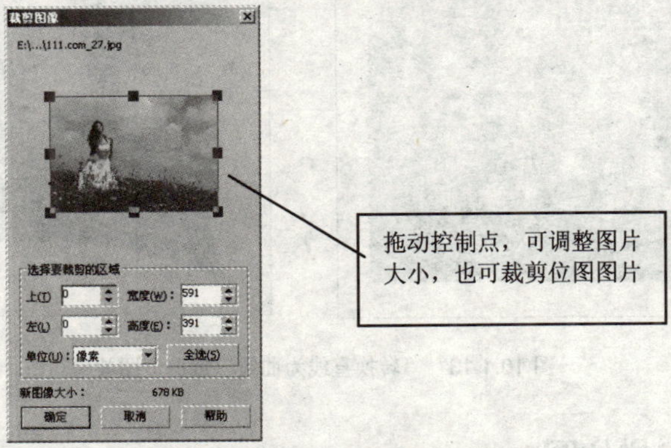

图 10.1.10　“裁剪图像”对话框

（4）在 选择要裁剪的区域 选项区中设置位图的上边和左边的位置以及位图的宽度和高度，最后单击 确定 按钮，就可将裁剪后的位图导入到绘图区中，效果如图 10.1.11 所示。

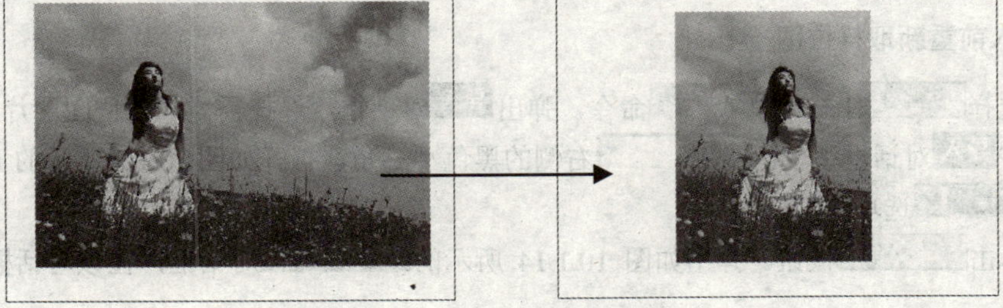

图 10.1.11　裁剪图像的效果

2．导入后裁剪位图

导入后裁剪位图的功能非常强大，用户可用各种图像处理工具将位图编辑成任意形状。其操作步骤如下：

（1）导入一幅位图图像。

（2）选择工具箱中的形状工具，单击导入的位图，此时在图像上出现 4 个节点。

（3）这时可按调整矢量图的方法对位图进行处理，效果如图 10.1.12 所示。

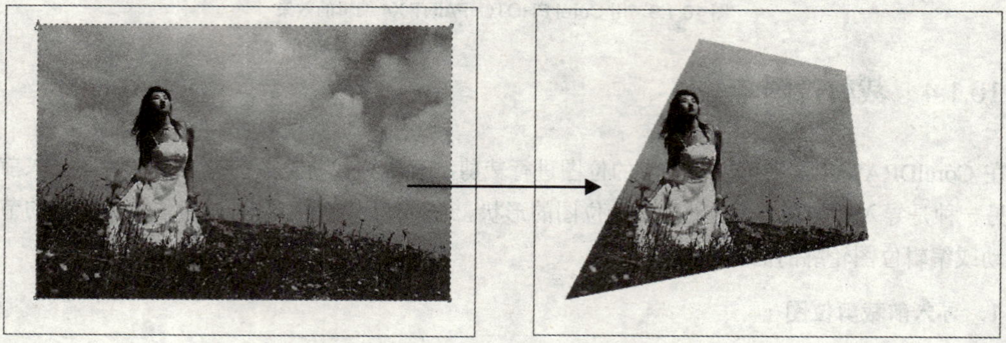

图 10.1.12　形状工具裁剪位图效果

如果要将位图轮廓的一边设置为曲度形状，可使用形状工具选择相应的节点后，在属性栏中单击"转换直线为曲线"按钮，然后用鼠标拖动控制柄进行调整即可，效果如图 10.1.13 所示。

图 10.1.13　"转换直线为曲线"裁剪位图效果

10.1.5　重新取样位图

重新取样位图是指改变位图的分辨率和实际大小。它也有两种方式：一种是导入前重新取样位图，另一种是导入后重新取样位图。

1．导入前重新取样位图

（1）选择 文件(F) → 导入(I)… 命令，弹出 导入 对话框，选择需导入的位图图片。

（2）在 导入 对话框中单击 全图像 右侧的黑色小三角，打开如图 10.1.3 所示的下拉列表，从中选择 重新取样 选项。

（3）单击 导入 按钮，弹出如图 10.1.14 所示的 重新取样图像 对话框，在该对话框中设置各个参数。

（4）设置完成后，单击 确定 按钮，完成所选位图的重新取样。

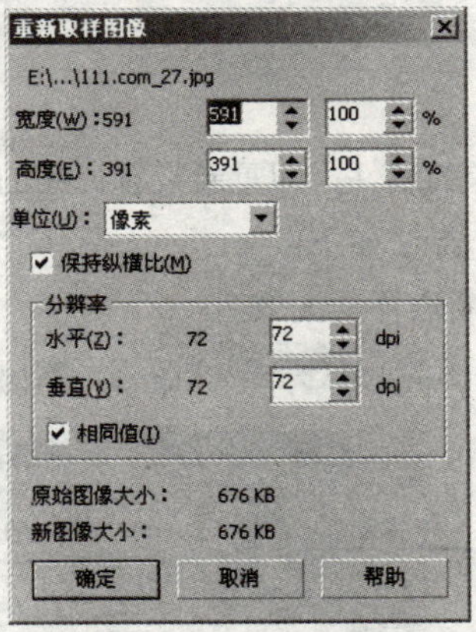

图 10.1.14　“重新取样图像”对话框

2．导入后重新取样位图

（1）导入一幅需重新取样的位图图片。

（2）单击其属性栏中的“重新取样位图”按钮，弹出如图 10.1.15 所示的重新取样对话框，在其对话框中设置各个参数。

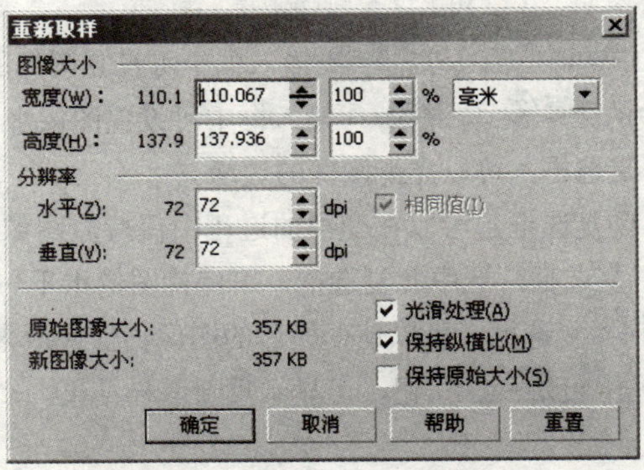

图 10.1.15　“重新取样”对话框

（3）设置完成后单击确定按钮，完成所选位图的重新取样。

10.1.6　描摹位图

在 CorelDRAW X4 中，将位图转换为矢量图后。使用挑选工具选择位图，然后选择菜单栏中的位图(B)→描摹位图(T)命令，观察转换后的效果如图 10.1.16 所示。

图 10.1.16　描摹位图

10.1.7 重新取样

重新取样位图可以重新改变图像的属性，即重新设置位图的尺寸大小和分辨率。

要进行重新取样，其具体的操作方法如下：

（1）使用挑选工具选择需要重新取样的图像。

（2）选择菜单栏中的 位图(B) → 重新取样(R)... 命令，弹出 重新取样 对话框，如图 10.1.17 所示。

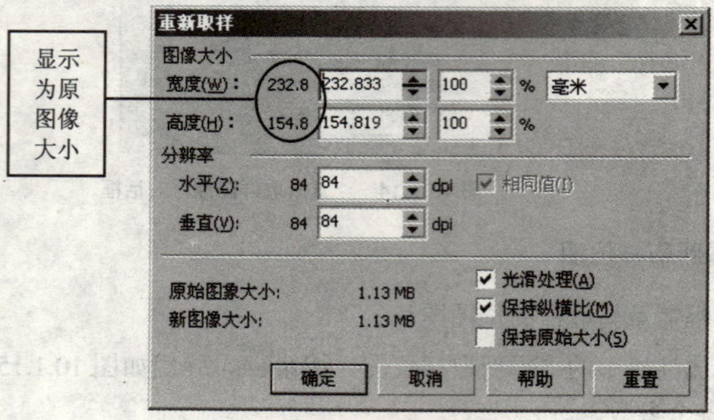

图 10.1.17 “重新取样”对话框

1）在 图像大小 选项区中的 宽度(W)：与 高度(H)：输入框中可设置图像的尺寸以及使用的单位。

2）在 分辨率 选项区中的 水平(Z)：与 垂直(V)：输入框中可设置图像水平与垂直方向的分辨率。

3）选中 光滑处理(A) 复选框，可以光滑图像的边缘。

4）选中 保持纵横比(M) 复选框，可以在变换的过程中保持原图像的大小比例；如果取消选中此复选框，可激活 相同值(I) 复选框，选中此复选框，可保持图像水平与垂直方向上的分辨率一致。

5）选中 保持原始大小(S) 复选框，可以使变换后的图像仍保持原来的尺寸大小。

（3）设置好参数后，单击 确定 按钮，可显示重新取样结果。

10.1.8 位图链接

对输入的位图进行链接，可以减少文件占用的空间。在 CorelDRAW X4 中，如果要使位图以外部链接的方式输入文档，可选择菜单栏中的 文件(F) → 导出(E)... 命令，在弹出的 导入 对话框中选择一种位图，然后选中 外部链接位图(E) 复选框。单击 导入 按钮，在绘图区中按住鼠标左键拖动或单击，即可将所选的位图以链接的形式导入。

对于以外部链接方式导入到绘图区中的位图，可选择菜单栏中的 位图(B) → 中断链接(K) 命令，解除位图之间的链接；如果要对链接位图进行修改，可选择菜单栏中的 位图(B) → 自链接更新(U) 命令，更新与文档中链接的位图。

用户在导入位图时，对位图进行链接操作可减小文件，提高工作效率。

1．外部链接位图

若进行外部链接位图，其操作步骤如下：

（1）选择 文件(F) → 导出(E)... 命令，弹出 导入 对话框，选择需导入的图片，并选中对话框中的 外部链接位图(E) 复选框，如图 10.1.18 所示。

（2）单击 导入 按钮，可将选中的图片以链接的形式导入绘图区。

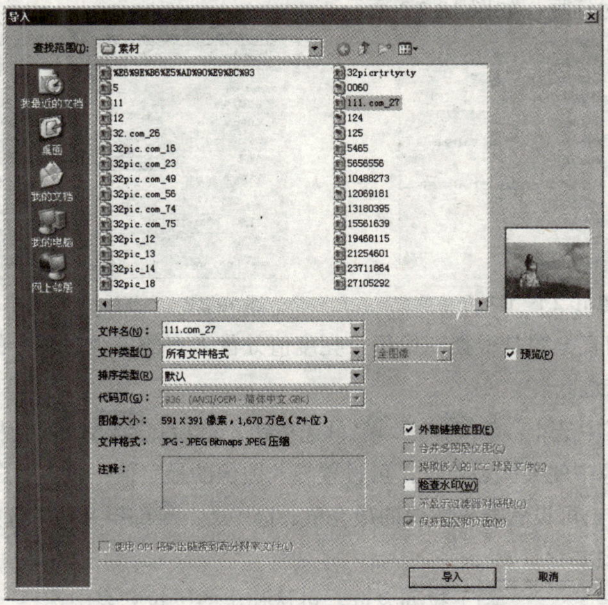

图 10.1.18　“导入”对话框

2．从链接更新

对于以外部链接的方式导入绘图区的位图图片，若要改变其外观，就必须在源文件中进行更改，若用户将链接的源文件进行了修改，可选择 位图(B) → 中断链接(K) 命令，更新链接的位图，这时位图将以高分辨率的形式显示出来。

3．取消链接

导入位图后，若原图像发生了改变，可选择 位图(B) → 自链接更新(U) 命令，使被导入的位图图像具有导入此位图的全图像效果。

10.2　位图颜色与色彩模式

在 CorelDRAW X4 中，利用位图的颜色调整功能可以对位图的颜色进行特殊的调整。位图颜色的改变会使位图的总体外观效果发生很大的变化。

10.2.1　调整位图颜色

调整位图颜色包括调整图像的亮度、对比度、饱和度与色泽等。选择菜单栏中的 效果(C) → 调整(A) 命令，可弹出其子菜单，如图 10.2.1 所示，使用此菜单中的命令可直接对图像的颜色进行调整，从而改善位图的质量。

1．高反差

使用高反差命令可以通过调整暗部与亮部的细节，从而使图像的颜色达到平衡的效果。

使用挑选工具选择需要调整的位图图像后，选择菜单栏中的 效果(C) → 调整(A) → 高反差(C)…

命令，可弹出高反差对话框，如图 10.2.2 所示。

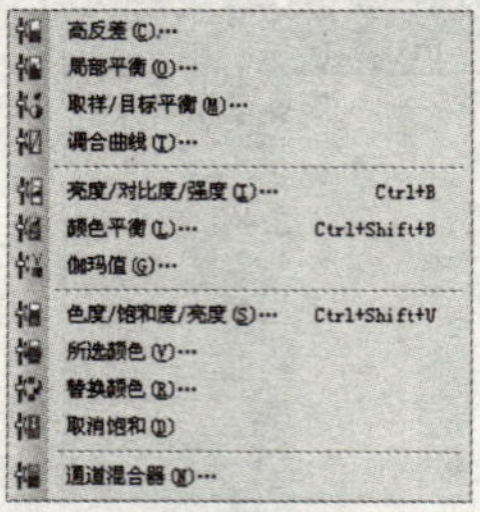

图 10.2.1 调整子菜单

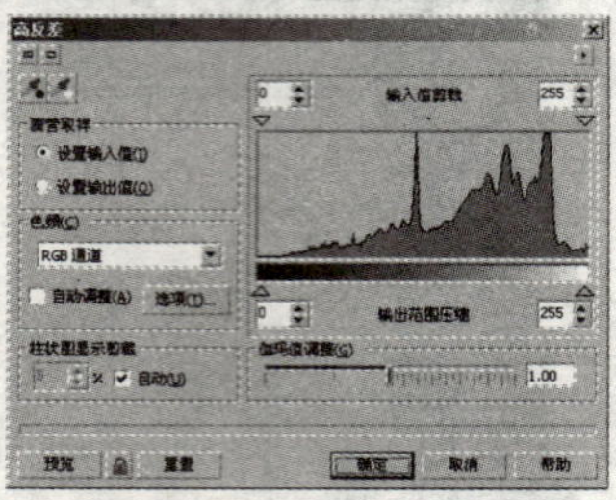

图 10.2.2 “高反差”对话框

此对话框中右边的直方图是根据图像每个亮度值处像素点的多少来划分的，最黑的像素点在左边，最亮的像素点在右边。

在滴管取样选项区中选中 ⊙ 设置输入值(I) 单选按钮，然后在高反差对话框左上角单击“黑色滴管”按钮，再在图像中的某区域单击，可设置导入图像的最暗值；单击“白色滴管”按钮，再在图像中的某区域单击，可设置导入图像的最亮值。选中 ⊙ 设置输出值(O) 单选按钮，同样可设置导出图像时的最暗值与最亮值。

单击 RGB 通道 下拉列表框，可从弹出的下拉列表中选择一种颜色通道。

单击 选项(T)... 按钮，弹出自动调整范围对话框，如图 10.2.3 所示，可在黑色限定(B):与白色限定(W):微调框中输入数值，设置黑色与白色的比例值。

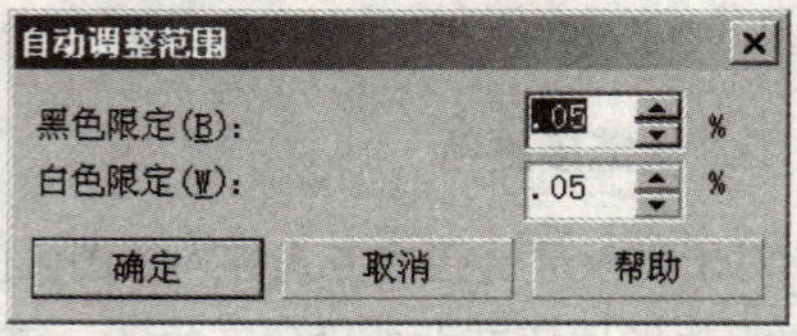

图 10.2.3 “自动调整范围”对话框

在输入值剪裁左侧的微调框中输入的数值越大，图像越暗；在其右侧的微调框中输入的数值越小，图像越亮。

在输出范围压缩两侧的微调框中输入数值，都可改变图像的灰度，也可用滴管工具从所选择的图像中吸取颜色来改变图像的灰度。

在伽玛值(G)输入框中输入数值，可设置图像的伽玛值。通过改变伽玛值的大小，可改变图像中的明暗细节部分。

设置好参数后，单击 确定 按钮，图像效果如图 10.2.4 所示。

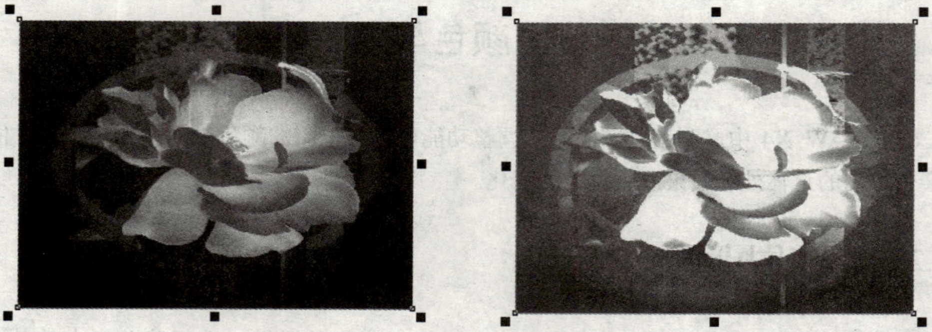

图 10.2.4 调整高反差前后效果对比

2. 局部平衡

使用局部平衡命令可以使图像边缘的部分颜色平衡。

选择菜单栏中的 效果(C) → 调整(A) → 局部平衡(O)... 命令，弹出局部平衡对话框，如图 10.2.5 所示。

单击宽度(W):与高度(H):输入框之间的按钮，使其呈现（即解除锁定）状态，可以随意调整宽度(W):与高度(H):的数值，从而使图像达到局部平衡效果。

图 10.2.5 “局部平衡”对话框

设置好参数后，单击确定按钮，调整后的图像效果如图 10.2.6 所示。

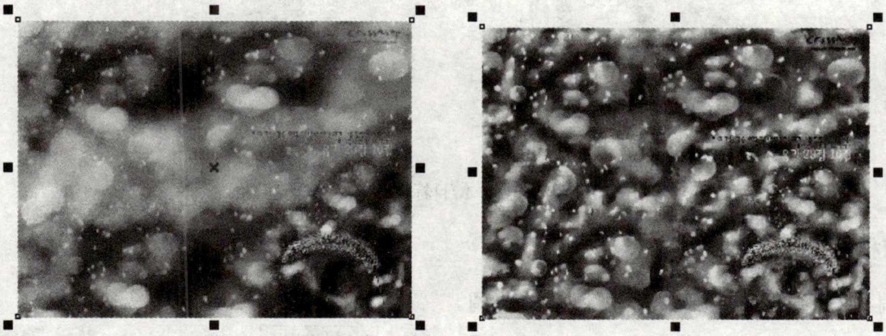

图 10.2.6 调整局部平衡前后效果对比

3. 取样/目标平衡

使用取样/目标平衡命令可以将所选的目标色应用于从图像中吸取的每一个样本色，从而使样本色与目标色达到平衡。

使用挑选工具选择需要调整的图像，选择菜单栏中的效果(C)→调整(A)→取样/目标平衡(M)…命令，弹出样本/目标平衡对话框，如图 10.2.7 所示。

单击对话框左上角的或按钮，可以打开预览窗口。

在通道(C):右侧单击RGB 通道下拉列表框，可从弹出的下拉列表中选择一种颜色类型，有 RGB 通道、红色通道、蓝色通道和绿色通道 4 种。

利用“暗部”按钮、“中间”按钮和“亮部”按钮，或在图片中吸取样本颜色的暗部、中间与亮部的样本颜色，并通过单击目标按钮下的颜色条，可在弹出的选择颜色对话框中选择目标色的暗部、中间和亮部的颜色，如图 10.2.8 所示。

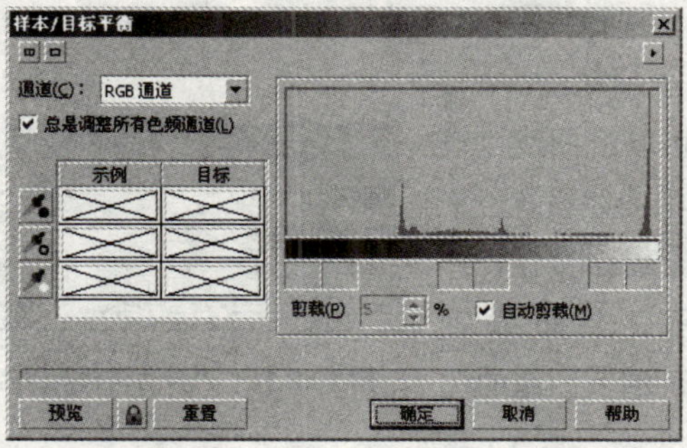

图 10.2.7 “样本/目标平衡”对话框

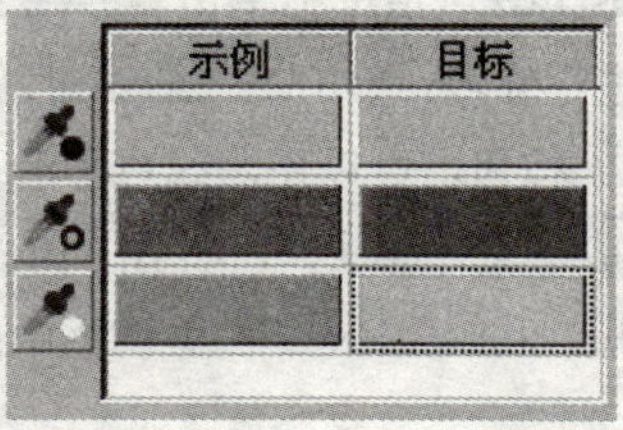

图 10.2.8 选择的颜色

在默认状态下，自动剪裁(M)复选框处于选中状态，如果需要自定义修剪的方式，可取消选中此复选框，并在剪裁(P):微调框中输入需要调整的数值。

设置好参数后，单击确定按钮，调整后的图像效果如图 10.2.9 所示。

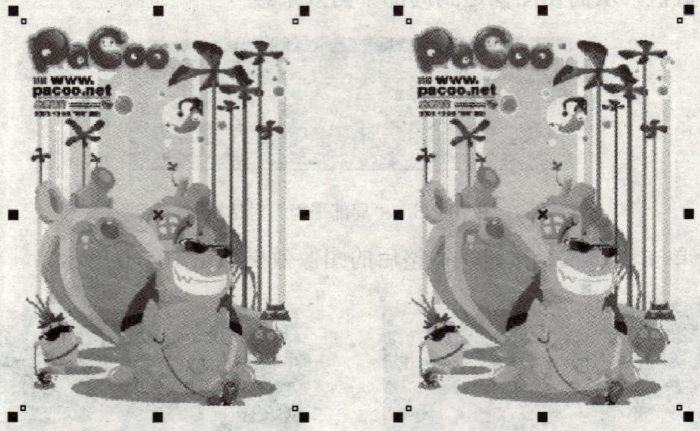

图 10.2.9　调整样本/目标平衡前后效果对比

4．调和曲线

使用调和曲线命令可以改变图像色彩的色调。

使用挑选工具选择需要调整的图像，选择菜单栏中的效果(C)→调整(A)→调合曲线(T)…命令，弹出调合曲线对话框，如图 10.2.10 所示。

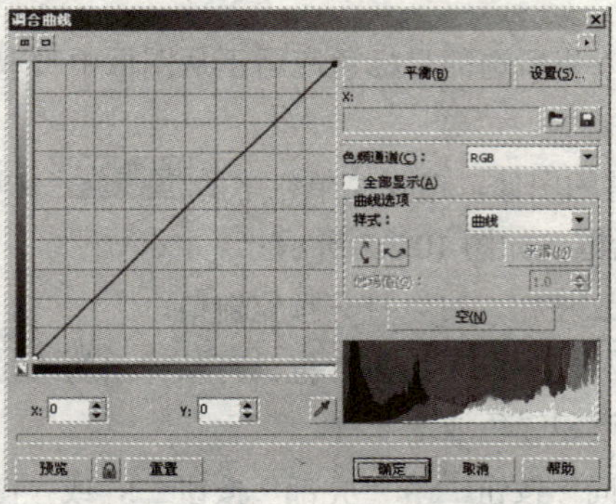

图 10.2.10　“调和曲线”对话框

单击色频通道(C):右侧的RGB下拉列表，可从弹出的下拉列表中选择所需的颜色通道。

在曲线选项选项区中提供了 4 种曲线样式，选择样式:右侧的曲线下拉列表，即可对平滑曲线进行调节。

在调合曲线对话框中单击或按钮，可以将曲线以设定的方式进行旋转。单击空(N)按钮，可取消曲线设置；单击平衡(B)按钮，可以使曲线更平滑；单击设置(S)...按钮，弹出自动调整范围对话框，如图 10.2.11 所示，通过设置黑色限定(B):和白色限定(W):微调框中的数值，可调节图像的边界颜色。

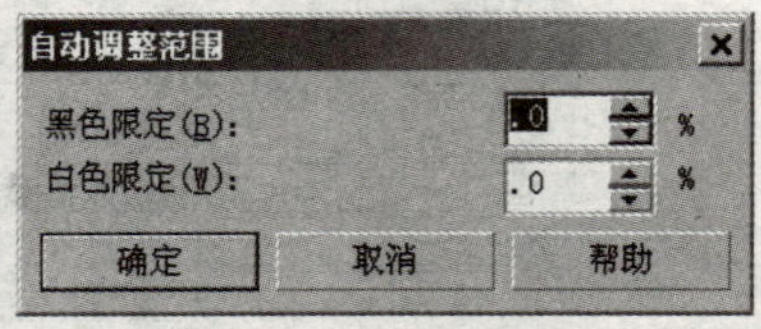

图 10.2.11　“自动调整范围”对话框

在调合曲线对话框中单击按钮，可从弹出的装入色调曲线文件对话框中选择已有的色调曲线；单击按钮，可弹出保存色调曲线文件对话框，通过此对话框可以保存设置好的色调曲线，以供以后使用。

设置好参数后，单击确定按钮，调整后的图像效果如图 10.2.12 所示。

图 10.2.12　调整调和曲线前后效果对比

5．亮度/对比度/强度

使用亮度/对比度/强度命令可以调整图像的亮度、对比度与强度。

使用挑选工具选择需要调整的图像，选择菜单栏中的 效果(C) → 调整(A) → 亮度/对比度/强度(I) 命令，弹出 亮度/对比度/强度 对话框，如图 10.2.13 所示。

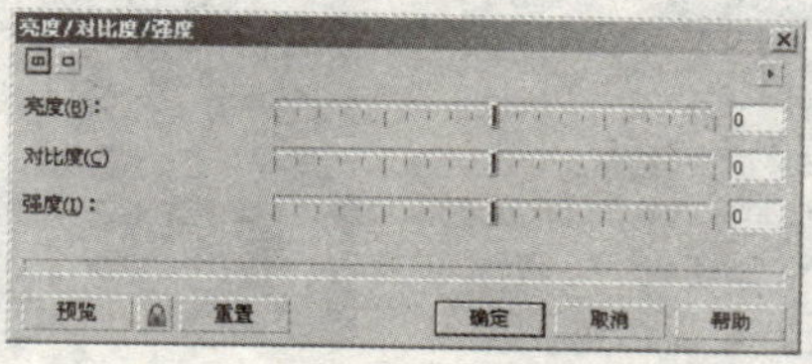

图 10.2.13　“亮度/对比度/强度”对话框

在 亮度(B)： 输入框中输入数值，可改变图像的亮度，也可直接拖动滑块进行调整，其取值范围在-100～100 之间。

在 对比度(C)： 输入框中输入数值，可用于调整图像中最深或最浅像素之间的差异。

在 强度(I)： 输入框中输入数值，可加强图像中浅色区域的亮度。

设置好参数后，单击 确定 按钮，调整后的图像效果如图 10.2.14 所示。

图 10.2.14　调整亮度/对比度/强度前后效果对比

6．颜色平衡

使用颜色平衡命令可以调整图像的色彩，从而使其达到平衡的效果。

使用挑选工具选择图像，选择菜单栏中的效果(C)→调整(A)→颜色平衡(L)命令，弹出颜色平衡对话框，如图 10.2.15 所示。

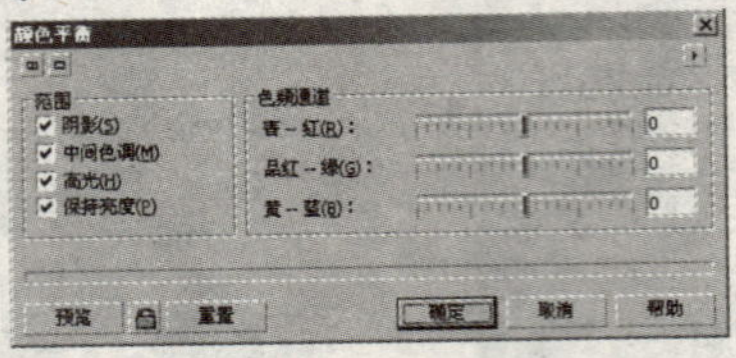

图 10.2.15 “颜色平衡”对话框

在范围选项区中可以选择图像的调整范围，选中☑阴影(S)复选框，可以为图像对象添加其他颜色的阴影效果；选中☑中间色调(M)复选框，可以对图像的中间色调应用颜色校正；选中☑高光(H)复选框，可以在图像的凸出部分应用颜色校正；选中☑保持亮度(P)复选框，可以在应用颜色校正时继续保持对象的亮度不受影响。

在色频通道选项中的青--红(R)：、品红--绿(G)：、黄--蓝(B)：输入框中输入相应的数值，可对颜色的变化进行调整。

设置好参数后，单击确定按钮，图像效果如图 10.2.16 所示。

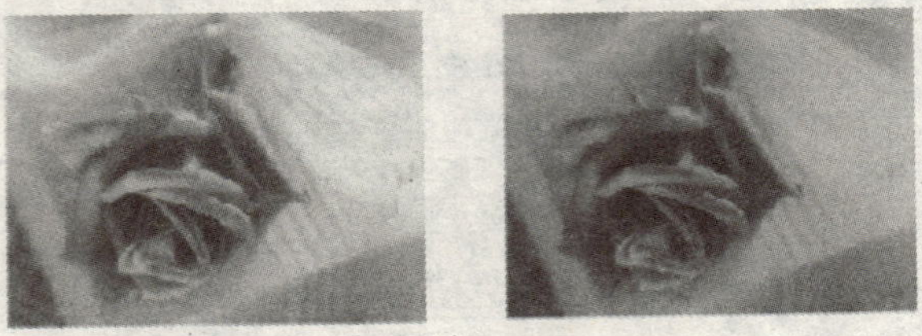

图 10.2.16 调整颜色平衡前后效果对比

7．伽玛值

选中需要调整的图像后，选择菜单栏中的效果(C)→调整(A)→伽玛值(G)命令，弹出伽玛值对话框，如图 10.2.17 所示。

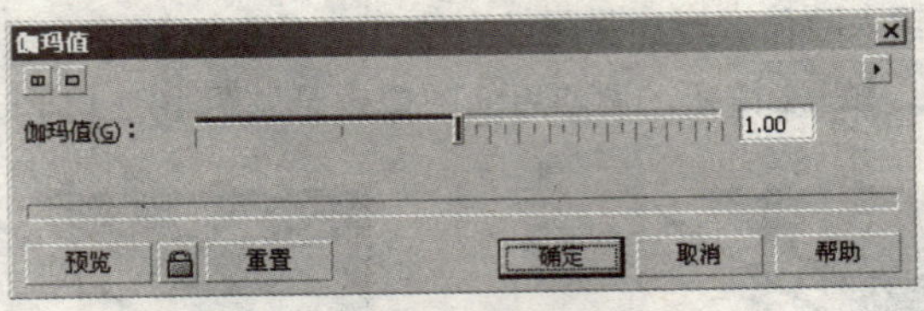

图 10.2.17 “伽玛值”对话框

通过调整伽玛值(G)：输入框中的数值，可以使所有的色调都向中间色调偏移，得到的效果如图 10.2.18 所示。

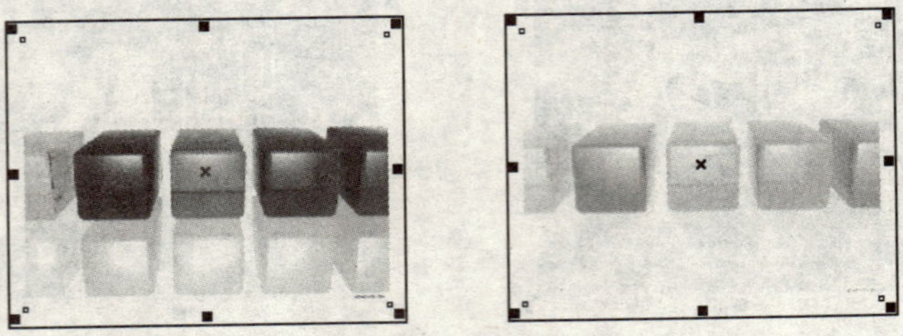

图 10.2.18 调整伽玛值前后效果对比

8．色度/饱和度/亮度

使用色度/饱和度/亮度命令可以调整图像的色调、饱和度或光度。

选中需要调整的图像，选择菜单栏中的效果(C)→调整(A)→色度/饱和度/亮度(S)…命令，弹出色度/饱和度/亮度对话框，如图 10.2.19 所示。

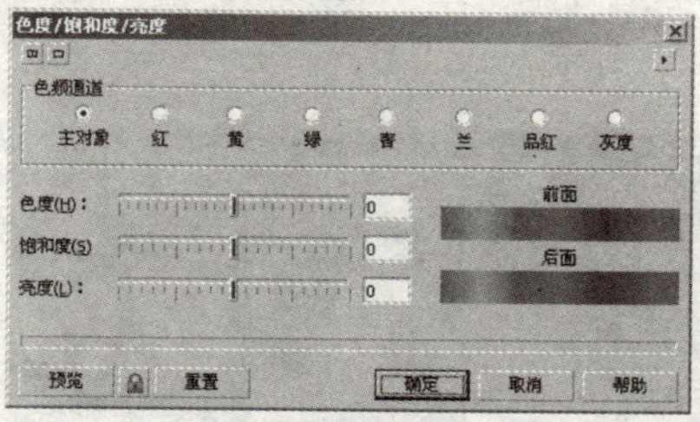

图 10.2.19 “色度/饱和度/亮度”对话框

在色频通道选项区中，可以任意选择一种色彩作为调整的对象，当选中主对象上面的单选按钮时，即可设置图像的总体效果，然后在色度(H)：、饱和度(S)和亮度(L)：输入框中输入数值分别进行颜色的调整。

调整好各项参数后，单击确定按钮，图像效果如图 10.2.20 所示。

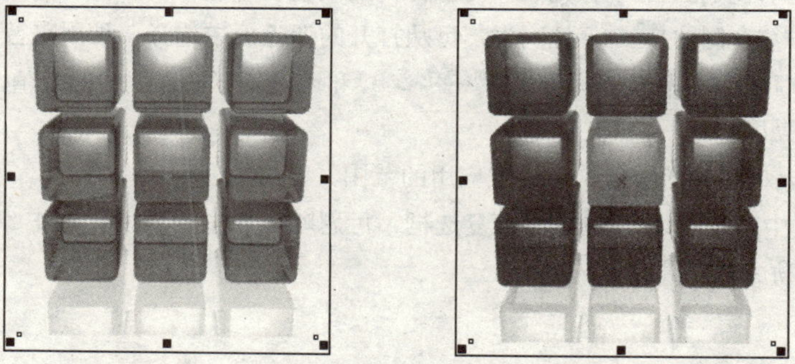

图 10.2.20 调整色度/饱和度/亮度前后效果对比

9．所选颜色

使用所选颜色命令可以在图像原有的基础上为其选择合适的颜色。

选择需要调整的图像，再选择菜单栏中的效果(C)→调整(A)→所选颜色(V)…命令，弹出所选颜色对话框，如图 10.2.21 所示。

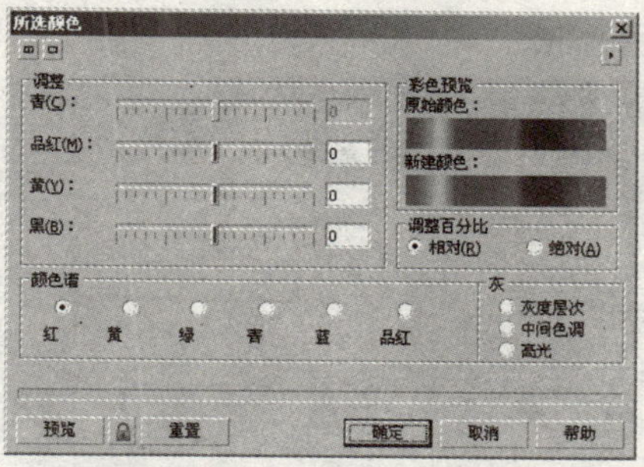

图 10.2.21 “所选颜色”对话框

在调整选项区中调整各颜色的数值，可以改变图像中的颜色。

在颜色谱选项区中，可以任意选择一种适当的颜色光谱，或在灰选项区中，选择一种色调范围。

在调整百分比选项区中，用户可以选择调整方式，包括相对与绝对两种。

10．替换颜色

使用替换颜色命令可以将图像中原有的颜色替换为新的颜色。

使用挑选工具选择图像，然后选择菜单栏中的效果(C)→调整(A)→替换颜色(R)…命令，弹出替换颜色对话框，如图 10.2.22 所示。

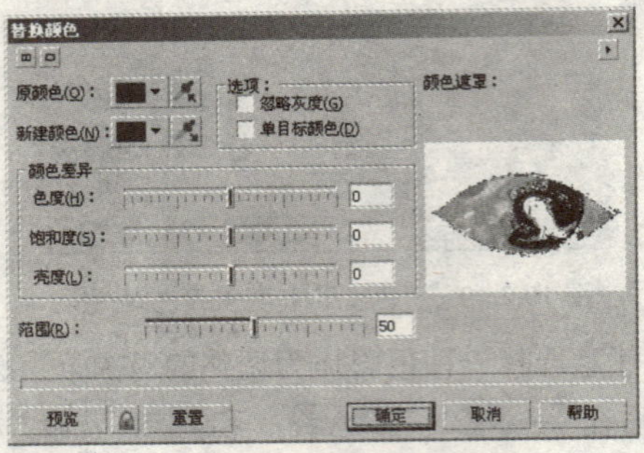

图 10.2.22 “替换颜色”对话框

单击原颜色(O)：右侧的下拉列表，可从打开的调色板中选择一种需要替换的颜色。

单击新建颜色(N)：右侧的下拉列表，可从打开的调色板中选择一种用来替换的颜色。

在颜色差异选项区中，设置色度(H)：、饱和度(S)：和亮度(L)：输入框中的数值，可以调整新颜色的色度、饱和度与亮度。

在范围(R)：输入框中输入数值，可设置应用的范围。

在选项：选项区中，选中☑忽略灰度(G)复选框，可忽略图像中的灰度；选中☑单目标颜色(D)复选框，可使图像中的新颜色发亮。

11．取消饱和

选择菜单栏中的效果(C)→调整(A)→取消饱和(D)命令，可以消除所选图像的颜色，使图像呈灰度显示。

12．通道混合器

使用通道混合器命令，并通过调整所选通道的颜色数值，可以改变图像的色彩。

选中需要调整的图像，选择菜单栏中的效果(C)→调整(A)→通道混合器(N)…命令，弹出通道混合器对话框，如图 10.2.23 所示。

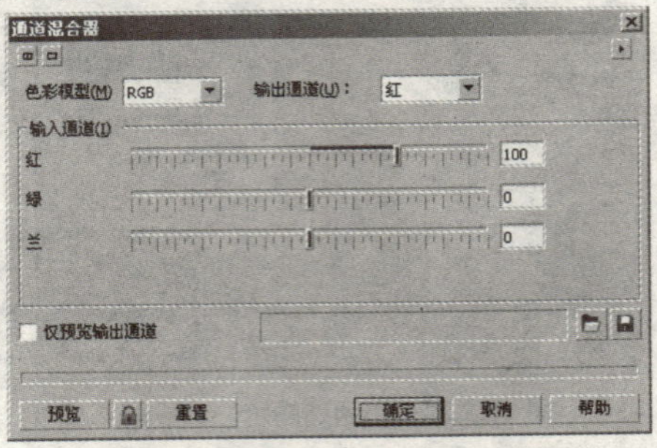

图 10.2.23 “通道混合器”对话框

单击色彩模型(M)：右侧的RGB下拉列表框，可从弹出的下拉列表中选择一种颜色模式，并在输出通道(U)：右侧的红下拉列表中选择所需的通道。

在输入通道(I)选项区中的红、绿和兰输入框中输入数值，可对其颜色进行相应的调整。

10.2.2　变换位图色彩

选择菜单栏中的效果(C)→变换(N)命令，将弹出其子菜单，如图 10.2.24 所示，通过选择此菜单中相应的命令可以将图像变换为另一种效果。

1. 逐行

使用逐行命令可以将图像中不清楚的颜色以扫描的形式移开。

使用挑选工具选择需要变形的图像，选择菜单栏中的效果(C)→变换(N)→去交错(D)…命令，弹出去交错对话框，如图 10.2.25 所示。

图 10.2.24　变换子菜单

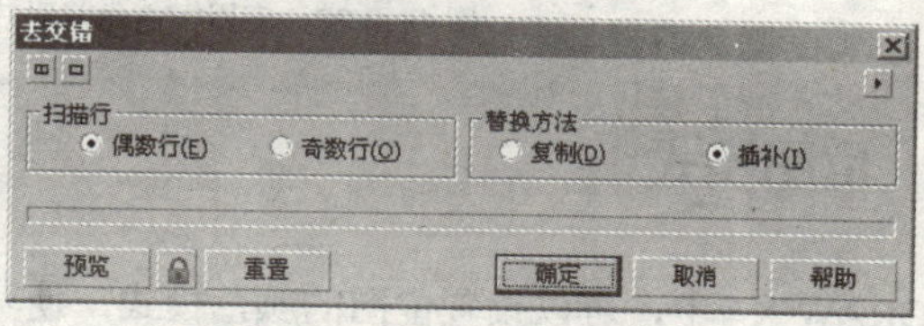

图 10.2.25　“去交错”对话框

在扫描行选项区中，通过选中偶数行(E)或奇数行(O)单选按钮，可扫描偶数排列或奇数排列的颜色。

在替换方法选项区中，通过选中复制(D)或插补(I)单选按钮，可将移动的颜色复位。

2. 反显

使用反显命令可以使所选图像的颜色反相显示。

使用挑选工具选择图像，然后选择菜单栏中的效果(C)→变换(N)→反显(I)命令，此时得到的图像效果如图 10.2.26 所示。

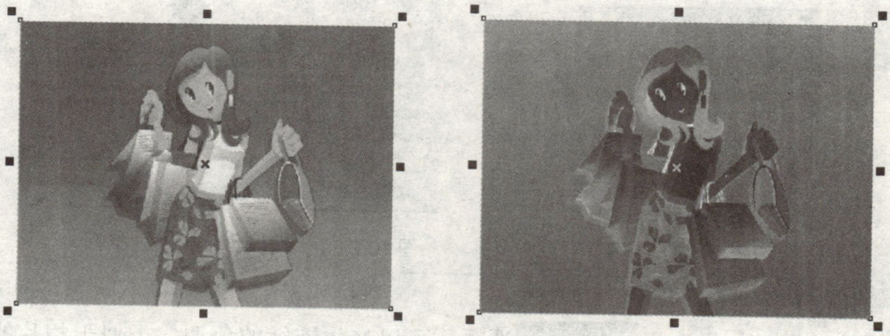

图 10.2.26　应用反显前后效果对比

3. 极色化

使用极色化命令可以使所选图像中的颜色数量减少，选择菜单栏中的效果(C)→变换(N)→极色化(P)…命令，弹出极色化对话框，如图 10.2.27 所示。

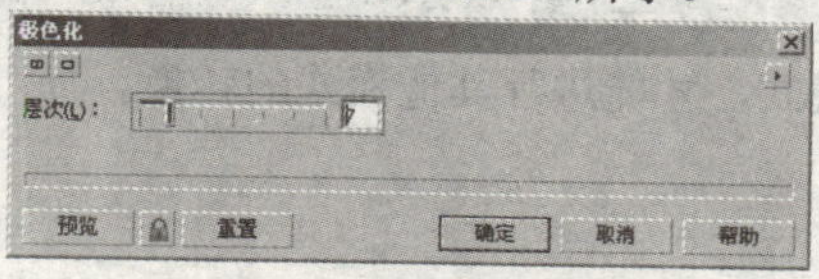

图 10.2.27　“极色化”对话框

在层次（L）：输入框中输入数值，可设置图像的极色化效果，数值越小，极色化效果越明显；数值越大，极色化效果越不明显。

设置好参数后，单击确定按钮，图像效果如图 10.2.28 所示。

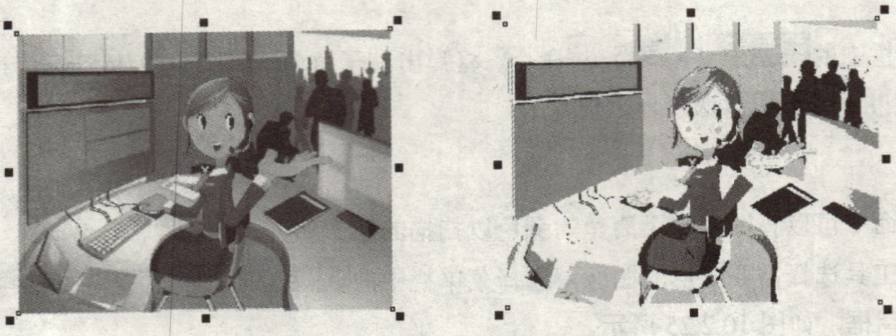

图 10.2.28　应用极色化前后效果对比

10.2.3　位图模式

在 CorelDRAW X4 中，可以设置位图的颜色模式，使其满足各种不同情况的需要。

选择菜单栏中的位图（B）→模式（D）命令，可弹出其子菜单，如图 10.2.29 所示。

1. 黑白模式

黑白模式是一种 1 位的颜色模式，此颜色模式可将图像保存为两种纯色，即黑色与白色。

使用挑选工具选择位图图像，然后选择菜单栏中的位图（B）→模式（D）→黑白（1 位）（B）…命令，可弹出转换为 1 位对话框，如图 10.2.30 所示。

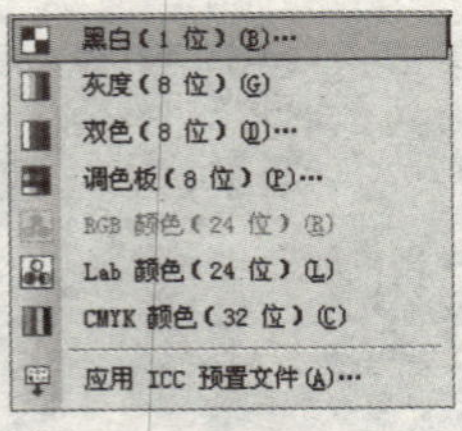

图 10.2.29　模式子菜单

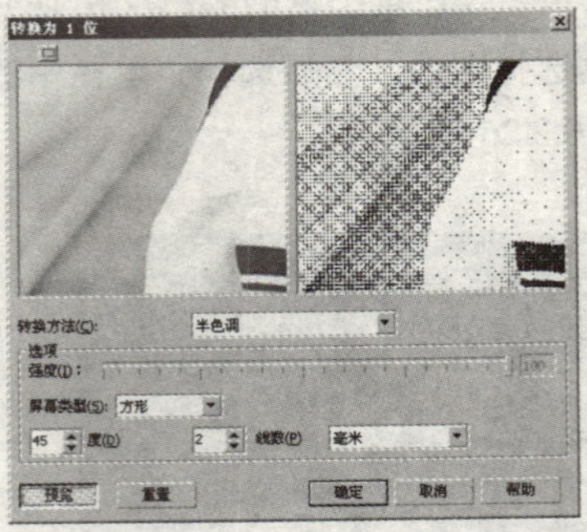

图 10.2.30　“转换为 1 位”对话框

在转换方法（C）：右侧的半色调下拉列表中，可选择不同的转换方法，以使位图产生出不同的效果。如果选择半色调选项，可以产生连续的色调，类似于相片的效果；选择线条图选项，可以产生高对比度的黑白位图。

调整强度（I）：输入框中的数值，可以使小于该数值的颜色都转换为黑色。

2. 灰度模式

选择菜单栏中的位图（B）→模式（D）→灰度（8 位）（G）命令，可以将位图转换为灰度模式。有时必须先将位图图像转换为灰度模式，才能进行其他模式的转换。

3. 双色模式

双色模式是 8 位灰度的彩色位图模式。使用挑选工具选中要转换的位图图像，然后选择菜单栏中的位图(B)→模式(D)→双色(8位)(D)…命令，弹出双色调对话框，如图 10.2.31 所示。

在类型右侧的单色调下拉列表中，可选择所需的类型。如果选择单色调选项，只能创建一种颜色打印的灰度位图图像；选择双色调选项，可创建两种颜色打印的灰度位图图像，其中一种颜色为黑色，另一种颜色为彩色；选择三色调选项，可创建 3 种颜色打印的灰度位图图像，其中一种颜色为黑色，另外两种颜色为彩色；选择四色调选项，可创建 4 种颜色打印的灰度位图图像，其中一种颜色为黑色，另外 3 种颜色为彩色。

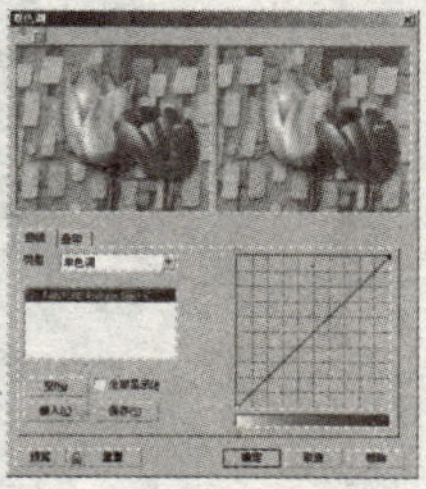

图 10.2.31 “双色调”对话框

在双色调对话框中，用鼠标拖动曲线框中的曲线可改变位图图像的灰度色阶。

单击装入(L)按钮，可从弹出的加载双色调文件对话框中选择需要载入到当前文档的双色调文件。

单击保存(S)按钮，可在弹出的保存双色调文件对话框中保存当前的色调曲线设置。

4．调色板

调色板模式是一种 8 位的颜色模式，此模式可以使用 256 种颜色来保存或显示图像。要将所选的图像转换为调色板模式，只需要选择菜单栏中的位图(B)→模式(D)→调色板(8位)(P)…命令，弹出转换至调色板色对话框，在此对话框中设置相应的参数，单击确定按钮即可。

5．RGB 颜色

RGB 模式可将位图转换为 24 位色，根据红色、绿色、蓝色三原色的不同搭配百分比来显示各种颜色，此颜色中每一种原色都有 256 级浓度。因此，它可以创建多达 1 678 万种颜色，能够很好地表现现实生活中的各种颜色。

要将位图转换为 RGB 颜色模式，只需要选择菜单栏中的位图(B)→模式(D)→RGB 颜色(24位)(R)命令即可。

6．Lab 颜色

Lab 颜色模式也是一种 24 位颜色模式，用它创建的位图与系统设置无关，并包含 RGB 与 CMYK 两种颜色模式的全部色谱。选择位图图像，然后选择菜单栏中的位图(B)→模式(D)→Lab 颜色(24位)(L)命令，可以转换位图模式为 Lab 颜色模式。

7．CMYK 颜色

CMYK 颜色模式可将位图转换为 32 位色，此模式包含的 4 种颜色是基于四色打印中使用的墨水颜色。通过对青色、洋红、黄色与黑色 4 种颜色的调配，可以创建出丰富多彩的可打印颜色。

要将所选的位图图像转换为 CMYK 颜色模式，可选择菜单栏中的位图(B)→模式(D)→CMYK 颜色(32位)(C)命令即可。

10.2.4 位图颜色遮罩

处理位图时，可以隐藏或显示位图中指定的颜色，也可以改变位图的外观，从而产生一些特殊的效果。

使用挑选工具选择位图，然后选择菜单栏中的位图(B)→位图颜色遮罩(M)命令，可打开位图颜色遮罩泊坞窗，如图 10.2.32 所示。

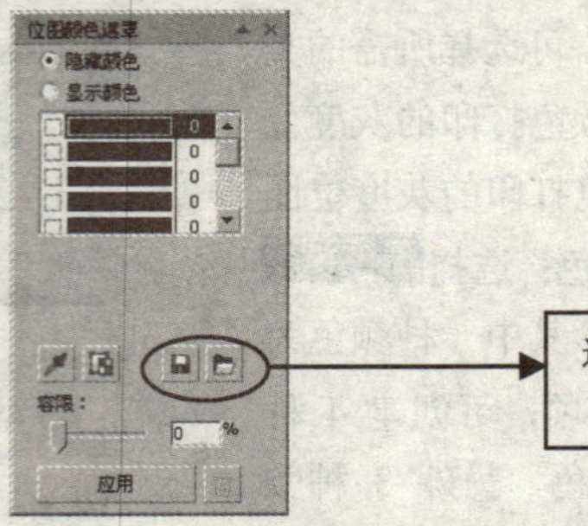

图 10.2.32 “位图颜色遮罩”泊坞窗

在此泊坞窗中选中 隐藏颜色 单选按钮，单击“颜色选择”按钮，在图像上吸取要隐藏的颜色；也可以单击“编辑颜色”按钮，从弹出的选择颜色对话框中选择要隐藏的颜色。

通过设置 容限：输入框中的数值，可调整所选位图颜色的敏感度。

单击 应用 按钮，所选位图即可显示色彩蒙版效果，如图 10.2.33 所示。

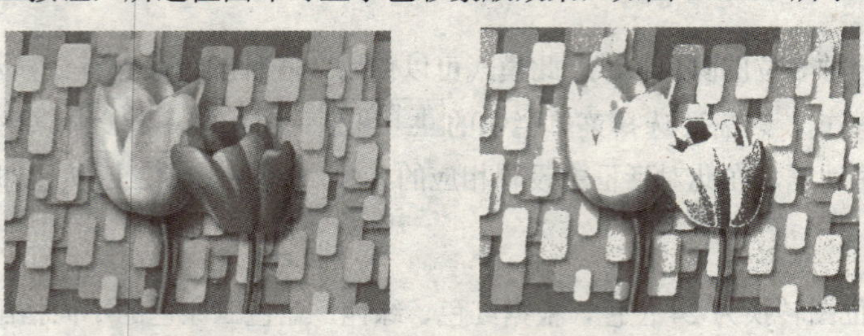

图 10.2.33 应用颜色遮罩的隐藏颜色前后效果对比

在位图颜色遮罩泊坞窗中，选中 显示颜色 单选按钮，然后选择需要显示的颜色并设置 容限：数值，单击 应用 按钮，图像将只显示所选的颜色，如图 10.2.34 所示。

图 10.2.34 应用颜色遮罩的显示颜色前后效果对比

10.3 位图的滤镜效果

在 CorelDRAW X4 中，可以对位图设置三维效果、艺术笔触、模糊、创造性、扭曲、杂点、轮廓图以及鲜明化等特殊效果。

10.3.1 三维效果

选择菜单栏中的 位图(B) → 三维效果(3) 命令，可弹出其子菜单，如图 10.3.1 所示，通过使用此菜单中的命令，可以对位图进行三维效果设置。

1．三维旋转

使用三维旋转命令可以改变位图水平方向或垂直方向的角度，以模拟三维空间的方式来旋转位图，从而产生立体透视的效果。

选中位图后，选择菜单栏中的位图(B)→三维效果(3)→三维旋转(3)…命令，弹出三维旋转对话框，如图 10.3.2 所示。

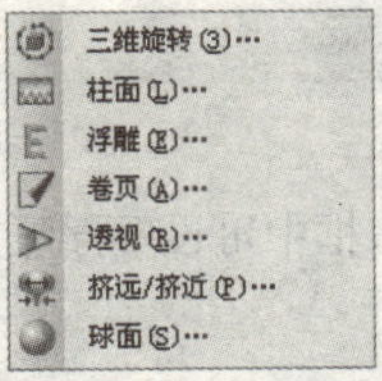

图 10.3.1　三维效果子菜单

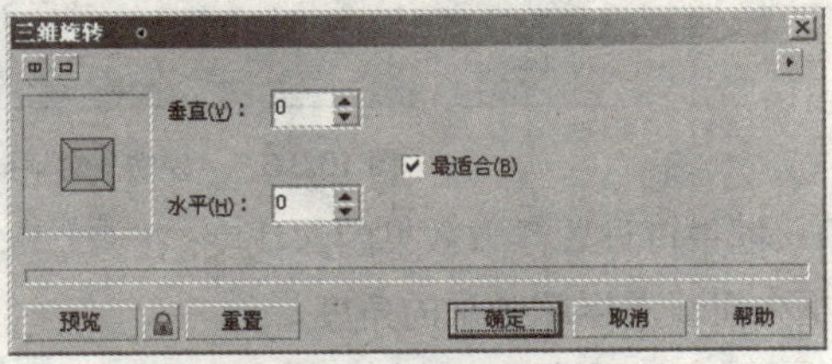

图 10.3.2　“三维旋转”对话框

在垂直(V)：与水平(H)：微调框中输入数值，可以设置位图的旋转角度。

选中☑最适合(B)复选框，可以使三维旋转后的位图以最合适的大小显示。

2．柱面

使用柱面命令可以使位图在水平与垂直的柱面产生映射的效果。

选中位图后，选择菜单栏中的位图(B)→三维效果(3)→柱面(L)...命令，弹出柱面对话框，如图 10.3.3 所示。

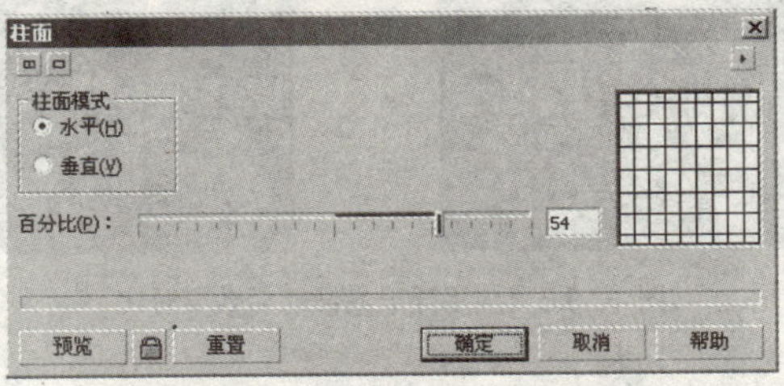

图 10.3.3　“柱面”对话框

在柱面模式选项区中选中⊙水平(H)或⊙垂直(V)单选按钮，并在百分比(P)：输入框中输入数值，调整水平与垂直模式的百分比。

设置好参数后，单击确定按钮，应用柱面滤镜后的效果如图 10.3.4 所示。

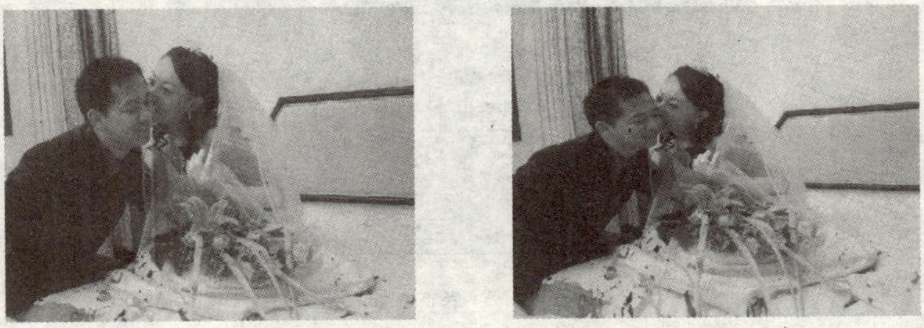

图 10.3.4　应用柱面滤镜前后效果对比

3．浮雕

使用浮雕滤镜可以调整深度与光线的方向，从而在平面的图像上建立一种三维浮雕效果。

选中位图后，选择菜单栏中的位图(B)→三维效果(3)→浮雕(E)...命令，弹出浮雕对话框，如图 10.3.5 所示。

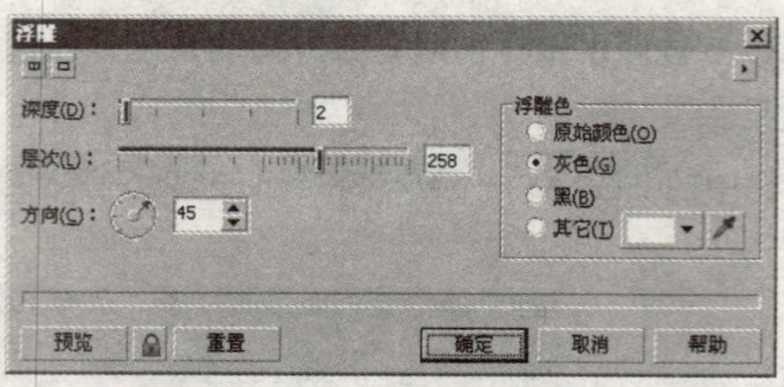

图 10.3.5 “浮雕”对话框

在深度(D)：输入框中可设置浮雕效果的深浅度；在层次(L)：输入框中可设置浮雕效果的明显程度；在方向(C)：微调框中可设置浮雕效果的角度。

在浮雕色选项区中，可以选择一种颜色作为创建浮雕效果的背景颜色。如果选中原始颜色(O)单选按钮，可以使位图的浮雕效果保持原始颜色不被改变；选中灰色(G)单选按钮，可以将位图的浮雕颜色改为灰色；选中黑(B)单选按钮，可以将位图的浮雕颜色改为黑色；选中其它(T)单选按钮，可以单击其后面的下拉按钮，在弹出的调色板中选择需要改变的浮雕颜色。

设置好参数后，单击确定按钮，图像效果如图 10.3.6 所示。

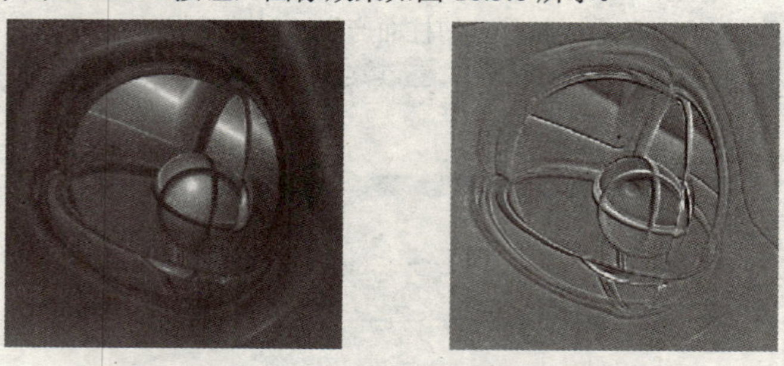

图 10.3.6 应用浮雕滤镜前后效果对比

4. 卷页

使用卷页滤镜可以从图像的 4 个角的任意一角开始，将位图像纸一样卷起。

选中需要编辑的位图后，选择菜单栏中的位图(B)→三维效果(3)→卷页(A)…命令，弹出卷页对话框，如图 10.3.7 所示。

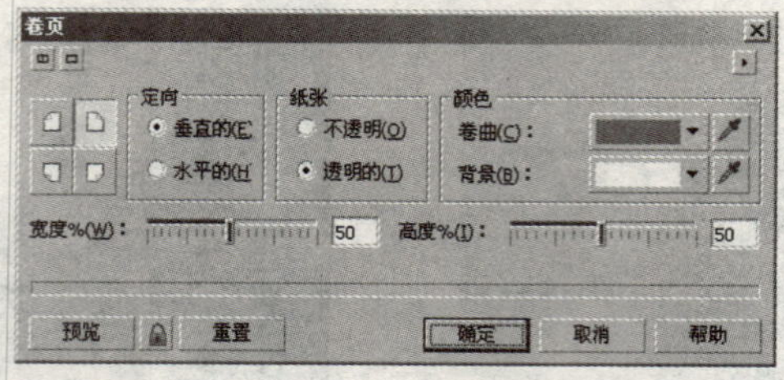

图 10.3.7 “卷页”对话框

在此对话框中提供了 4 种卷页的类型，从中选择一种卷页类型，然后在定向选项区中选择卷页的方向；在纸张选项区中选择卷页部分是否透明；在颜色选项区中设置卷页部分的颜色与背景颜色。

在宽度%(W)：与高度%(I)：输入框中输入数值，可设置卷页的宽度与高度，还可以通过调节滑块来改变数值。

设置好参数后，单击确定按钮，图像效果如图 10.3.8 所示。

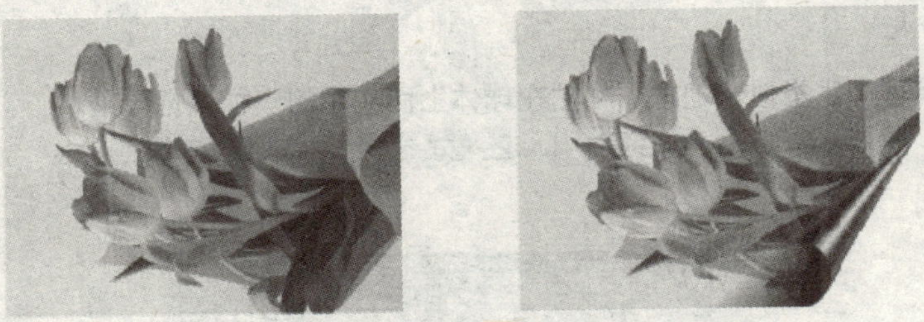

图 10.3.8　应用卷页滤镜前后效果对比

5．透视

使用透视滤镜可以调整图像 4 角的控制点，将三维透视效果应用于位图上。

选中位图后，选择菜单栏中的 位图(B) → 三维效果(3) → 透视(R)... 命令，弹出透视对话框，如图 10.3.9 所示。

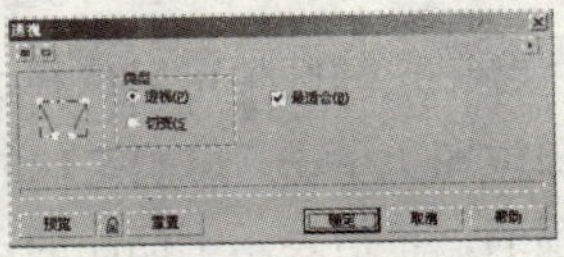

图 10.3.9　“透视”对话框

在类型选项区中有两种透视模式，分别是 ⊙透视(P) 与 ⊙切变(S)。选中 ⊙透视(P) 单选按钮，然后在对话框左边的调整窗口中用鼠标拖动其控制点，可以改变图像中透视点的位置。

设置满意后，单击 确定 按钮，可将透视点效果应用于选中的位图，效果如图 10.3.10 所示。

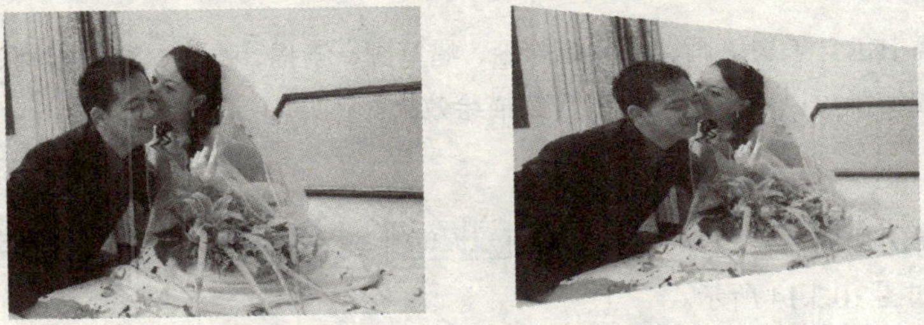

图 10.3.10　应用透视滤镜前后效果对比

6．挤远与挤近

使用挤远与挤近命令，可通过调整对话框中的数值使位图扭曲。

选中位图后，选择菜单栏中的 位图(B) → 三维效果(3) → 挤远/挤近(P)... 命令，弹出挤远/挤近对话框，如图 10.3.11 所示。

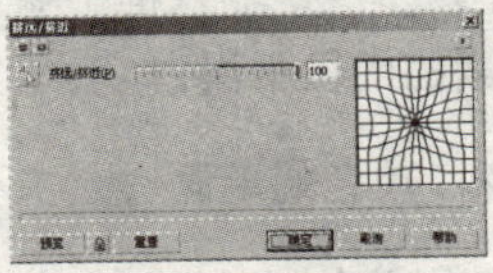

图 10.3.11　“挤远/挤近”对话框

在 挤远/挤近(P): 输入框中输入数值，可以改变位图的挤远或挤近程度，正值表示挤远；负值表示挤近。单击对话框中的按钮，然后在位图上单击，可以设置挤远或挤近时的中心位置。

设置好参数后，单击 确定 按钮，图像效果如图 10.3.12 所示。

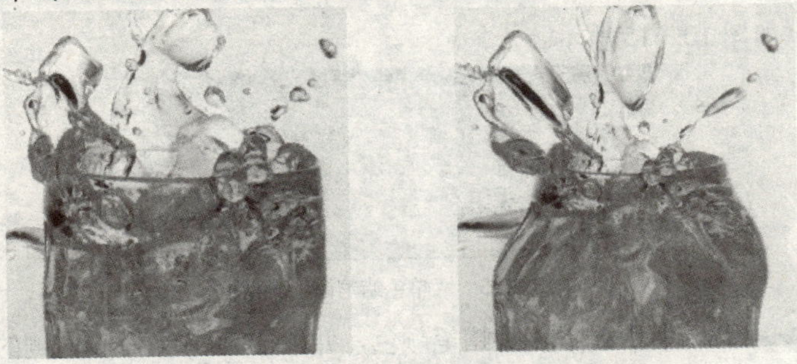

图 10.3.12　使用挤远/挤近滤镜前后效果对比

7．球面

使用球面滤镜可产生类似于把位图粘贴在球体上而产生的一种视觉效果。

选中位图后，选择菜单栏中的 位图(B) → 三维效果(3) → 球面(S)… 命令，弹出 球面 对话框，如图 10.3.13 所示。

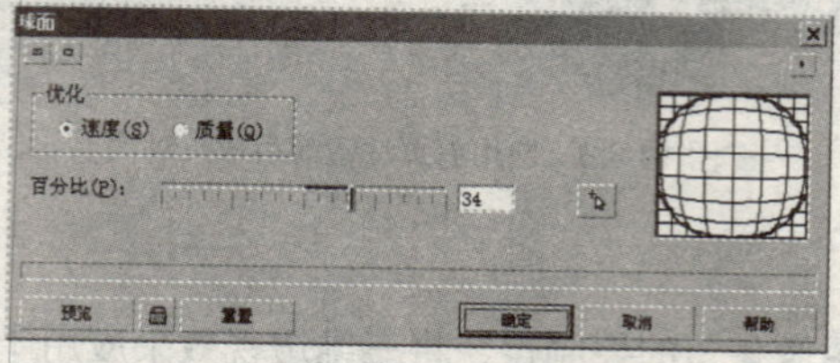

图 10.3.13　“球面”对话框

在 优化 选项区中可以选择优化方式，即选中 速度(S) 或 质量(Q) 单选按钮；单击 按钮，然后在原位图上单击，可确定球的中心位置；在 百分比(P): 输入框中输入数值，可以改变球面效果的方向与强弱，正值表示上凸起的球面效果，负值表示凹陷的球面效果。

10.3.2　艺术笔触

艺术笔触滤镜中包含了炭笔画、单色蜡笔画、蜡笔画、素描、水彩、波纹纸画等 14 种艺术效果。通过使用这些笔触滤镜可以使位图显示出自然描绘效果。

1．炭笔画

选中需要编辑的位图后，选择菜单栏中的 位图(B) → 艺术笔触(A) → 炭笔画(C)… 命令，弹出 炭笔画 对话框，如图 10.3.14 所示。

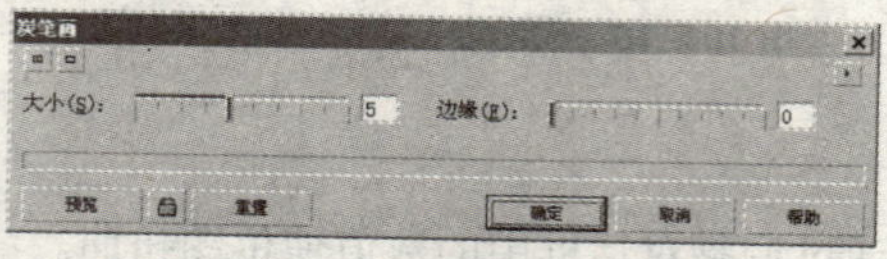

图 10.3.14　“炭笔画”对话框

在 大小(S): 输入框中输入数值，可以设置素描的像素大小；在 边缘(E): 输入框中输入数值，可以设置素描的像素黑白度。

2．单色蜡笔画

使用单色蜡笔画滤镜可以使图像产生不同的纹理效果。

选中位图后，选择菜单栏中的 位图(B) → 艺术笔触(A) → 单色蜡笔画(O)… 命令，弹出 单色蜡笔画 对话框，如图 10.3.15 所示。

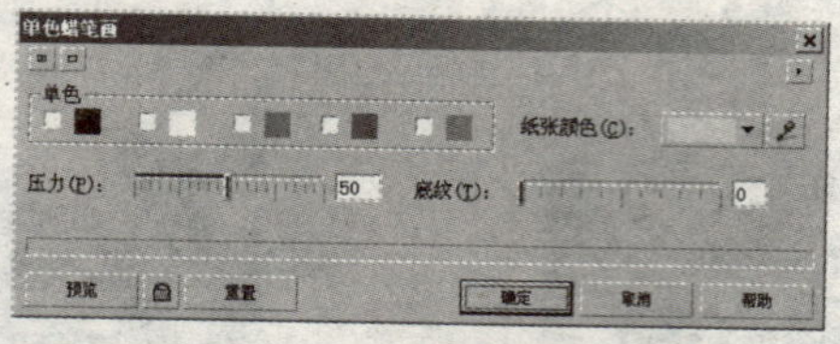

图 10.3.15　“单色蜡笔画”对话框

在 单色 选项区中，可以选择一种或多种蜡笔颜色，并单击 纸张颜色(C): 右侧的 下拉按钮，在弹出的调色板中选择一种蜡笔颜色。

在压力(P):输入框中输入数值，可控制绘制所选图像的效果时的颜色轻重；在底纹(T):输入框中输入数值，可设置纹理质地的粗糙程度，数值越大质地越粗糙。

单击预览按钮，可以在预览窗口中预览调整参数后的位图效果。如果要重新设置各项参数，可单击重置按钮，进行参数的重新设置。

设置满意后，单击确定按钮，图像效果如图 10.3.16 所示。

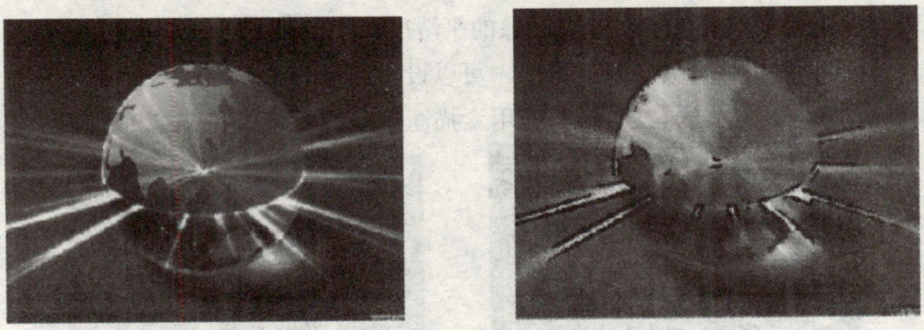

图 10.3.16　应用单色蜡笔画滤镜前后效果对比

3. 蜡笔画

使用蜡笔画滤镜可以使位图产生蜡笔绘画的效果。

选中位图后，选择菜单栏中的位图(B)→艺术笔触(A)→蜡笔画(R)…命令，弹出蜡笔画对话框，如图 10.3.17 所示。

图 10.3.17　“蜡笔画”对话框

在大小(S):输入框中输入数值，可设置像素散开的稠密程度，也就是图像的粗糙程度；在轮廓(L):输入框中输入数值，可设置图像轮廓显示的轻重程度。

设置好参数后，单击确定按钮，图像应用蜡笔画滤镜效果如图 10.3.18 所示。

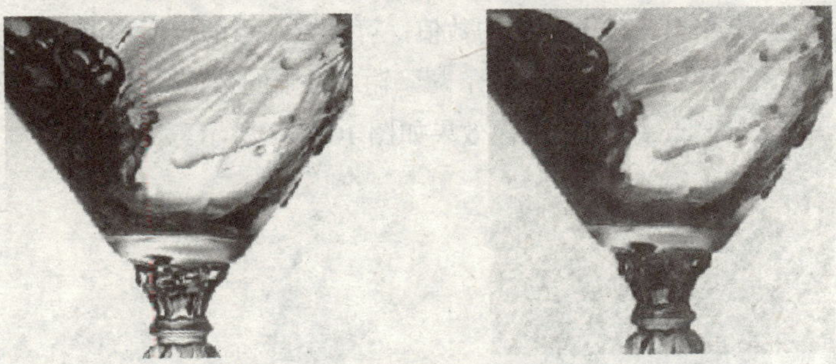

图 10.3.18　应用蜡笔画滤镜前后效果对比

4. 素描

使用素描滤镜可以使图像产生类似于铅笔素描的效果。

选中位图后，选择菜单栏中的位图(B)→艺术笔触(A)→素描(K)...命令，弹出素描对话框，如图 10.3.19 所示。

在铅笔类型选项区中选择一种铅笔类型，即碳色(G)或颜色(C)。

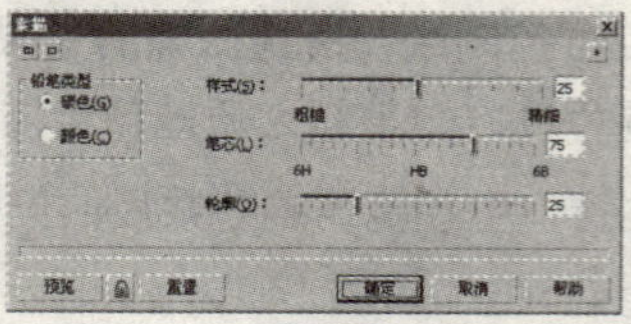

图 10.3.19 “素描”对话框

在样式(S):输入框中输入数值，可设置图像的平滑度；在笔芯(L):输入框中输入数值，可以设置使用的铅笔类型；在轮廓(O):输入框中输入数值，可以设置图像的轮廓线宽度。

预览效果满意后，单击确定按钮，应用素描滤镜后的效果如图 10.3.20 所示。

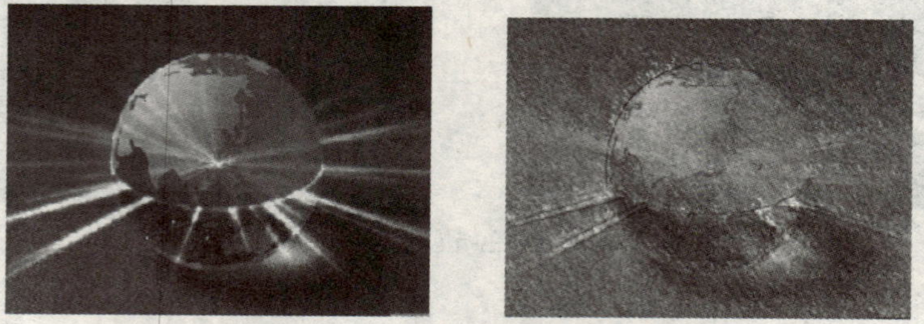

图 10.3.20 应用素描滤镜前后效果对比

5. 水彩画

使用水彩画滤镜可以使图像产生类似于水彩画的效果。

选中位图后，选择菜单栏中的位图(B)→艺术笔触(A)→水彩画(W)...命令，弹出水彩画对话框，如图 10.3.21 所示。

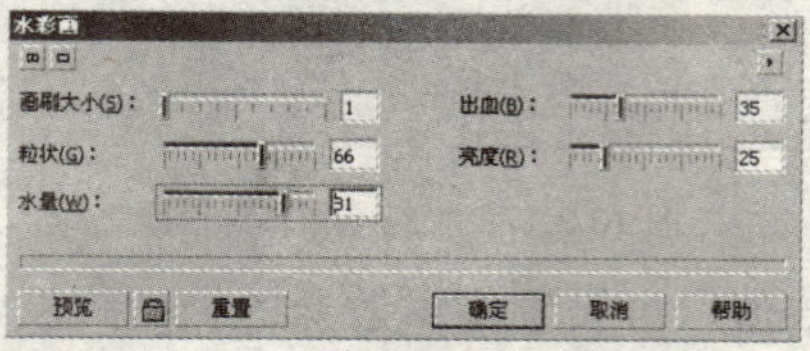

图 10.3.21 “水彩画”对话框

调整画刷大小(S):输入框中的数值，可设置画笔笔头大小；调整粒状(G):输入框中的数值，可设置图像的粗糙程度；调整水量(W):输入框中的数值，可设置水彩的湿润程度；调整出血(B):输入框中的数值，可设置色彩显示的明显程度；调整亮度(R):输入框中的数值，可设置图像的亮度。

设置好参数后，单击确定按钮，图像效果如图 10.3.22 所示。

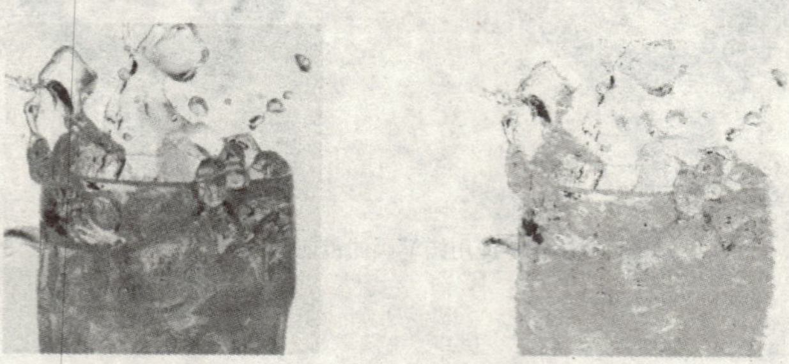

图 10.3.22 应用水彩画滤镜前后效果对比

6. 波纹纸画

使用波纹纸画滤镜可以使图像产生不同的波浪效果。

选中图像后，选择菜单栏中的位图(B)→艺术笔触(A)→波纹纸画(V)...命令，弹出波纹纸画对话框，如图 10.3.23 所示。

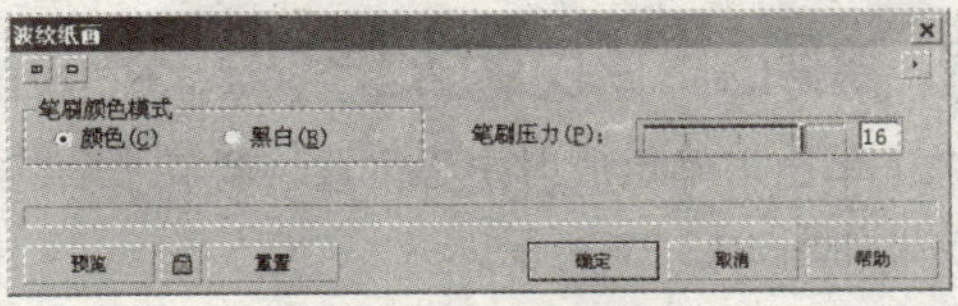

图 10.3.23 “波纹纸画”对话框

在笔刷颜色模式选项区中选择一种色彩类型，如果选中 颜色(C) 单选按钮，可使波纹纸画以彩色显示；选中 黑白(B) 单选按钮，可使波纹纸画以黑白显示。

在笔刷压力(P):输入框中输入数值，可设置波纹线条的颜色深浅。

设置好参数后，单击确定按钮，图像效果如图 10.3.24 所示。

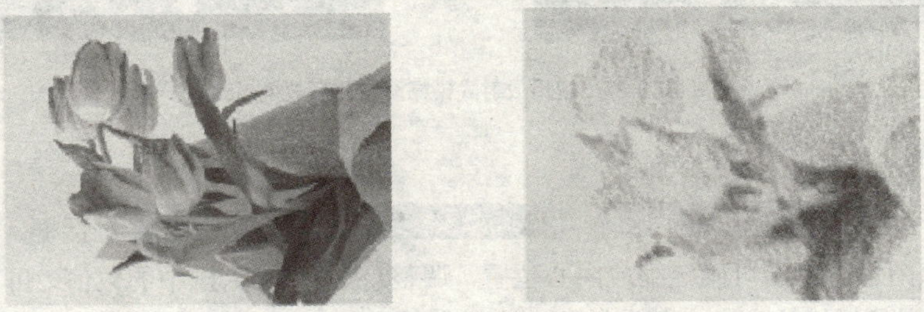

图 10.3.24 应用波纹纸画滤镜前后效果对比

10.3.3 模糊特效

选择菜单栏中的位图(B)→模糊(B)命令，弹出其子菜单，如图 10.3.25 所示，使用此菜单中的命令可以使图像产生模糊的效果。

1. 高斯式模糊

选择菜单栏中的位图(B)→模糊(B)→高斯式模糊(G)...命令，弹出高斯式模糊对话框，通过调节对话框中半径(R):的数值，可使图像产生薄雾效果。

2. 动态模糊

使用动态模糊滤镜可以使图像产生一种快速移动时的模糊效果。

选中位图后，选择菜单栏中的位图(B)→模糊(B)→动态模糊(M)...命令，弹出动态模糊对话框，如图 10.3.26 所示。

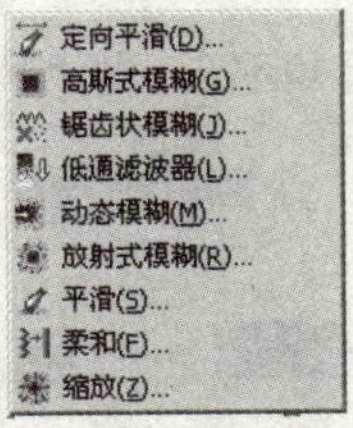

图 10.3.25 模糊子菜单

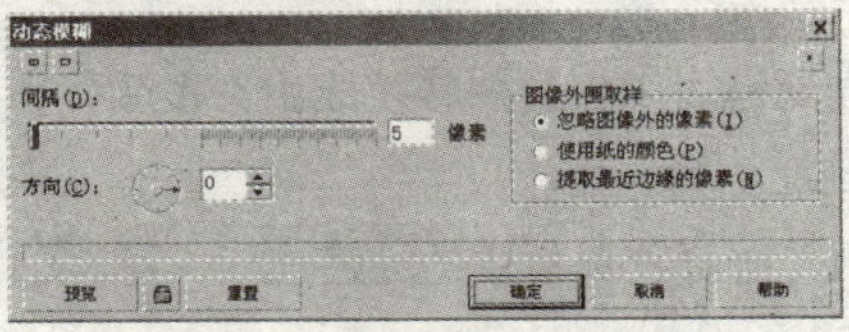

图 10.3.26 “动态模糊”对话框

在方向(C):微调框中输入数值，可以设置位图动态模糊的角度；在图像外围取样选项区中可以选择运动图像的取样模式。

3．放射式模糊

选择菜单栏中的 位图(B) → 模糊(B) → 放射式模糊(R)... 命令，弹出 **放射状模糊** 对话框，在此对话框中单击按钮，在原图像上单击可确定放射中心位置，调节 数量(A): 输入框中的数值，可设置放射模糊的数量，产生的模糊效果如图 10.3.27 所示。

图 10.3.27　应用放射式模糊滤镜前后效果对比

4．缩放模糊

选择菜单栏中的 位图(B) → 模糊(B) → 缩放(Z)... 命令，弹出 **缩放** 对话框，在此对话框中单击按钮，在原图像上单击可确定缩放中心位置，调整 数量(A): 输入框中的数值，可设置缩放的明显程度，此时可使图像以缩放中心向外发散，产生模糊效果，如图 10.3.28 所示。

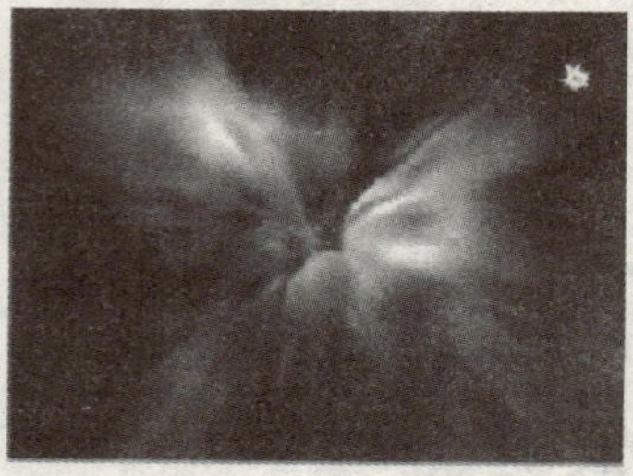

图 10.3.28　应用缩放模糊滤镜前后效果对比

10.3.4　颜色变换滤镜

使用颜色变换滤镜可以使位图总体效果发生很大的改变，形成具有某种特殊效果的艺术图像。选择菜单栏中的 位图(B) → 颜色转换(L) 命令，弹出其子菜单，如图 10.3.29 所示。

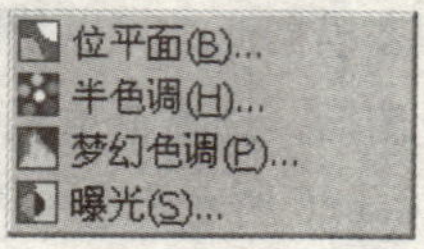

图 10.3.29　颜色转换子菜单

1．位平面

使用位平面滤镜可以将位图转换成由许多颜色小块组成的图像，每一个颜色小块都是由 3 种颜色组成的，分别是红、绿、蓝。

选中位图后，选择菜单栏中的 位图(B) → 颜色转换(L) → 位平面(B)... 命令，弹出 **位平面** 对话框，如图 10.3.30 所示。

在 红(R): 、 绿(G): 、 蓝(B): 输入框中输入数值，可以改变图像的颜色。

选中 ☑ 应用于所有位面(A) 复选框，3 种颜色参数同步变化；取消选中此复选框，则可以单独调节各个颜色的参数。

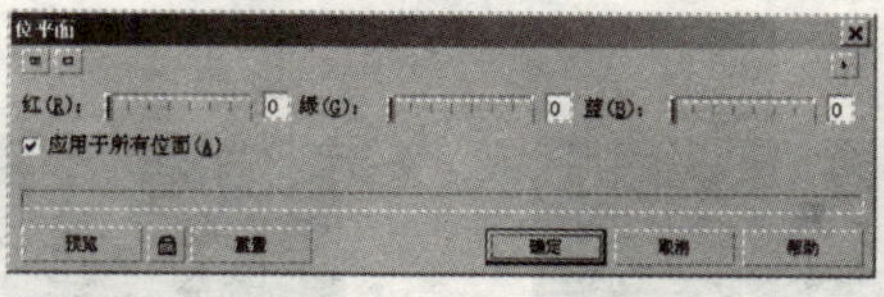

图 10.3.30　“位平面”对话框

2．曝光

使用曝光滤镜可以将位图颜色转换成如同摄影负片的颜色。

选中位图后，选择菜单栏中的 位图(B) → 颜色转换(L) → 曝光(S)... 命令，弹出 曝光 对话框，通过调整 层次(L): 输入框中的数值，可改变图像底片的曝光程度，效果如图 10.3.31 所示。

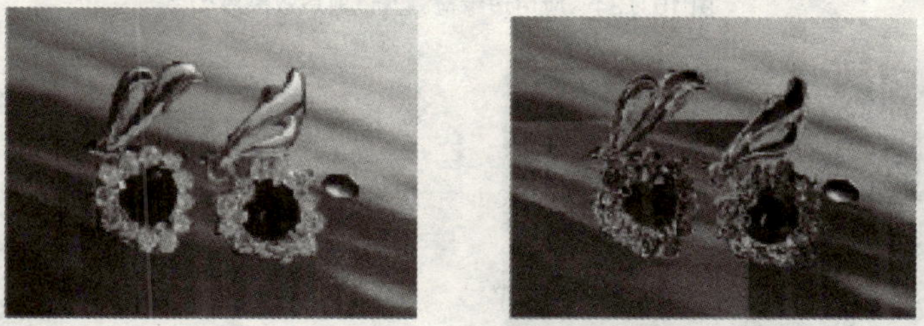

图 10.3.31　应用曝光滤镜前后效果对比

10.3.5　轮廓图

选择菜单栏中的 位图(B) → 轮廓图(O) 命令，弹出其子菜单，如图 10.3.32 所示，通过使用此菜单中的命令，可以轻松地检测和强调位图图像的轮廓。

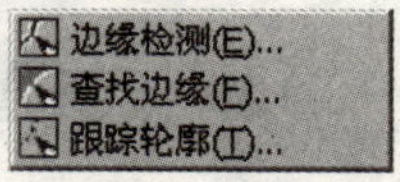

图 10.3.32　轮廓图子菜单

1．边缘检测

使用边缘检测滤镜可以在图像中加入不同的边缘效果。

选中位图后，选择菜单栏中的 位图(B) → 轮廓图(O) → 边缘检测(E)... 命令，弹出 边缘检测 对话框，如图 10.3.33 所示。

图 10.3.33　“边缘检测”对话框

在 背景色 选项区中选择一种颜色作为背景色，并在 灵敏度(S): 输入框中输入数值，设置图像边缘的清晰程度。

设置好参数后，单击 确定 按钮，图像效果如图 10.3.34 所示。

2．查找边缘

使用查找边缘滤镜可以使图像的边缘轮廓较亮显示。

选中位图后，选择菜单栏中的 位图(B) → 轮廓图(O) → 查找边缘(F)... 命令，弹出 查找边缘 对话框，在边缘类型:选项区中选择一种边缘类型，并在层次(L):输入框中输入数值，可设置边缘亮度，图像效果如图 10.3.35 所示。

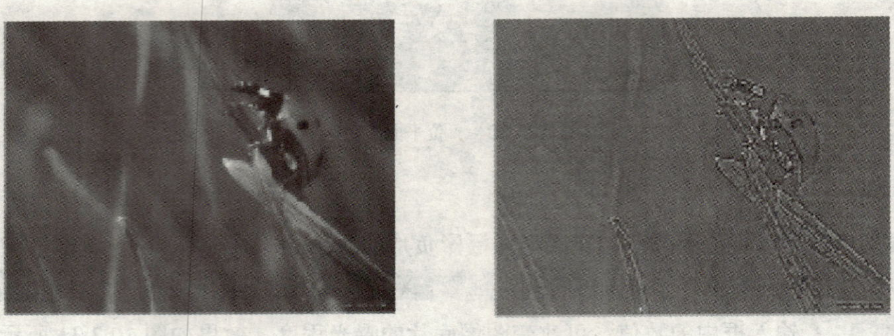

图 10.3.34　应用边缘检测滤镜前后效果对比

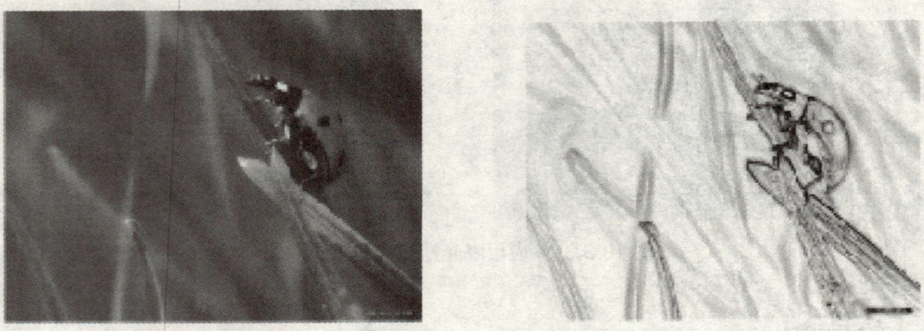

图 10.3.35　应用查找边缘滤镜前后效果对比

10.3.6　创造性

选择菜单栏中的位图(B)→创造性(V)命令，弹出其子菜单，如图 10.3.36 所示，通过使用这些命令可以制作出具有创造性的图像效果。

1. 工艺

使用工艺滤镜，可以产生使用工艺材料对图像进行转化的效果。

选中位图后，选择菜单栏中的位图(B)→创造性(V)→工艺(C)...命令，弹出工艺对话框，如图 10.3.37 所示。

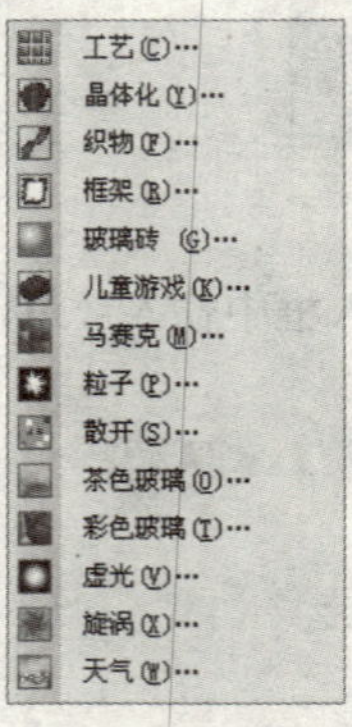

图 10.3.36　创造性子菜单

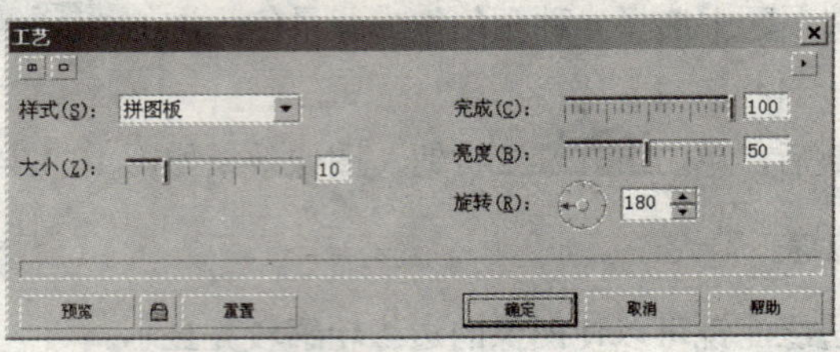

图 10.3.37　“工艺”对话框

在样式(S):下拉列表中可以选择一种工艺样式；在大小(Z):输入框中输入数值，可设置所选工艺样式的大小；在完成(C):输入框中输入数值，可以设置应用工艺样式的面积；调整亮度(B):输入框中的数值，可设置所选工艺样式的亮度；调整旋转(R):微调框中的数值，可设置所选工艺样式的旋转角度。

设置好参数后，单击确定按钮，图像效果如图 10.3.38 所示。

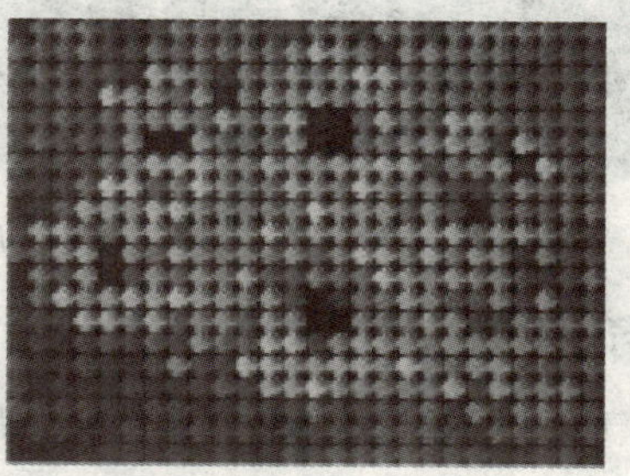

图 10.3.38　应用工艺滤镜前后效果对比

2．框架

使用框架滤镜可以在图像的周围添加一个框架，使其产生照片框架效果。

选中位图后，选择菜单栏中的位图(B)→创造性(V)→框架(R)...命令，弹出框架对话框，如图 10.3.39 所示。

在此对话框中单击框架样式右侧的小三角形按钮，可从弹出的预设框架样式中选择一种框架。

如果要对所选的框架进行修改与编辑，可以在此对话框中打开修改选项卡，此时框架对话框如图 10.3.40 所示。

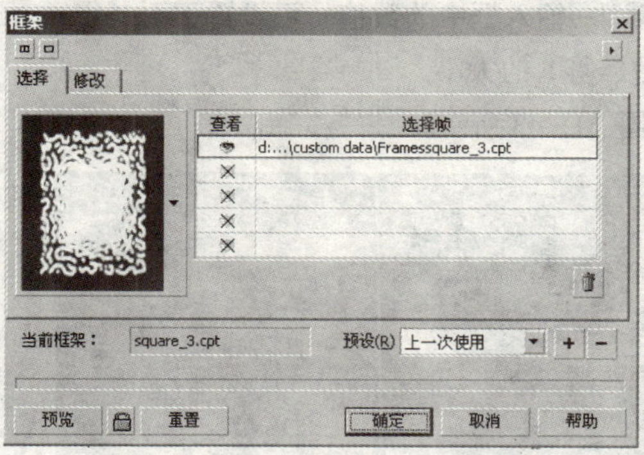

图 10.3.39　“框架”对话框

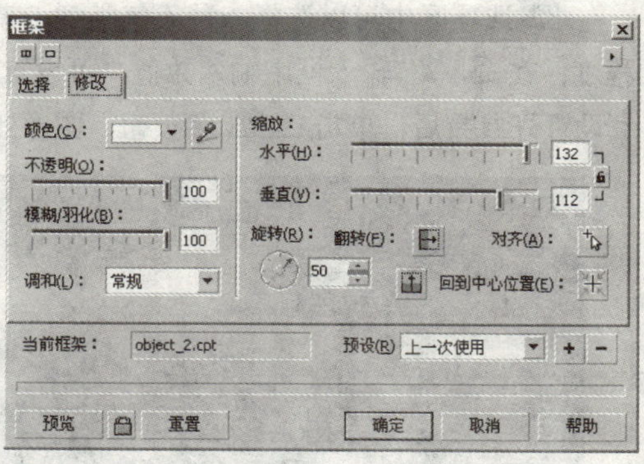

图 10.3.40　“修改”选项卡

单击颜色(C):右侧的下拉按钮，可从打开的调色板中为所选的框架设置一种颜色。

在不透明(O):输入框中输入数值，可设置框架的不透明度；在模糊/羽化(B):输入框中输入数值，可设置边框的模糊程度；在缩放:选项区中可设置框架的应用范围；在旋转(R):微调框中输入数值，可设置框架的旋转角度；在翻转(F):选项区中单击按钮，可以将所选框架水平翻转；单击按钮，可以将框架垂直翻转。

单击按钮，然后在原图像上单击，可以设置框架在位图上的中心点；单击按钮，可以恢复框架的中心点到原位上。

在调和(L):下拉列表中可以选择一种调和模式，以调和框架的不同效果。

设置好参数后，单击确定按钮，图像效果如图 10.3.41 所示。

图 10.3.41 应用框架滤镜前后效果对比

3. 天气

使用天气滤镜可以模拟各种气候特征，使图像显示为在不同天气下观测的效果，给人以身临其境的感觉。

选中位图后，选择菜单栏中的 位图(B) → 创造性(V) → 天气(W)... 命令，弹出 天气 对话框，如图 10.3.42 所示。

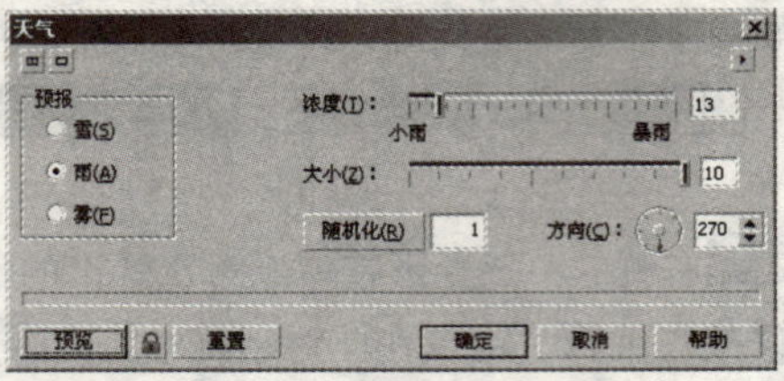

图 10.3.42 “天气”对话框

在 预报 选项区中可以选择一种天气类型；调节 浓度(I)： 输入框中的数值，可设置下雨（雪、雾）的程度；在 大小(Z)： 输入框中输入数值，可设置雨（雪、雾）的大小。

设置好参数后，单击 确定 按钮，图像效果如图 10.3.43 所示。

图 10.3.43 应用天气滤镜前后效果对比

10.3.7 扭曲

选择菜单栏中的 位图(B) → 扭曲(D) 命令，弹出其子菜单，如图 10.3.44 所示，使用此菜单中的命令，可以使图像产生各种不同的扭曲效果。

1. 块状

选择菜单栏中的 位图(B) → 扭曲(D) → 块状(B)... 命令，弹出 块状 对话框，如图 10.3.45 所示。

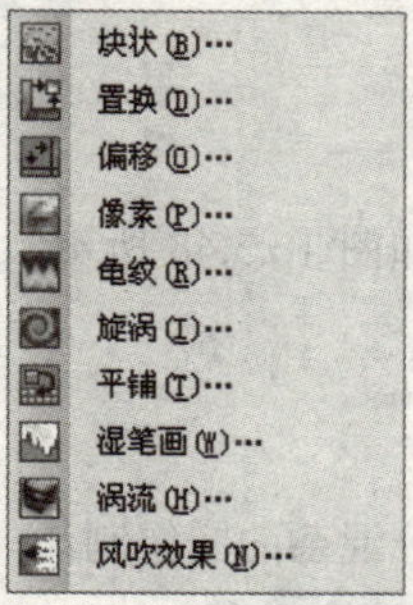

图 10.3.44　扭曲子菜单

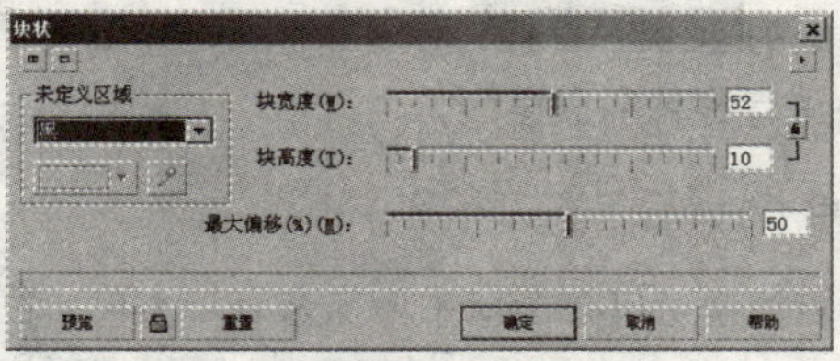

图 10.3.45　"块状"对话框

在未定义区域下拉列表中可以选择图像扭曲时空白区的填充色类型；在块宽度(W):与块高度(T):输入框中输入数值，可设置每一个扭曲块的宽度和高度；调整最大偏移(%)(M):输入框中的数值，可设置扭曲块的偏移程度。

2. 平铺

选择菜单栏中的位图(B)→扭曲(D)→平铺(T)...命令，弹出平铺对话框，通过调整水平平铺(H):与垂直平铺(V):输入框中的数值，可设置图像在水平方向与垂直方向上的平铺数量；调整重叠(O)(%):输入框中的数值，可设置图像水平与垂直相重叠的数量，从而产生多个图像的平铺效果。应用平铺滤镜后的效果如图 10.3.46 所示。

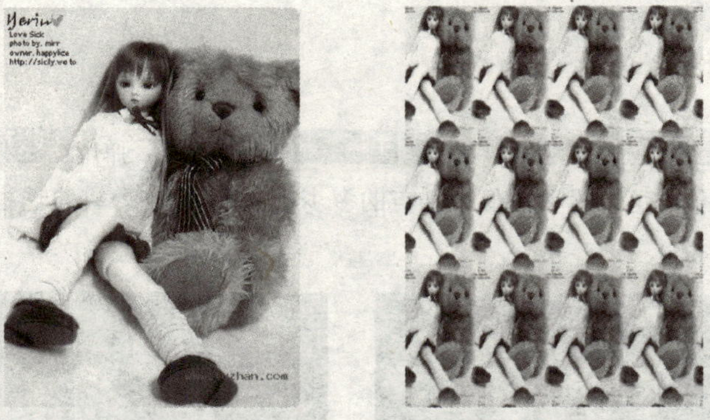

图 10.3.46　应用平铺滤镜前后效果对比

3. 风

使用风滤镜可以使图像产生不同程度的风化效果。

选择菜单栏中的位图(B)→扭曲(D)→风吹效果(N)...命令，弹出风吹效果对话框，通过调整浓度(S):输入框中的数值，可设置风化效果的强弱；在不透明(O):输入框中输入数值，可设置风化的不透明度；在角度(A):微调框中输入数值，可设置风吹的角度方向。设置好参数后，图像效果如图 10.3.47 所示。

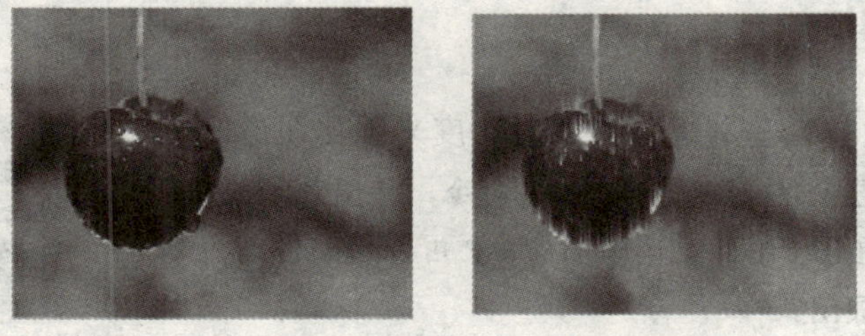

图 10.3.47　应用风滤镜前后效果对比

10.3.8 杂点特效

选择菜单栏中的位图(B)→杂点(N)命令，弹出其子菜单，如图 10.3.48 所示，使用此菜单中的命令可以为图像进行各种杂点操作。

1. 添加杂点

使用添加杂点滤镜可以在图像中增加杂点，为单一色彩或过分混杂的图像制作一种粒状的效果。

选中位图后，选择菜单栏中的位图(B)→杂点(N)→添加杂点(A)...命令，弹出添加杂点对话框，如图 10.3.49 所示。

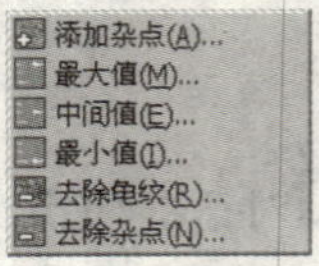

图 10.3.48 杂点子菜单

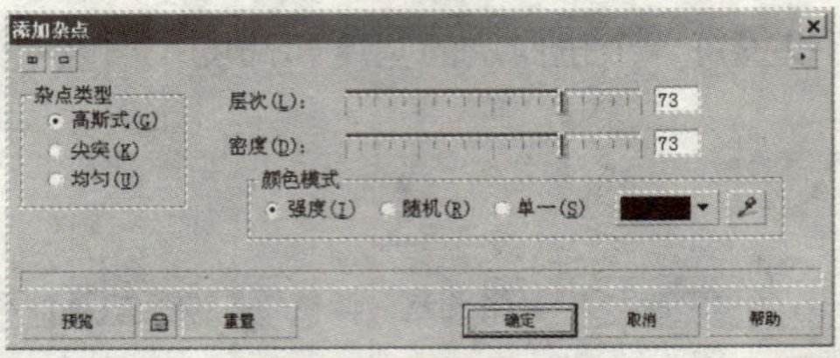

图 10.3.49 “添加杂色”对话框

在杂点类型选项区中可选择一种杂点类型；在层次(L):输入框中输入数值，可设置杂点的强度和颜色范围；调整密度(D):输入框中的数值，可设置杂点的密度；在颜色模式选项区中可选择一种添加到位图上的杂点颜色模式。

2. 去除杂点

选择菜单栏中的位图(B)→杂点(N)→去除杂点(N)...命令，弹出去除杂点对话框，通过调节阈值(T):输入框中的数值，可以设置图像中杂点的多少，选中☑自动(A)复选框，自动清除所有杂点，效果如图 10.3.50 所示。

图 10.3.50 应用去除杂点滤镜前后效果对比

10.3.9 鲜明化

鲜明化效果通过提高与邻近像素的对比度来强化图像的边缘。选择菜单栏中的位图(B)→鲜明化(S)命令，弹出其子菜单，如图 10.3.51 所示，通过使用此菜单中的命令，可以使图像的色彩更加鲜明，边缘更加突出。

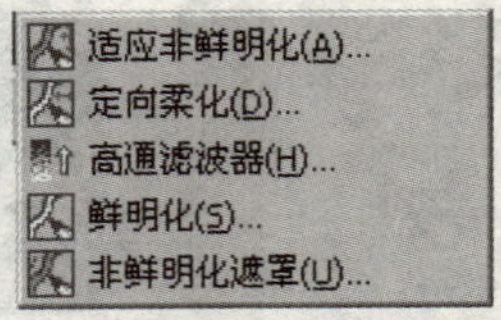

图 10.3.51 鲜明化子菜单

10.4　典型实例——制作图像的虚光效果

本例将制作图像的虚光效果，最终效果如图 10.4.1 所示。

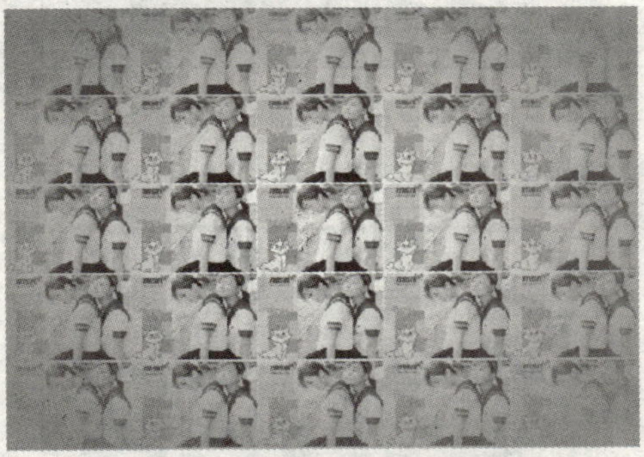

图 10.4.1　图像的虚光效果

操作步骤

（1）新建一个图形文件，单击工具栏中的“导入”按钮，从弹出的导入对话框中选择一幅位图，单击导入按钮，将所选的位图导入到绘图区中，如图 10.4.2 所示。

（2）选择菜单栏中的效果(C)→调整(A)→调合曲线(T)…命令，弹出调合曲线对话框，设置参数如图 10.4.3 所示。

图 10.4.2　导入位图

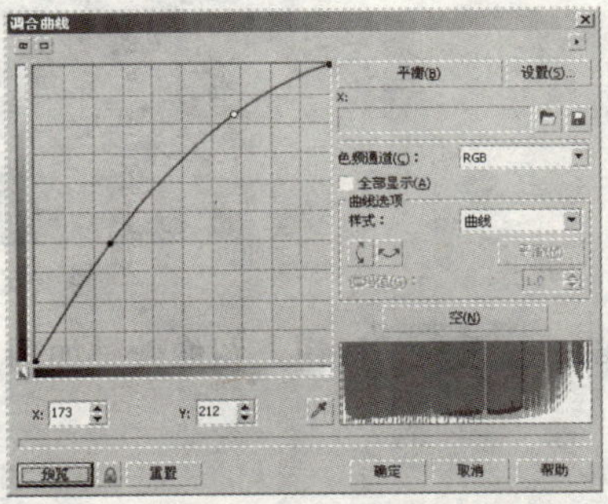

图 10.4.3　“调合曲线”对话框

（3）单击确定按钮，调整后的位图效果如图 10.4.4 所示。

图 10.4.4　调整位图的色彩

（4）选择菜单栏中的位图(B)→扭曲(D)→平铺(T)…命令，弹出平铺对话框，设置参数如图 10.4.5 所示。

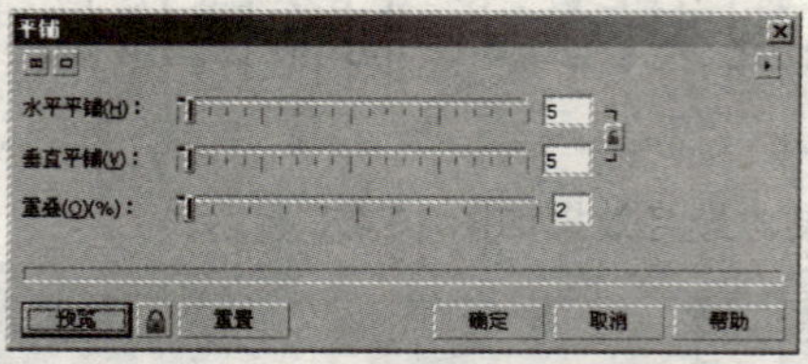

图 10.4.5 “平铺”对话框

（5）单击 确定 按钮，应用平铺滤镜后的效果如图 10.4.6 所示。

图 10.4.6 应用平铺滤镜后的效果

（6）选择菜单栏中的 位图(B) → 创造性(V) → 虚光(V)… 命令，弹出 虚光 对话框，设置参数如图 10.4.7 所示。

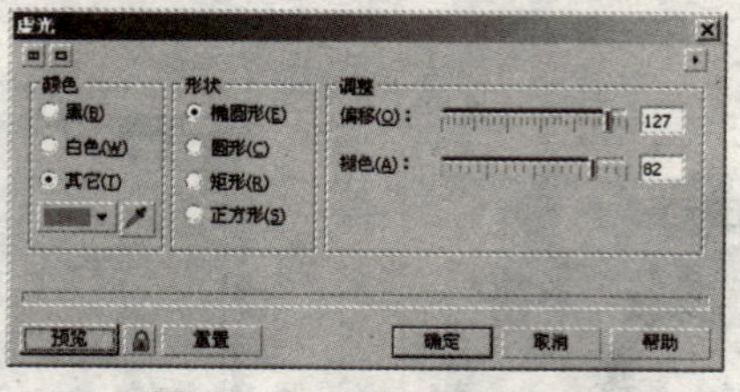

图 10.4.7 “虚光”对话框

（7）单击 确定 按钮，图像效果如图 10.4.1 所示。

小　　结

本章主要讲述了对位图图像的基本操作以及对位图的一些滤镜效果处理。利用这些操作可以方便地进行位图图像处理，以达到所需的效果。用户需要不断实践，才能应用自如。

过关练习十

一、填空题

1．调整位图颜色包括调整图像的________、________、________与________等。

2．使用________命令可以使图像边缘部分的颜色平衡。

3．________命令可以使所选图像的颜色反相显示，即用色盘中相对的颜色替换原来的颜色。

4．当位图对象的背景颜色为单色时，可使用________功能进行处理，使图像的背景透明。

5．使用________滤镜，可以找到图像中各对象的边缘，将其转换为柔和或者尖锐的曲线。

6．重新取样位图，是指改变位图的__________和实际尺寸大小等图形属性。

7．CorelDRAW X4 提供了__________种不同三维效果的滤镜。

二、选择题

1．使用（　）命令可以改变图像色彩的色调。

A．高反差　　B．颜色平衡

C．调和曲线　　D．伽玛值

2．通过使用（　）工具可以移动位图轮廓上的节点或编辑位图轮廓的曲度。

A．刻刀　　B．形状

C．交互式变形　　D．挑选

3．使用（　）命令可以为位图添加一个虚框，达到羽化的效果。

A．虚光　　B．散光

C．框架　　D．织物

4．使用（　）模糊命令可以使位图对象产生一种快速运动的模糊效果。

A．高斯式　　B．低频通行

C．动感　　D．放射式

5．在艺术笔触滤镜中包含了（　）种艺术效果。

A．11　　B．12

C．13　　D．14

6．下列（　）属于艺术笔触滤镜。

A．炭笔画　　B．蜡笔画

C．印象派　　D．水彩画

E．波纹纸画

三、简答题

1．如何将矢量图转换为位图图像？

2．如何对位图进行颜色的替换？

四、上机操作题

1．根据本章所学内容，利用虚光工具将如题图 10.1（a）所示的素材图片制作成如题图 10.1（b）所示效果。

（a）素材图片　　（b）效果图

题图 10.1　效果对比图

2．导入一幅位图，根据本章所学知识制作梦幻色调效果，其效果对比如题图 10.2 所示。

题图 10.2　效果对比图

3．根据本章所学内容，利用框架工具将素材图片制作成如题图 10.3 所示的效果。

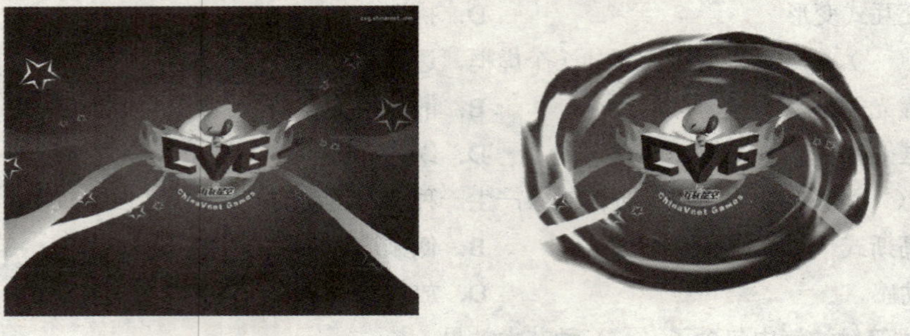

题图 10.3　效果对比图

第11章 打印输出

本章要点

- ☑ 打印设置
- ☑ 打印预览
- ☑ 打印文档
- ☑ 商业印刷

学习目标

CorelDRAW X4 为打印输出提供了许多专业设置。一般情况下，可直接利用 CorelDRAW X4 的默认设置并选择正确的打印机驱动程序就可以进行打印了。本章将介绍有关打印输出的专业知识。

11.1 打印设置

在使用打印机打印文档之前，需要对打印机的型号以及其他打印事项进行正确的设置。不同的打印作业要求设置不同的打印介质、介质大小与打印类型等。

11.1.1 打印机属性的设置

在打印设置对话框中可以选择适当的打印机，也可观察打印机的状态、类型与端口位置。

如果需要打印的图形不能按照系统默认的设置来进行打印，那么就必须通过“打印机属性”对话框进行设置。打印机的设置与具体的打印机有关。

在使用打印机进行打印之前，首先需要设置打印机。其操作步骤如下（在此，以 HP 白纸打印机为例）：

选择菜单栏中的文件(F)→打印设置(U)…命令，弹出打印设置对话框，如图 11.1.1 所示。

在此话框中显示了打印机的相关信息，如打印机的名称、状态与类型等。单击属性(P)按钮，默认状态下，可弹出如图 11.1.2 所示的对话框。

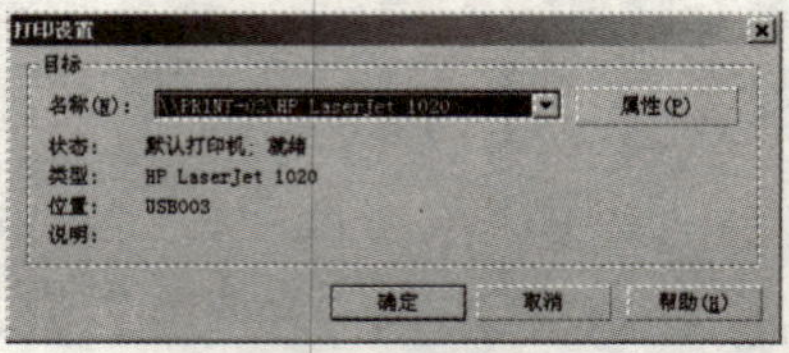

图 11.1.1 “打印设置”对话框

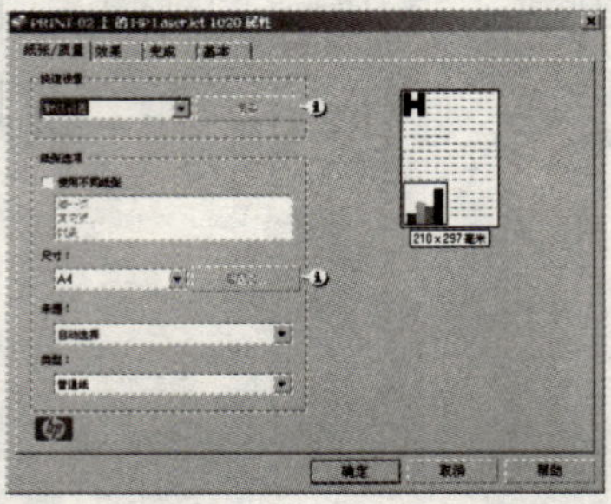

图 11.1.2 设置“打印机属性”对话框

在纸张选项选项区中包含着用来设置打印机纸张属性的相关选项，如纸张尺寸、纸张来源与纸张类型，用户可根据实际进行设置。

1. 纸张尺寸

纸张的尺寸直接影响了“打印机属性”对话框中的设置，系统默认为 A4 纸，大小为 210 毫米×297 毫米。

2. 纸张来源

来源：下拉列表框可用来指定打印时的送纸方式，一般使用系统默认的自动送纸方式。

3. 介质类型

类型：下拉列表框显示的是打印机支持的打印介质，如普通纸、卡片纸、信纸等。

11.1.2 设置打印选项

需要打印作品时，在菜单栏中选择文件(F)→打印(P)…命令，弹出如图 11.1.3 所示的打印对话框，对对话框中的各个选项卡进行设置。

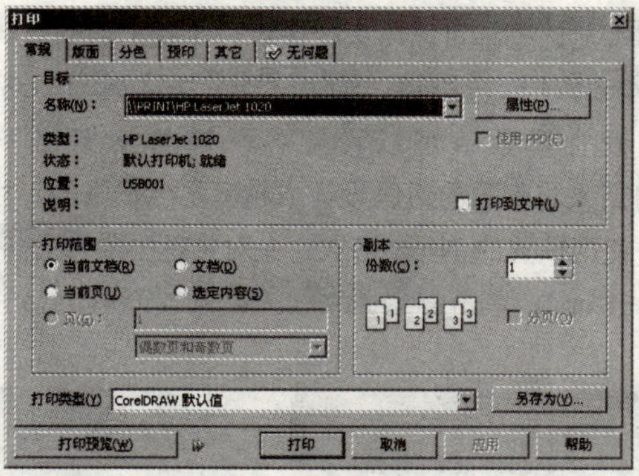

图 11.1.3　“打印”对话框

1．常规

打开默认的常规选项卡，在名称(N)：右边的下拉列表中选择\\PRINT\HP LaserJet 1020选项，如图 11.1.4 所示。

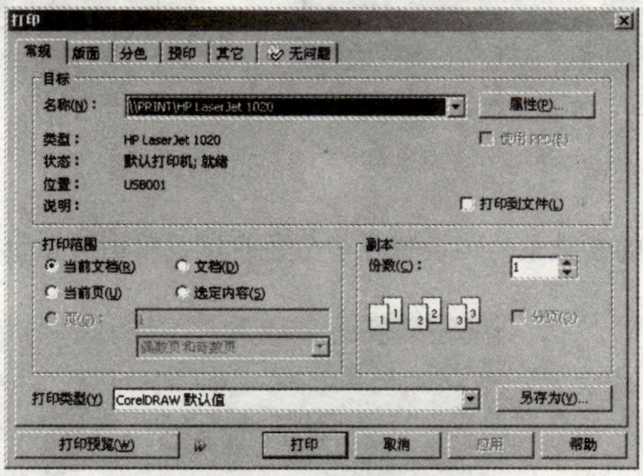

图 11.1.4　“常规”选项卡

在目标选项区中，可对文件进行基本设置。单击属性(P)...按钮，可对所选的打印机进行设置，选中☑打印到文件(L)复选框，其右侧的黑色小三角▸被激活，单击▸按钮，弹出如图 11.1.5 所示的打印到文件类型列表，从中选择一种类型。

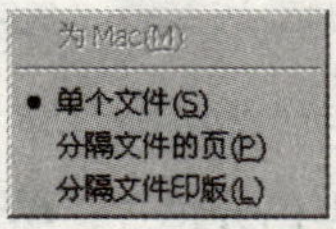

图 11.1.5　打印到文件类型列表

在打印范围选项区中选中⊙当前文档(R)单选按钮，打印当前的文档；选中⊙文档(D)单选按钮，打印所选定的文档；选中⊙当前页(U)单选按钮，打印当前页面的内容；选中⊙选定内容(S)单选按钮，打印所选定的内容；选中⊙页(G)：单选按钮，可在后面的文本框中输入需打印的页面页码。

在副本选项区中，可输入需打印的份数。

2．版面

版面主要设置打印对象在页面中的布局，单击对话框中的版面标签，打开版面选项卡，如图 11.1.6 所示。

在图像位置和大小选项区中，可以对打印时的图像位置和大小进行设置。

选中☑打印平铺页面(T)复选框，可以将大幅图像以平铺的方式打印，此时在图像位置和大小选项区将选中◉将图像重定位到(R):单选按钮，页面 1 :将被激活，可在其对话框中设置参数；在平铺重叠(V):微调框中设置参数值可以设置各平铺与其相邻平铺图像重叠的数量；选中☑出血限制(B):复选框，可用来将作品的边缘设计成超出实际纸张的尺寸，出血设置一般为 3～5 mm。

若打印多个副本时，使用预置的 N-up 格式。在对话框中的版面布局(L):下拉列表中可选取预设的版面类型，例如 4×4（1-up）。单击打印预览(W)按钮，得到如图 11.1.7 所示的打印多个副本的预览效果。

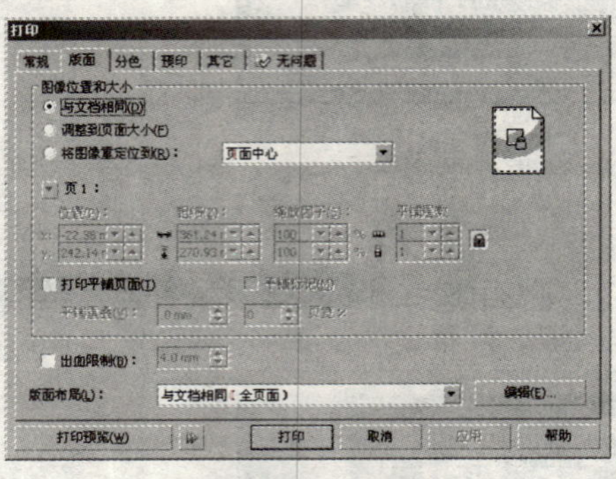

图 11.1.6 “版面”选项卡

图 11.1.7 打印多个副本的预览效果

3. 分色

设置“分色”选项卡的参数值，可设置是否分色打印。单击对话框中的分色标签，打开分色选项卡，如图 11.1.8 所示。

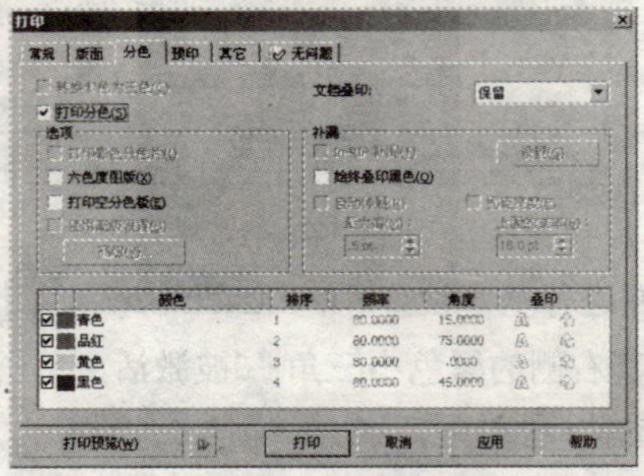

图 11.1.8 “分色”选项卡

选中☑打印分色(S)复选框，则打印方式为分色，单击打印按钮，此时将用 4 张打印纸在打印机上分别输出青色、洋红色、黄色和黑色分色片；单击打印预览(W)按钮，在打印预览窗口中查看分色片的效果。若选中☑六色度图版(X)复选框，则使用 6 种不同颜色（青色、洋红、黄色、黑色、橙色和绿色）的油墨来产生全色图像。

若打印作品中包含专色（FOCOLTONE，TOYO 或 DIC 颜色）时，选中☑打印分色(S)复选框，将为每一个专色创建一个分色片。如果使用的专色大于 4 个，可以将它们转换为印刷色，这时，需要选中分色选项卡中的“转换专色为三色”复选框。

4. 预印

CorelDRAW X4 允许用户在打印作业中设置印刷标记。这样可以将颜色校准标记、裁剪/折叠标记等信息输送到打印页面，以便在印刷输出中心校正颜色和进行裁剪。单击打印对话框中的印前标签，打开印前选项卡，如图 11.1.9 所示。

在纸张/胶片设置选项区中，可设置是否以负片形式打印以及设置胶片的感光面是否向下。

在文件信息选项区中，可设置是否在打印作品的页面底部打印文件名和页码。

在裁剪/折叠标记选项区中，选中☑裁剪/折叠标记(M)和☑仅外部(X)复选框，则在打印时，只打印图像外部的裁剪/折叠标记。

选择☑标记到对象(K)复选框，可将输出的内容修剪为最终尺寸进行对齐。

在注册标记选项区中，选中☑打印套准标记(G)复选框，此时对话框中的样式(Y):下拉列表处于可选状态，单击右侧的黑色小三角，打开套准标记样式下拉列表，如图 11.1.10 所示。

在所示的套准标记样式列表中选取一种样式，这些标记用做对齐分色片的指印标记。

在调校栏选项区中，选中☑颜色调校栏(C)复选框，将在作品旁边打印 6 种基本颜色的颜色条（红色、绿红、蓝红、青色、品红和黄色）；选中☑密度比例(D)复选框，可在每个分色工作表上打印密度计刻度。它允许用称为“密度计”的工具来检查输出内容的精确性和一致性。

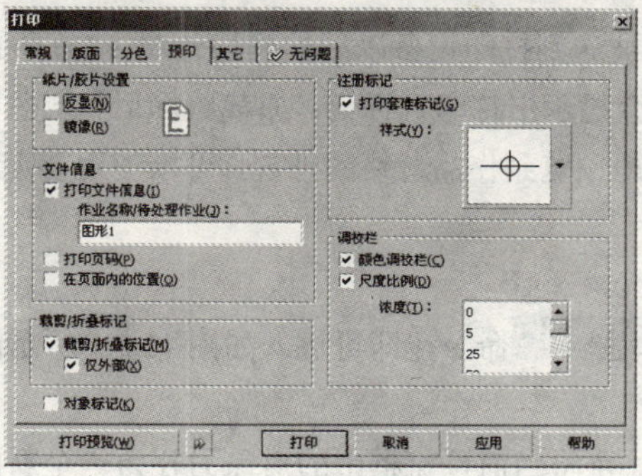

图 11.1.9　“印前”选项卡

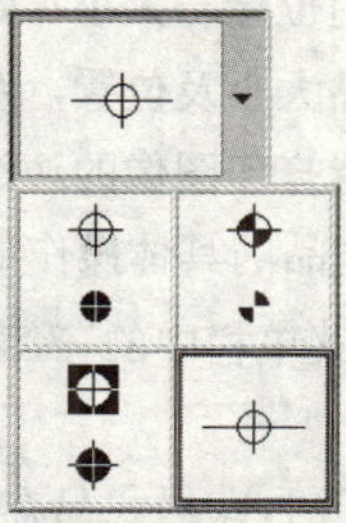

图 11.1.10　套准标记样式列表

5．其他

“其他”选项卡用来设置输出的一些杂项。单击对话框中的其它标签，打开其它选项卡，如图 11.1.11 所示。

选中☑应用 ICC 预置文件(P):复选框，应用 ICC，一般的级别都不会有问题；选中☑打印作业信息表(I)复选框，将会为打印输出提供方便；在位图缩减像素采样选项区中，选中所需的复选框，可减小输出的时间，提供优质的输出胶片。

6．印前检查

在打印对话框中的最右边有一个标签，它会自动检查绘图页面存在的打印错误，不同的作业在打印时会存在不同的打印错误，单击此标签，打开“印前检查”选项卡，如图 11.1.12 所示。

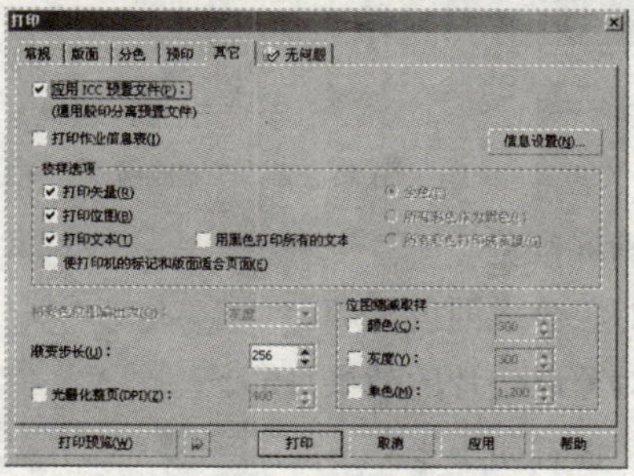

图 11.1.11　“其他”选项卡

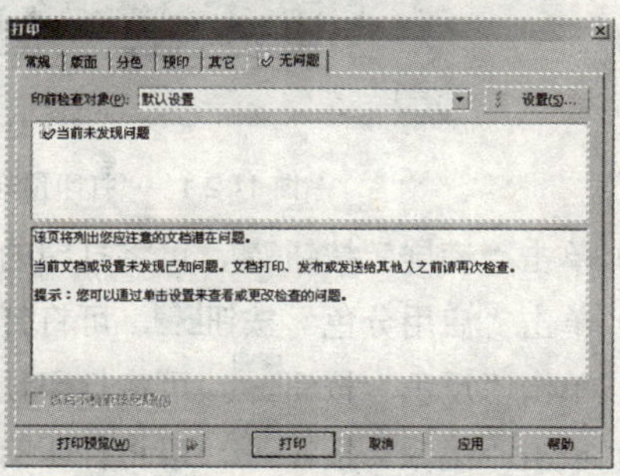

图 11.1.12　“印前检查”选项卡

在选项卡中列出了检查结果，即打印中所存在的问题，并且提出了解决的方案。这对于一个新用户来说，非常有帮助。

在完成打印的各个设置后，单击 打印 按钮，可完成文件的打印。

11.2 打印预览

在进行打印之前，打印预览是十分重要的。尤其是对没有把握的打印设置，最好先进行打印预览，查看一下结果，这对于大批量打印文件也很重要。在打印之前进行打印预览可以及时修改作品，提高整体的工作效率，以避免造成纸墨浪费。

11.2.1 预览打印作品

可以使用全屏“打印预览”来查看作品被送到打印设备以后的确切外观。“打印预览”显示出图像在打印纸上的位置与大小。如果设置，还会显示出打印机标记，如裁剪标记和颜色校准栏等。还可以手动调整作品大小及位置，为了能更精确地预览到作品最终的外观，可以使用视觉帮助，例如边界框，它显示了待打印图像的边缘。

预览打印作品的具体操作如下：

（1）选择菜单栏中的 文件(F) → 打印预览(R)… 命令，即可进入如图 11.2.1 所示的“打印预览”窗口。

（2）单击“打印样式另存为”按钮，可将当前预览框中的对象另存为一个新的打印类型。

（3）单击“打印选项”按钮，可弹出 打印选项 对话框，在此对话框中可具体设置打印的相关事项。

（4）单击 到页面 下拉列表框，可弹出如图 11.2.2 所示的下拉列表，从中可以选择不同的缩放比例来预览打印。

图 11.2.1 “打印预览”窗口

图 11.2.2 “缩放级别”下拉菜单

（5）单击“满屏”按钮，可将打印的对象满屏预览。

（6）单击“启用分色”按钮，可将打印的对象分成四色打印。

（7）单击“反色”按钮，可将打印预览的对象以底片的效果打印。

（8）单击“镜像”按钮，可将打印的对象镜像打印出来。

（9）单击“关闭打印预览”按钮，可关闭“打印预览”窗口，返回到正常的视图状态。

11.2.2　调整大小和定位

在“打印预览”窗口中，可用下面的方法手动调整打印图像的大小：

（1）选择工具箱中的挑选工具。

（2）用挑选工具选择图形，图形上可出现 8 个控制点（此时选择的是整个绘图页面中的内容）。

（3）将光标移到控制点处时，光标变为双箭头形状，此时便可以调整所选图形的大小。

（4）拖动鼠标，可移动图形在打印页面中的位置。

当页面中含有位图时，更改图像大小要小心，如果要放大图像，则位图可能会呈现出锯齿状。

11.2.3　自定义打印预览

更改预览图像的质量，可以加快打印预览的重绘速度，还可以指定预览的图像是彩色图像还是灰度图像。

选择菜单栏中的 查看(V) → 颜色预览(C) 命令，可弹出其子菜单，如图 11.2.3 所示。从中选择 彩色(C) 命令，图像即显示为彩图；选择 灰度(G) 命令，图像可显示为灰度图。默认的设置是 自动（模拟输出）(A)，它可根据所用打印机的不同而显示为灰度或是彩色图像。

在“打印预览”窗口中，选择菜单栏中的 查看(V) → 显示图像(I) 命令，此时图像将由一个框来表示，如图 11.2.4 所示。

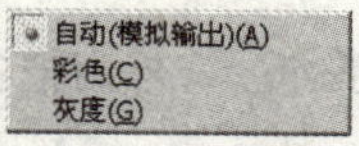

图 11.2.3　颜色预览子菜单

图 11.2.4　图像显示为灰色

11.3　打印文档

当设置好打印机属性，并使预览效果满意后，就可以打印作品了。打印到纸张或底片后，便可进行印刷。如果打印的是一般的图像，直接单击工具栏中的“打印”按钮即可。但如果需要打印多页文档或打印文档指定部分时，就要更多地设置打印选项。

11.3.1　打印多个副本

如果要将一幅作品，例如名片、标签之类的小东西在同一张纸上打印多个，就需要设置页面格式。

如果把页面格式与一种已经在一张纸上放了几个绘图页面（如折叠卡片）的拼版样式一起命名时，图像将被放在一个图文框中当做一个绘图对象使用。

要选择并使用页面格式，其具体操作如下：

（1）选择菜单栏中的 文件(F) → 打印预览(R)… 命令，可进入“打印预览”窗口，在工具箱中单击“版面布局工具”按钮，其属性栏如图 11.3.1 所示。

（2）在属性栏中设置拼版格式。在属性栏中单击编辑内容下拉列表框 编辑基本设置，可从弹出的下拉列表中选择 编辑基本设置 选项，然后在属性栏中的交叉/向下页数输入框 2 2 中输入数值，即可设置页面格式的每个拼版，如图 11.3.2 所示。

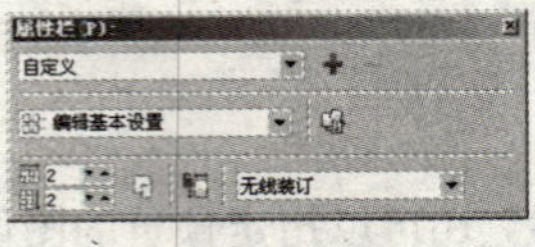

图 11.3.1 “版面布局工具”属性栏

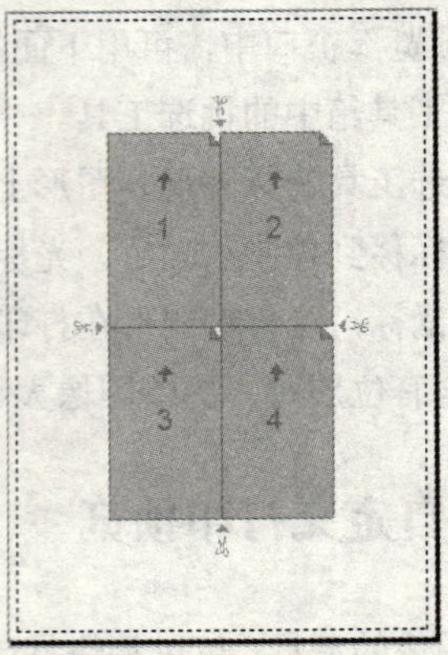

图 11.3.2 设置页面格式

（3）此时，在预览窗口中单击“打印”按钮，可将设置页面格式后的所有放置在绘图页面中的版面依次打印到一张纸上。

（4）在如图 11.3.2 所示的页面格式中可以看到，可在一张纸上打印 4 张文档。但还有很大一部分页边可以利用，因此，就可以增加打印文本的数量，只需要在属性栏的交叉/向下页数输入框 2 2 中调整数值即可。

11.3.2 打印大幅作品

如果要打印的作品比打印纸大，可以把它“平铺”到几张纸上，然后把各个分离的页面组合在一起，以构成完整的图像作品。其操作步骤如下：

（1）选择菜单栏中的 文件(F) → 打印(P)... 命令，弹出 打印 对话框，在此对话框中打开 版面 选项卡，如图 11.3.3 所示。

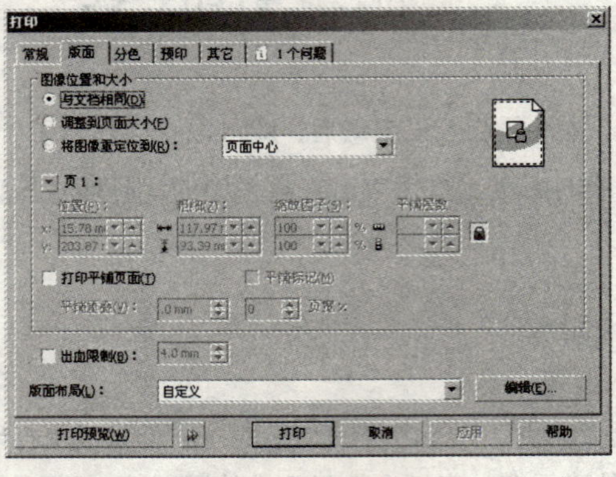

图 11.3.3 “版面”选项卡

（2）选中 ☑ 打印平铺页面(T) 复选框，在 平铺重叠(V): 微调框中可输入数值或页面大小的百分比，并指定平铺纸张的重叠程度。

（3）单击 打印 按钮，即可对文件进行打印，也可单击 打印预览(W) 按钮，进入“打印预览”窗口查看结果。在预览窗口中将光标移向页面，可观察打印作品的重叠部分以及所需要使用的纸张数目。

11.3.3　指定打印内容

可以打印指定的页面、对象以及图层，通过在对象管理器中选择可打印图标即可，也可指定打印的数量以及是否将副本排序。排序对于打印多页文档是非常有用的。

1．打印指定的图层

如果创建的图像具有多个图层，而有时候需要打印的只是单独的图层，可通过对象管理器来打印指定的图层。其具体操作如下：

（1）打开一幅包含多个图层的需要打印的对象。

（2）选择菜单栏中的 窗口(W) → 泊坞窗(D) → 对象管理器(N) 命令，可弹出 对象管理器(N) 泊坞窗，如图 11.3.4 所示。

（3）在该泊坞窗中单击“显示对象属性”按钮与“跨图层编辑”按钮，可显示出该图形对象中所包含的每一个图层。

（4）选择要打印的图层，然后在泊坞窗中单击打印机图标，使其以高亮显示，表示选定打印。

（5）单击工具栏中的“打印”按钮，可弹出 打印 对话框，打开 常规 选项卡，选中 ⊙ 选定内容(S) 单选按钮，再单击 打印 按钮，即可打印所选的图层内容。

2．指定打印对象的类型

在 CorelDRAW 中，不但可以指定打印图形中的一个图层（在对象管理器中设置），还可以指定打印对象的类型，例如可以选择只打印矢量图或文本等。其具体的方法如下：

（1）在“打印预览”窗口中，单击属性栏中的“打印选项”按钮，可弹出 打印选项 对话框，此对话框中的设置与 打印 对话框完全相同。

（2）打开 其它 选项卡，可显示出此选项中的参数，如图 11.3.5 所示。

（3）在 校样选项 选项区中可选择需要打印的对象，然后单击 确定 按钮，即可按所选的类型进行打印。

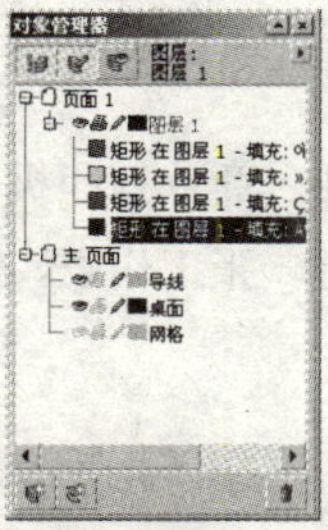

图 11.3.4　“对象管理器”泊坞窗

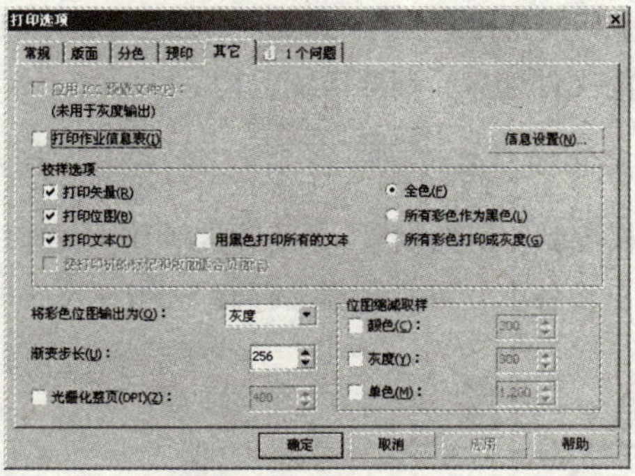

图 11.3.5　“其他”选项卡

11.3.4　拼版

拼版样式决定了如何将打印作品的各页放置到打印页面中。例如，要将制作的三折页输出到打印机，以适合折叠需要时，就要用到拼版。具体操作步骤如下：

（1）打开文件（文件为自定义大小、横向，而当前打印纸为 A4，方向为竖向）。

（2）选择菜单栏中的 文件(F) → 打印预览(R)... 命令，如果此时打印机的进行方向是纵向的，则会出现一个提示框，如图 11.3.6 所示。单击 否(N) 按钮，即可自动调整打印纸的方向；单击 是(Y) 按钮，即可手动调整纸张的方向。

（3）在此，可单击 是(Y) 按钮，在“打印预览”窗口中单击“版面布局工具”按钮，在其属性栏中的 如在文档中(全页面) 下拉列表中选择 三折卡片 选项，即可在预览窗口中显示出三折卡片的预览效果，如图 11.3.7 所示。

（4）在属性栏中单击“模板/文档预览”按钮，可以在看到模板的同时观察绘图的位置及打印方向。

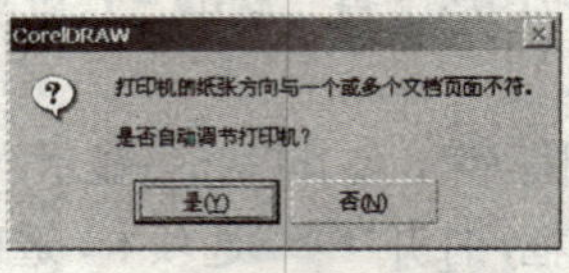

图 11.3.6　提示框

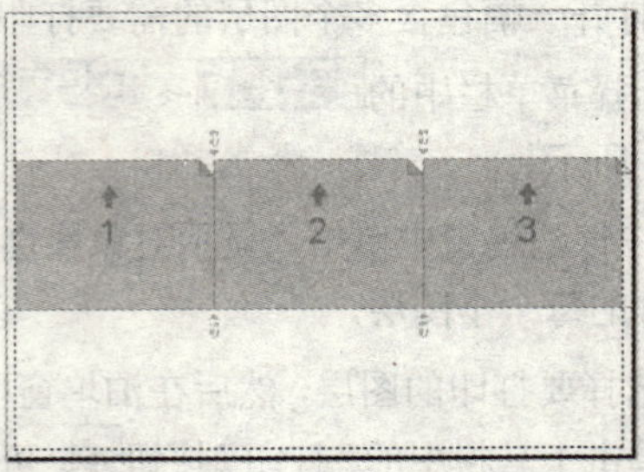

图 11.3.7　预览三折卡片的拼版效果

11.4　商业印刷

当完成一幅作品并设置好各选项后，在进行商业印刷或交付彩色输出中心时，需要把作品印刷的各项设置让商业印刷机构的人员了解清楚，以便让他们做出最后的鉴定，并估计存在的问题。

11.4.1　准备印刷作品

商业印刷机构需要用户提供.PRN，.CDR，.EPS 文件，存储到文件时应该注意这一点，同时，要提供一份最后的文件信息给商业印刷机构。

1．PRN 文件

如果能全权控制印前的设置，可以把打印作品存储为.PRN 文件。商业打印机构直接把这种打印文件传送到输出设备上，将打印作品存储为.PRN 文件时，还要附带一张工作表，上面标出所有指定的印前设置。

2．CDR 文件

如果没有时间或不知道如何准备打印文件，可以把打印作品存储为.CDR 文件，只要商业打印机构配有 CorelDRAW 软件，就可以使用印前设置进行印刷。

3．EPS 文件

有些商业打印机构能够接受.EPS 文件（如同从 CorelDRAW 中导出一样），输出中心可以把这类文件导入其他应用程序，然后进行调整并最后印刷。

使用配备彩色输出中心向导，可以指导用户为彩色输出中心准备文件。如果商业印刷机构的彩色输出中心提供了输出中心预置文件，应用该向导会非常有效。预置文件是使用为输出中心预置文件的向导创建的，输出中心包括了设置打印作为形势发展所需的所有信息，以正确完成印刷作品。

选择菜单栏中的 文件(F) → 为彩色输出中心做准备 命令，可弹出 配备"彩色输出中心"向导 提示框，如图 11.4.1 所示，按照向导的提示，可以一步步地完成印刷文件的准备工作。

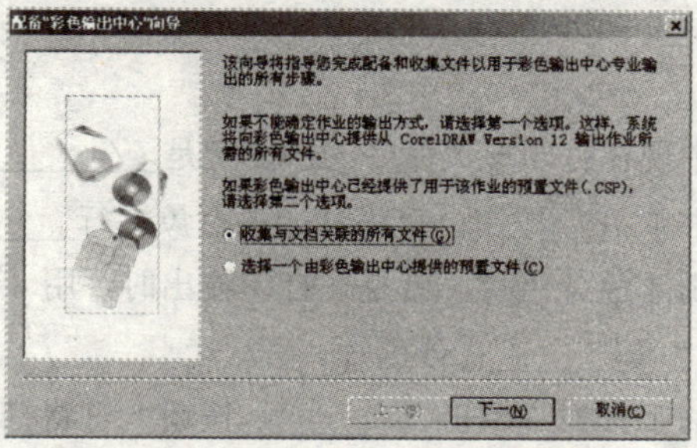

图 11.4.1　提示框

11.4.2　打印到文件

如果需要将.PRN 文件提交到商业输出中心以便在大型照排机上输出，就需要把作业打印到文件。当要打印到文件时，需要考虑以下几点：

（1）打印作业的页面（如文档制成的胶片）应当比文档的页面（即文档自身）大，这样才能容纳打印机的标记。

（2）照排机在胶片上产生图像，这时胶片通常是负片，所以在打印到文件时可以设置打印作品产生负片。

打印到文件的具体操作如下：

（1）选择菜单栏中的 文件(F) → 打印(P)… 命令，弹出 打印 对话框，如图 11.4.2 所示。

（2）选中 ☑ 打印到文件(L) 复选框，单击 打印 按钮，可弹出 打印到文件 对话框，如图 11.4.3 所示。

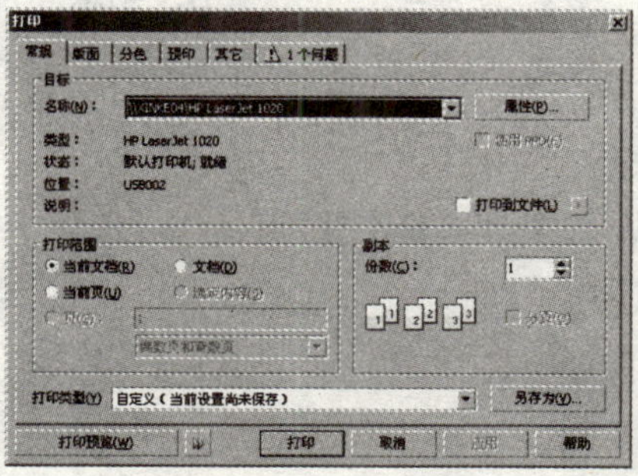

图 11.4.2　"打印"对话框

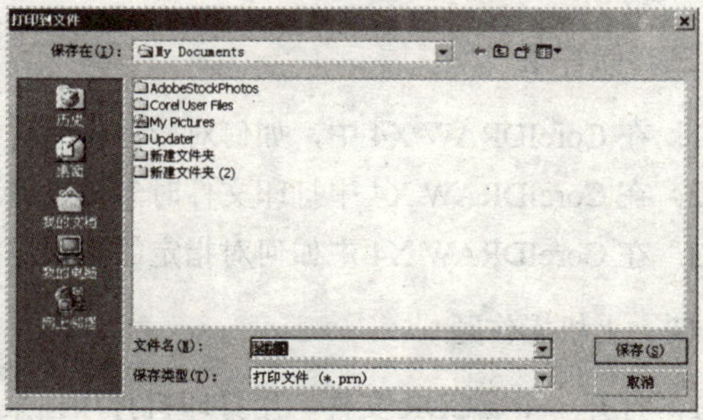

图 11.4.3　"打印到文件"对话框

在 文件名(N): 下拉列表框中可输入文件名称，相应的扩展名为.PRN。

小　　结

本章主要介绍了在 CorelDRAW X4 中对文件的打印设置、预览、输出以及商业印刷进行了详细的讲解。通过本章的学习，用户应该掌握并灵活运用这些知识对文档进行打印输出。

过关练习十一

一、填空题

1. 在“打印预览”窗口中现在打印该页命令的快捷键是__________。

2. 在“打印预览”窗口中单击按钮，可将打印的对象进行__________。

3. 彩色作品可分离为印刷 4 色分色片，就是在打印输出时，用 4 张打印纸在打印机上分别输出________、________、________和________分色片。

4. 在“打印预览”窗口的工具栏中单击__________按钮，可将打印预览的文档以镜像或反片效果进行打印。

二、选择题

1. 设置纸张时，可设置（　）。

A. 大小　　B. 方向
C. 来源　　D. 份数

2. 打印的快捷键是（　）。

A. Ctrl+C　　B. Ctrl+P
C. Ctrl+A　　D. Ctrl+F

3. 在“打印”对话框中的副本选项中可设置打印的（　）。

A. 份数　　B. 个数
C. 数量　　D. 内容

4. 文件（　）是导出文件的主要方式之一。

A. 打印　　B. 预览
C. 设计　　D. 创意

三、问答题

1. 在 CorelDRAW X4 中，如何对彩色作品进行分色？
2. 在 CorelDRAW X4 中打印文件时怎样设置可以一次打印多份文件？
3. 在 CorelDRAW X4 中如何对指定的图层进行打印？

四、上机操作题

1. 打开一个 . CDR 文件，用打印机打印出来。
2. 在 CorelDRAW X4 中制作一个包含多页面的文档，练习对其进行打印预览并打印。

第12章 家居行业应用实例

本章要点

- ☑ 房地产报纸广告设计
- ☑ 客厅设计
- ☑ 绘制平面建筑图

学习目标

家居装潢设计是 CorelDRAW X4 的一个重要应用领域，本章将通过对几个具体实例的详细讲解，帮助读者掌握利用 CorelDRAW X4 绘制机械图形的方法。

实例 1　房地产报纸广告设计

实现目标

本例将制作房地产报纸广告，最终效果如图 12.1.1 所示。

图 12.1.1　最终效果图

设计思路

在创作本例时，主要用到矩形工具、椭圆工具、文本工具和形状工具。

操作步骤

（1）新建一个文件，设置页面为横向，按键盘中的“Ctrl+I”键导入图片，如图 12.1.2 所示。

（2）选择工具箱中的矩形工具，在导入图片的右侧绘制一个矩形，去除其轮廓线后填充为蓝色（C：97，M：39，Y：0，K：0），如图 12.1.3 所示。

图 12.1.2　导入的图片

图 12.1.3　绘制的矩形图形

（3）按键盘中的“Ctrl+I”键，导入图片，如图 12.1.4 所示。

图 12.1.4　调整后图片放置的位置

（4）选择工具箱中的多边形工具，在画面中绘制正十边形图形，将其填充色设置为黄色（C：4，M：6，Y：93，K：0），如图 12.1.5 所示。

（5）将鼠标光标放置在正十边形任意一边中间的节点上，按下鼠标左键，并向图形内拖动进行变形，其变形状态如图 12.1.6 所示。

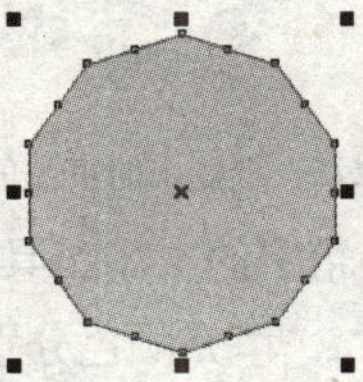

图 12.1.5　绘制的正十边形图形

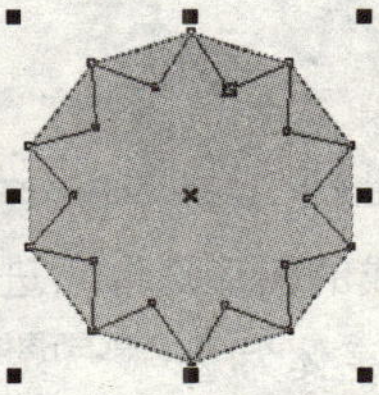

图 12.1.6　拖动鼠标变形的状态

（6）将图形节点拖动到适当位置后释放鼠标左键，变形后的图形形态如图 12.1.7 所示。

（7）选择形状工具，用框选的方法将图形中的节点选取，然后单击属性栏中的“转换直线为曲线”按钮，将其转换成曲线，再单击属性栏中的“生成对称节点”按钮，使其生成平滑节点。

（8）按键盘中的“Esc”键，取消对节点的选择。将鼠标光标放置到图形中的节点上，按住鼠标左键并拖动，对图形进行调整，如图 12.1.8 所示。将其调整成如图 12.1.9 所示的形态并将轮廓线去除。

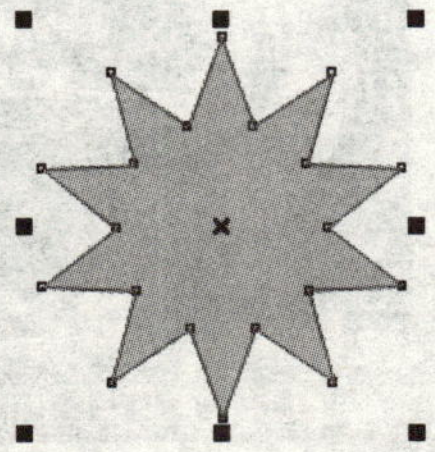

图 12.1.7　拖动变形后的图形形态

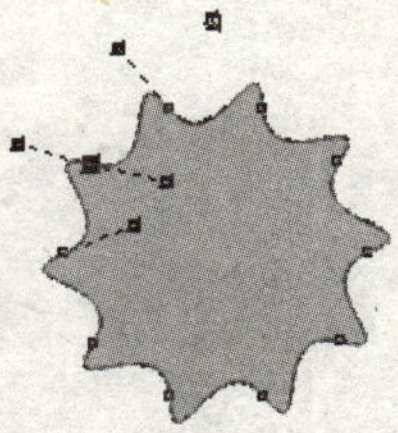

图 12.1.8　拖动鼠标调整节点的状态

（9）按键盘中的“+”键，将如图 12.1.9 所示的图形进行复制并填充为青色（C：100，M：0，Y：0，K：0），然后将其进行旋转，旋转后的图形如图 12.1.10 所示。

图 12.1.9　调整节点后的图形

图 12.1.10　复制的图形调整后的形态

（10）选择工具箱中的交互式轮廓图工具，设置属性栏参数和选项，如图 12.1.11 所示。

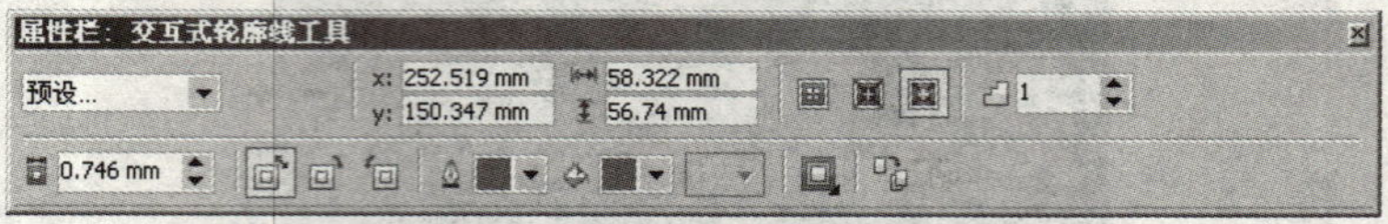

图 12.1.11　属性栏参数和选项设置

（11）按键盘中的“Enter”键，确定设置，图形将变成如图 12.1.12 所示的效果。

（12）选择工具箱中的多边形工具，在弹出的隐藏工具栏中选择星形工具，并在属性栏中的“自选图形”选项中选择“五角星”图形，然后在画面中绘制正五角星形并去除轮廓线，将其填充为黄色（C：4，M：6，Y：93，K：0），如图 12.1.13 所示。

图 12.1.12　使用交互式轮廓工具后的图形效果

图 12.1.13　绘制出的正五角星形图形

（13）将绘制完成的图形选取后进行群组，然后选择工具箱中的文本工具，输入文字“即日起全面销售中……”，字体为 文鼎CS舒同体 ，字号为 24.378 ，填充颜色分别为（C：99，M：96，Y：0，K：0）和红色（C：0，M：100，Y：100，K：0），效果如图 12.1.14 所示。

（14）选择工具箱中的贝塞尔工具，绘制出如图 12.1.15 所示的图形，并填充颜色为（C：0，M：0，Y：100，K：0）。

图 12.1.14　输入的文字效果

图 12.1.15　绘制图形的箭头

（15）选择工具箱中的文本工具，输入文字“这里将展开您幸福生活的新篇章”，字体为 文鼎CS舒同体 ，字号为“27”，填充颜色为红色（C：0，M：100，Y：100，K：0），效果如图 12.1.16 所示。

图 12.1.16　输入的文字

（16）选择工具箱中的文本工具字，输入文字“仙恋山庄，精彩家园”，设置字体为 黑体 ，字号为 15.0 ，填充颜色为白色；再输入文字“仅限 30 套”，设置字体为 华文琥珀 ，字号为 23.0 ，填充颜色为蓝色（C：100，M：100，Y：0，K：0）；再输入一段文字，设置字体为 华文行楷 ，字号为 14 ，填充颜色为白色，如图 12.1.17 所示。

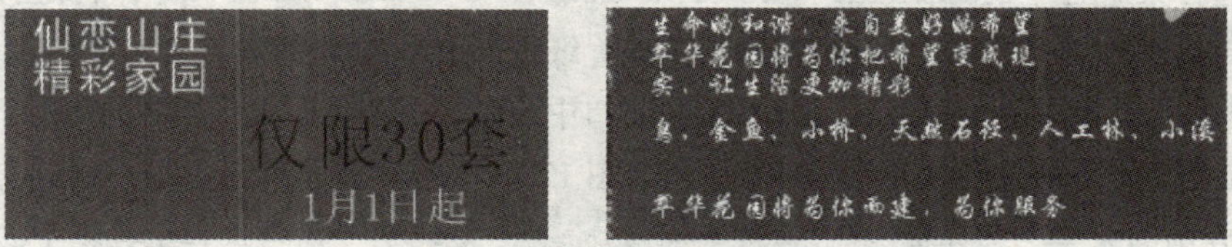

图 12.1.17　输入的文字

（17）选择工具箱中的文本工具字，输入文字“仙恋山庄”，字体为 华文新魏 ，字号为“40”，如图 12.1.18 所示。

（18）选择工具箱中的文本工具字，输入拼音“XianLianShanZhuang”，字体为 Vineta BT ，字号为“24”，放到合适的位置，效果如图 12.1.19 所示。

图 12.1.18　输入的文字

图 12.1.19　输入的拼音

（19）至此，房地产报纸广告设计制作完成，其最终效果如图 12.1.1 所示。

实例 2　客厅设计

实现目标

本例将绘制如图 12.2.1 所示的客厅效果图。

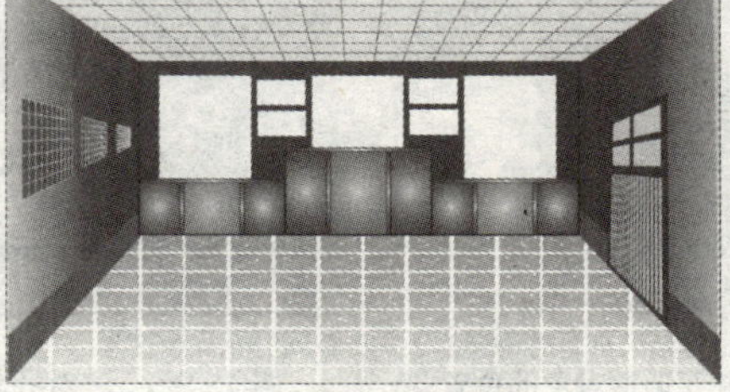

图 12.2.1　效果图

设计思路

在制作本例的过程中，主要用到了交互式透明工具、贝塞尔工具、网格纸工具、填充工具、矩形工具和椭圆工具等。

操作步骤

（1）选择菜单栏中的 文件(F) → 新建(N) Ctrl+N 命令，再选择 版面(L) → 页面设置(P)… 命令，在弹出的选项对话框中设置纸张大小为 A4，摆放方式为横向。

（2）选择工具箱中的矩形工具，在绘图窗口中绘制一个和页面大小相同的矩形。

（3）选择工具箱中的矩形工具，绘制出如图 12.2.2 所示的两个矩形。选中绘制的矩形单击鼠标右键，在弹出的菜单中选择 转换为曲线(V) Ctrl+Q 命令，再选择工具箱中的贝塞尔工具，对绘制的矩形进行调节，将调节的矩形填充为灰色（C：5，M：0，Y：0，K：20），并将其轮廓线去掉，效果如图 12.2.3 所示。

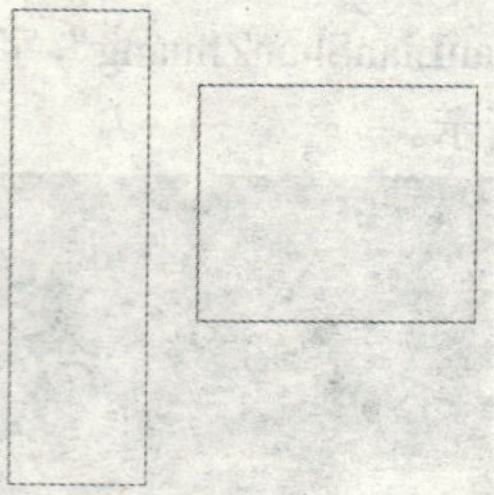

图 12.2.2　绘制的矩形

图 12.2.3　调节并填充对象

（4）选择工具箱中的挑选工具，选中绘制的两个矩形，单击属性栏中的“群组”按钮，将两个矩形进行群组。按“Ctrl+C”键和“Ctrl+V”键对群组的图形进行复制，选中复制后的图形在属性栏中输入 180.0 °，并调整位置，效果如图 12.2.4 所示。

（5）用步骤（4）的操作方法，将组合的对象旋转 180°并复制多次，再选择菜单栏中的 排列(A) → 对齐和分布(A) → 对齐和分布(A)… 命令，弹出如图 12.2.5 所示的对齐与分布对话框，分别单击对齐和分布选项卡，对复制的多个对象进行排列，单击 应用 按钮，效果如图 12.2.6 所示。

图 12.2.4　复制并调整对象的位置

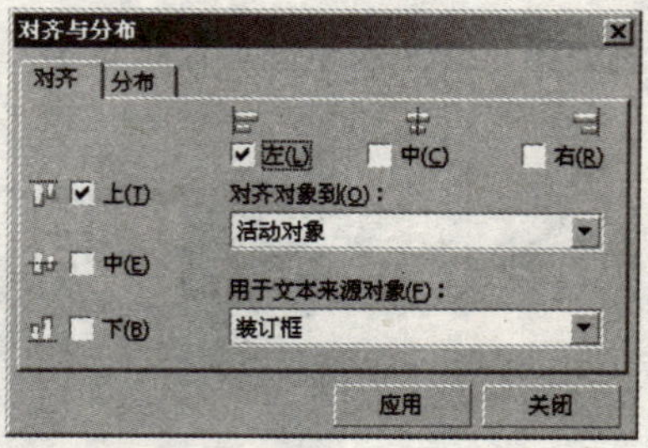

图 12.2.5　“对齐与分布”对话框

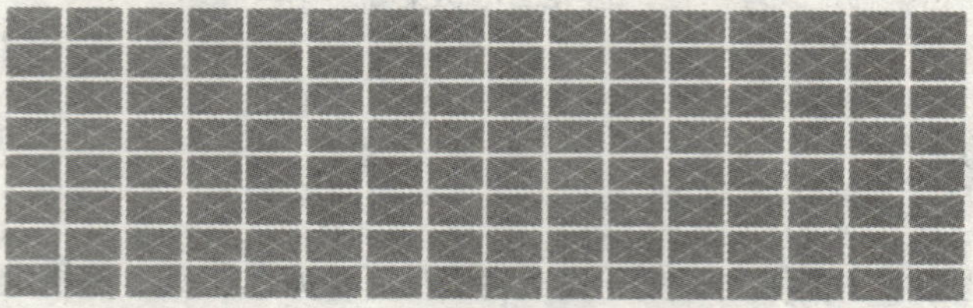

图 12.2.6　对齐与分布后的对象

（6）选择工具箱中的挑选工具，选中所有对齐和均匀分布后的对象，单击属性栏中的“群组”按钮，将其进行群组。选中群组后的对象，选择菜单栏中的 位图(B) → 转换为位图(_)… 命令，在弹出的**转换为位图**对话框中设置参数，如图 12.2.7 所示，单击 确定 按钮，将其转换为位图。

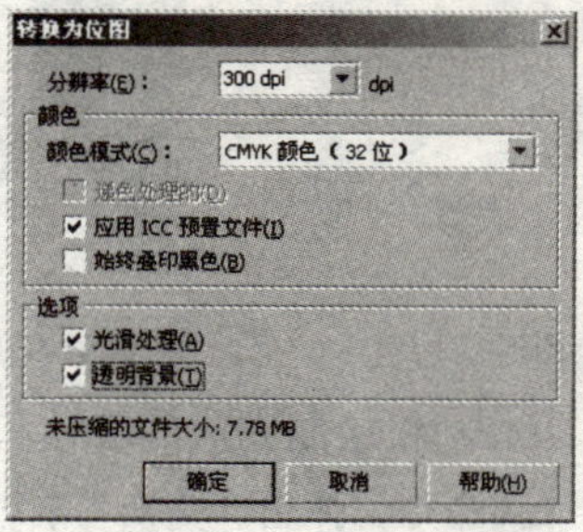

图 12.2.7　“转换为位图”对话框

（7）选择工具箱中的挑选工具，选中转换为位图的对象，并在其上单击鼠标右键，在弹出的对话框中选择 转换为曲线(V)　Ctrl+Q 命令，将群组后的对象转换为曲线，效果如图 12.2.8 所示。

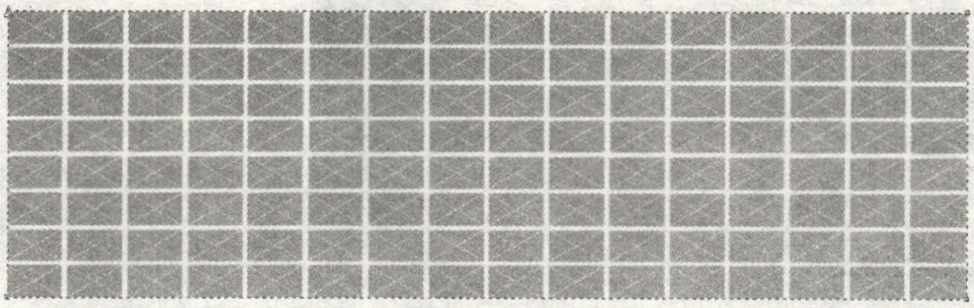

图 12.2.8　转换为曲线效果图

（8）选择工具箱中的形状工具，对转换为曲线的对象进行修正，并移动位置，使其位于步骤（2）所绘制的矩形内，效果如图 12.2.9 所示。

（9）选择工具箱中的交互式透明工具，对地板进行如图 12.2.10 所示的透明填充。

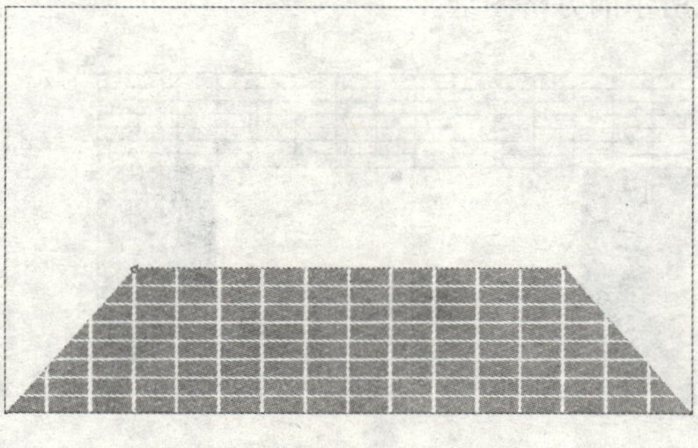

图 12.2.9　修正并移动位图对象

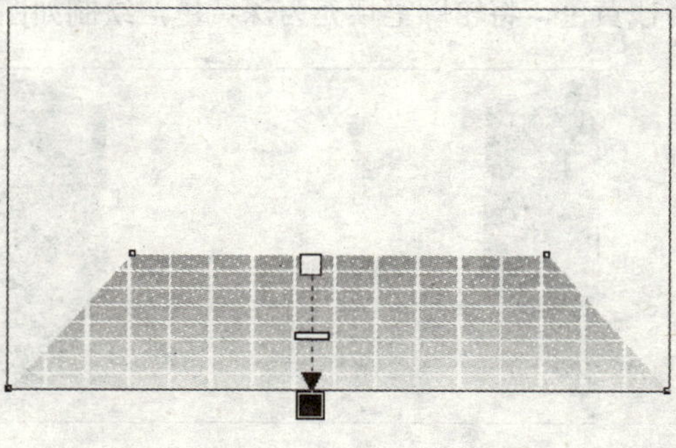

图 12.2.10　对地板进行透明填充

（10）选择工具箱中的贝塞尔工具，在画面左边绘制出如图 12.2.11 所示的墙体与墙围图形，并将其轮廓线去除，将其颜色分别填充为（C：10，M：7，Y：10，K：0）和（C：50，M：40，Y：45，K：0）。

（11）选择工具箱中的挑选工具，将绘制的墙体图形选取，按键盘上的“+”键在原位置复制墙体图形，将复制的墙体图形填充为绿色（C：45，M：35，Y：45，K：0），再选择工具箱中的交互式透明工具，对复制出的墙体图形进行透明填充，效果如图 12.2.12 所示。

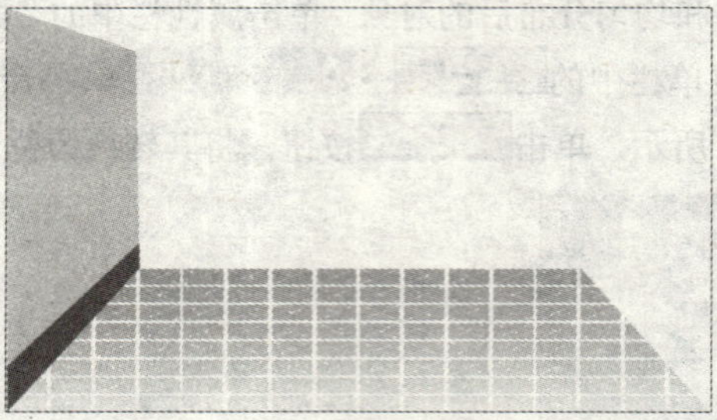

图 12.2.11　绘制出的墙体与墙围图形

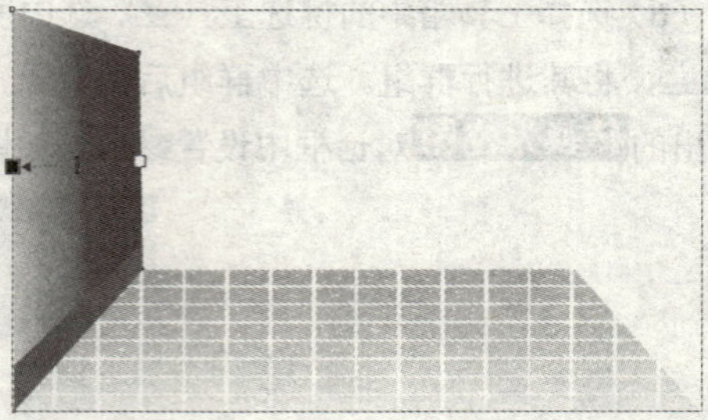

图 12.2.12　将复制的图形填充为绿色

（12）选择工具箱中的挑选工具，将绘制完成的墙体和墙围图形选取，再选择菜单栏中的排列(A)→变换(F)→比例(S) Alt+F9命令，弹出“变换”泊坞窗，参数设置如图 12.2.13 所示。单击应用到再制按钮，将选取的墙体和墙围图形进行水平镜像复制并调整位置，效果如图 12.2.14 所示。

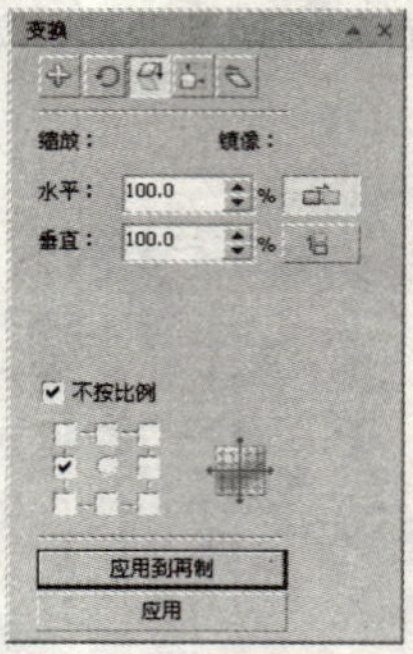

图 12.2.13　“变换”泊坞窗

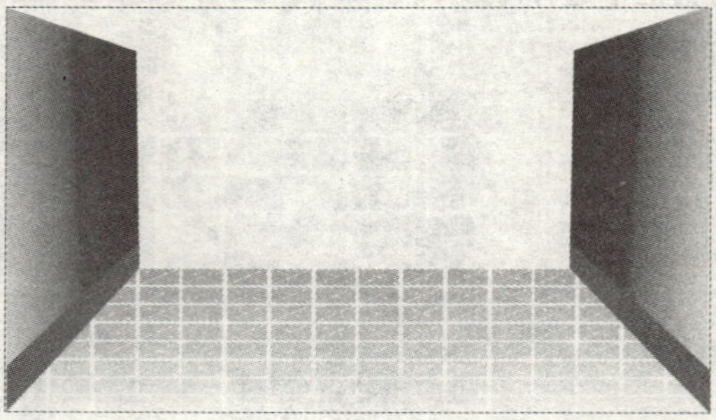

图 12.2.14　水平镜像效果

（13）将右面墙中的墙体图形选取，选择工具箱中的交互式透明工具，调整其透明效果，效果如图 12.2.15 所示。

（14）选择工具箱中的图纸工具，在其属性栏中将行和列设置为 15 和 7，并将其填充为浅黄色，将轮廓笔填充为深黄色，绘制如图 12.2.16 所示的方格图纸。

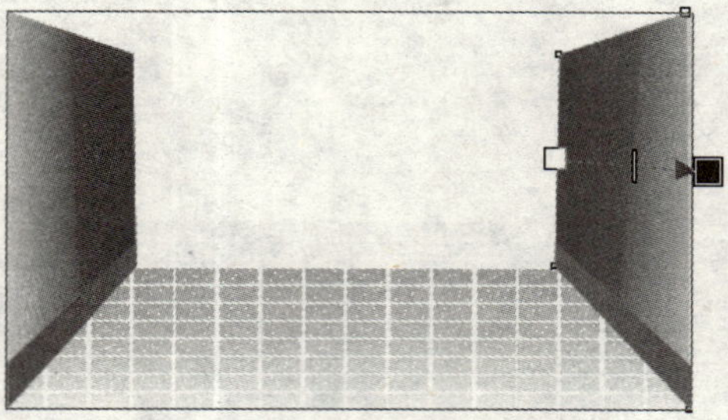

图 12.2.15　调整右面墙体的透明度

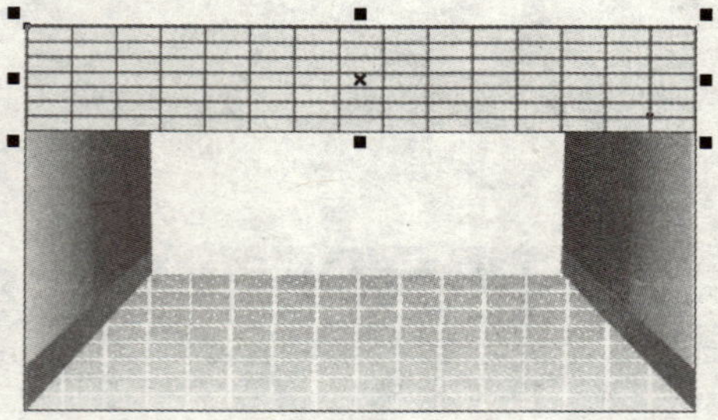

图 12.2.16　绘制的方格图纸

（15）选择菜单栏中的效果(C)→添加透视(P)命令，对方格图纸作变形操作，效果如图 12.2.17 所示。

（16）选择工具箱中的图纸工具，在画面的左面墙上绘制方格纸图形作为百叶窗图形，并将其颜色填充为浅黑色，效果如图 12.2.18 所示。

（17）选择菜单栏中的效果(C)→添加透视(P)命令，对百叶窗图形进行变形操作，效果如图 12.2.19 所示。

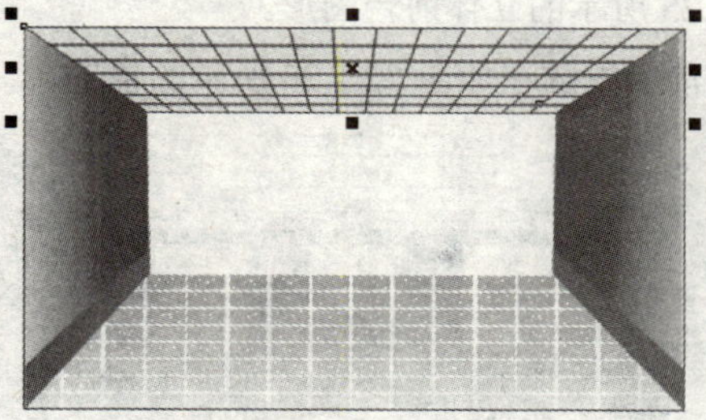

图 12.2.17　透视变形后的天花板状态

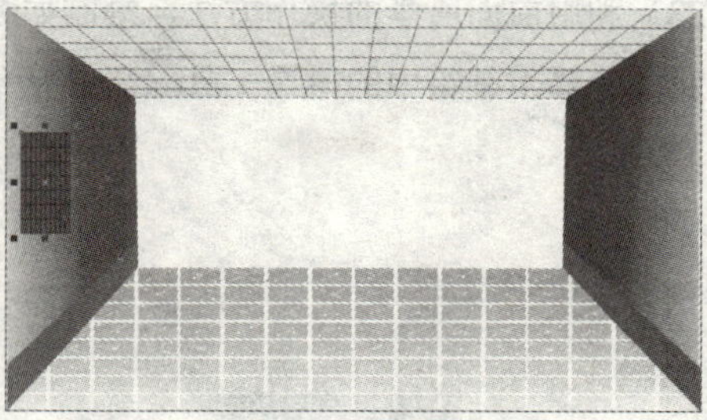

图 12.2.18　绘制出的百叶窗图形

（18）选中百叶窗图形，再选择工具箱中的轮廓工具，将轮廓笔填充为黄色，效果如图 12.2.20 所示。

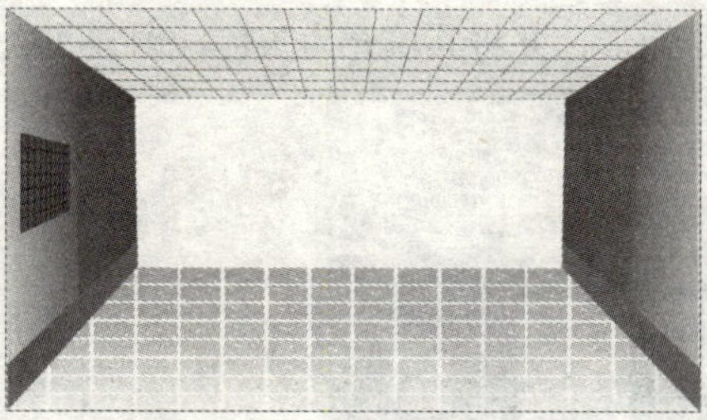

图 12.2.19　透视后的百叶窗

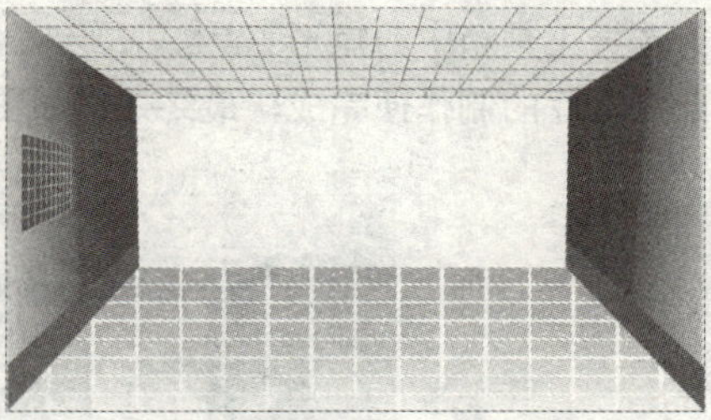

图 12.2.20　对轮廓笔进行颜色填充

（19）按“Ctrl+C”键复制百叶窗两次并按“Ctrl+V”键进行粘贴，调整其位置，效果如图 12.2.21 所示。

（20）选择工具箱中的矩形工具，绘制如图 12.2.22 所示的木门效果，并将颜色分别填充为赤褐色（C：45，M：75，Y：100，K：0）和黄色（C：15，M：28，Y：40，K：0）。

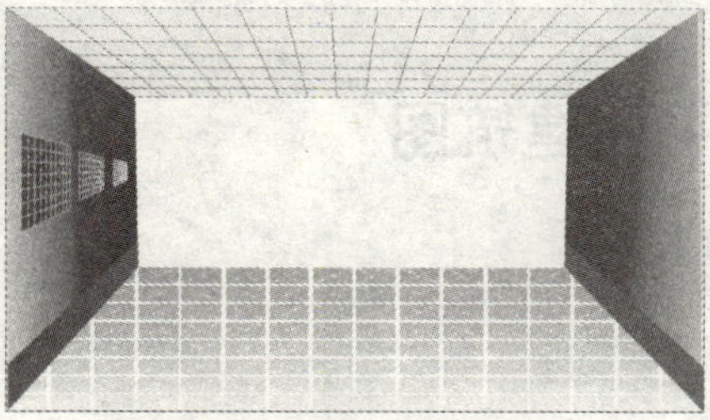

图 12.2.21　复制的百叶窗图形

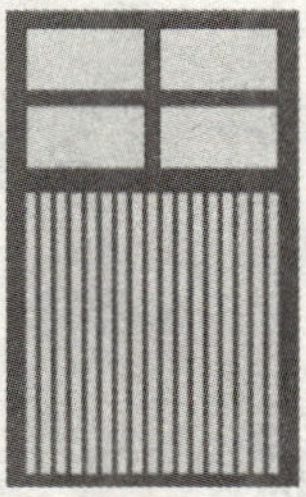

图 12.2.22　制作的木门效果

（21）选择菜单栏中的效果(C)→添加透视(P)命令，对木门图形进行变形操作，效果如图 12.2.23 所示。

（22）选择工具箱中的矩形工具，绘制如图 12.2.24 所示的橱窗效果，并将颜色分别填充为绿色（C：100，M：0，Y：100，K：0）。

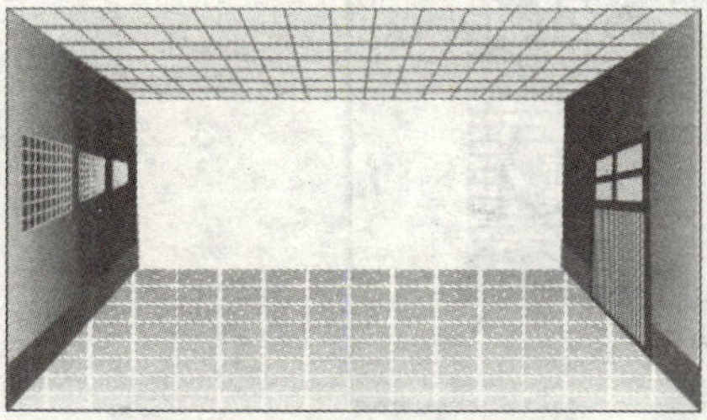

图 12.2.23　木门变形效果图

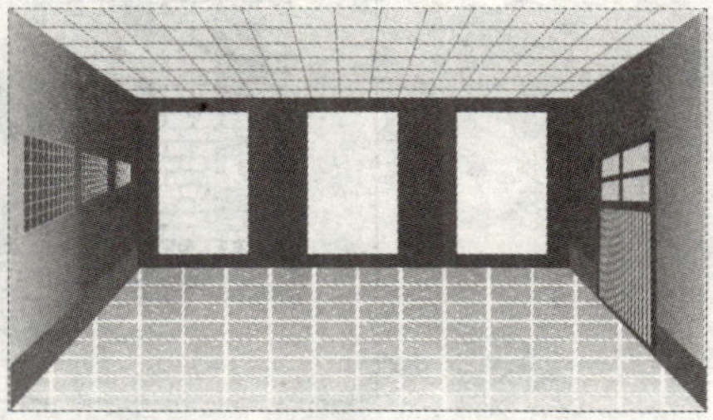

图 12.2.24　绘制的橱窗图形

（23）利用前面所学的操作方法，绘制如图 12.2.25 所示的立体前台图形。

（24）选择工具箱中的挑选工具，将所绘制的前台摆放在如图 12.2.26 所示的位置。

图 12.2.25　绘制出的立体前台图形

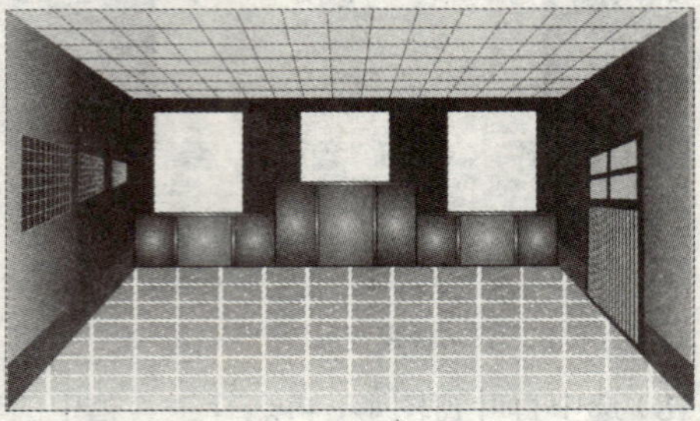

图 12.2.26　绘制的橱窗图形

（25）选择工具箱中的矩形工具，绘制 4 个小矩形，并将其填充为灰色，调整其位置到适合位置。至此，客厅的制作便完成，最终效果如图 12.2.27 所示。

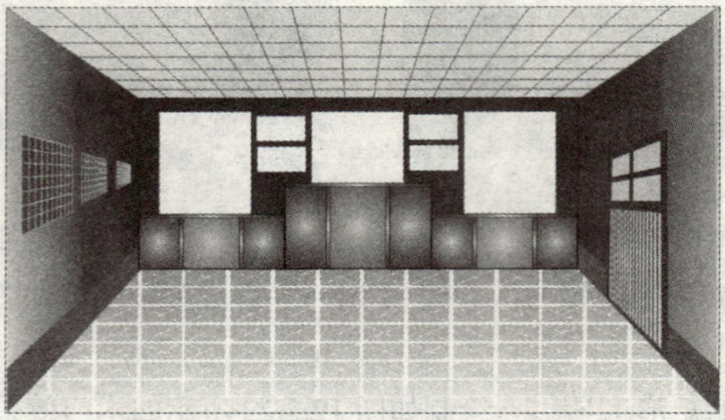

图 12.2.27　绘制出的立体前台图形

实例 3　绘制平面建筑图

实现目标

本例将绘制平面建筑图，效果如图 12.3.1 所示。

图 12.3.1　最终效果图

设计思路

在制作过程中，将用到矩形工具、贝塞尔工具、形状工具、椭圆工具等。

操作步骤

（1）选择菜单栏中的 文件(F) → 新建(N) Ctrl+N 命令，再选择 版面(L) → 页面设置(P)… 命令，在弹出的 选项 对话框中设置纸张大小为 A4，摆放方式为横向。

（2）单击工具箱中的“矩形工具”按钮，在页面中拖动鼠标，即可绘制矩形对象，如图 12.3.2 所示。

（3）使用挑选工具选择矩形对象，单击工具箱中的填充工具组中的“图样填充对话框”按钮，可弹出 图样填充 对话框，参数设置如图 12.3.3 所示。

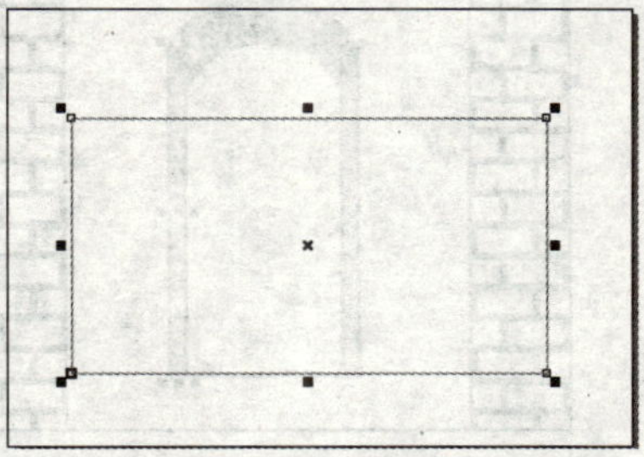

图 12.3.2　绘制矩形对象

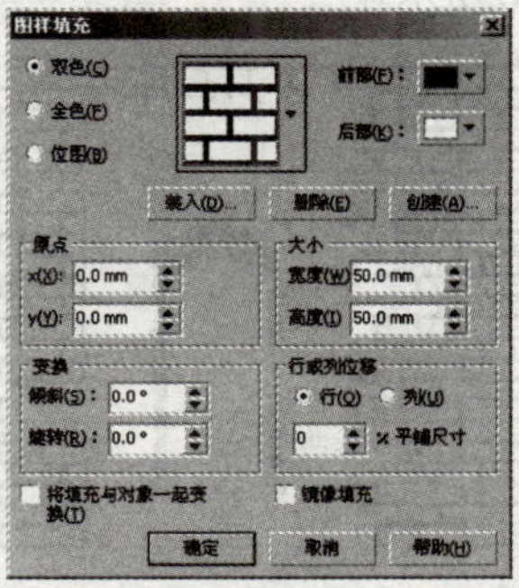

图 12.3.3　“图样填充”对话框

（4）单击 确定 按钮，即可为所选的矩形填充图案，效果如图 12.3.4 所示。

（5）单击工具箱中的“矩形工具”按钮，在页面中绘制矩形，按“Ctrl+Q”键将其转换为曲线，再单击工具箱中的“形状工具”按钮，调整矩形的形状，如图 12.3.5 所示。

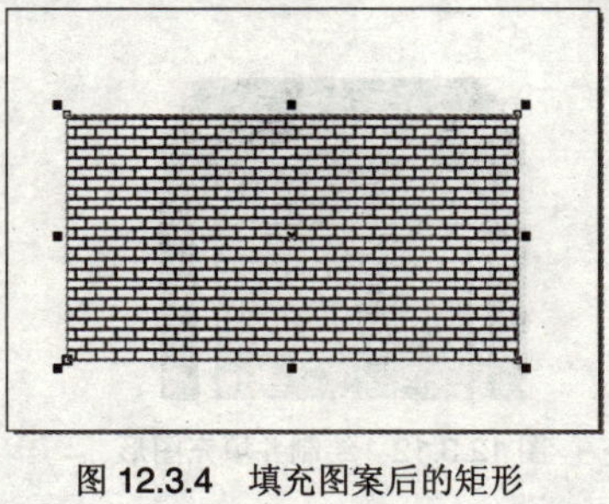

图 12.3.4　填充图案后的矩形

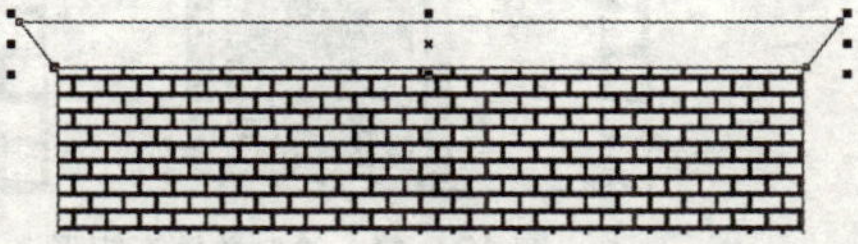

图 12.3.5　绘制矩形并调整其形状

（6）重复步骤（5）的操作，绘制如图 12.3.6 所示的形状并将其填充为灰色。

图 12.3.6　绘制并填充形状图形

（7）单击工具箱中的“矩形工具”按钮，在页面中绘制矩形，并填充为白色，如图 12.3.7 所示。

（8）使用矩形工具与形状工具在页面中绘制一个门形，并将其填充为黑色，如图 12.3.8 所示。

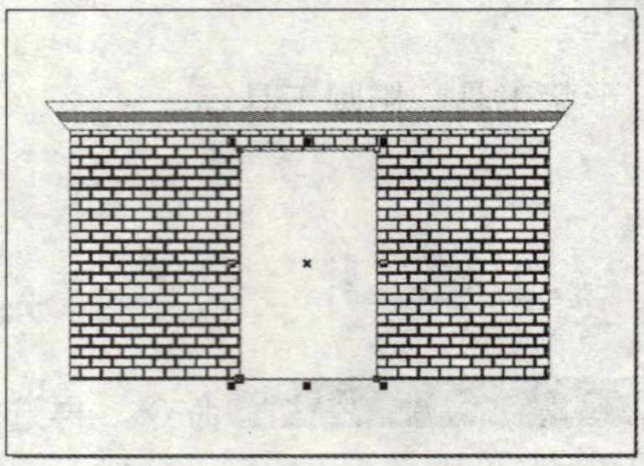

图 12.3.7　绘制并填充矩形

图 12.3.8　绘制门形并填充为黑色

（9）使用挑选工具选择填充为黑色的门形，按小键盘中的“+”键，可在原位置复制一个黑色门形，使用鼠标拖动其控制点将其缩小一些，将其填充为白色，并填充轮廓为白色，如图 12.3.9 所示。

（10）使用矩形工具与形状工具在白色门形两侧绘制图形，并将其填充为灰色，设置轮廓线为黑色，如图 12.3.10 所示。

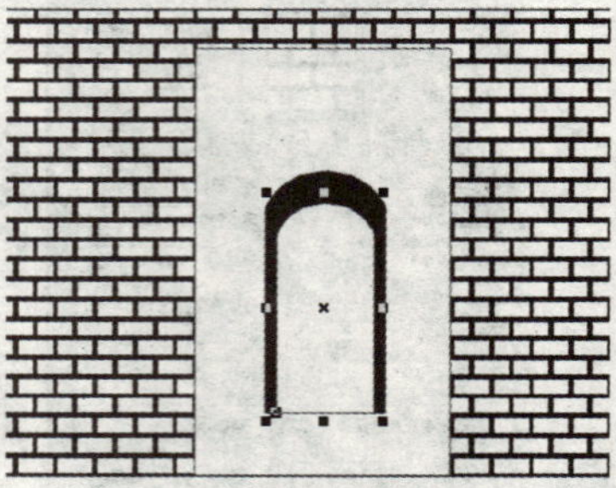

图 12.3.9　填充缩小后的门形为白色

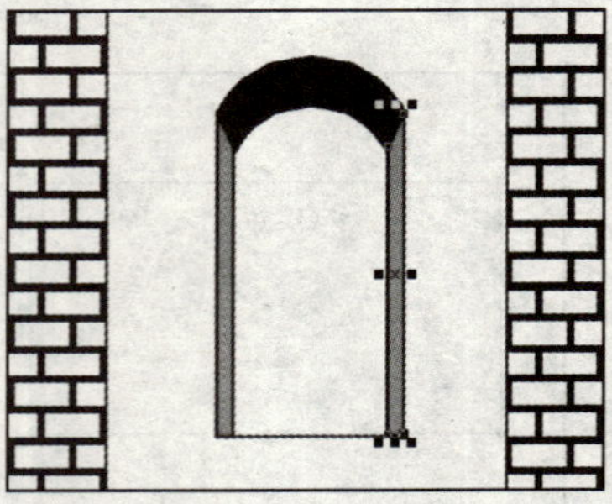

图 12.3.10　绘制灰色图形

（11）单击工具箱中的“矩形工具”按钮，在页面中绘制矩形，并将其填充为橘黄色，如图 12.3.11 所示。

（12）使用贝塞尔工具在页面中绘制图形，并将其填充为淡绿色，如图 12.3.12 所示。

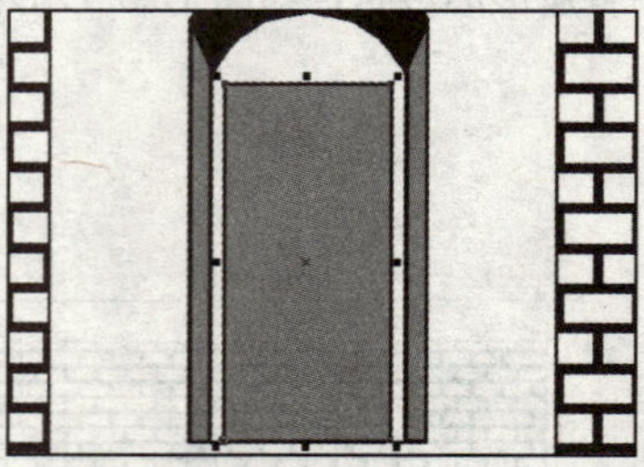

图 12.3.11　绘制并填充矩形

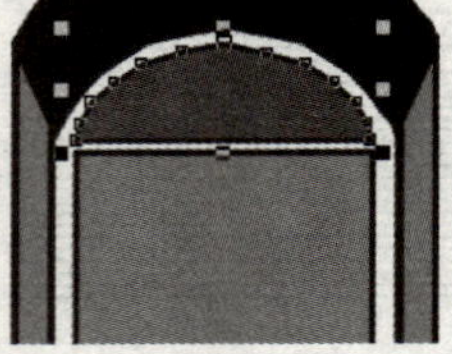

图 12.3.12　绘制并填充图形

（13）使用矩形工具在页面中绘制矩形，设置其轮廓线为黑色，再将其复制两个并进行相应的旋转，效果如图 12.3.13 所示。

图 12.3.13　绘制矩形并复制旋转

（14）使用矩形工具在页面中绘制矩形并将其填充为灰色，再拖动鼠标在灰色矩形上绘制矩形，将其填充为淡绿色，如图 12.3.14 所示。

（15）使用贝塞尔工具在灰色矩形的顶部绘制图形，并将其填充为黑色，如图 12.3.15 所示。

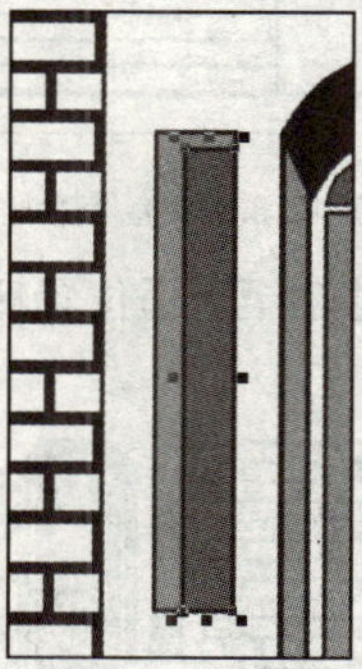
图 12.3.14　绘制并填充矩形

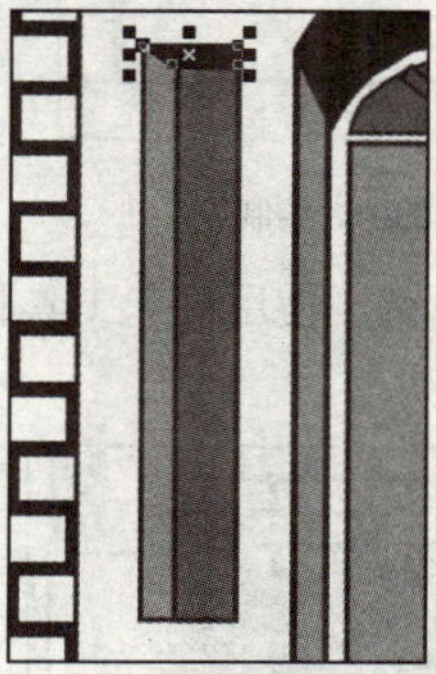
图 12.3.15　绘制黑色图形

（16）按住“Shift”键的同时使用挑选工具选择刚绘制的灰色矩形、淡绿色矩形与黑色图形，按“Ctrl+G”键将其群组，按小键盘中的“+”键将群组后的对象原位置复制，在属性栏中单击“水平镜像”按钮将其水平翻转，再使用移动工具将其向右移动，效果如图 12.3.16 所示。

（17）使用矩形工具在页面中拖动鼠标绘制矩形，将其填充为白色，设置轮廓为黑色，再将其复制一份移至右侧，并排放好位置，如图 12.3.17 所示。

图 12.3.16　群组复制并移动图形

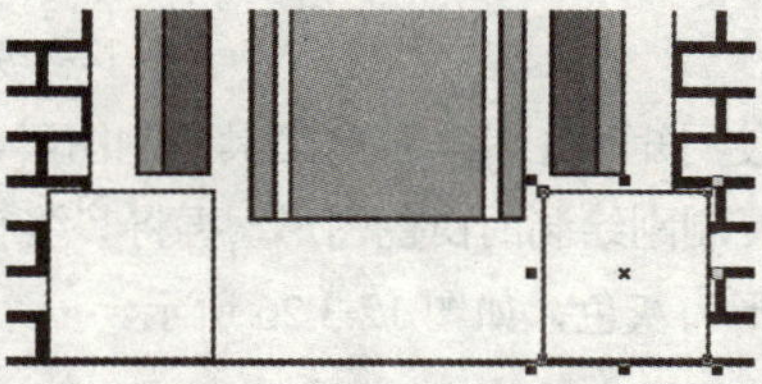
图 12.3.17　绘制并填充移动矩形

（18）单击工具箱中的“贝塞尔工具”按钮，在页面中绘制如图 12.3.18 所示的图形，并将其填充为白色。

（19）将如图 12.3.18 所示的图形复制，并将其水平翻转向右移动，排放在合适位置，再填充图形为灰色，如图 12.3.19 所示。

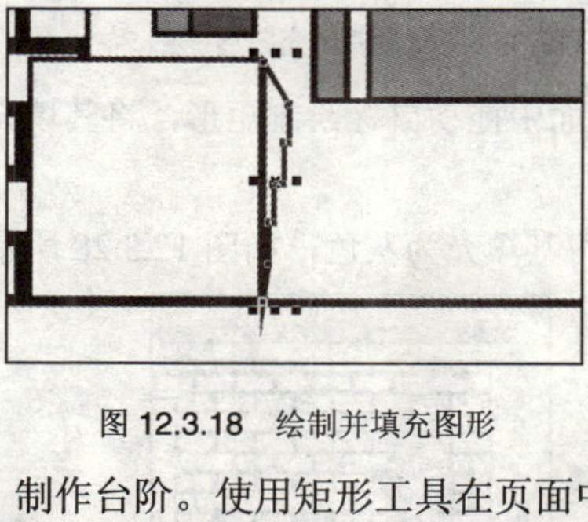
图 12.3.18　绘制并填充图形

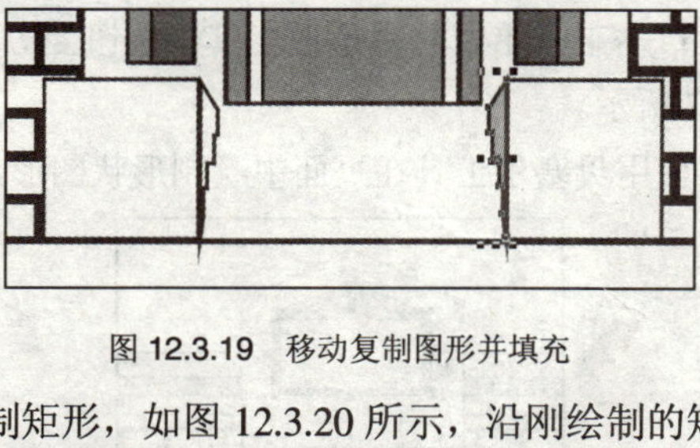
图 12.3.19　移动复制图形并填充

（20）制作台阶。使用矩形工具在页面中绘制矩形，如图 12.3.20 所示，沿刚绘制的矩形垂直向下继续绘制矩形，并使其后的矩形比前面的矩形稍长一些，如图 12.3.21 所示。

（21）单击工具箱中的“贝塞尔工具”按钮，在页面中绘制图形，并将其填充为绿色，如图 12.3.22 所示。

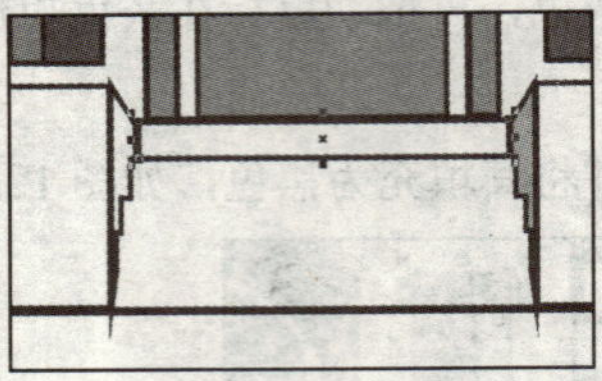

图 12.3.20　绘制矩形

图 12.3.21　绘制台阶

（22）按住“Ctrl”键，使用挑选工具将绿色图形向右移动至合适位置后单击鼠标右键，即可将其复制，如图 12.3.23 所示。

图 12.3.22　绘制并填充图形

图 12.3.23　移动并复制图形

（23）使用矩形工具在页面中绘制如图 12.3.24 所示的矩形，并将其填充为白色。

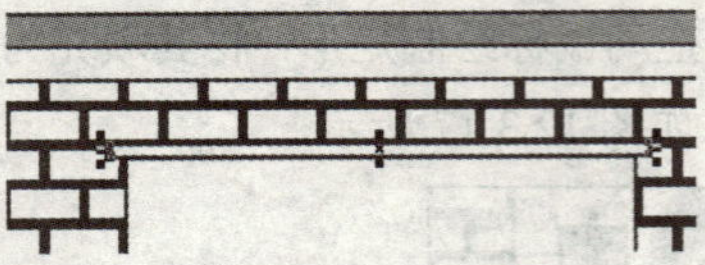

图 12.3.24　绘制并填充矩形

（24）使用矩形工具与形状工具绘制图形，并将其填充为白色，如图 12.3.25 所示。

（25）复制刚绘制的白色图形，再将其缩小，放置在白色图形中上部，在调色板中单击灰色，填充复制的图形为灰色，如图 12.3.26 所示。

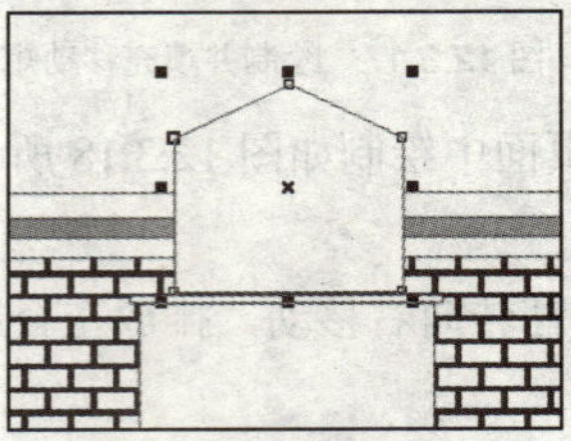

图 12.3.25　绘制并填充图形

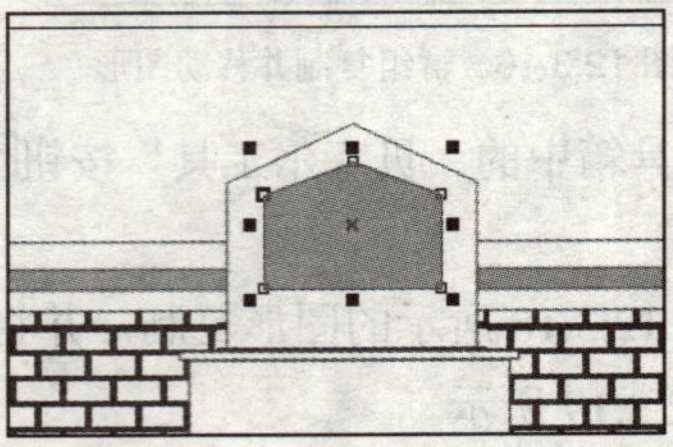

图 12.3.26　复制并填充图形

（26）单击工具箱中的“矩形工具”按钮，在页面中拖动鼠标绘制矩形，将其填充为白色，如图 12.3.27 所示。

（27）使用贝塞尔工具在页面中绘制形状图形，再将其填充为灰色，如图 12.3.28 所示。

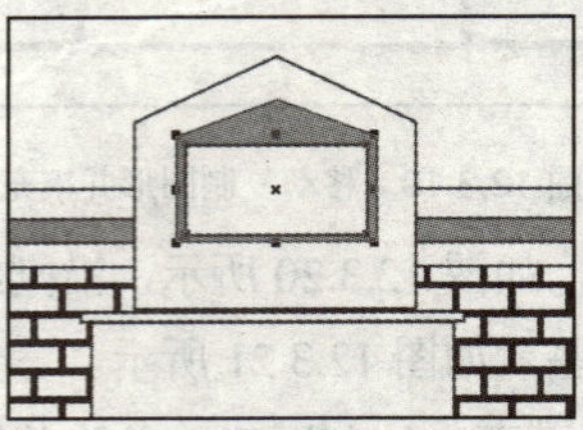

图 12.3.27　绘制白色矩形

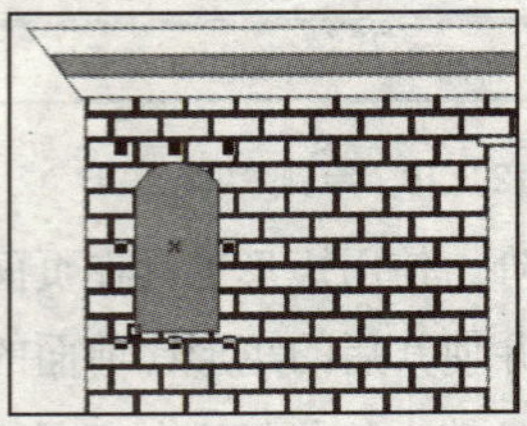

图 12.3.28　绘制灰色图形

（28）将灰色图形原位置复制，并将其向内缩小一些，填充为淡绿色，如图 12.3.29 所示。

（29）使用矩形工具在页面中绘制两个矩形对象，并将其填充为白色，如图 12.3.30 所示。

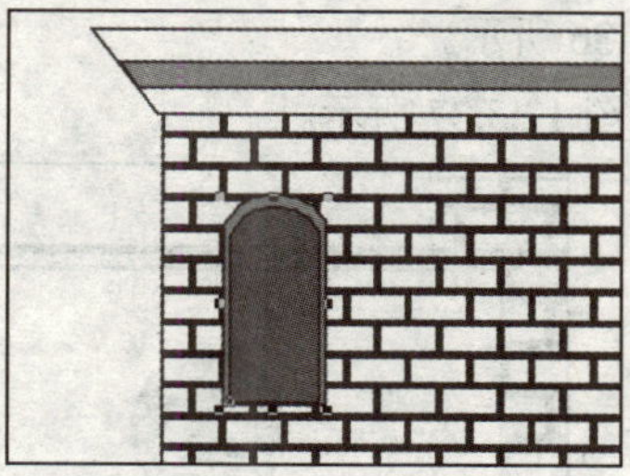

图 12.3.29　复制并填充图形

图 12.3.30　绘制白色矩形

（30）使用贝塞尔工具在页面中绘制形状图形，将其填充为白色，并将轮廓线设置为灰色，如图 12.3.31 所示。

（31）使用挑选工具选择绘制的形状，将其复制并填充为灰色，移动到合适位置，如图 12.3.32 所示。

图 12.3.31　绘制并填充图形

图 12.3.32　复制并填充图形

（32）使用贝塞尔工具与矩形工具，在窗户上部绘制图形，并将其填充为白色，如图 12.3.33 所示。

（33）使用挑选工具框选所绘制的整个窗户图形，按“Ctrl+G”键将其群组，再将其复制 7 个排放在合适位置，如图 12.3.34 所示。

图 12.3.33　绘制白色图形

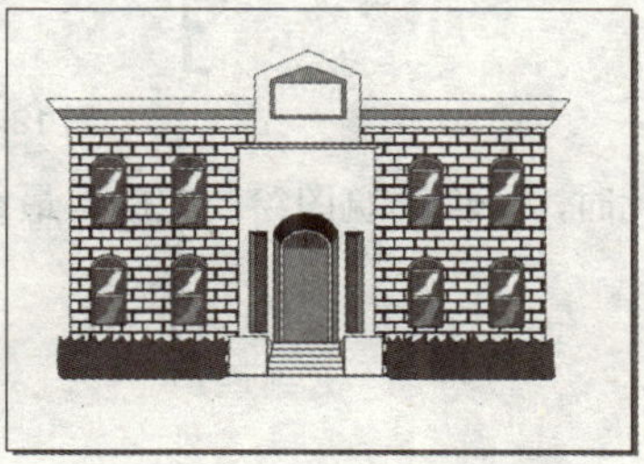

图 12.3.34　复制并排放图形

（34）使用矩形工具与形状工具在页面中绘制图形，并将其填充为灰色，如图 12.3.35 所示。

图 12.3.35　绘制灰色图形

（35）单击工具箱中的“椭圆工具”按钮，在页面中拖动鼠标绘制正圆，按 Ctrl+Q 键将其转换为曲线，单击工具箱中的“交互式变形工具”按钮，在属性栏中单击“拉链变形”按钮，然后在正圆图形上拖动鼠标进行变形处理，如图 12.3.36 所示。

（36）再将变形后的图形复制，向内缩小，如图 12.3.37 所示。

图 12.3.36　变形后的圆形

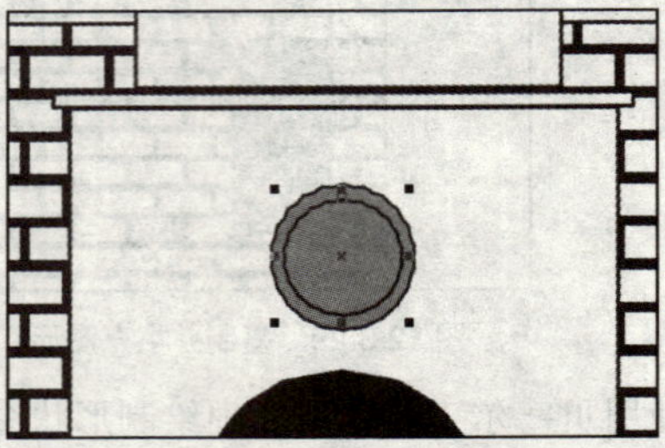

图 12.3.37　复制并缩小圆形

（37）使用矩形工具绘制 4 个矩形，并将其填充为灰色，如图 12.3.38 所示。

（38）在钟表的中心位置，使用矩形工具绘制如图 12.3.39 所示的图形。

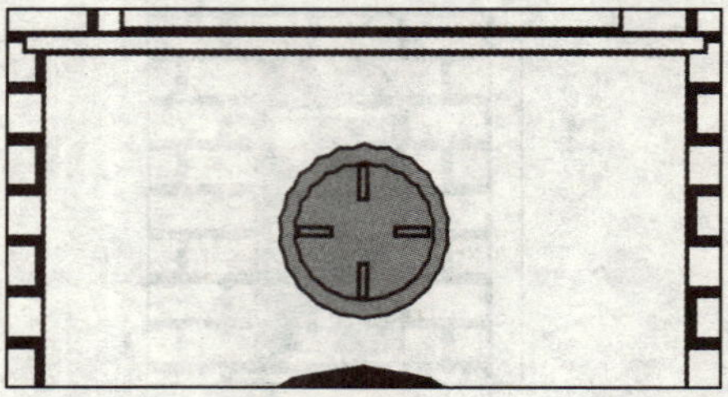

图 12.3.38　绘制并填充矩形

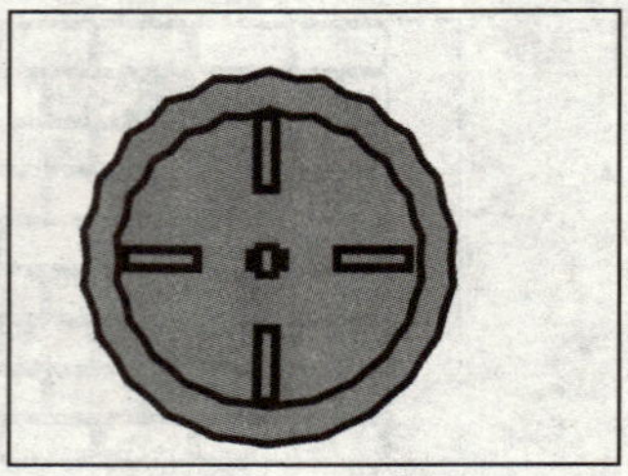

图 12.3.39　绘制图形

（39）使用贝塞尔工具在钟表上绘制指针图形，如图 12.3.40 所示。

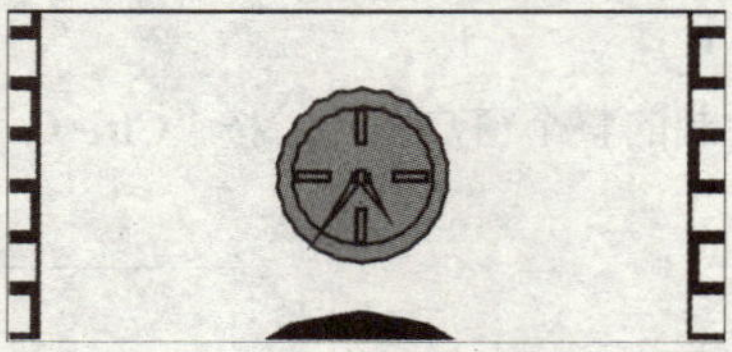

图 12.3.40　绘制指针图形

（40）此时，平面建筑图绘制完成，最终效果如图 12.3.1 所示。

第13章 宣传与包装行业实例

本章要点

- ☑ 宣传单设计
- ☑ 房地产广告设计
- ☑ 封面设计
- ☑ 包装盒设计

学习目标

宣传与包装是 CorelDRAW X4 的另一个重要应用领域，本章将通过对几个具体实例的详细讲解，帮助读者掌握利用 CorelDRAW X4 绘制宣传单与包装设计的方法。

实例 1　宣传单设计

实现目标

本例采用交互式透明工具以及渐变填充等工具设计显示器与手机的宣传单，最终效果如图 13.1.1 所示。

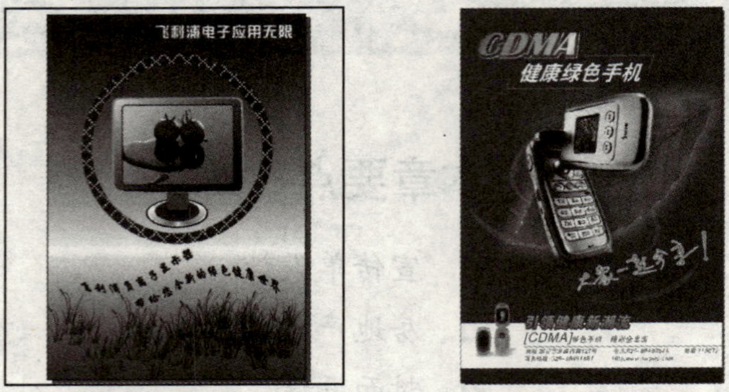

（a）　显示器宣传单　　　　（b）　手机宣传单

图 13.1.1　最终效果图

设计思路

在设计的过程中，使用导入命令、交互式透明工具、交互式阴影工具完成图片的导入和编辑，使用文本工具添加广告语和企业的相关信息。读者要掌握设置页面的方法，以及位图图片大小和位置的调整方法。

操作步骤

1 制作显示器单页

（1）新建一个图形文件，单击工具箱中的“矩形工具”按钮，即可绘制与绘图页面等大的矩形，然后单击工具箱中的“渐变填充”按钮，弹出**渐变填充**对话框，设置渐变颜色为紫色到白色再到绿色的渐变，其他参数设置如图 13.1.2 所示。

（2）单击 确定 按钮，可填充矩形对象，如图 13.1.3 所示。

（3）单击工具箱中的“艺术笔工具”按钮，在其属性栏中单击“喷涂”按钮，设置其他参数如图 13.1.4 所示。

（4）在绘图区中拖动鼠标绘制所选的喷涂图案，如图 13.1.5 所示。

（5）单击工具箱中的“椭圆工具”按钮，按住“Ctrl”键的同时在绘图区中拖动鼠标绘制正圆对象，在按住“Shift”键的同时将鼠标移至正圆四个角的任意一个控制点上，按住鼠标左键向内拖动，至适当位置单击鼠标右键，可等比例缩小并复制正圆对象，如图 13.1.6 所示。

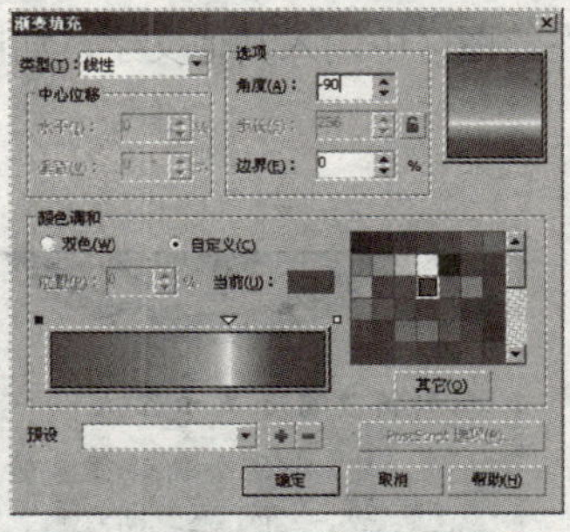

图 13.1.2 “渐变填充”对话框

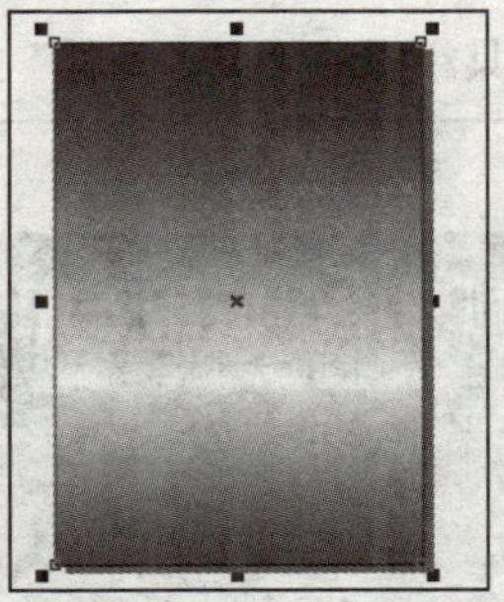

图 13.1.3 填充矩形

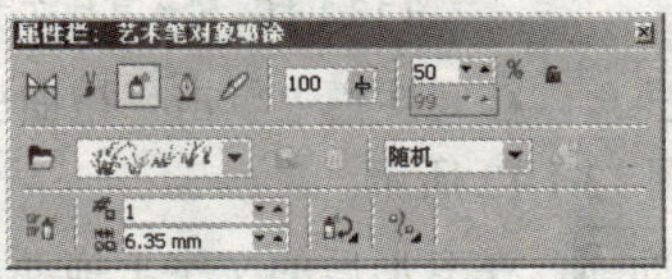

图 13.1.4 “艺术笔工具”属性栏

图 13.1.5 绘制喷涂图案

（6）使用挑选工具选择两个正圆对象，在属性栏中单击“结合”按钮，可将两个正圆对象结合为一个对象。

（7）在填充工具组中单击“图样填充对话框”按钮，弹出图样填充对话框，选中 双色(C) 单选按钮，其他参数设置如图 13.1.7 所示。

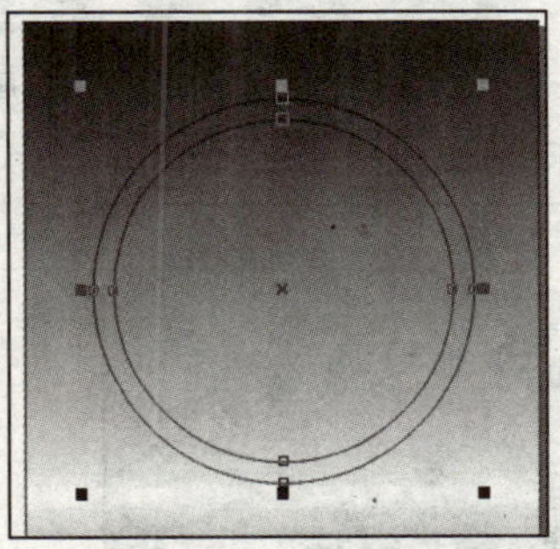

图 13.1.6 绘制正圆并缩小复制对象

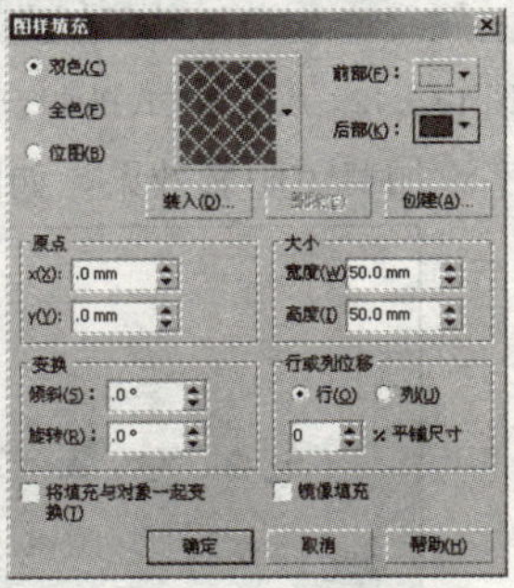

图 13.1.7 “图样填充”对话框

（8）单击 确定 按钮，可填充结合后的对象，效果如图 13.1.8 所示。

（9）按“Ctrl+I”键导入一个制作好的显示器图形，将其放置在结合的图形中，如图 13.1.9 所示。

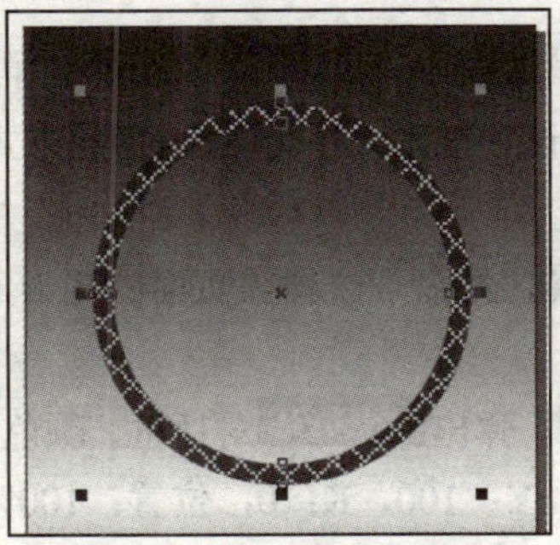

图 13.1.8 填充结合后的对象

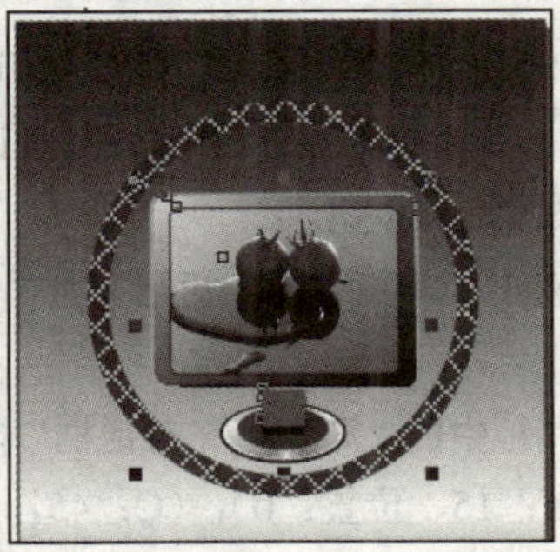

图 13.1.9 导入图形并排放位置

（10）单击工具箱中的“文本工具”按钮，在绘图区中输入文字，并设置文字的字体与字号，再将其颜色设置为白色，如图 13.1.10 所示。

（11）单击工具箱中的“文本工具”按钮，在绘图区中输入其他文字，如图 13.1.11 所示。

图 13.1.10　输入文字

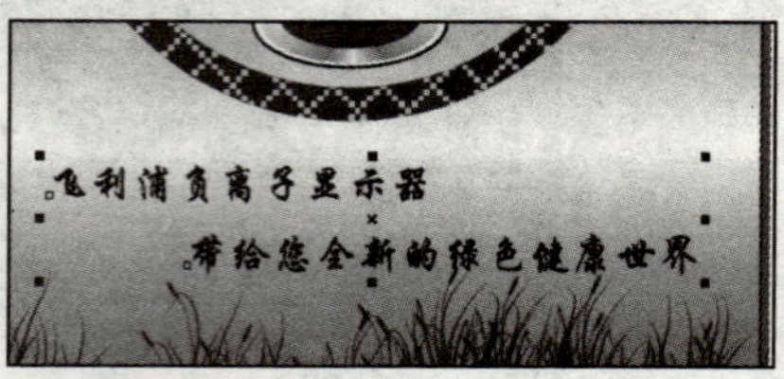

图 13.1.11　输入其他文字

（12）单击工具箱中的“交互式变形工具”按钮，在属性栏中单击“扭曲变形”按钮，在文字上拖动鼠标，可使文字进行扭曲变形，效果如图 13.1.12 所示。

（13）单击工具箱中的“交互式阴影工具”按钮，在变形后的文字上拖动鼠标添加交互式阴影效果，在属性栏中设置阴影的颜色为黄色，设置其他参数如图 13.1.13 所示。

图 13.1.12　应用交互式扭曲变形效果

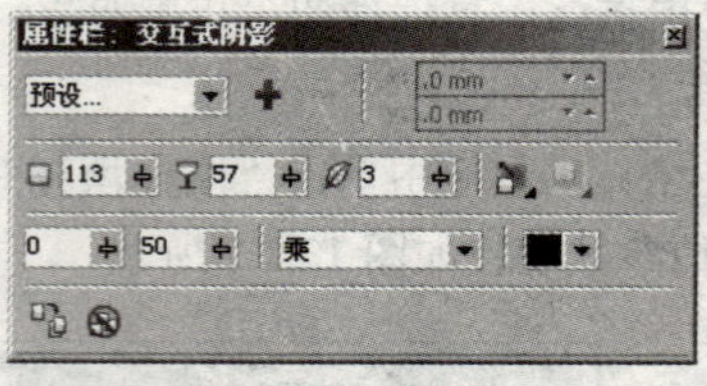

图 13.1.13　“交互式阴影工具”属性栏

（14）为文字添加黄色阴影效果，如图 13.1.14 所示。

图 13.1.14　添加的阴影效果

（15）海报制作完成，最终效果如图 13.1.1（a）所示。

2 制作手机单页

（1）启动 CorelDRAW X4 应用程序，选择 文件(F) → 新建(N) 命令，再选择 版面(L) → 页面设置(P)… 命令，在弹出的 选项 对话框中设置纸张大小为 A4，摆放方式为纵向，其他为默认设置，单击 确定 按钮。

（2）用鼠标双击工具箱中的“矩形工具”按钮，绘制一个覆盖页面的矩形，如图 13.1.15 所示。

（3）单击工具箱中的“渐变填充对话框”按钮，弹出 渐变填充 对话框，颜色设置为（C：100，M：0，Y：100，K：15，位置：0），（C：45，M：0，Y：100，K：0，位置：100%）设置其他参数如图 13.1.16 所示。

（4）单击工具箱中的“矩形工具”按钮，在页面的下方绘制一个矩形，单击调色板上的白色方块，将其填充为白色，如图 13.1.17 所示。

（5）单击工具箱中的“贝塞尔工具”按钮和“形状工具”按钮，绘制几个月牙状封闭图形，如图 13.1.5 左图所示。再按“Ctrl+C”键进行复制，按“Ctrl+V”键进行粘贴，单击工具箱中的“形状工具”按钮，对其做细致的调整，得到如图 13.1.18 右图所示的完整效果。

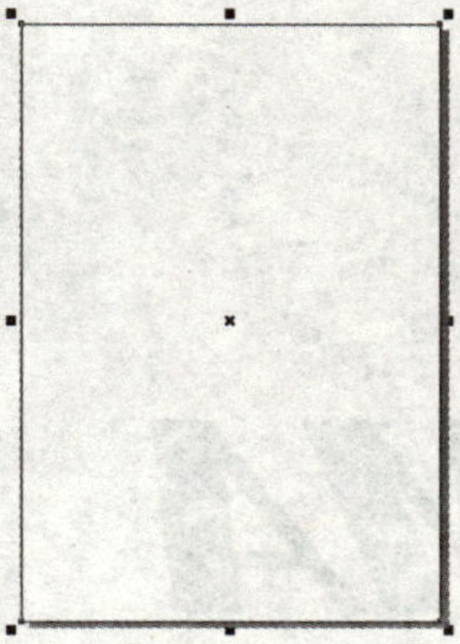

图 13.1.15　绘制覆盖页面的矩形

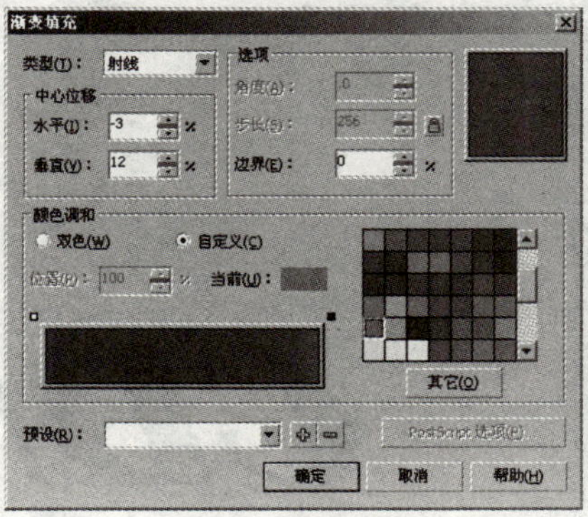

图 13.1.16　“渐变填充”对话框

图 13.1.17　绘制矩形

图 13.1.18　绘制封闭图形

（6）选中封闭图形，单击工具箱中的“填充对话框”按钮，在弹出的均匀填充对话框中将颜色参数设置为（C：40，M：0，Y：100，K：0），填充色为草绿色，然后用鼠标右键单击调色板中的“无外框”图标去掉外框。再单击工具箱中的“交互式透明工具”按钮，为其设置透明效果，其属性栏如图 13.1.19 所示。

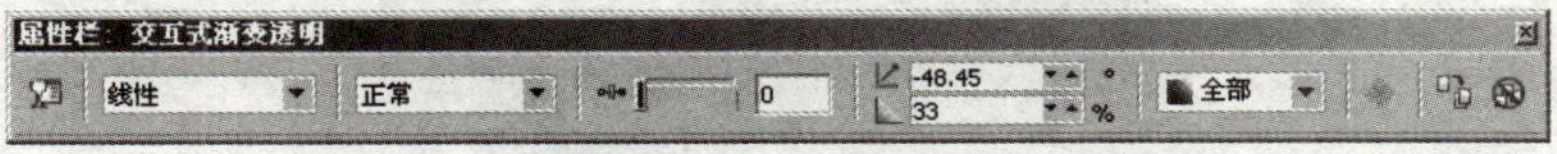

图 13.1.19　不透明度属性栏

（7）选中做好透明效果的图形，按“Ctrl+C”键进行复制，再按“Ctrl+V”键进行粘贴，调整其位置和透明度的方向，如图 13.120 所示，然后选中两个封闭图形，移动到如图 13.1.21 所示的位置。

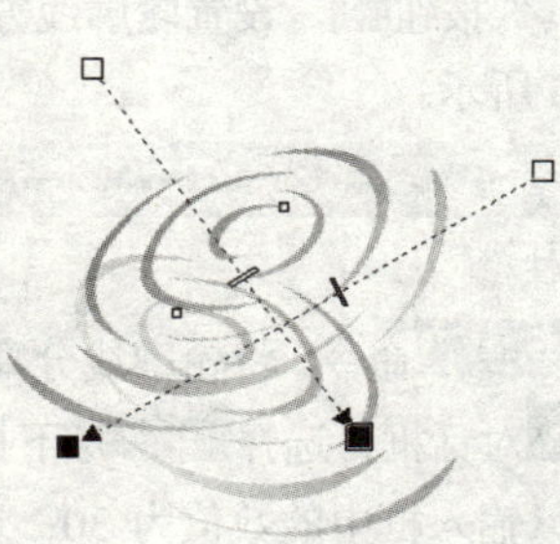

图 13.1.20　调整图形透明度

图 13.1.21　调整图形的位置

（8）单击工具箱中的“文本工具”按钮，在页面中输入英文字母“CDMA”，在其属性栏中设置字体为“Britannic Bold”，字号为“80”，然后选择 排列(A) → 变换(F) → 倾斜(K) 命令，打开 变换 泊坞窗，如图 13.1.22 所示，设置“倾斜”中的水平为：−10，垂直为：0，单击 应用 按钮，得到如图 13.1.23 所示的文字倾斜效果。

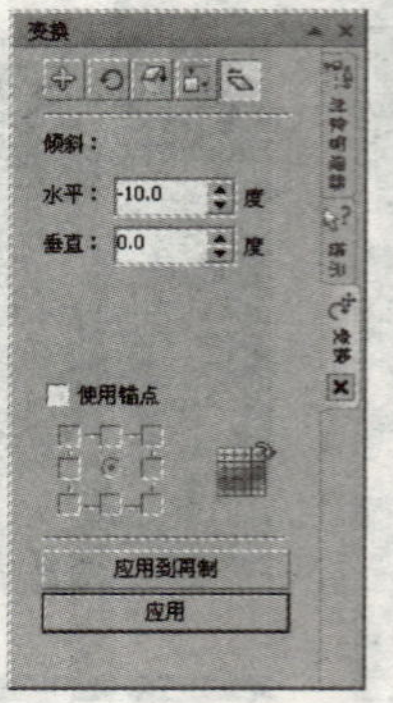

图 13.1.22 “变换”泊坞窗

图 13.1.23 文字倾斜效果

(9) 选中文字，单击工具箱中的“渐变填充对话框”按钮，弹出 渐变填充 对话框选择，选择 类型(T): 下拉列表中的“线性”选项，调整“角度”输入框中的数值为“-30”；边界(E): 输入框中的数值为“7”；选中 颜色调和 选区中的 自定义(C) 单选按钮，颜色参数设置为：第一种（C：0，M：0，Y：0，K：40，位置：0），第二种（C：0，M：0，Y：0，K：20，位置：30%），第三种（C：0，M：0，Y：0，K：0，位置：70%）第四种（C：0，M：0，Y：0，K：30，位置：100%），如图 13.1.24 所示，单击 确定 按钮。

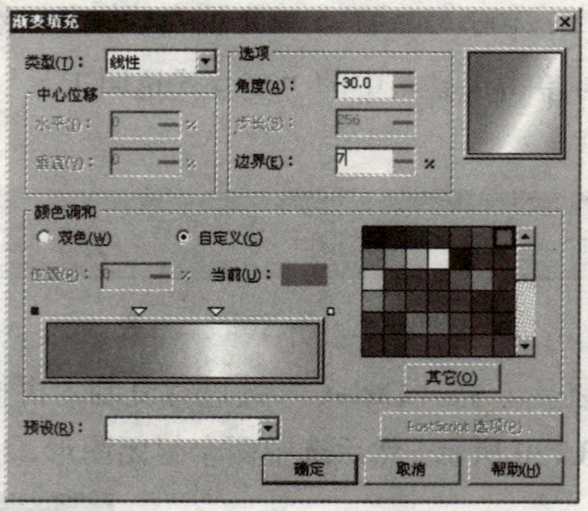

图 13.1.24 设置英文渐变填充参数

(10) 选中文字，单击工具箱中的“交互式轮廓图工具”按钮，设置轮廓线方向为“向外”，设置偏移值为“1.0 mm”，轮廓线步数为“1”，如图 13.1.25 所示。

图 13.1.25 设置轮廓属性

(11) 选择 排列(A) → 折分 轮廓图群组 于 图层 1(B) Ctrl+K 命令，将轮廓线分离。选中轮廓线，单击工具箱中的“渐变填充对话框”按钮，弹出 渐变填充 对话框，选择 类型(T): 下拉列表中的“线性”选项，调整“角度”输入框中的数值为“-50”；边界(E): 输入框中的数值为 30；选中 颜色调和 选区中的 自定义(C) 单选按钮，颜色参数设置为：第一种（C：100，M：100，Y：0，K：10，位置：0），第二种（C：40，M：0，Y：100，K：0，位置：35%），第三种（C：100，M：0，Y：100，K：0，位置：70%）第四种（C：50，M：0，Y：100，K：0，位置：100%），如图 13.1.26 所示，单击 确定按钮。效果如图 13.1.27 所示。

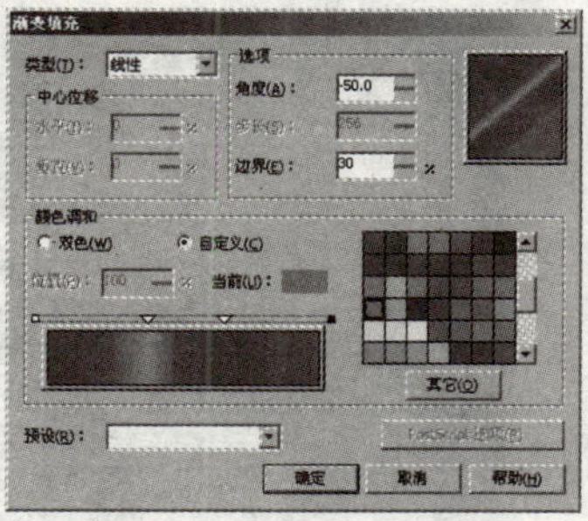

图 13.1.26　设置轮廓线渐变填充参数

图 13.1.27　填充效果

（12）选中填色后的轮廓线，用步骤（9）的方法再绘制一条轮廓线，如图 13.1.28 所示，选中最外面的轮廓线，用步骤（10）的方法对其进行填色，调整“角度”输入框中的数值为 50，其余参数值相同，单击确定按钮。再按“Ctrl+C”键进行复制，按“Ctrl+V”键进行粘贴，复制相同的轮廓，单击调色板上的白色方块□，将其填充为白色，分别按键盘上的方向键“→”和“↓”，向右下方移动一定的距离，如图 13.1.29 所示。

图 13.1.28　增加轮廓线

图 13.1.29　调整轮廓效果

（13）单击工具箱中的“文本工具”按钮字，输入文字“健康绿色手机”，在其属性栏中设置字体为“方正大黑简体”，字号为“48”，然后选择排列(A)→变换(F)→倾斜(K)命令，打开变换泊坞窗，设置“倾斜”为 H：-10，V：0，单击应用按钮。

（14）选中文字，单击调色板上的白色方块□，并将其填充为白色，再单击工具箱中的“轮廓画笔对话框”按钮，在弹出的轮廓笔对话框中选择轮廓线的颜色(C)：为绿色，颜色参数设置为（C：100，M：0，Y：100，K：0），设置轮廓笔的宽度为 2.0 mm，如图 13.1.30 所示，单击确定按钮，放置到英文字母的下方，效果如图 13.1.31 所示。

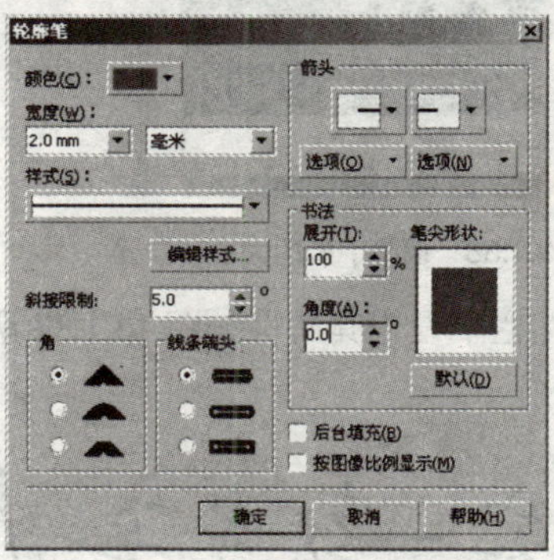

图 13.1.30　设置轮廓笔属性

图 13.1.31　调整文字位置

（15）单击工具箱中的“贝塞尔工具”按钮，绘制两条折线，再单击工具箱中的“轮廓画笔对话框”按钮，在弹出的轮廓笔对话框中选择轮廓线的颜色(C)：为草绿色，颜色参数设置为（C：40，M：0，Y：100，K：0），设置轮廓笔的宽度为“1.0 mm”，单击确定按钮，得到如图 13.1.32 所示的效果。

（16）选择文件(F)→导入(I)…　Ctrl+I命令，在弹出的导入对话框中选择需要的树叶图片（见图 13.1.33），单击 导入 按钮，将树叶图片导入到页面中。

图 13.1.32　绘制折线并调整位置

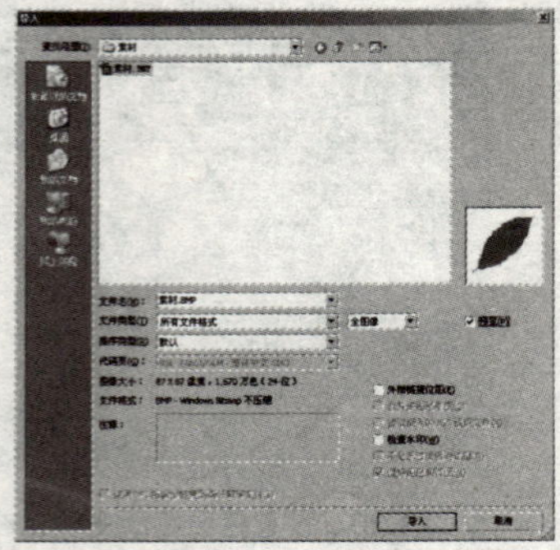

图 13.1.33　“导入”对话框

（17）选中树叶，单击工具箱中的“交互式阴影工具”按钮，为其创建阴影效果，在属性栏中设置阴影的不透明度为“85”，阴影羽化为“15”，阴影颜色为“黄色”，如图 13.1.34 所示。将树叶调整到适当的大小，效果如图 13.1.35 所示。

图 13.1.34　调整图片的透明属性

（18）选择 文件(F) → 导入(I)… Ctrl+I 命令，在弹出的 导入 对话框中选择需要的手机图片，单击 导入 按钮。再单击工具箱中的“交互式阴影工具”按钮，为其设置阴影效果，在属性栏中设置阴影的不透明度为“35”，阴影羽化为“10”，阴影颜色为“黑色”，调整其大小和位置，效果如图 13.1.36 所示。

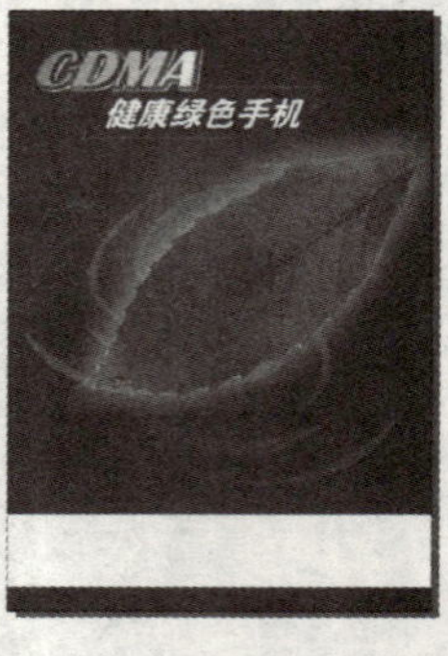

图 13.1.35　调整树叶的大小和位置

图 13.1.36　调整手机的大小和位置

（19）单击工具箱中的“艺术笔工具”按钮，在属性栏中设置其属性如图 13.1.37 所示。在页面中用鼠标随笔写出文字“大家一起分享！”，如图 13.1.38 所示。

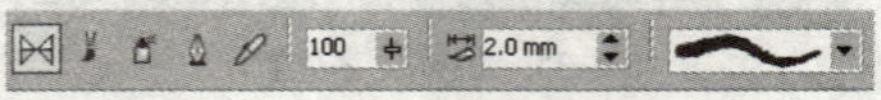

图 13.1.37　艺术笔属性栏

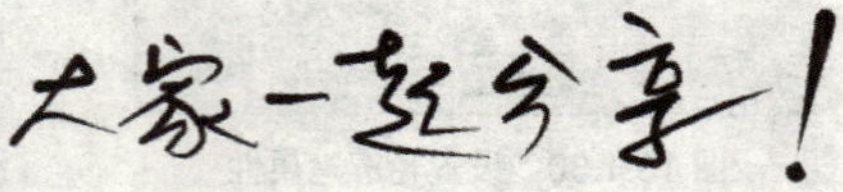

图 13.1.38　用艺术笔写出文字

（20）选中艺术笔文字，单击工具箱中的“形状工具”按钮，对其进行修整，再单击工具箱中的“填充对话框”按钮，在弹出的 均匀填充 对话框中将颜色参数设置为（C：0，M：25，Y：90，K：0），填充色为橙黄色。再单击工具箱中的“轮廓笔工具”按钮，在弹出的 轮廓笔 对话框中选择轮廓线的颜色(C):为白色，设置轮廓笔的宽度为 1.0 mm，单击确定按钮，调整其角度、大小和位置，得到如图 13.1.39 所示的效果。

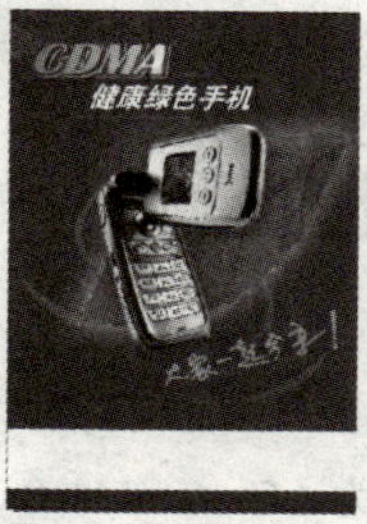

图 13.1.39　调整艺术笔文字的位置及大小

（21 选择文件(F)→导入(I)… Ctrl+I命令，在弹出的导入对话框中选择另一幅的手机图片，单击导入按钮。再单击工具箱中的“交互式阴影工具”按钮，为其设置阴影效果，设置其属性栏（见图 13.1.40），得到的阴影效果如图 13.1.41 所示。

图 13.1.40　设置阴影属性

图 13.1.41　手机阴影效果

（22）单击工具箱中的“文本工具”按钮字，在页面中输入文字“引领健康新潮流”，在属性栏中设置字体为宋体-方正超大字符集，字号为“34”，如图 13.1.42 所示。

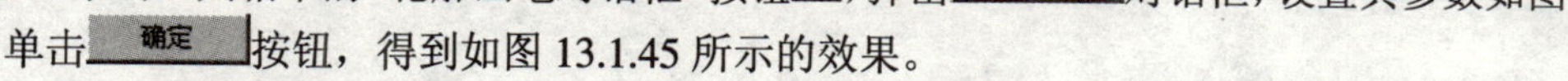

图 13.1.42　设置文字属性

（23）选中文字，选择排列(A)→变换(F)→倾斜(K)命令，打开变换泊坞窗，设置“倾斜”为 H：−10，V：0，单击应用按钮。再单击工具箱中的“渐变填充对话框”按钮，弹出渐变填充对话框，参数设置如图 13.1.43 所示。

（24）单击工具箱中的“轮廓画笔对话框”按钮，弹出轮廓笔对话框，设置其参数如图 13.1.44 所示，单击确定按钮，得到如图 13.1.45 所示的效果。

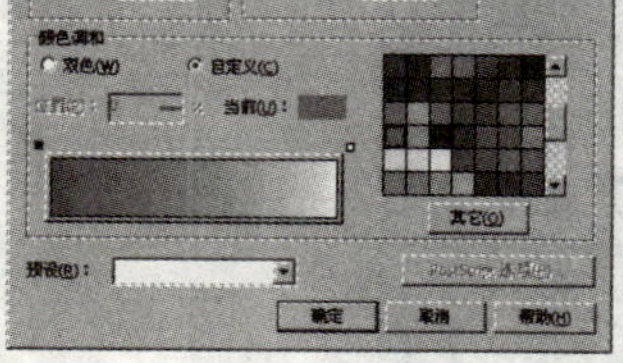

图 13.1.43　“渐变填充”对话框

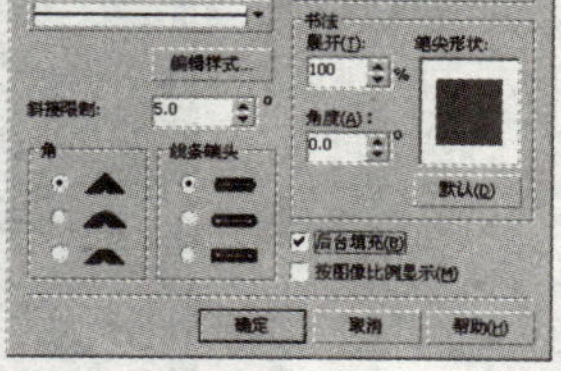

图 13.1.44　“轮廓笔”对话框

（25）选中手机图片和刚才输入的文字，调整到页面下方如图 13.1.46 所示的位置。

图 13.1.45　设置文字效果

图 13.1.46　调整图片和文字的位置

（26）单击工具箱中的“文本工具”按钮字，在图片中输入文字。在属性栏中设置字体为“黑体”，将其颜色填充为“灰色”，参数设置为（C：0，M：0，Y：0，K：50），选择菜单栏中的排列(A)→变换(F)→倾斜(K)命令，打开变换泊坞窗，设置“倾斜”中的水平为-10，垂直为 0，单击应用按钮，效果如图 13.1.47 所示。

图 13.1.47　输入文字并设置倾斜效果

（27）单击工具箱中的“贝塞尔工具”按钮，绘制一条直线，单击工具箱中的“轮廓画笔对话框”按钮，在弹出的轮廓笔对话框中选择轮廓线的颜色(C):为灰色，颜色参数设置为（C：0，M：0，Y：0，K：50），设置轮廓笔的宽度为 0.5 mm，单击确定按钮，放置到如图 13.1.48 所示的位置。

图 13.1.48　绘制直线

（28）调整文字的大小，放置到页面中适当的位置，最终效果如图 13.1.1（b）所示。

实例 2　房地产广告设计

实现目标

本实例主要运用了矩形工具、文本工具、形状工具、交互式阴影工具、交互式透明工具以及填充工具等，最终效果如图 13.2.1 所示。

图 13.2.1　最终效果图

设计思路

在设计过程中，使用绘图与编辑工具来完成装潢平面效果图的绘制，使用文本工具添加广告文本与企业信息，要注意调整好房间装潢平面效果图中基本图形的比例。

（1）掌握图片导入的方法和技巧。

（2）掌握矩形工具、文本工具、形状工具的基本应用。

（3）熟练掌握填充工具、渐变填充工具的应用。

操作步骤

（1）启动 CorelDRAW X4 软件，新建一个文件。

（2）单击工具箱中的“矩形工具”按钮，拖动鼠标，在图中绘制一个长为“270 mm”、宽为“165 mm”的矩形。

（3）单击工具箱中的“填充工具”按钮，在弹出的菜单栏中选择 颜色 Shift+F11 选项，在弹出的均匀填充对话框中设置其填充色为“C：29，M：92，Y：87，K：47”，设置其他参数如图 13.2.2 所示。

（4）单击 确定 按钮，填充效果如图 13.2.3 所示。

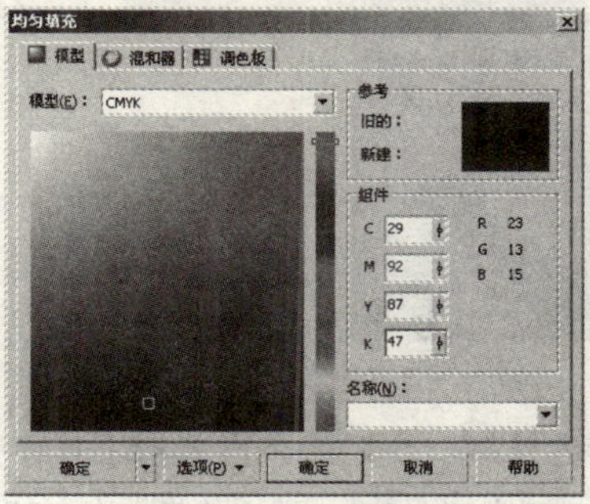

图 13.2.2　“均匀填充”对话框

图 13.2.3　均匀填充效果

（5）选择菜单栏中的 文件(F) → 导入(I)… 命令，将房地产素材 1 导入所编辑的页面中，效果如图 13.2.4 所示。

（6）单击工具箱中的“挑选工具”按钮，对导入的素材进行大小调整，使其和所绘制的矩形宽度一致。将矩形和房地产素材 1 全部选取，按“C”键将其进行居中对齐，效果如图 13.2.5 所示。

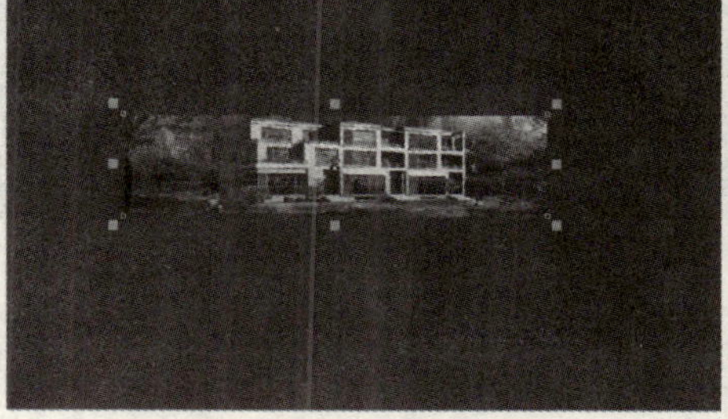

图 13.2.4　导入素材效果图

图 13.2.5　调整导入素材的大小和位置

（7）选择菜单栏中的文件(F)→导入(I)…命令，将房地产素材 2 和房地产素材 3 导入所编辑的页面中，效果如图 13.2.6 所示。

（8）单击工具箱中的“挑选工具”按钮，对导入的素材 2 和房地产素材 3 进行大小调整，并使房地产素材 2 位于矩形图形内的右上角，房地产素材 3 位于矩形图形内的左下角，效果如图 13.2.7 所示。

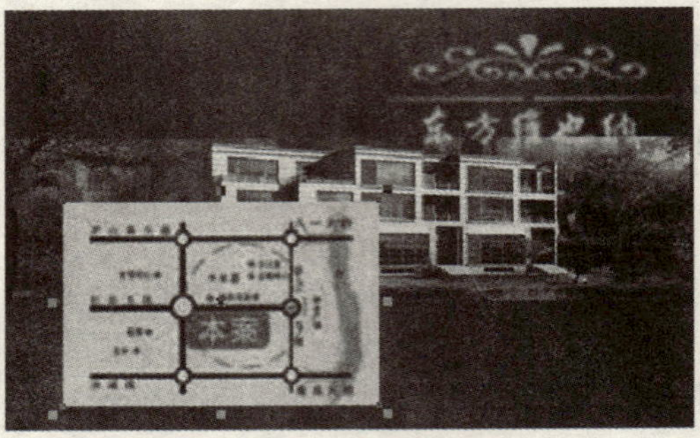

图 13.2.6　导入素材效果图

图 13.2.7　调整导入素材的大小和位置

（9）单击工具箱中的“文本工具”按钮，设置好文字的大小和格式，在矩形内输入文字“伟松产业是新兴的一家实力公司，它主要经营房地产开发。本房地产位于我市的秦岭地区，建造的山村别墅，环境优美，显王者风范！”，调整文本的位置，效果如图 13.2.8 所示。

图 13.2.8　输入文本

（10）单击工具箱中的“矩形工具”按钮，在矩形内绘制一个矩形。再单击工具箱中的“挑选工具”按钮，调整矩形的位置，再选择工具箱中的渐变填充工具，弹出“渐变填充”对话框，参数设置如图 13.2.9 所示。对绘制的矩形进行渐变填充，效果如图 13.2.10 所示。

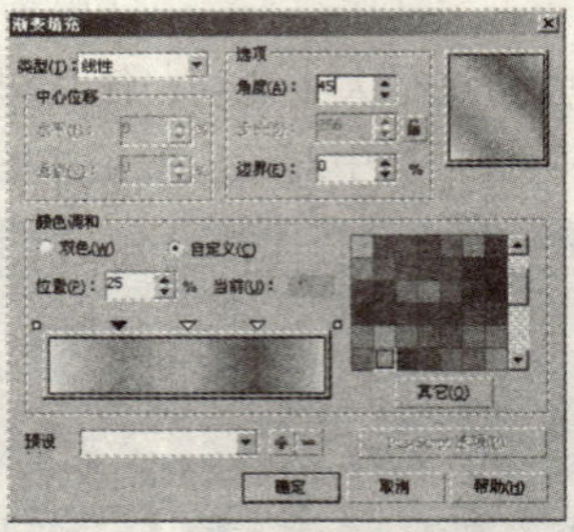

图 13.2.9　“渐变填充”对话框

图 13.2.10　对矩形进行渐变填充

（12）选择工具箱中的文本工具，设置文字的大小和格式，如图 13.2.11 所示。在矩形内输入电话号码，并调整位置，效果如图 13.2.12 所示。

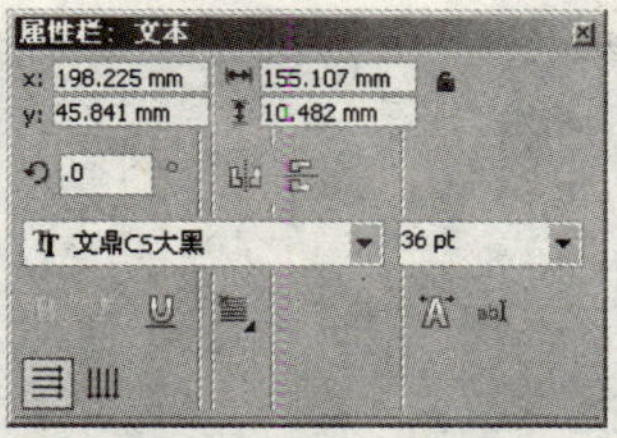

图 13.2.11　“文本工具”属性栏

图 13.2.12　输入文本并调整位置

（13）选择工具箱中的文本工具字，设置文字的大小和格式，如图 13.2.13 所示。在矩形内输入“爱你的心是永远不变的，伟松山村别墅！”，并调整其位置，效果如图 13.2.14 所示。

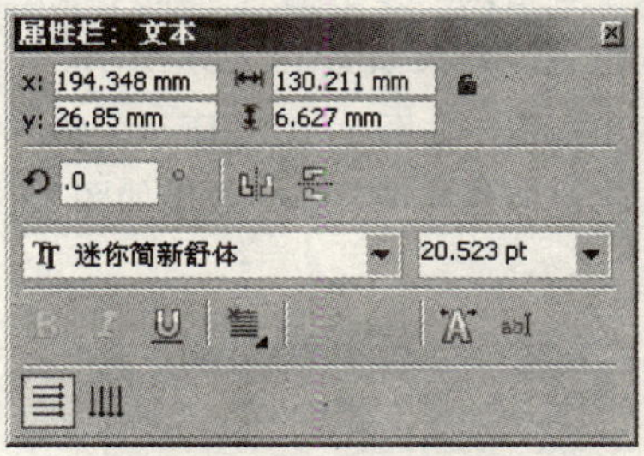

图 13.2.13　“文本工具”属性栏

图 13.2.14　输入文本并调整位置

（14）选择工具箱中的矩形工具，在其属性栏中设置参数如图 13.2.15 所示。在导入的图片上方绘制一个小矩形，效果如图 13.2.16 所示。

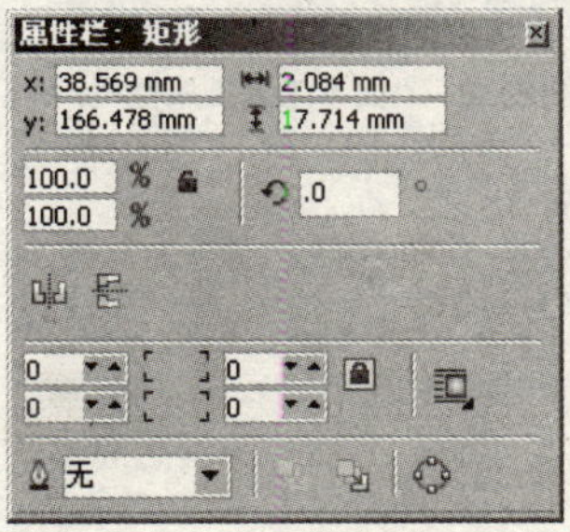

图 13.2.15　“矩形工具”属性栏

图 13.2.16　绘制的矩形效果

（15）选择菜单栏中的 排列(A) → 变换(F) → 倾斜(K) 命令，在弹出的 变换 泊坞窗中设置参数，如图 13.2.17 所示。单击 应用 按钮，效果如图 13.2.18 所示。

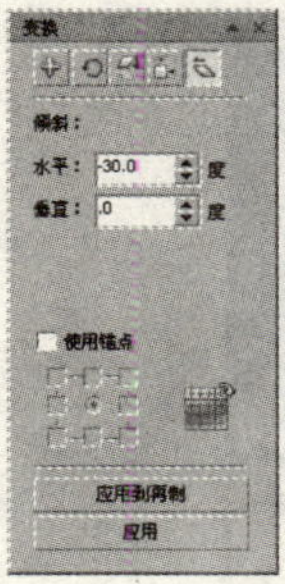

图 13.2.17　“变换”泊坞窗

图 13.2.18　应用变换效果图

（16）选择工具箱中的挑选工具，选取变换后的矩形，单击小键盘区的“+”键 3 次，对变换后的矩形进行复制并调整其位置，效果如图 13.2.19 所示。

（17）选择工具箱中的挑选工具，对最后复制的矩形进行大小调整，效果如图 13.2.20 所示。

图 13.2.19　复制并调整矩形位置

图 13.2.20　调整矩形的大小

（18）选择工具箱中的文本工具字，设置好文字的大小和格式，分别输入“伟”、“松”、“地”、“产”4 个字，设置文本的颜色为“黄色”，并调整文本的位置，效果如图 13.2.21 所示。

（19）选择工具箱中的文本工具字，设置文字的大小和格式，如图 13.2.22 所示。输入文本“辟世清幽，却又咫尺繁华！”，调整文本位置。此时，房地产广告已制作完成，最终效果如图 13.2.1 所示。

图 13.2.21　输入文字并调整位置

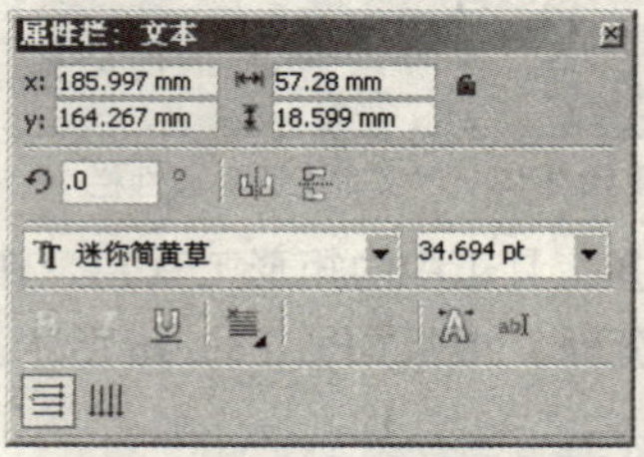

图 13.2.22　“文本工具”属性栏

实例 3　封面设计

实现目标

本例将制作封面，最终效果如图 13.3.1 所示。

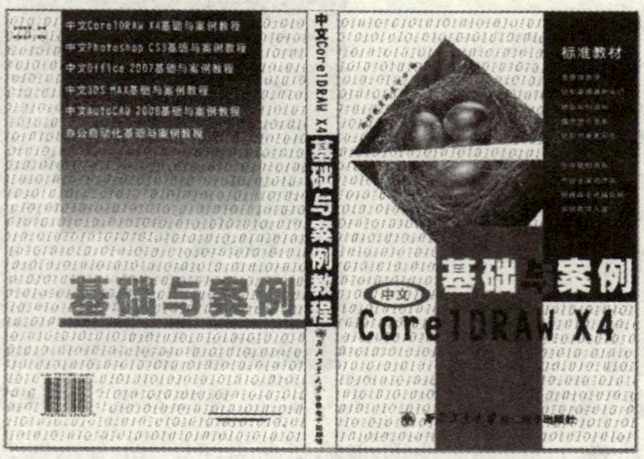

图 13.3.1　封面效果图

设计思路

封面的制作过程大致可分为制作正面、制作背面、制作书脊。通过本实例的学习，读者应初步掌握封面的制作方法和技巧，并从中领悟封面设计的基本原理。

（1）设置页面的大小。

（2）掌握形状工具、精确剪裁命令等工具的使用技巧。

（3）重点掌握矩形工具以及交互式透明工具的使用方法和技巧。

操作步骤

1．制作正面

（1）新建一个图形文件，选择菜单栏中的 版面(L) → 页面设置(P)… 命令，可弹出 选项 对话框，设置纸张的大小为 380 mm×260 mm，如图 13.3.2 所示。

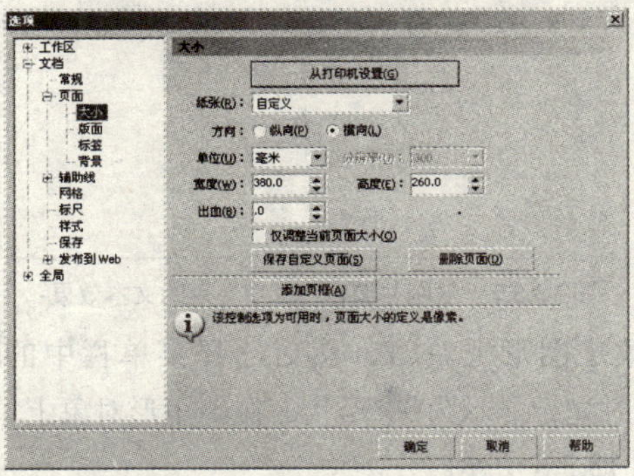

图 13.3.2　“选项”对话框

（2）单击 确定 按钮，即可改变页面的大小。

（3）单击工具箱中的矩形工具，在页面的右侧绘制大小为 180 mm×260 mm 的矩形，如图 13.3.3 所示。

（4）使用文本工具在绘图区中输入数字，设置颜色为淡灰色，效果如图 13.3.4 所示。

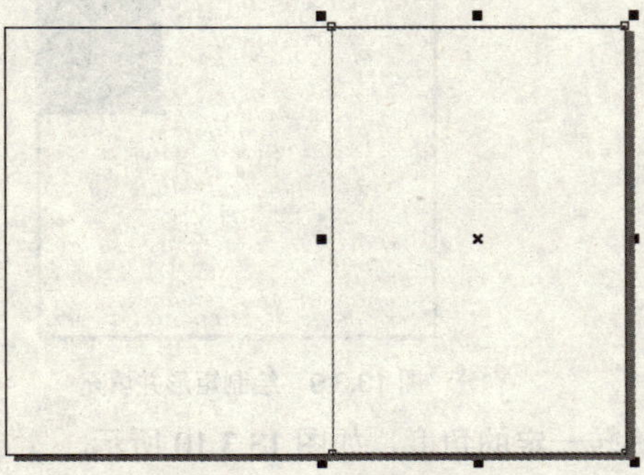

图 13.3.3　绘制矩形

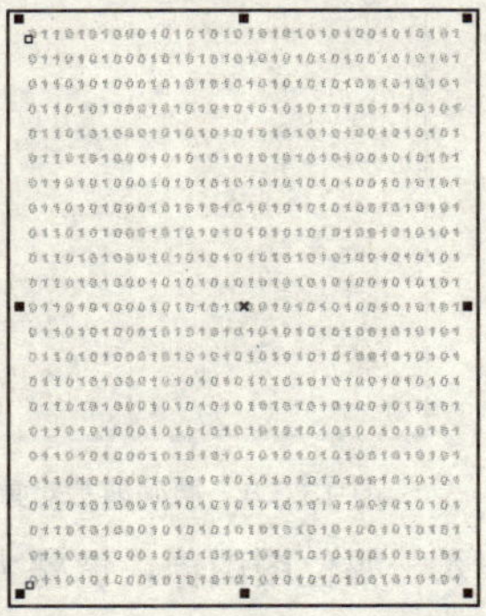

图 13.3.4　输入数字效果

（5）选择菜单栏中的 排列(A) → 变换(F) → 倾斜(K) 命令，弹出 变换 泊坞窗，参数设置如图 13.3.5

所示，效果如图 13.3.6 所示。

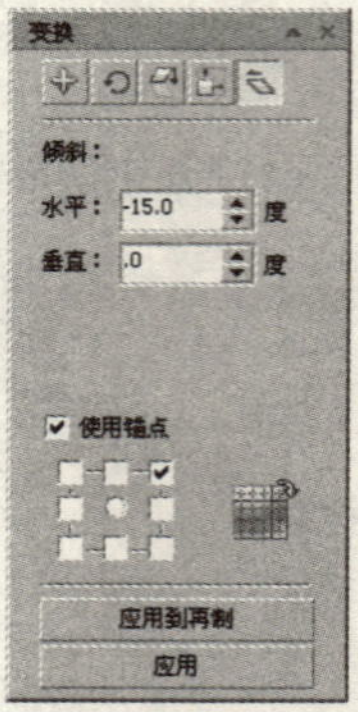

图 13.3.5 “变换”泊坞窗

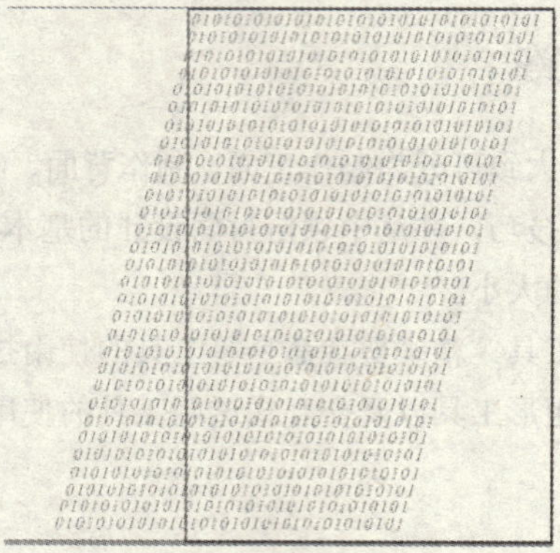

图 13.3.6 文本变换效果图

（6）复制变换后的文字，并调整位置，得到如图 13.3.7 所示的效果。

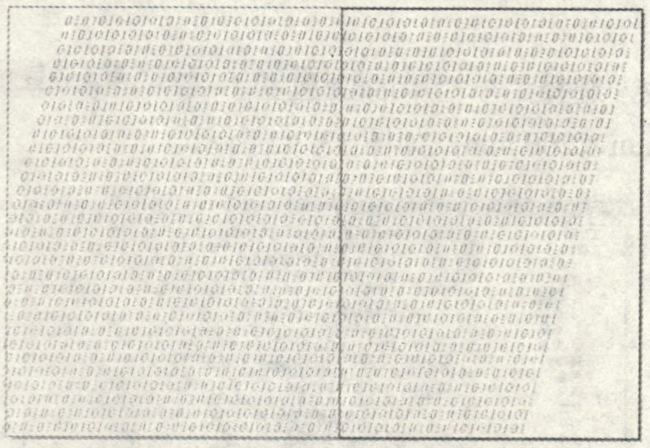

图 13.3.7 复制并调整“变换”后的文本效果

（7）使用挑选工具在数字图形上单击，然后选择菜单栏中的 效果(C) → 图框精确剪裁(W) → 放置在容器中(P)… 命令，此时光标显示为形状，在小矩形对象上单击，即可将所选的数字图形放置在矩形对象中，效果如图 13.3.8 所示。

（8）使用矩形工具在绘图区的右上角绘制矩形对象，并将其填充为黑色，如图 13.3.9 所示。

图 13.3.8 精确剪裁对象

图 13.3.9 绘制矩形并填充

（9）导入一幅位图图像，调整大小并将其旋转一定的角度，如图 13.3.10 所示。

（10）复制该图像，将其移至正面左上方的合适位置，然后使用形状工具修整该位图的形状，效果如图 13.3.11 所示。

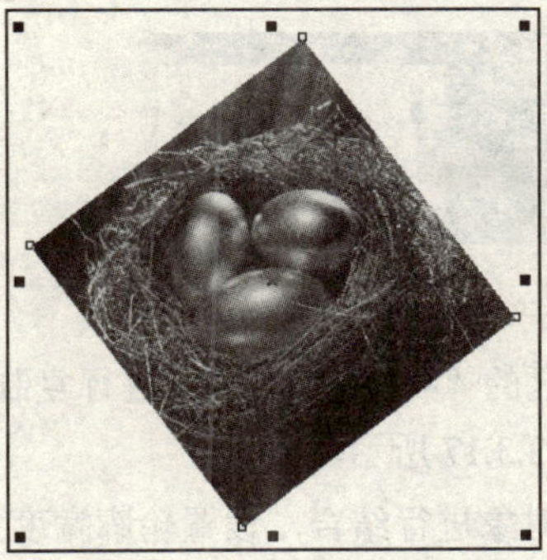

图 13.3.10　调整导入的位图

图 13.3.11　修整位图的形状

（11）使用挑选工具选择另一幅位图，将其移至正面的合适位置，并使用形状工具修整该位图的形状，效果如图 13.3.12 所示。

（12）选择工具箱中的挑选工具，选中绘制的黑色矩形，同时按住“Shift+Page up”键，将黑色矩形置于文件的最上方，效果如图 13.3.13 所示。

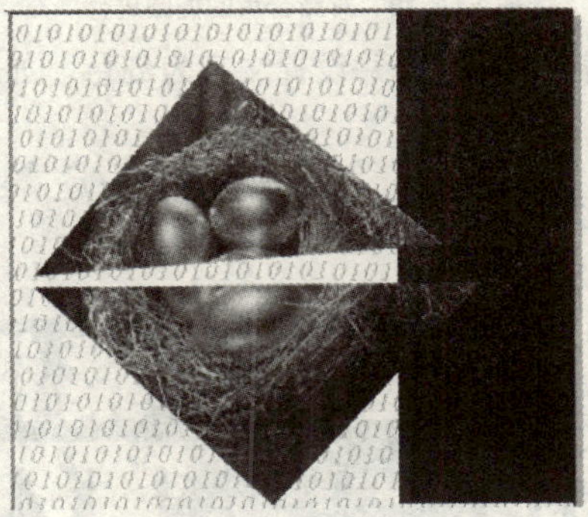

图 13.3.12　修整另一幅位图的形状

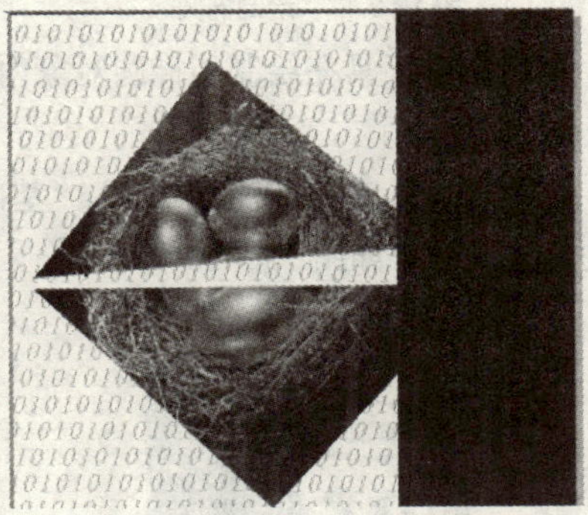

图 13.3.13　调整矩形的位置

（13）选择矩形工具在绘图区中拖动鼠标绘制矩形，并将其填充为红色，效果如图 13.3.14 所示。

（14）选择工具箱中的文本工具字，在黑色矩形上输入文字，并设置其字号与字体等属性，效果如图 13.3.15 所示。

图 13.3.14　绘制矩形并填充

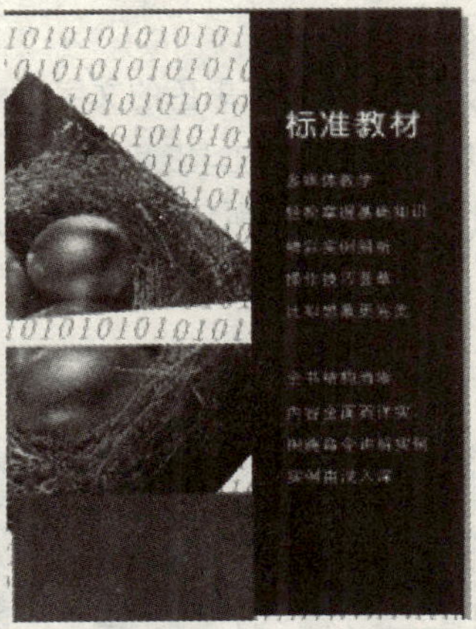

图 13.3.15　在黑色矩形上输入文字

（15）再选择工具箱中的文本工具字，在绘图区中输入“CorelDRAW X4”字样，并设置其字体与字号，效果如图 13.3.16 所示。

图 13.3.16　输入文字

（16）选择工具箱中的椭圆工具，单击小键盘区的“+”键，对椭圆进行复制，按“Ctrl”键对复制的椭圆和原椭圆进行同心大小调节，效果如图 13.3.17 所示。

（17）单击属性栏中的“结合”按钮，对椭圆对象进行结合，设置轮廓宽度为 无 ，并用蓝色进行填充，效果如图 13.3.18 所示。

图 13.3.17　绘制椭圆

图 13.3.18　对结合后的椭圆进行填充

（18）使用文本工具在绘制的椭圆对象内输入文字“中文”，并设置文字为红色，如图 13.3.19 所示。

（19）使用文本工具在绘图区中输入“基础”和“案例”字样，设置其字体与字号，并调整文字在绘图区的位置，效果如图 13.3.20 所示。

图 13.3.19　在椭圆对象中输入文字

图 13.3.20　输入文字

（20）使用文本工具在绘图区中输入“与”字，设置其字体和字号与“基础”的字体和字号相同，按小键盘区的“+”键对“与”字进行复制，设置绘图区中的两个“与”字分别为红色和黑色，效果如图 13.3.21 所示。

（21）将红色的文字置于黑色的文字之上，调整文本的位置，使得文本位于“基础”和“案例”的正中。选择工具箱中的挑选工具，选取红色“与”字，选择菜单栏中的 位图(B) → 转换为位图(_)… 命令，参数设置如图 13.3.22 所示，将红色的“与”字转换为位图。

图 13.3.21　复制文字并填充颜色

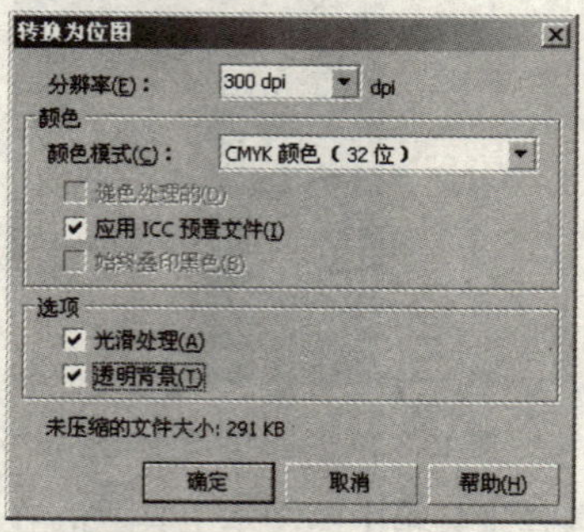

图 13.3.22　“转换为位图”对话框

（22）选择工具箱中的形状工具，对转换后的位图进行形状修整，效果如图 13.3.23 所示。

（23）使用文本工具在绘图区中输入作者名字，并将其旋转放置在合适位置，如图 13.3.24 所示。

图 13.3.23　修整位图形状

13.3.24　输入文字并调整位置

（24）选择菜单栏中的 文件(F) → 导入(I)… Ctrl+I 命令，导入素材 2 并调整其大小，效果如图 13.3.25 所示。

图 13.3.25　导入出版社名称字样

2．制作背面

（1）使用挑选工具选择正面精确剪裁的对象，按住“Ctrl”键将其水平拖至绘图区的左侧，并单击鼠标左键将其复制，作为背面的整体背景，如图 13.3.26 所示。

（2）单击工具箱中的矩形工具，在绘图区中拖动鼠标绘制矩形对象，并将其填充为黑色，如图 13.3.27 所示。

图 13.3.26　复制图形对象并调整位置

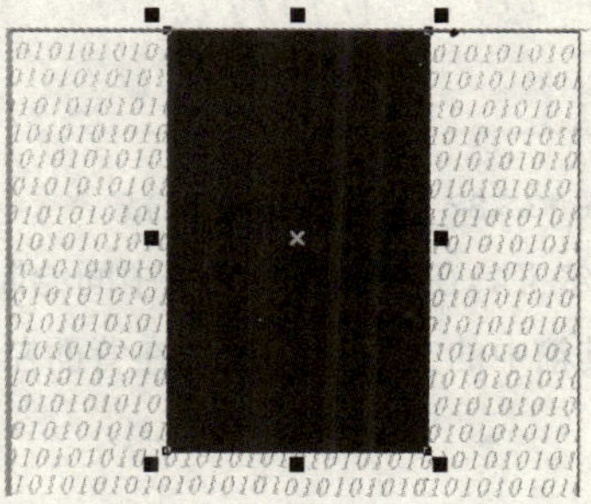

图 13.3.27　绘制矩形并填充

（3）单击工具箱中的交互式透明工具，在黑色矩形对象上拖动鼠标创建透明渐变效果，如图 13.3.28 所示。

（4）使用文本工具在透明渐变图形对象上输入文字，如图 13.3.29 所示。

图 13.3.28　创建交互式透明渐变效果

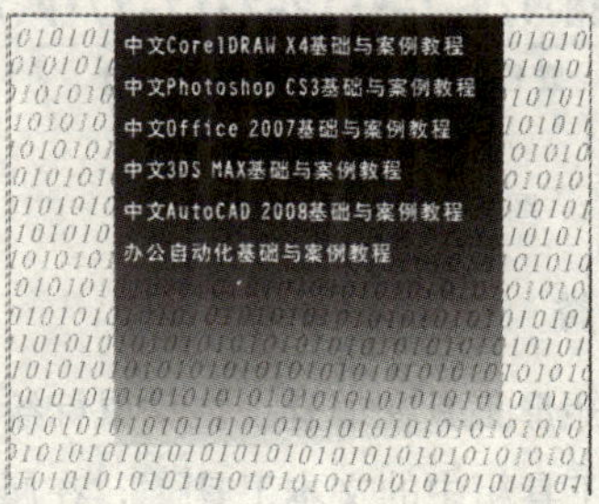

图 13.3.29　输入文字

（5）使用矩形工具在绘图区中拖动鼠标绘制矩形，并将其填充为红色，效果如图 13.3.30 所示。

图 13.3.30　绘制矩形并填充

（6）使用文本工具在红色矩形对象上方输入文字，并设置其字体与字号，效果如图 13.3.31 所示。

图 13.3.31　输入文字效果

（7）导入一个制作好的条形码图形，调整其大小并排放到背面的左下角，如图 13.3.32 所示。

（8）单击工具箱中的文本工具，在背面右下角输入文字，并排放好位置，如图 13.3.33 所示。

图 13.3.32　导入并调整对象位置

图 13.3.33　输入文字

（9）使用贝塞尔工具在刚输入的文字中间绘制一条直线，如图 13.3.34 所示。

（10）单击工具箱中的文本工具，在背面左上角输入其他文字，如图 13.3.35 所示。

图 13.3.34　绘制直线

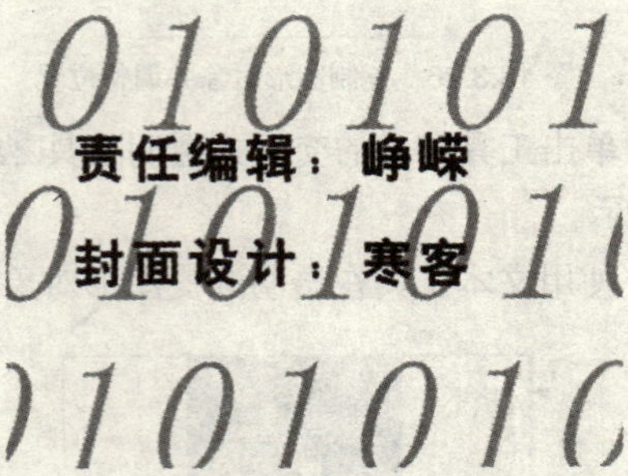

图 13.3.35　输入其他文字

3．制作书脊

（1）使用矩形工具在书脊上拖动鼠标绘制矩形对象，将其填充为黑色，如图 13.3.36 所示。

（2）单击工具箱中的文本工具，在属性栏中单击“垂直排列文字”按钮，在黑色矩形上输入文字，如图 13.3.37 所示。

图 13.3.36　绘制黑色矩形

图 13.3.37　在黑色矩形上输入文字

（3）使用文本工具在书脊的上部输入垂直排列文字“中文 CorelDRAW X4”，如图 13.3.38 所示。

（4）选择菜单栏中的 文件(F) → 导入(I)… Ctrl+I 命令，导入素材 3 并调整其大小和位置，效果如图 13.3.39 所示。

图 13.3.38　输入文字

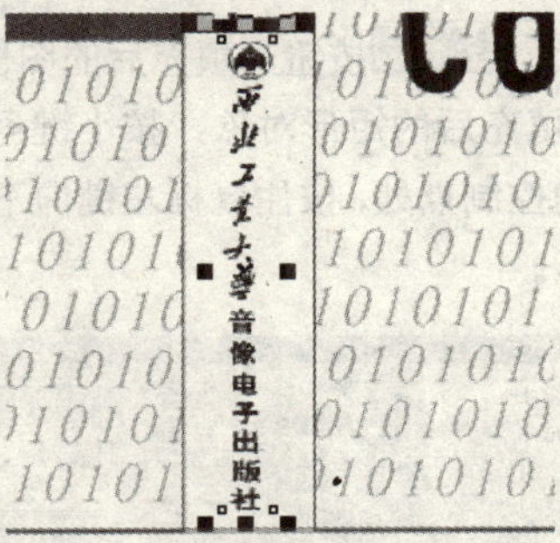

图 13.3.39　导入素材效果图

（5）至此，整个封面设计完成，最终效果如图 13.3.1 所示。

实例 4　包装盒设计

实现目标

本例使用交互式透明工具、修剪、渐变填充以及透视效果等设计包装盒，最终效果如图 13.4.1 所示。

图 13.4.1　最终效果图

设计思路

本例将制作如图 13.4.1 所示的包装盒效果图，整个画面以绿色为主色调，橘红色为辅助色。通过本例的练习，使读者掌握交互式阴影工具、修剪功能、倾斜功能、交互式变形工具、交互式透明工具、添加透视点功能以及基本形状工具的综合运用，需要读者认真掌握，并学习制作出其他效果的包装。

操作步骤

（1）新建一个图形文件，单击工具箱中的“矩形工具”按钮，在绘图区中拖动鼠标绘制一个矩形对象。

（2）单击工具箱中的“渐变填充”按钮，弹出**渐变填充**对话框，设置渐变颜色为淡绿色到黄色的渐变，设置其他参数如图 13.4.2 所示。

（3）单击 确定 按钮，填充后的图像效果如图 13.4.3 所示。

（4）选择填充后的矩形对象，按小键盘上的“+”键可原位置复制矩形对象，将鼠标移至复制矩形上方中间的控制点处，按住鼠标左键向下拖动，可缩小复制矩形的宽度，至适当位置后松开鼠标，如图 13.4.4 所示。

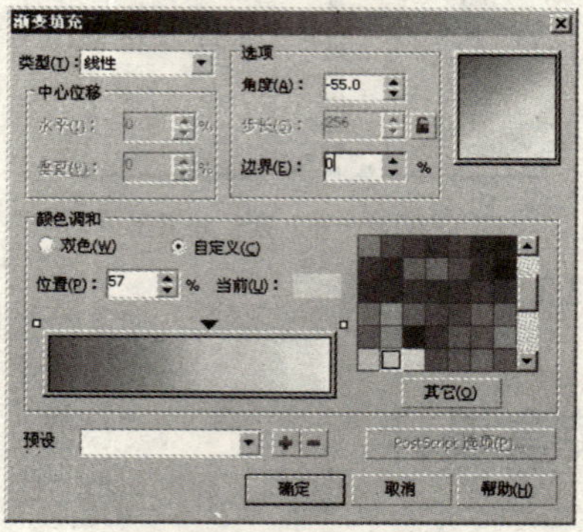

图 13.4.2 “渐变填充”对话框

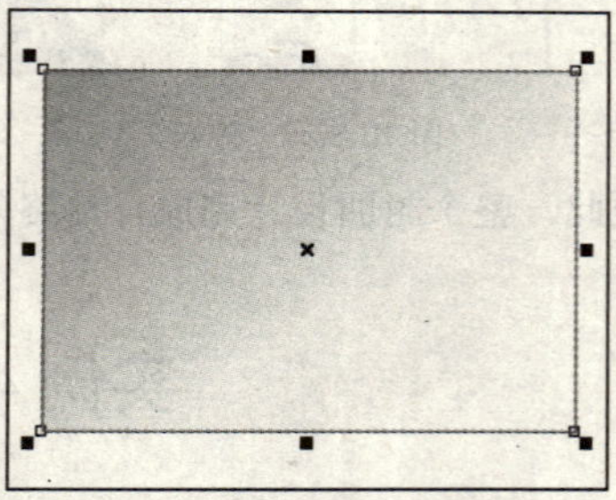

图 13.4.3 填充渐变后的效果

（5）按“Ctrl+Q”键将缩小的矩形转换为曲线，然后使用形状工具调整矩形的形状，再将其填充为淡绿色并去除其轮廓线，如图 13.4.5 所示。

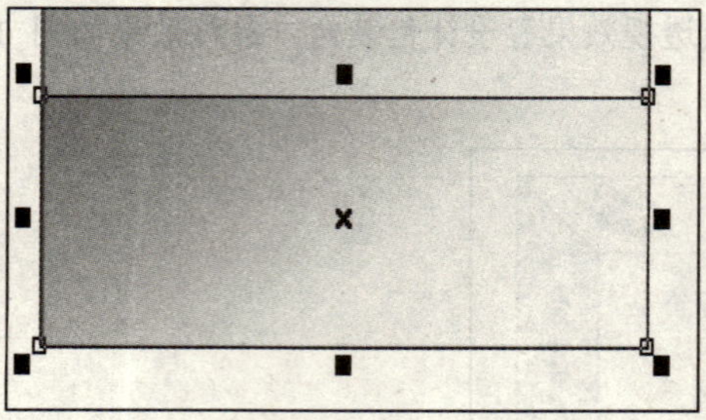

图 13.4.4 复制并缩小矩形

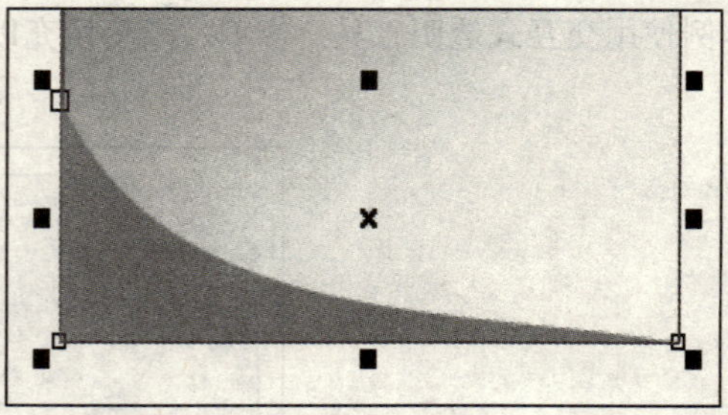

图 13.4.5 调整并填充图形的形状

（6）复制调整后的对象并将其缩小，并将复制的对象颜色填充为黄绿色，如图 13.4.6 所示。

（7）按“Ctrl+I”键导入一幅花图像，将其移至适当位置，如图 13.4.7 所示。

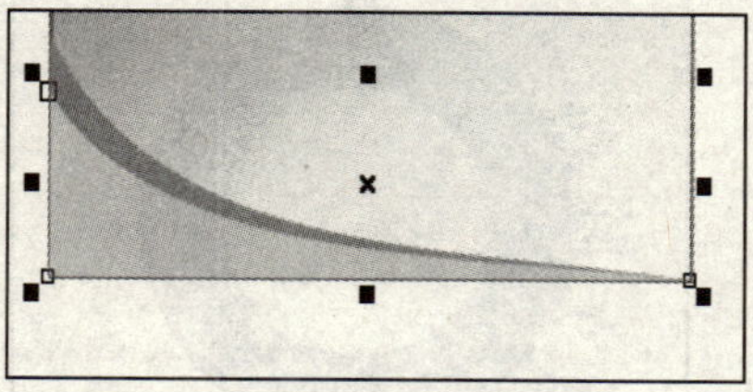

图 13.4.6　缩小并填充复制的对象

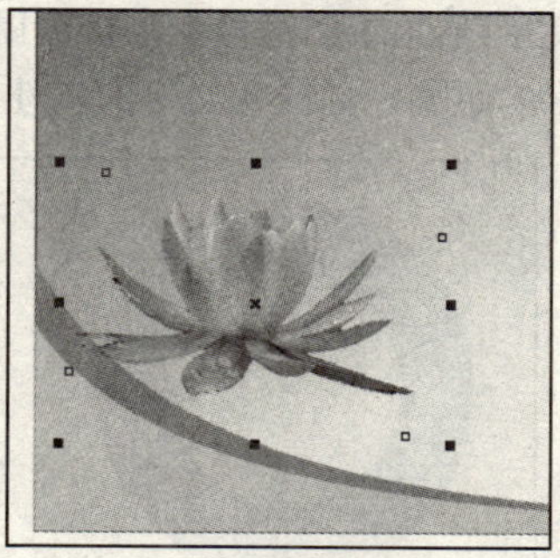

图 13.4.7　导入并调整花图像位置

（8）再导入一幅人物图像，使用挑选工具将其移至花图像的上面，如图 13.4.8 所示。

（9）单击工具箱中的“交互式透明工具”按钮，在人物图像上拖动鼠标添加透明渐变，效果如图 13.4.9 所示。

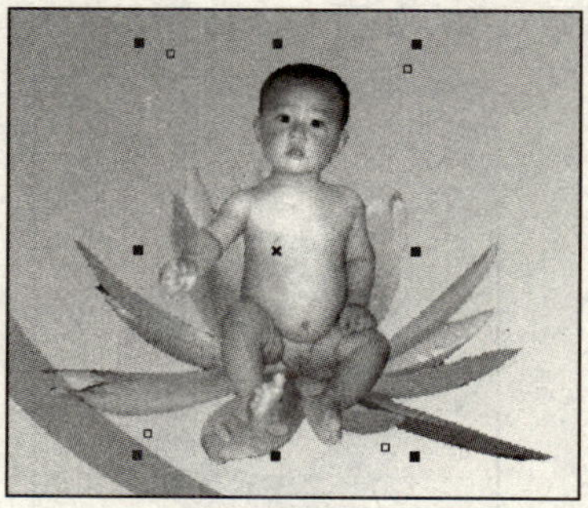

图 13.4.8　导入并调整人物图像位置

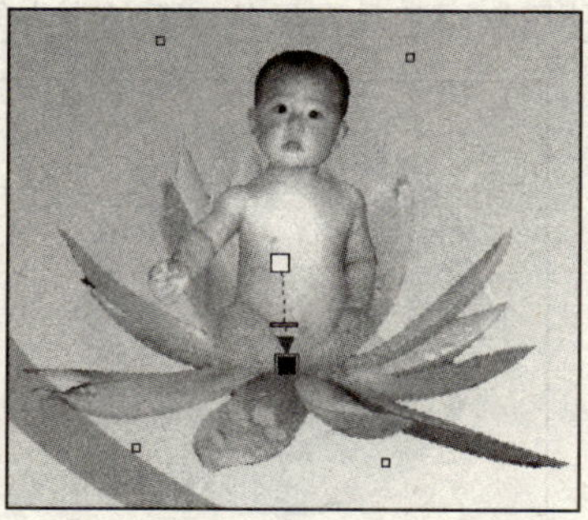

图 13.4.9　添加透明渐变

（10）单击工具箱中的“交互式阴影工具”按钮，在花图像上拖动鼠标创建交互式阴影效果，设置阴影的颜色为橘红色，效果如图 13.4.10 所示。

（11）使用椭圆工具在绘图区中绘制同心圆的两个正圆对象，如图 13.4.11 所示。

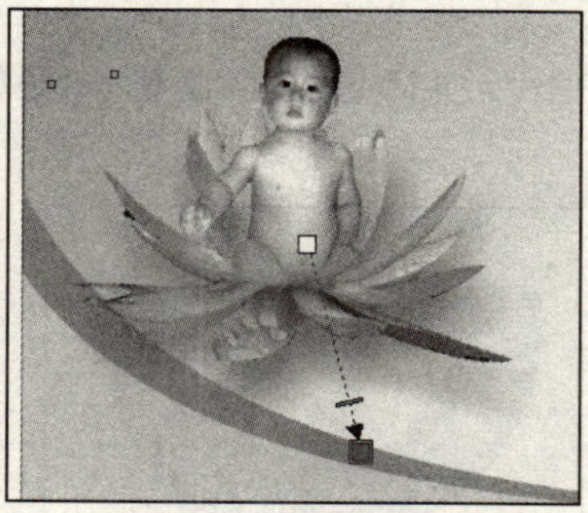

图 13.4.10　添加交互式阴影效果

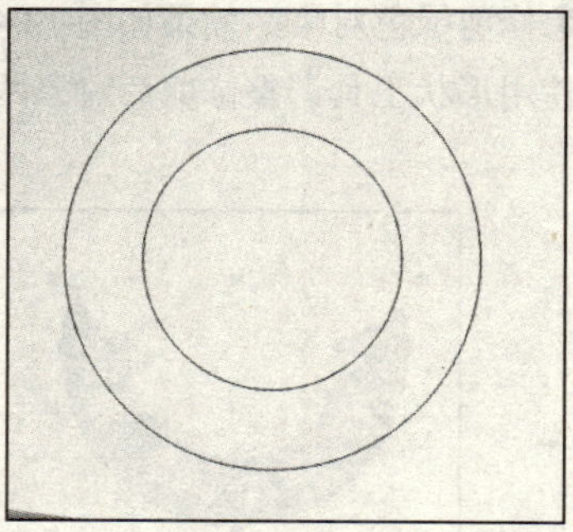

图 13.4.11　绘制两个正圆对象

（12）使用挑选工具选择两个正圆对象，在属性栏中单击“结合”按钮，将两个对象结合为一个对象。

（13）在调色板中单击绿色色块，将结合后的对象填充为绿色，如图 13.4.12 所示。

（14）单击工具箱中的“文本工具”按钮，将鼠标光标移至结合的对象上，当鼠标光标显示为形状时，单击并输入文字，如图 13.4.13 所示。

（15）在属性栏中单击“水平镜像”按钮镜像文本:，此时可将路径上的文字调整到路径的右侧，将鼠标移至文字前面的◆符号上，按住鼠标左键将文字拖至路径上的适当位置，然后在属性栏中设置路径与文字的距离，并改变文字的属性，效果如图 13.4.14 所示。

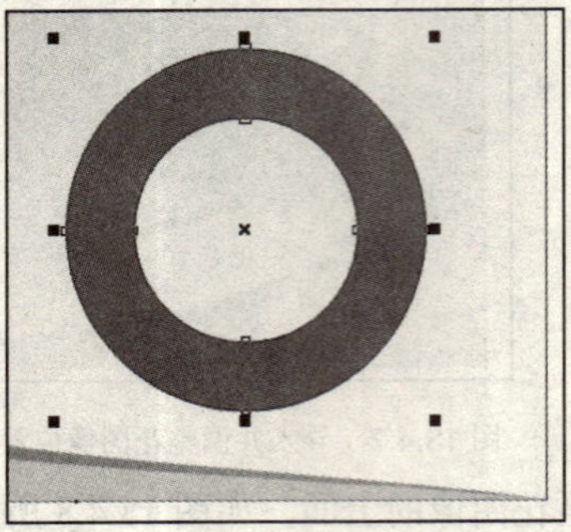

图 13.4.12　填充结合后的对象

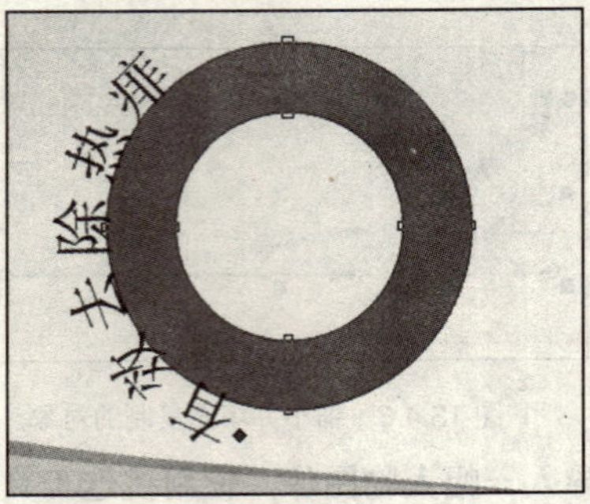

图 13.4.13　在路径上输入文字

（16）选中路径与文字后，选择 排列(A) → 折分 命令，可将路径与文字拆分。

（17）使用椭圆工具在绿色对象的上方绘制一个椭圆对象，如图 13.4.15 所示。

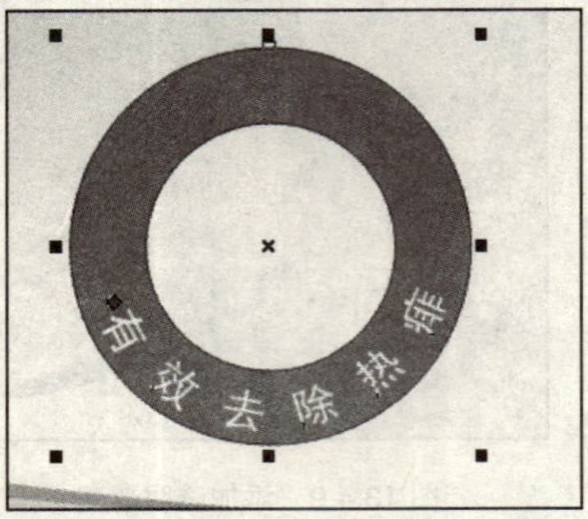

图 13.4.14　调整文字在路径上的位置

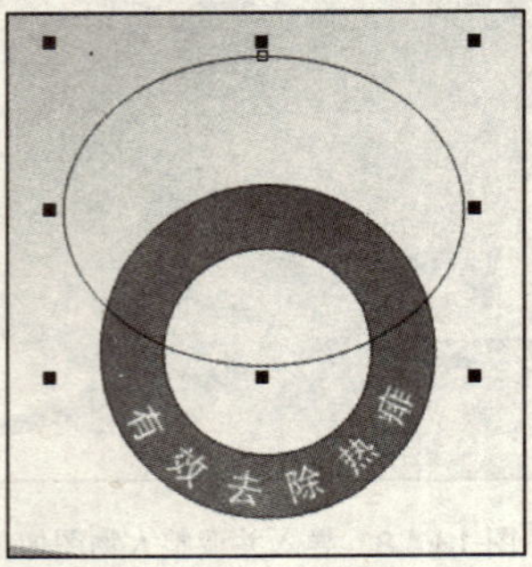

图 13.4.15　绘制椭圆对象

（18）选择 排列(A) → 造形(P) → 造形(P) 命令，打开 修整 泊坞窗，在 修剪 下拉列表中选择 修剪 选项，单击 修剪 按钮，将鼠标光标移至绿色对象上单击，可用绘制的椭圆对象修剪绿色对象，效果如图 13.4.16 所示。

（19）使用形状工具调整修剪后对象两端的直线为曲线，并调整曲线的曲度，效果如图 13.4.17 所示。

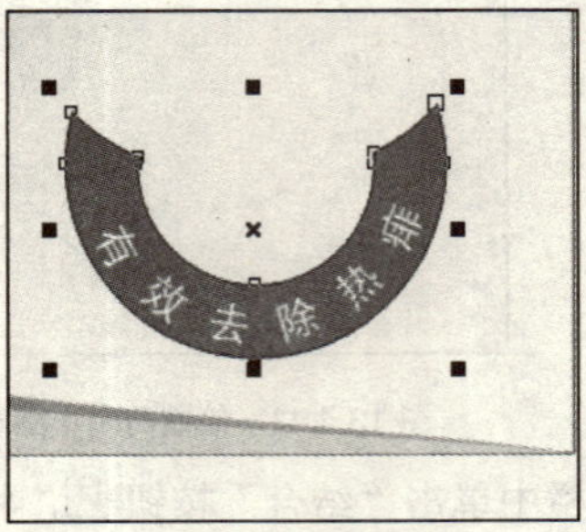

图 13.4.16　修剪后的对象

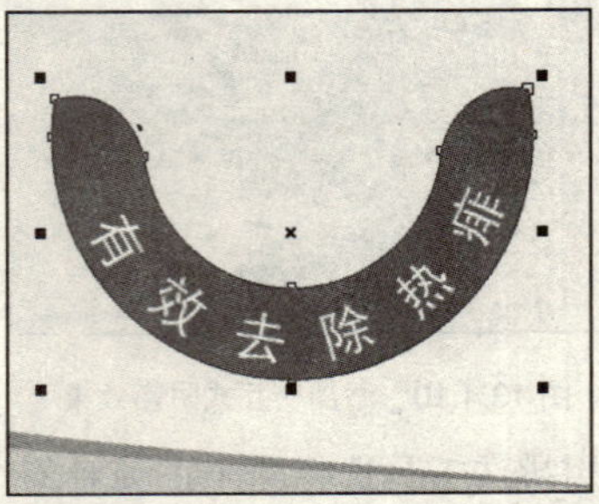

图 13.4.17　使用形状工具调整对象的形状

（20）使用椭圆工具在绘图区中绘制正圆对象，并将其填充为橘黄色到白色的射线渐变，效果如图 13.4.18 所示。

（21）复制填充后的正圆对象，将其缩小并移至适当位置，然后使用挑选工具选择两个正圆对象，将其群组为一个整体，并排列在绿色对象的下方，效果如图 13.4.19 所示。

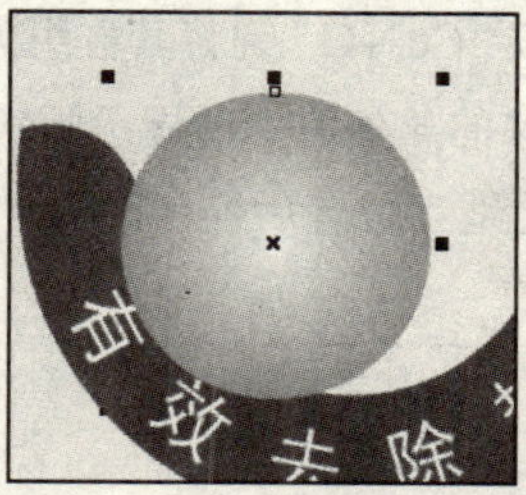

图 13.4.18　绘制正圆并填充

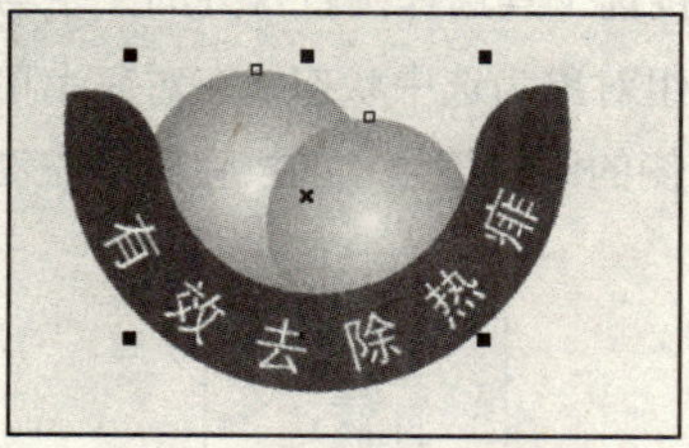

图 13.4.19　群组对象并排列其次序

（22）单击工具箱中的“基本形状”按钮，在属性栏中单击“完美形状”按钮，从打开的面板中选择形状，在绘图区中拖动鼠标绘制该形状，并将其填充为绿色到白色的射线渐变，效果如图 13.4.20 所示。

（23）使用文本工具在绘图区中输入文字，并设置其颜色、字体与大小，如图 13.4.21 所示。

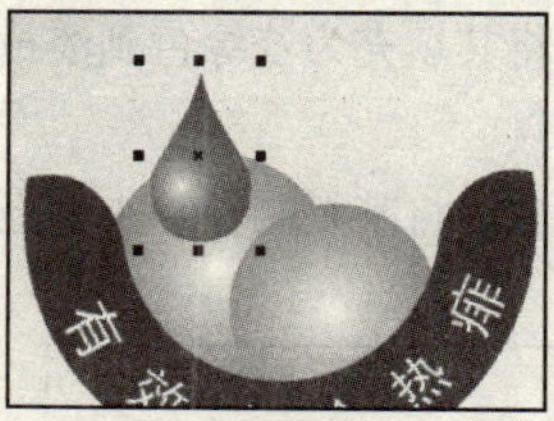

图 13.4.20　绘制基本形状图形并填充

图 13.4.21　输入文字并设置其属性

（24）再使用文本工具在绘图区中输入文字，如图 13.4.22 所示。

（25）单击工具箱中的“交互式变形工具”按钮，在属性栏中单击“扭曲变形”按钮，在文字上拖动鼠标可变形文字，效果如图 13.4.23 所示。

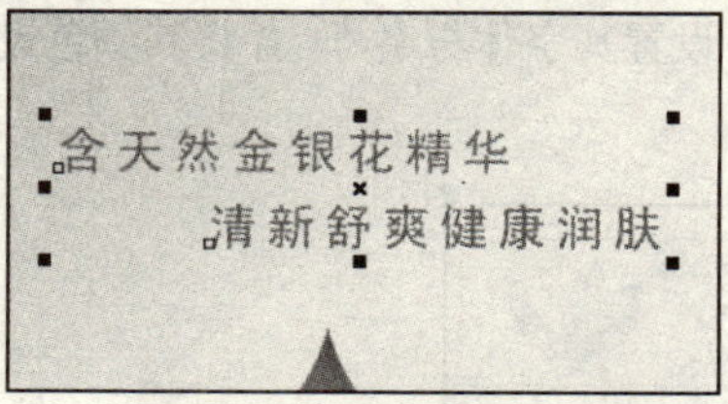

图 13.4.22　输入的文字

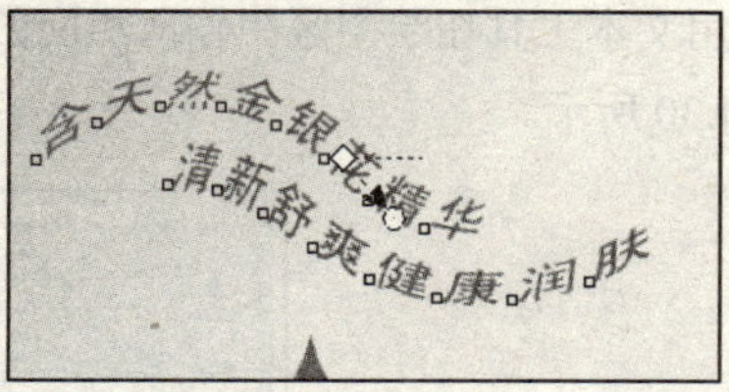

图 13.4.23　扭曲变形文字

（26）使用文本工具在绘图区中输入其他文字，如图 13.4.24 所示。至此，包装的正面效果制作完成。

（27）使用矩形工具在绘图区中拖动鼠标绘制矩形对象，然后选择菜单栏中的 编辑(E)→ 复制属性自(M)… 命令，弹出 复制属性 对话框，选中 ☑ 填充(F) 复选框，单击 确定 按钮，将鼠标光标移至正面填充渐变的矩形上单击，可将其填充属性应用到所绘制的矩形对象上，效果如图 13.4.25 所示。

图 13.4.24　输入其他的文字

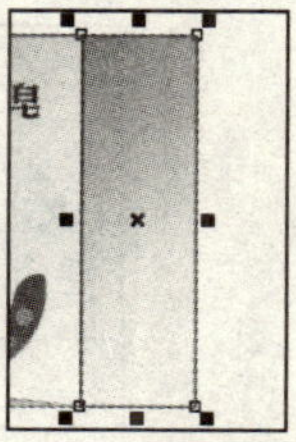

图 13.4.25　绘制并填充对象

（28）使用文本工具在填充渐变的矩形对象上输入垂直排列的文字，如图 13.4.26 所示。

（29）使用挑选工具选择垂直排列的文字与矩形对象，按“Ctrl+G”键将其群组为一个整体对象。

（30）使群组对象为选中状态，在对象上单击，此时对象的 4 条边上会显示倾斜符号↕，将鼠标光标移至对象右侧的倾斜符号↕上按住鼠标左键向上拖动，至适当位置后松开鼠标，效果如图 13.4.27 所示。

图 13.4.26 输入垂直排列的文字

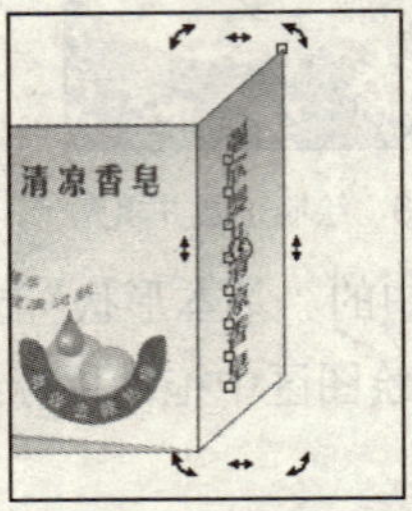

图 13.4.27 倾斜对象

（31）使用矩形工具在包装的正面对象上绘制矩形，并将其填充为淡绿色到淡黄色的线性渐变，效果如图 13.4.28 所示。

（32）使用挑选工具选择包装正面对象右下方的所有对象，将其复制并缩小移至如图 13.4.29 所示的位置。

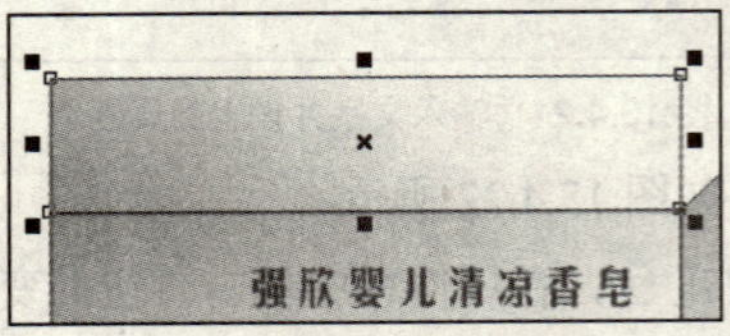

图 13.4.28 绘制矩形并填充渐变效果

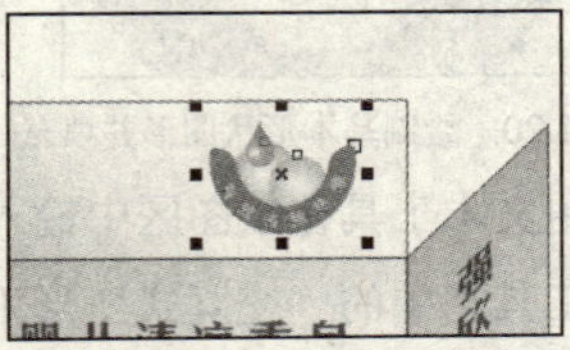

图 13.4.29 复制缩小对象并移动位置

（33）使用文本工具在绘图区中输入相应的文字，设置其字体与字号，并将其颜色设置为橘红色，效果如图 13.4.30 所示。

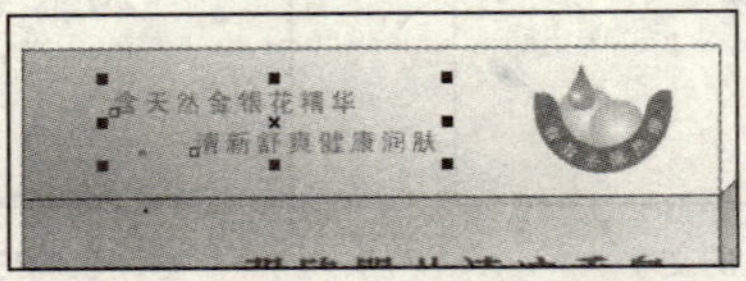

图 13.4.30 输入文字并设置其属性

（34）使用挑选工具选择步骤（31）～（33）中绘制的所有对象，按“Ctrl+G”键将其群组为一个整体对象。

（35）选中群组的对象，然后选择菜单栏中的 效果(C) → 添加透视(P) 命令，可为所选的对象添加透视点，用鼠标拖动透视效果上的控制点，可改变对象的透视效果，如图 13.4.31 所示。

（36）至此，整个包装盒设计完成，最终效果如图 13.4.1 所示。

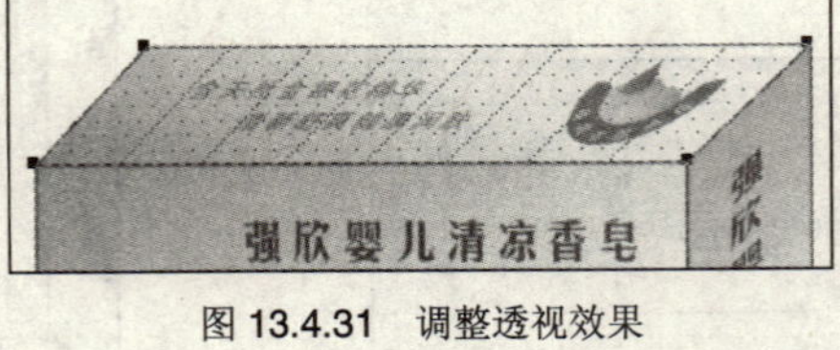

图 13.4.31 调整透视效果